转型之路

我们的卅年与卅城

深圳市城市规划设计研究院　司马晓　编著

同济大学出版社
TONGJI UNIVERSITY PRESS

内容简介

2020年是深圳市城市规划设计研究院建院三十周年，三十年来，深规院参与了深圳及全国近三百个城市和地区的规划建设工作，在实践中见证了波澜壮阔而又多姿多彩的中国城镇化。本书选取了三十个具有代表性的城市样本，记录了深规院的规划师对城市的理解，以及通过规划设计实践将深规院技术印刻在城市年轮上的心路历程。本书既是对深规院三十年业务脉络的全景式总结，也是对深圳规划建设先行先试探索与中国城镇化与城市规划普遍经验结合方式的第一手记录，更是一部浓缩的特区规划知识传播史。谨以此书向读者分享深规院的实践与思考。

为城市，我们可以做更多。

图书在版编目（CIP）数据

转型之路 ：我们的卅年与卅城 / 深圳市城市规划设计研究院，司马晓编著. -- 上海 ：同济大学出版社，2020.8
ISBN 978-7-5608-9388-4

Ⅰ. ①转… Ⅱ. ①深… ②司… Ⅲ. ①城市规划－研究－中国 Ⅳ. ①TU984.2

中国版本图书馆CIP数据核字(2020)第129585号

转型之路——我们的卅年与卅城
深圳市城市规划设计研究院　司马晓　编著

责任编辑　由爱华
责任校对　徐春莲
装帧设计　色点传播
出版发行　同济大学出版社　www.tongjipress.com.cn
地址：上海市四平路1239号　邮编：200092　电话：021-6598 5622
经　　销　全国各地新华书店
印　　刷　雅昌文化（集团）有限公司
开　　本　889mm × 1194mm　1/16
印　　张　26
印　　数　1—3400
字　　数　649 000
版　　次　2020年8月第1版　2020年8月第1次印刷
书　　号　ISBN 978-7-5608-9388-4
定　　价　318.00元

编写组

主编

司马晓

编著团队

郭　晨　郭磊贤　彭琳婧　陈君丽　陈　程　李启军　洪　涛　王志凌　刘　洁
王晓宇　肖时禹　张和强　吴　鹏　郭立德　高宏宇　王金川　蒋珊红　赵广英
荆万里　杜　菲　黄靖云　朱　骏　苏茜茜　周　洋　胡　辰　陆　学　刘迎宾
张德宇　王　龙　肖鹏飞　蔡天抒　高　建　母少辉　卢　芳　赵冠宁　朱　超
孔祥伟　林辰芳　刘冰冰　古　杰　钟文辉　盛　鸣　李连财　程　龙　文　尧
冯爱琴　王彦妍　郝雅坦　汪　莲　麦夏彦　周彦吕　杨进原　邱勇琨　彭　颖
柯登证　饶曦东　苏明妍　杨　妍　刘　秀　石　硕　任莲志　刘力兵　林忠健
王萍萍　谢慈珍　徐　锋

目录

CONTENTS

上篇：一个时代的背影

目录 CONTENTS

下篇：一个时代的序章

序言

时间/空间，实践/洞见

深圳市城市规划设计研究院（深规院）的三十年，恰逢中国城镇化发展最为迅速的三十年。2010年，我曾在深规院成立二十周年庆典上作了上海世博园区规划的学术报告。那一年，中国城镇化率即将达到50%，世博会提出的“城市，让生活更美好”的口号，为城市中国时代揭开了序幕。今天的中国城镇化率已经突破了60%，中国城市已经站在了高质量发展的门槛上，它所蕴含的巨大需求和创新动能，无论对中国还是对世界都将带来深远的影响。

在中国城市规划、建设、发展的前沿道路上，深圳无疑是最激动人心的“城市实验室”，深规院也无疑是这座城市实验室中最勇敢的梦想者和最坚定的践行者之一。面对大规模快速工业化和城市化的需求和挑战，深规院不断探索城市空间治理体系与空间规划设计技术的创新方向，不仅为深圳高密度城市的可持续发展发挥了不可替代的作用，也为深规院服务的全国其他城市带去了特区先行先试的经验。近年来，在北京城市副中心、雄安新区、怀柔科学城等京津冀地区国家级重大项目中，都有深规院人活跃的身影。本书即由点及面地回顾了深规院在深圳的探索以及在全国取得重要成绩的代表性城市所开展的实践。城市形成了相互学习的网络，深规院在其中发挥了传播和推广城市发展优秀经验的穿针引线作用，将使更多的城市受益。

规划院是中国城镇化浪潮中的一支强大的思想创新、方法创新和技术创新队伍。由于长期处于规划设计市场一线，规划院的同行们“埋头干活”的多，“抬头看路”的少。深规院在二十五周年院庆时编写出版的《转型之路——我们的实践与思考》，就曾全面总结了深规院一年一个脚印取得的技术创新以及给深圳这座城市带来的积极影响，给规划院的学术著作出版树立了标杆。今朝付梓的姐妹篇《转型之路——我们的卅年与卅城》，又将五年前的思考由时间维度扩展到空间维度，继续向前推了一步。不管抬头是看来时走过的路，还是未来将要走上的路，我都希望中国城市规划界能够有越来越多这样的成果奉献给读者，因为具有世界地位的中国特色城市规划理论，终将建筑在实践之上。

我连续参加了深规院二十周年、二十五周年和三十周年的院庆活动，也有幸与司马晓院长等深规院同行们有师生之缘。对于他们的坚持，我们有目共睹，我也相信他们必将为中国城市规划贡献更有分量的学术成果。

2020年，一场席卷全球的新冠肺炎疫情让我们更深刻地认识到城市对于当今人类的重要意义，也让我们更深刻地体会到未来城市面临的重大风险和挑战。城市将是人类美好生活最重要的家园。面对人类的未来，我们唯有将我们的城市建设得更加生态、健康、智能、韧性。城市的挑战与规划行业的变革，一方面带来了不确定性，另一方面也给规划人留出更多发挥的空间。正如本书所呈现的那样，深规院过往三十年先锋而又厚重的积淀，将给未来的探索带去更坚实的底气。

吴志强

中国工程院院士、德国工程科学院院士

同济大学副校长

二〇二〇年六月十八日

前言

深圳 / 城市 / 规划 / 设计 / 研究

2020年，深圳经济特区迎来成立四十周年，深规院也三十而立。

过去三十年，我们为城市做了一些事。从早期深圳的罗湖、蛇口，到今日深圳的东海岸、西海岸，我们的汗水洒遍了深圳的每一寸土地；从南边的三亚到北边的哈尔滨，从东边的杭州到西边的喀什，我们的足迹踏遍了祖国的万水千山；从法定规划的探索，到城市设计的探索，再到城市更新的探索，我们的工作紧扣着中国快速城市化的主要矛盾和普遍问题。成绩的取得内因固然重要，而外因更重要。建院三十年来，是深圳这座城成就了深规院，深规院也有幸未曾辜负深圳这座城。

未来三十年，我们要为城市做更多的事。到2025年，深圳要建成现代化、国际化创新型城市，我们能做什么？到2035年，深圳要建成社会主义现代化强国的城市范例，我们能做什么？到2050年，深圳要成为竞争力、创新力、影响力卓著的全球标杆城市，我们能做什么？尤其是接下来粤港澳大湾区和先行示范区“双区建设”向纵深推进的关键时刻。关于建设智慧城市群，我们能做什么？关于建设综合性国家科学中心，我们能做什么？关于建设全球海洋中心城市，我们能做什么？关于建设城市文明典范和民生幸福标杆，我们能做什么？甚至关于建设体现高质量发展要求的现代化经济体系，我们能做什么？我们能为城市做的，也许比我们想象的多。

三十年又三十年，作为一个在深规院工作了三十年的老同志，我想代表过去三十年向未来三十年说两句：我们这块牌子叫“深圳市城市规划设计研究院”，这块牌子要立得住，最重要的是这五个词要立得住。

“深圳”，不负先行。“深圳”，不仅代表成就了我们的这座城，更代表这座城的精神。从先行先试到先行示范，先行者的基因要传承下去，摸着石头过河的智慧和杀出一条血路的勇气要传承下去。三十年过去了，深规院取得了一些成绩，是不是难免也背上了一些包袱、消磨了几分斗志？再要摸着石头过河，再要杀出一条血路，会不会多少有点儿犹豫？这时候，别犹豫，记住“深圳”代表的精神，不负先行。

“城市”，不忘初心。“城市”，不仅代表我们研究和改造的对象，更代表我们长期坚守的价值观。城市规划这个行当之所以存在，就是因为需要有人来坚守城市的公共利益和城市的长远利益。在这件事上，市场不是万能的。三十年过去了，深规院已经不是当年的事业单位了。作为一个企业，我们还要继续坚守城市的利益么？我们会不会有点儿困惑？这时候，别困惑，记住“城市”代表的价值，不忘初心。

“规划”，不失远见。“规划”，不仅代表我们最传统的一个业务类型，更代表那种从天空看大地的视野和从未来看今天的远见。这种视野和远见可以称之为规划思维，是我们攻坚克难最独特的法宝。未来三十年，不论是面对城市发展的各种问题还是企业发展的各种问题，我们都应该有能力活学活用规划思维，跳出具体问题，在更高层次的系统中寻找解决之道。

“设计”，不甘平庸。“设计”，不仅代表我们最具竞争力的业务类型，更代表一种对品质的追求、对人文的关怀和对细节的雕琢。本质上，设计就是起源自对平庸的摒弃和对极致的执着。正是这种执着，让我们的作品一次次脱颖而出。未来三十年，当高质量发展成为主旋律，当人民对美好生活的需要日益增长，我们更要摒弃平庸，更要执着品质，更要追求极致。

“研究”，不懈探索。“研究”，代表当下最不赚钱的业务，同时也代表一个企业对未来发展的投入。做研究搞创新总是寂寞的，但深规院总是有一批人耐得住这份寂寞，并且在院发展的关键时刻用自己的研究成果力挽狂澜。城市设计是这样，城市更新也是这样，这就是一个研究院的脊梁。要走好未来三十年，就要守护好这个脊梁。

深圳、城市、规划、设计、研究，成就了深规院，成就了深规院的上一个三十年，也将成就深规院的下一个三十年。

为城市，我们可以做更多。

深圳市城市规划设计研究院院长

二〇二〇年六月八日

上篇

一个时代的背影

引言

改革开放与人类历史上最大规模的工业化、现代化、城市化

始于1978年的改革开放，是我们卅年与卅城的叙事原点。久闭的国门之外，信息革命已在欧美悄然迸发，“亚洲四小龙”迅速跻身发达工业经济体，全球产业转移正在亚太地区广泛进行。一波波工业化与全球化浪潮使得许多国家的人们走上致富的道路。“贫穷不是社会主义”[1]，中国因时而动实行改革开放，开启了人类历史上最大规模的工业化和现代化进程，也顺势开启了宏大壮阔的城市化进程。

世界工厂 · 城市中国

改革开放伊始，官方统计的中国城市化率尚不足18%。当年，一位农民若想脱离农村进城，他需要获得一个自上而下派发、数量十分稀少的“农转非”户口指标，还需要想办法取得粮票或者自筹口粮。那些未按指标计划进城的人们被称为“盲流”，这个词曾经和“投机倒把”一样，也是从上到下贬斥的罪恶之名。在尚处于计划经济体制下的城市还无法接受大量的农村剩余劳动力之时，小城镇的大门却悄然敞开。“离土不离乡、进厂不进城”[2]，一种城市化缺席的“乡村工业化”与“城镇化”模式就此形成。出人意料迸发的乡镇企业以灵活的姿态、敏锐的嗅觉迅速响应全国市场，承接出口订单，培养了大量有技能的产业工人，锤炼了企业家的市场意识，推动了体制改革的步伐。

1990年，中国的城市化率达到26%。自20世纪80年代后期开始循序推进的城市改革渐显成效，服务于外向型经济发展的劳动密集型工业化与相对低成本的土地和劳动力要素资源相结合，开始迸发出巨大的城市化推动力。相关政策的适时跟进，使得农民进城不再需要跨过大学生就业、投亲靠友等较高的政策门槛，“打工仔”“打工妹”成为城市生力军，“进城农民”“流动人口”成为城市研究的关键词。关心农民工的生计则几次上升为国家领导人的公开关切。每年春节前后，庞大的“春运”成为地球上一道壮观的流动盛景，连接起热血偾张的城市和远方无数人的老家。

---

[1] 引自《邓小平文选》第三卷，“社会主义必须摆脱贫穷”。

[2] 20世纪80年代，国家大力发展乡镇企业，就地吸纳农村剩余劳动力。

2000年，第五次人口普查表明，中国的城镇人口比重达到36%，中国也迎来城市化进程最快的十年。在这十年中，中国城市化率平均每年提升近1.5个百分点，年均新增城镇就业人数超过1000万人，新增城镇人口超过2000万人。为了维持庞大的城市经济规模，中国建立起全球最庞大的基建产能，建立了全门类工业体系，成为名副其实的“世界工厂”。到2011年，中国城市化率官方统计数据首次超过50%。当年的国务院政府工作报告指出，“城镇化率超过50%是中国社会结构的一个历史性变化”。尽管这仅仅是一个具有统计意义和心理意义的抽象数字，但是，城市中国的时代毕竟到来了。

改革开放中的经济特区

外向型开放经济建设需要全新的空间载体。在第二、第三次全球产业转移进程中，实行自由化政策的特殊经济区为东亚、东南亚国家的经济起飞起到了十分重要的助推作用。20世纪下半叶，尤其是70年代末以后，经济相对落后国家为发展本国经济，推动对外贸易、金融活动，吸收先进科技用于本国生产，建立了诸多以出口加工区、自由贸易区、高科技园区等为名目的特殊经济区。这些特殊经济区大多位于港口、机场周边，面积1~2平方公里，以物理围栏的方式实行空间管制。1978年以前，位于中国大陆周边的中国台湾高雄、韩国马山、菲律宾巴丹等特殊经济区已经取得成功，特殊经济区模式也受到联合国工业发展组织等国际机构的大力推广。

改革开放初期，我国向欧美发达国家和东亚、东南亚新兴经济体派出多个代表团考察学习经济发展经验，设立特殊经济区以发展出口加工业、带动工业化与现代化的做法受到国家的重视。例如袁庚创办2.14平方公里的蛇口工业区，便是以其他国家经济特区为参照。国家创办“经济特区”，虽也吸收了“特殊经济区”（special economic zone）的政策特色与陕甘宁边区等特定制度空间的革命传统，但是最大的创新在于突破了小范围空间实践的限制，探索以城市为载体的“综合性经济特区”的模式。早期的经济特区，以及其后以“沿海开放城市”、各级“经济技术开发区”“高新技术园区”和各类以“新区”命名的政策型空间，都是以利用相对较低的劳动力、土地等要素成本，实行相对优惠的税费政策，吸引全球产业转移与剩余资本，形成制造业基地与服务业据点，进而成为改革“窗口”和开放“前沿”的空间生产模式。

作为要素“蓄水池”的经济特区，通过非均衡空间策略，快速促进并带动了中国的工业化和城市化。在中华人民共和国成立后的很长一段时间内，由于各类制度牢笼的限制，中国的城市化进程总体落后于工业化，是“滞后”的城市化。然而在这些特殊经济区的驱动下，制度的“堰塞湖”一旦开闸，激发城市建设热潮的一切因素便在中国庞大经济体量的推波助澜下喷涌而出。受惠于各类优惠的土地、税收政策，特殊政策区不仅成为中国吸引外来投资的主体空间，也成为金融、人才等要素汇聚之地。也正是随着面向外资的特殊经济区空间实践，推动了土地有偿使用、房地产等制度改革与转型。以“经济特区”为起始的各类特殊经济区，成为以经济增长为中心的“中国式造城”的母体。

尽管如此，并非所有特殊经济区都取得了成功。在深圳、珠海、汕头、厦门四个最早设立的经济特区中，唯深圳独领风骚。实践证明，经济地理与城市经济的力量仍然在背后发挥着举足轻重的作用。深圳一方面紧邻香港，以地理之便充分承接了70年代末至80年代初香港向全球金融中心转型过程中释放的制造业资源，建立了以“三来一补”产业为主体的经济基础；另一方面凭借开拓务实的企业家群体和服务型政府，在大规模探索和试错中自然筛选，并踩准产业升级迭代的节拍，进而形成强大的产业体系与产业生态，支撑城市向产业链、价值链的更高级区段前进。以短短四十年跻身全国与全球一线城市，深圳不愧为全球范围内以特殊经济区政策推动城市发展的最成功案例之一。

适应超常规快速工业化、城市化的深圳特区规划

在计划经济向市场经济转轨中进行大规模“空间生产”既无先验的理论可依，也无前人经验可循，一切只能事后评说功过。土地获取、市政建设、招商引资……全球资本循环中，一切以“快”为优。如何又快又好地配置城市空间资源，是空间规划在经济特区的发展建设中面对的主要考题。如果说深圳经济特区的发展建设取得的成就中，有空间支撑保障的一份功劳和荣誉，那么回过来认识深圳的空间规划究竟做对了什么，则是我们揭开特区成功秘诀的一条路径。

深圳特区规划，为超前应对空间发展的不确定性成功进行“结构选型”。结构形态是复杂系统进行自我演化并实现稳定的必要依托。从《深圳经济特区总体规划（1986—2000）》提出“带状组团”结构，到《深圳市城市总体规划（1996—2010）》确立覆盖全域“网络组团”多中心结构，深圳特区规划坚持以弹性结构动态响应经济、人口数与空间发展，力争协调空间的他组织与自组织，实现局部的公共服务自给自足与职住平衡。四十年来，深圳全市人口数由特区建立初期的33.3万，到2010年常住人口数超过1000万，再到今日成为实有管理人口数2000多万的巨型城市。城市超常规增长而空间始终有序，规划应记大功。

深圳特区规划，为快速响应、快速谋划与快速建设实施提供了一整套组织与技术力量。基础设施的“三通一平”“五通一平”将未开垦的空间快速格式化；面向实施的城市设计成为服务土地出让的重要技术文件；以“近期建设规划”补充城市总体规划则有利于使规划灵活响应纷繁复杂的宏观形

势……形成在“白纸”上建新城的规划技术和制度体系，深圳花了二十多年的时间。但是这套面向实施的工作模式一经适应性调整，便得以在其他地区快速落地，成熟应用。基于特区经验的“快速营城”因此成为深圳规划界的第一门“绝技”。与此相对应的另一项经验，便是因城市功能快速迭代需求和城市空间紧约束条件而催生的“存量更新”规划技术和制度体系，将在本书的下篇详尽地阐述。

深圳特区规划，为体制转轨下的城市空间开发制度创新铺设了落地的渠道。特区是城市土地有偿使用、房地产市场化改革、城乡土地二元改革等一系列重大体制机制改革的“试验田”，这些重塑中国城市发展与建设舞台上政府与市场关系的改革的原动力则有赖于合理、有效的规划建设体系和制度进行承接。无论是法定图则制度的引入、城市规划委员会的建立，还是协商式旧城旧村改造模式的生成、城市更新制度的完善，承认利益相关人的权益、充分发挥市场与社会主体积极性、坚守城市公共利益的底线，成为深圳规划生态系统中公认的法则。这些空间法则，连同这座城市在成长中形成的其他约束性制度，保障了市场活力的生生不息。

在社会主义市场经济体制建设与转型过程中，深圳特区规划形成的系统经验，由此成为助力中国快速城市化“摸着石头过河”的重要技术与制度成果。它们将通过深圳规划人之手，传递到特区以外的其他地区。

行走在中国城市化的浪尖潮头

1990年6月28日，红荔飘香的繁夏，深圳市城市规划设计研究院在深圳园岭新村的八角楼成立了。如果要问那年来深规院报到的毕业生对于深圳的印象，似有着近乎一致的感受和标准回答——“目力所及，到处都是工地”“乘车经过上海宾馆，就是农田，一直到南头都不见几座楼房”。这种具有美国西部片气质的景象，昭示着一片广阔的天地正在为那个年代最富激情的规划师们打开，也预示着以城为名的深规院，注定将伴城而兴，随“青春期”的深圳特区一起，完成从浓春到繁夏的蜕变。

哪里迸发出发展的热情和动力，哪里就需要规划。在深圳快速填充组团结构之时，建院之初的深规院投入到深圳次区域和组团分区的规划中。尤其在当时正在实施的《深圳经济特区总体规划（1986—2000）》尚未覆盖深圳全域的情况下，深规院的工作为关外地区奠定了基础性的空间框架。基于这些工作，深规院领衔编制了《深圳市城市总体规划（1996—2010）》，这版深圳总规在1999年获颁国际建筑师协会阿伯克隆比爵士提名奖，这是中国城市规划第一次获此殊荣，深圳特区规划也由此成为世界当代城市规划的重要范例。

1994年，深规院从园岭新村八角楼搬到华强北振兴路3号建艺大厦。此后，深规院的规划师就与这片具有“草根”气质的区域捆绑在一起。伴随人来人往、商事沉浮，深规院不断以实际问题为导向，完成了华强北几代更新规划。基于华强北等地的实践经验，深圳建立起城市更新与城市更新规划的体系与制度，为存量规划树立深圳范式。

1999年，曾引领全国改革风气之先的招商局蛇口工业区响应特区号召，提出“二次创业”的口号。深规院成为蛇口重生、再造历程中最为倚重的规划设计咨询力量。在改革开放精神的感召下，深规院在蛇口多个功能更新片区中，探索了多种精细化设计技术，将蛇口塑造成最宜居的国际化魅力城区。值得一提的是，蛇口、华侨城等城区自建设伊始，均采取企业自行规划、开发、经营和管理的空间治理模式。长年为企业和城市运营商提供技术服务，练就了深规院的务实态度、市场意识、运营思维和社群精神，也育成深规院人的风格和气质。

深规院成立第一个十年，获得委托的绝大部分业务都来自深圳市内，是一家名副其实的“地方规划院”。期间深规院人与同行们一道，建立“三阶段五层次”规划体系，制定规划标准与准则，探索城市设计与法定图则制度，是一群名副其实的“城市守夜人”。深规院真正走出深圳，走向全国，已是在世纪之交的前夜。那时，经济学家斯蒂格里茨刚刚指出，“美国高科技和中国城市化是21世纪全球发展的两个重要推动力”。当规划师们还很难洞察清楚中国城市化对世界的意义时，中国城市建设的大浪便已经悄然袭来。早于这一浪潮大约十年光景而积累快速城市化营城经验的深规院人，就这样被时代推上了浪潮之巅。

最早找来的，是东南沿海城市的官员。经历了90年代的社会主义市场经济改革，这些地区的地方主政者更加敏锐地嗅出规划对于城市发展的重要价值，他们极力渴望开辟一条有别于当地规划院传统工作方式的规划咨询服务获取路径。同处体制之内，却又得市场化风气之先的深规院，成为他们所倚仗的技术新军。深规院从此陪伴台州、温州、义乌共同成长二十年，至今仍然往来无间。深规院还将这一改革气息带去了攀枝花等内陆城市，用“规划”来催化计划型城市的市场化转型。

世纪之交，以加入世贸组织为标志，中国进一步融入全球经济，城市发展面临在全球和区域经济中寻找定位和动力的新命题。而因各项社会主义市场经济体制建设举措而强化宏观调控能力的中央政府，则借鉴经济特区的经验，通过政策性空间配置经济社会发展的空间资源。一时间，由各类通过行政区划调整或由地方融资平台支持的“新城”“新区”成为地方政府实行“土地财政”、开展“城市经营”、推动“招商引资”，以及中央政府落实“国家战略”、进行各项综合配套改革试验的载体。来自深圳特区的先行成果成为有关城市希望借鉴的经验，深规院人的脚步也从拉萨、南京、兰州、合肥等地的新城新市区，走向重庆、长沙等国家级新区的大平台。

大规模城市化推动港口、机场、高铁等基础设施投资建设，重大基础设施建设项目也反过来拉开了中国城市的空间框架。在基建驱动的城市规划跃进风潮中，深规院人并未随波逐流。他们坚持专业科学的判断，将深圳在港城联动与交通设施引导发展方面的务实经验，应用于连云港、福州、滕州等地的空间战略与规划建设实践。

“全国一盘棋”之下，深规院人更不忘特区发展的初心，以特区人的使命感和规划人的职业责任，前赴后继投身喀什对口帮扶、陇南震后重建等国家行动中。积极响应国家需要和号召，为国家行动贡献深圳规划智慧，已经成为深规院的一项常规工作。

伴随中国经济由沿海向内陆梯度发展的宏伟进程，深规院人用自己的脚步丈量中国大地、服务国家建设、参与这场人类历史上最大规模的城市化，一旦出发，便不曾停歇。

转 技
型华强北 分
法 先 行先试区科
深 港 发 土地定创 组 务 科 精神家园 规
特区空间二线关 制 图 特区政策市场技 治 城市 划
深 标 展 高新园则新 团 实 识 理规划 公 空
度 更 新 共 间

城市化的动力机制——以深圳为例

仅凭短短一代人的时间从南海之滨的边陲县镇快速成长为具有全国影响力与世界声誉的经济中心和创新型城市，“特区政策”与“市场经济”是驱动深圳发展的核心动力。特区政策引导要素资源定向集聚，开启中国特色社会主义空间生产进程；市场经济驱动要素资源高效配置，促进经济生产与创新活动在竞争中迭代演化。一座有着旺盛生命力的城市从此诞生。

引进来，活起来：特区经济超常规增长的动力机制

兴办经济特区并不是从天而降的顶层设计，它要解决的，是曾经发生在这片土地上的实实在在的百姓生存问题。

20世纪60年代起，香港经济快速腾飞，跻身“亚洲四小龙”。到1977年，香港人均GDP超过3000美元，而当时经历十年曲折的中国内地，人均GDP仅相当于185美元。巨大的发展水平差距，引发广东省内邻近香港的宝安县等地数次发生“逃港潮”。邓小平直言，“这是我们的政策出了问题”。此后，中央关于实行改革开放、建设经济特区的重大战略举措逐渐铺开，一系列空间政策在那个春天渐次落地。1979年3月5日，国务院批准宝安县改设为深圳市；次日，深圳市委发布《关于发展边防经济的若干规定》，鼓励开展商品经济与边境贸易；1980年8月26日，全国人大常委会批准实行《广东省经济特区条例》，327平方公里的深圳经济特区正式成立。

“中央没有钱，可以给些政策，你们自己去搞，杀出一条血路来。”[1] 特区建设初期，外资尤其是港资是深圳从0到1的初生动力。深圳与香港之间巨大的生产要素成本差异，成为特区空间开发的最大势能。

[1] 邓小平在1979年4月中央工作会议上的讲话。引自：谷牧. 小平领导我们抓开放. 百年潮, 1998年第1期。

70年代末期的香港，近500万人口拥挤在维多利亚港两岸有限的土地上。快速上涨的地价使得制造业成本优势被蚕食殆尽，香港企业家正寻觅低成本的厂房新址。此时的深圳经济特区，恰好为香港制造业北上提供了廉价的土地。在深圳经济特区成立的前四年，港资占到深圳全市实际利用外资的90%，成为驱动深圳乃至珠三角地区发展的主要动力。香港、深圳和珠三角之间由此形成“前店后厂”模式，以来料加工、来料装配、来样加工和补偿贸易为主体的“三来一补”产业成为特区经济的起点。

来往于香港与深圳间的人力、物资、资本、技术等生产要素，从深港口岸溢出，这些要素流塑造了深圳城市空间的原始形态。1982年，在《深圳经济特区社会经济发展规划大纲》的基础上，深圳确定以主要口岸为依托，依次形成与香港毗邻的蛇口—南头、罗湖—上步和沙头角三个组团同时开发建设的空间格局。80年代末开放皇岗口岸，一定程度上提升了福田的投资区位，促进了福田中心区在90年代的谋定。2007年开通的深圳湾口岸，进一步加快了南山后海的服务业发展。尽管深港两地间的要素成本差已经大幅缩减，但是制度差异仍然存在。在粤港澳大湾区的新形势下，深港两地正在共同推进新一轮口岸地区开发计划，利用制度差做文章仍是引导深圳深化对外开放与区域合作的新势能。

然而，深圳最令经济学家们着迷的不是它新生的方式，而是它成长的路径。作为改革开放的“试验场”，第一轮“三来一补”产业在市场化的环境下往复迭代，来自全国的人才和劳动力到特区寻求发展的机遇，形成城市化的内在磅礴动力。深圳特区从一个简单的制度空间跃迁为一个演化空间，一个企业竞相涌现、互相竞争、人类活动与自然生境融合的演化生态系统。在雨林规则作用下，个体和组织的能量在此触碰、激变。

产业生态是经济演化的基础。史塔威尔的《亚洲大趋势》在总结东亚新兴经济体的发展经验时指出，企业执行严格的“出口纪律”，是经济起飞的关键。深圳产业生态的形成，同样是从大力发展出口加工业开始的。80年代中期，深圳经济发展方向曾经扑朔迷离，一度成为企业与私人利用政策空子、大规模开展进口内销倒买倒卖业务的基地，深圳及时应对并坚决执行了“出口纪律”，才使得特区没有偏离发展出口加工业的初始导向。这些劳动密集型的制造业为深圳培养了大规模有技能的劳动力，并带来了企业经营管理的知识和理念。在市场的“熔炉”中，总有不安分的弄潮儿脱下工装，走上自主创业，转道开辟新市场。直至今日，深圳90%以上研发机构在企业，90%以上研发人员在企业，90%以上研发资金源于企业，90%以上专利发明出自企业。“人海”与“技术”相逢，迸发出的智慧是难以估量的。

这一演化生长而非计划配置的特区发展逻辑，在华强北商业区和深圳高新技术产业园区表现得最为透彻。

行走华强北，追溯深圳产业升级三级跳

在港资涌动的早期特区中，华强北却是由政治资源南下而成的“异类”。1979年后，原电子工业部、兵器部、航空局、广东省电子局等部门在位于华强路两侧的上步工业区陆续开设工厂，奠定了深圳电子工业的基础。此后，这一地区的电子工业持续发展，并由生产端延伸至销售、贸易等环节。到了80年代末，华强、赛格等电子市场已隔街矗立，拖着小推车、一身古惑仔扮相的销售，逐渐代替流水线工人，成为华强北街头最醒目的流动景观。小到二极管、电容器、大哥大、寻呼机，大到彩电、冰箱几大件，以及录像机、游戏机等进口产品，都可以在华强北找到细分市场。

1993年，深圳大学计算机系学生马化腾毕业后的第一份工作，便是在华强北一家名为“润迅”的寻呼机公司担任工程开发人员，但他起初的打算，其实只是想像那个时候的很多“工科男”一样，在华强北开一家组装计算机的公司。华强北电子市场在90年代的迅猛发展过程中，既有草根一夜暴富的神话，也有老板跌落神坛的人间故事。伴随许多人生起伏的，是电子市场“一米柜台”铺位的旺盛需求与一而再、再而三的扩容。1998年，马化腾怀揣着QQ的原型，在华强北赛格科技广场创立了腾讯，更多的“小马哥”们则在华强北不停地嗅捕技术和市场的风吹草动。

从1988年赛格电子元器件市场成立起，华强北的后工业化发展便势不可挡，零售百货、金融、办公、餐饮服务等业态自发占据了制造业外迁后留下的工业厂房。尽管对于自发功能转变带来的风险和损失有过踟蹰，但面对强烈的转型诉求，深圳市政府决定采取一种包容、引导、辅助的姿态，一方面着手政策修订规范建筑功能转变行为，另一方面积极跟进开展规划研究。自1994年起，深规院配合深圳市规划和国土资源局编制《上步工业区调整规划》《深圳市上步片区发展规划》，前瞻性应对电子元器件商贸新业态的发展，也由此开始了对华强北片区长期的跟踪研究。同期，深规院开展了《上步片区改造实施纲要》《华强北二期商业环境改造规划》《深圳市华强北路商业街环境景观设计》《华强北商圈交通近期改善和长远发展对策研究》等大量务实工作，从功能转换、交通市政强化、公共空间提升等多个方面支撑片区转型。2006年，华强北孵化了大疆，正因这里能够提供组装无人机所需的几乎全部硬件。一批又一批的初创企业、小微企业在模仿中学习，在竞争中创新，像当年的腾讯那样从华强北汲取它们需要的营养。

这一阶段是华强北片区从工业区向商贸中心转型的黄金时期。2008年，华强北电子产品的销售种类与经营面积位居全国第一，交易额占到全国的半壁江山。“中国电子第一街”的繁荣鼎盛带来了汹涌的空间扩容冲动。越来越多的拆旧建新、拆低建高的许可申请呈交到政府的案头。2007年年底，深规院就已配合福田区政府开展《华强北片区城市设计及二层连廊交通改善规划》，项目意在通过立体公共空间建设，应对当前空间难以承载高强度经济活动的矛盾。然而在华强北多年的深耕和对深圳城市治理方式转型的思考，使得规划团队意识到单纯围绕物质空间的规划手段已经不能解决当下的问题。一种在响应市场需求的前提下协调城市再开发事务的新体制已箭在弦上。为此，规划团队提出编制《上步片区城市更新规划》作为华强北片区可持续发展的纲领性文件。规划秉持“系统更新，开门规划”的理念，形成市区两级政府、片区业主和技术专家多方共建的规划平台，率先探索了尊重业主权益、公私协作的存量地区更新实施机制，在通过系统评估开展上限容量测算与分配的同时，也将城市公共系统的改善责任分解到16个更新单元进行落实，成为深圳市城市更新制度建设历程中的一座里程碑。规划成果随后转化为《深圳市福田02—03&04号片区[华强北地区]法定图则》。自此，华强北片区的发展进入了政府主动导控和市场自发生长双轨并行的时期。

华强北高歌猛进的转折点发生在2012年前后。随着个人电脑和手机分销模式的转变，以及受步行街和地铁建设施工的影响，曾经一铺难求、茶位费高昂的华强北路沿线竟出现了大量的退租空铺。但在强大的商业网络支撑下，华强北的电子元器件商贸业态基础始终相对稳固。2013年，在华强北背着零件盒穿梭在各大电子市场的“工科男”们有了一个共同的新名字——“创客”；2017年，老外在华强北用300元人民币的零件组装iPhone的视频爆红全球社交媒体；2018年年初，比特币热潮带来的矿机需求井喷再一次短暂推升了华强北的热度；2019年，在线上短视频“带货”潮的驱动下，美妆店成为进驻华强北的新租户……随着互联网的助力，华强北和庞大的创新、硬件、消费、物流、网络更加深度地联系在一起，也带来更为多元、多变的复合空间需求，只是日渐老化的建成环境难以阻止初创企业大量外流，而先前的规划也难以招架工改商地价高昂、业主实施进展不同步等诸多当年尚无法预见的问题。2018年，福田区政府委托深规院开展的新一轮《福田区华强北片区城市更新统筹规划》，重新凝聚各方对华强北转型创新的信心和共识。规划秉持因地施策的有机更新思路，在维护片区产业根基的前提下，筛选外围潜力单元进行提升改造，并以政府积极引导、整单元业主联合更新的方式，推进城市公共产品和创新产业空间的整体性供给，构建硬件创新的“进化群落”。

持续变革的华强北需要不懈创新的规划应对。华强北的几代规划共同指向了对城市发展趋势和权利人诉求的尊重。它的产业升级是观察深圳特区发展建设乃至中国快速城市化发展与转型的最佳标本，它的空间转换代表了可持续城市发展与治理在野蛮生长和强势干预两端之间不断成型的“第三条路径”。

移步高新园，复盘世界级企业摇篮的蜕变

躁动的华强北没有让腾讯久留。2004年，这家后来跻身中国顶尖科技公司的初创企业搬到了已成立八年的高新园，或许在这个以“高新技术”为愿景的地方，腾讯才能寻找到自己的生态位。高新园后来的故事几乎为中国所有的创业青年所熟知，它被喻为中国除了北京中关村以外最接近“硅谷”的地方，它所在的南山区粤海街道甚至在2019年的中美贸易摩擦中几乎以“一己之力”，抵挡着来自大洋彼岸的技术讹诈。

即使站在今天回望20世纪90年代，深圳宣布走向“高科技”似乎是一个有些脱离实际的“幻景”。高新园的前身是1985年由深圳市与中科院共同创办的“深圳科技工业园”，但盛名之下的科技工业园并不符实。1993年，紧邻科技工业园的深圳大学迎来了十周年校庆，它是那时深圳唯一的高校，离“南方清华”的办校目标还十分遥远；同样在1993年，寓意丰富的“C&C08”交换机成为华为的第一款自主研发产品，但是那年任正非在公司大会上的演讲，只留下一句沉重的“我们活下来了”。事后表明，从这次呐喊开始，“华为的冬天”“危机来了”“活下去”一次次使深圳人从成绩单上警醒，也一次次使深圳人未雨绸缪，渡过难关。

然而改革开放事业中的排头兵位置，逼迫深圳不能安于做世界经济体系中的“打工仔”。1994—1995年两年，江泽民总书记先后两次视察深圳，寄语深圳“增创新优势，更上一层楼”。在特区成立十五周年之际，深圳市第二届党代会号召全市“用十五年或者更长一点时间进行第二次创业”。“二次创业”首先要调整产业结构，在推进经济发展的同时，发展高新技术产业和高端服务业。1996年，经科技部批准，面积11.5平方公里的“深圳高新技术产业园区”在深圳科技工业园的基底上成立。

支撑高新园“筑巢引凤”的第一版规划《深圳市高新技术产业园区土地利用规划》的编制工作由深规院承担。这项规划虽然名为“土地利用规划”，实际则起到了总体规划的作用，奠定了高新区空间发展的“南—中—北”三区总体框架。尽管彼时缺乏实力派高等院校的深圳，还无法兑现高新科技研发的梦想，但是心怀远方的规划师们瞄准全球科技产业的潮流，前瞻性地将高新园定位于“产学研一体的综合示范区”，并帮助制定了多项配套政策。通过引入知名企业，将北京等学研中心城市科学技术研究成果进行转化和生产，成为高新园以及深圳高新技术产业的立身基础。

1999年，特区文化品牌“荔枝节”被中国国际高新技术成果交易会所取代，后者迅速发展为国内规模最大的科技类展会。在人流如织的会场中，孩子们是比商家们更兴奋的观众。他们中的很多人，后来成为展台上的主角。2001年，北大、清华深圳研究生院在距高新园不远的西丽大学城建校。深圳的高科技自此有了高等级学研和展示平台。2003年“非典”期间，胡锦涛总书记视察清华大学深圳研究院，不到一周时间研制投产的红外线体温检测仪成为明星产品。2004年，胡锦涛总书记再次视察深圳，勉励深圳“科学发展、率先发展、协调发展”。此后，深圳作出大力发展电子信息等四大支柱产业、实施自主创新战略、建设自主创新型城市的重大战略。政府产业基金全面支持中小科创企业，中小板、创业板在深交所先后落地，拓展企业融资渠道。

正当创新产业要素在高新园及其周边不断汇聚之际，2010年，深规院受南山区委托开展《大沙河创新走廊规划》研究。规划将深圳高新区的空间影响力沿大沙河拓展至西丽大学城，形成产、学、研空间联动，并从城市服务与科技创新互动的角度提出了公共服务升级、公共景观提升等系列创新环境营造计划。当时的规划师已经愈发清楚地认识到，在优惠的土地、税收政策之后，孵化高新技术产业的根本在于人才，而唯有优质的公共服务和良好的人居环境，才是在全球化条件下吸引人才的根本物质保障。园区的操盘者也清醒地认识到，仅仅依靠企业的分散力量自觉推进产业转型升级同样存在很大的难度，科技研发、成果转化和市场推广等一系列复杂的过程必须在有力的政府资源介入下来推动。在市长挂帅的园区领导小组带领下，园区强化一级政府的管理、服务与监督职能，不断以有力的措施，促进企业投资、公共资源运营与人才服务等公共事务，由此不断夯实高新园的软实力。

早年的高新园“收留”了初生的腾讯、华为和大疆，并将其培育为世界级的科技企业。今天的高新园，仍在多个尖端高新技术领域占据一席之地，孵化新兴的科技“独角兽”和“超级独角兽”。蓬勃的创新动能，不仅带动了留仙洞总部基地、西丽科教城等空间板块的谋划，也让深圳高新园继北京中关村和上海张江后，实现了国家高新区扩区。而在老园区内部，深规院也继续依托《南山区高新区北区城市更新统筹规划》等项目，为高新园插入编织空间的新纽带，帮助其疏通经脉、吐故纳新，让新一代定制化创新创业空间和积极公共空间的供给，支撑产业结构持续升级。

高新园由初生至今，空间规划与土地政策相互配合，政府管理与市场资源有机互补。引进高校、服务人才、支持转化、培育环境、营造生态等做法不仅为高新园的成功发展保驾护航，也带来了深圳产业空间发展与规划的成套体系。高新园只是深圳特区中许多个高新技术产业平台的一员，更多的产业演化和技术创新——它们中的大部分是看似粗粝的——曾在并仍在更多的园区中上演。

在开放与竞争中繁育市场意识与务实价值

在特区建设与发展浪潮里的各类市场主体中，也有无数规划设计机构的身影。其中多数是来自北京和各省市体制内规划院、设计院的深圳或华南分院，也有不少是在深圳草创的政府和市场设计机构，深规院便是其中的一员。

市场经济生态让实用哲学在特区蔓延，影响了深圳的规划设计市场运行方式，也影响了规划设计机构的经营管理模式，进而深刻塑造了它们的上层建筑。那些在市场竞争中幸存下来并茁壮成长的，是与特区气质联系得最为紧密的。深规院如此，深圳的其他规划设计机构也多少带有相似的气质，体现在它们的专业思维与行事风格上。它们信奉“实事求是”，立足于事实，从问题出发，致力于帮助客户城市解决实际问题，给出的解决方案也因地制宜，随时空与问题的变化而调整，不以固定模式放诸四海，为此不断将自身锻造成学习型的组织；它们认可“实力对话”，不惧竞争且敢于竞争，用技术创新而非市场保护来制胜，又能在胜仗过后自我清零，重新开赴下一片战场。

开放的规划市场与激烈的技术服务竞争，锤炼出深规院的务实精神和市场意识，也影响了深规院的规划设计工作哲学。在2000年建院十周年之际，深规院总结提炼了一套名为“务实规划”的准范式，在宏大叙事、指点江山、目标导向型规划风靡大江南北的当年，树立起了一面别具一格的旗帜，从而成为全国规划设计行业中的一个独特流派。

开放的市场也塑造了开放的人才观。五湖四海的深规院就如五湖四海的深圳人一样，人才不问出身和志向，英雄不问出处与归宿，以至深规院在多年后被冠以深圳规划界的“黄埔军校”。在深规院得到培养和锻炼的人才，从规划技术岗位走向党政领导岗位，走向规划、住建、水务、交通等市级政府部门，以及高校、城市开发运营商和其他规划设计机构。他们是地方规划行业的骨干力量，为深圳规划文化的培育和共享发挥了中流砥柱的作用。

深规院伴随深圳特区发展而成长，深规基因也伴随着深规院的生长而继承、复制、传播。

城市化的治理体系——以深圳为例

超常规快速增长的特区如何得到有序的整体引导和管控，是深圳特区城市规划体系构建面对的基本任务。在全国范围尚未具备符合社会主义市场经济规律且具制度化运行经验的城市规划体系蓝本之时，深圳的城市规划体制探索，对于中国大规模新城、新区规划建设起到了先行先试的作用。从早期的灵活放权，到形成统一的规划编制、实施、管理和技术标准体系，深圳特区规划治理的核心要义在于趟出了一条处理政府与市场关系的具体实践道路。

规划制度设计紧握有形与无形之手

“特区是个窗口，是技术的窗口、管理的窗口、知识的窗口，也是对外政策的窗口”[1]，“赶上亚洲‘四小龙’，不仅经济要上去，社会秩序、社会风气也要搞好，两个文明建设都要超过它们，这才是有中国特色的社会主义”[2]。经济发展从来不是特区的唯一目标，探索社会主义制度下的良好治理模式，同样是特区的一项重要使命。

城市规划是城市治理的核心工具箱。通过土地使用管理规制、公共设施配置等“空间政治”手段，城市规划也扮演了“城市权力”的重要调节方。在城市经济的良性演化进程中，良好的城市规划需要合理满足市场对公共资源的需求，也应以公共产品的配置来控制或引导市场，这是任何一本规划教科书都会提及的基本原理。深圳特区规划善失与否的核心问题之一，便是如何在特区不断变革的体制环境中规范、协调城市规划建设中的市场与公共利益关系。

特区建立初期，深圳作为“城市”的资源能力尚有限，它的发展与建设多在国务院特区办的领导

[1] 引自《邓小平文选》第三卷，“办好经济特区，增加对外开放城市”。

[2] 引自《邓小平文选》第三卷，“在武昌、深圳、珠海、上海等地的谈话要点”。

下，作为首都北京的准“飞地”进行管理。在尚未摆脱计划经济体系的“城市”受到相对严格基建指标控制的背景下，中央的深度干预反而使深圳获得保守途径以外的发展资源。以招商局蛇口工业区为先行，国家划出特区内土地，由来自香港、北京的中央企业成片开发、建设、经营、管理一个相对独立的区域，并在经济体制和行政管理体制上进行全方位配套改革，其模式在华侨城、南油等区得到推广。与之相应，这些地区的规划权也曾在相当一段时期内由自己掌握，并邀请来自中国香港、新加坡等地的规划师操刀方案，引入规划设计新理念。由企业自主进行规划建设管理的模式也在客观上促进了局部地区基础设施与公共服务配套完善，并奠定了日后多样化的城市特色。

为了解决特区建设中外资企业使用土地的问题，深圳先于全国实行国有土地有偿使用制度。地方政府通过向国有土地使用者收取一定数量的土地使用费获得用于土地一级开发，提供基本基础设施与公共服务的收入。但在快速城市建设中，有限的收入流量难以覆盖基本建设投资需要，地方政府自身面临资金周转压力。1987年，深圳顺势引入香港土地拍卖制度，敲响“第一槌”。一次性收取土地出让金的方式极大扩充了地方政府的财政和融资能力。继深圳后，国有土地招标、拍卖、挂牌的“招拍挂”制度推广至全国。它所开启的“土地财政”对中国城市化的影响迁延至今，而深圳自身最终逃脱了对土地财政的依赖。

全新的土地使用模式倒逼城市规划进行体系与制度上的调整。成片开发区以传统城市总体规划为主要依据的相对粗放的规划供给已经不切实际；招商引资目标下的土地有偿使用涉及的诸多“交易”行为，在当时国内个别城市试验的“控制性详细规划”技术体系下又难以凭借合法程序来加以制度管控。面临日益活跃的市场行为与多样的市场诉求，需要探索更加合理、有效的规划体系。

地方立法权是特区制度创新的机制保障。1992年7月，全国人大常委会正式授予深圳市人大及其常委会和市政府制定地方法律和法规的权力。手握立法权利剑，深圳得以斩断诸多体制机制痛点，在改革中继续披荆斩棘前行。获权后的深圳，先后开展企业所有制、国企管理体制、市场体系、行政审批制度、社会保障等方面的一系列城市改革。1998年5月，基于特区前十五年城市规划工作经验而订立的《深圳市城市规划条例》（后文简称《条例》）由深圳市人大常委会通过。《条例》借鉴香港经验，进行了多项制度创新，如建立城市规划委员会制度，构建总体规划、次区域规划、分区规划、法定图则、详细蓝图“五阶段”规划编制体系，明确“城市设计”贯穿城市规划各阶段，确立以法定图则为核心的规划管理体制，并制定规划标准与准则作为规划编制和规划管理的主要依据。

具有特区特色的城市规划体系，让规划的有形之手得以用合适的长度和力度握住演化经济中的无形之手，并深刻影响了这座城市的空间进程。

规划体系与规划管理走上法制轨道

特区是一个制度空间，一个在当时看来具有超前规模设定的制度容器。一系列行政管理、经济体制、社会治理、企业发展、科技创新等领域的改革措施在这里先行先试，为国家从计划经济向开放的社会主义市场经济转轨投石铺路。一道“二线关”区隔开特区内外，327平方公里的原特区不足深圳市辖域面积的六分之一，更促成了特区和内陆两种经济制度空间。这种城市政府全域管理、特区内外二元管治的模式，随着城市规模的超常规快速增长而表现出越来越多的矛盾。从城市内部来说，蛇口等区发展优势突出，但长远看来不利于城市进行统一规划和公共资源调配。推行规划体系与规划管理法制化、消除“特殊”之地的重要前提是统一关内关外、园内园外这三类制度空间。

所谓特区“二线”是将原特区与内地进行物理隔离并由武警部队边控的特殊边防线。从1986—2008年的22年里，大陆居民需要手持“边防证”才能通过“二线”进入特区。“南头关”“布吉关”“梅林关”……深圳人将边检站称为“关口”的习惯保持到了现在。1979年特区成立后，原宝安县县制一度撤销，1981年得到恢复，辖深圳市内特区以外地区。1992年，宝安县撤县并建宝安、龙岗二区，实现深圳市域内市辖区全覆盖，也为编制城市总体规划将规划区范围由原特区扩展至全域创造了行政管理体制上的条件。《深圳市城市总体规划（1996—2010）》也成为全国第一份覆盖全市域的城市总体规划。此后，深圳加快特区内外的空间整合。2005年起，深圳逐步取消边防证管理制度。至2010年，国务院批准将深圳特区范围扩展至全市域的申请。与此同时，从建设光明、龙华、大运、坪山四大新城，到设立光明、坪山、龙华、大鹏四大新区功能区，再到功能区升级为行政区，深圳不断推进原关外地区的城市化体制建设。今天的“二线关”，早已由特区边缘变为城市内部的绿环。深圳的民间健身运动组织，更是将这条边线开发为一条颇具吸引力的徒步路线。

而开发区早期的政企合一模式，曾经伴随相当程度的规划自主。例如1983年、1984年蛇口工业区管委会及行使地区级地方政府职能的蛇口区管理局相继成立后，蛇口便设规划建设室，独立行使园区规划管理权。随着园区承担的公共服务职能越来越多，园区机构膨胀且不断加剧，园区的集权体制面临“二次改革”的要求。1987年，蛇口工业区管委会改制为有限公司。1990年，蛇口区撤销，并入南山区。1998年，深圳市委市政府发布《关于进一步加强规划国土管理的决定》，收回南油集团、蛇口工业区、华侨城、福田保税区、盐田港等成片开发区“大红线”内部的规划管理权，由市规划部门实施统一管理，但仍然保留一部分城市管理权。规划权从下放到上收的过程，也从侧面反映了城市发展不同阶段园区和城市的空间与权力关系演变。

无论是二线关的“设”与“撤”，还是成片开发区的“放”与“收”，都是调节不同层级空间相对权力的过程。而在理顺空间的权力关系过后，特区空间治理的核心焦点则转移到规划制度的建立上。

改革开放以后的城市规划体系继承和延续了“前三十年”奠定的城市总体规划和详细规划工作基础，总体规划和详细规划也成为1984年《城市规划条例》以及1990年颁布的我国首部《城市规划法》所规定的“城市规划”的两个法定阶段。在规划响应土地批租制度的过程中，从80年代中后期开始，一些地方基于其他国家和地区的经验，引入“区划”“建设规划”等规划思想和技术工具，改良并形成了以指标控制为核心手段的控制性详细规划制度，将城市规划体系具体化。然而在法定规划的实践和运作中，出现了诸多不利于市场经济运行的现象。例如总体规划对于城市规模的控制十分严格，且审批时间都比较长，使用中面临“审批即失效”的困境，与城市发展实际日益脱节；控制性详细规划缺乏法律地位与权威性，大量、随意的规划修改侵吞、蚕食了城市的公共利益。

在行业热议总规“失效”议题之时，自2000年起，全国各大城市兴起了一股试图以“战略规划”绕开总体规划制度掣肘的风潮。但是对于规划体系的改良，深圳和深规院的理解更加侧重如何把总体规划这一“空间共识”实施好。从1996版总体规划编制起，深规院便开始积极讨论并谋划总规实施机制。2000年，结合市“十五”计划编制，深规院启动《深圳市城市总体规划检讨和对策》研究，编制《深圳近期建设规划（2003—2005）》，后续进一步形成直接衔接“十一五”规划的《深圳近期建设规划（2006—2010）》，成为长效机制。更加务实的“近期建设规划”，成为提升总体规划实施水平的一项重要创新。而深规院谋划并全程参与的这项探索，也成为近期建设规划纳入建设部《城市规划编制办法》并写入2008年《城乡规划法》的关键支撑。

在学术界探讨控制性详细规划的程序正义之时，深圳从90年代中期起深入研究并引进香港法定图则制度以改良缺乏法律意义的控规。法定图则的技术内容与控规近似，但经成果编制、规划公示、规划委员会审批等程序后即具法律效力，任何单位和个人不得擅自更改。由此锁定公共服务、市政设施和绿地等公益性用地在规模和布局上的刚性，确保在土地有偿使用和城市开发市场化机制下公益性用地不被侵占。作为法定图则的审批机构，也是我国第一个具有规划决策职能的地方规划委员会，深圳市城市规划委员会从专业比例、成员构成等方面保障了规划决策的专业性、民主性和独立性。在法定图则制定从构想、研究，到试行、全覆盖的过程中，深规院人以及从深规院走到规划管理岗位上的院友们提供了全程咨询和把控。

任何制度都始于一时一地的应对，需要与时俱进地看待它、发展它。法定图则制度推行的伊始便在“城中村”的问题上遇到障碍，规划师则暂以“开天窗”的方式先易后难灵活应对；而法定图则的编制技术也随着城市对建筑、街区形态精细化设计和管控要求的提升而不断丰富和改进着。前期遗留下的城中村图则编制问题，以及法定图则在实施过程中表现出的修改程序冗长、控制刚性过强等争议，也成为从快速城市化走向存量更新时期深圳城市规划制度创新的焦点。深规院又从这里再出发，探索并建立深圳城市更新与城市更新规划的技术与制度体系，以城市更新单元规划补上法定图则的“天窗”。今天，城市更新规划已经成为详细规划层面与法定图则一同保障深圳城市空间开发质量的双工具，并作为特区规划先行先试经验的重要组成，受到其他城市的关注。

以规划标准凝聚规划治理技术规则

当规划师以技术理性之名来调节公共利益与市场利益时，约束规划本身的“规划的规则”就势在必行。

深圳是国内最早意识到要以规划技术标准来约束规划编制和协调规划技术成果的城市。在20世纪80年代深圳有规模地移植和借鉴香港规划经验之时，就注意到《香港规划标准与准则》对于地方行业的意义。1990年，以之为蓝本编制的《深圳城市规划标准与准则》（后文简称《深标》）颁布试行，成为全国首创的地方性规划技术标准，并于1998年经《深圳市城市规划条例》确立为深圳地方规划技术体系的核心。“拿来”之后，《深标》并未固化僵守，后于1997年、2004年、2014年全面修订，2017年以来仍不断完善，以主动适应深圳的城市发展进程。

20世纪90年代初期，在国内城市规划仍普遍使用参考性的居住区定额，颁布试行的《深标》便已规定了城市建设用地分类、主要建设用地比例、公共设施配套标准等规划核心内容，作为深圳编制详细规划的重要技术依据。1997年正式颁布实施的《深标》增加了建筑控制、公共开放空间、城市公共设施和道路交通、市政工程、环境卫生、防灾等基础设施规划技术标准，为次年深圳正式建立以法定图则为核心的法制化规划管理制度并推动法定图则编制实践提供了技术支撑。

2004年，深规院牵头完成《深标》第一次全面修订工作，以响应深圳提升城市规划管理标准化、规范化和法制化的要求。21世纪初期中国加入世贸组织，深圳抓住机遇，确立了建设国际化城市的新目标，并加速推动原特区外城市化进程，以协调特区内外一体化发展。因此，依托《深标》，借力于规划，进一步完善城市功能、提高环境质量、统一特区内外的规划建设标准，成为2004年全面修订《深标》的核心要义。为此，2004版《深标》首次统一了特区内外的规划技术标准，并借鉴国际化城市在规划管控中多采取的刚性弹性结合等原则，优化了城市用地分类、公共设施配套、市政基础设施建设、绿化等标准，新增城市地下空间利用篇章，形成了系统性更优的规划技术规范体系。

《深标》三十年来不断修订和完善，记录了市场经济体制转型过程中规划技术理念和管理思路的与时俱进。以《深标》中的土地利用与公共设施内容为例，由于规划师对特区不同发展阶段下规划管控要求理解的动态变化，对用途分类与设施分级分类的技术规则也经历从粗分到细分再回归简化粗分的过程，但是一以贯之的是对政府与市场间准线的调控。例如在符合环境相容、保障公益用地和景观协调等原则下，《深标》鼓励土地多功能混合适用。诸多类似的条文设置在刚性管控保障公益用地需求的基础上，为以市场机制配置土地资源给予了较大的灵活性。

《深标》之后，为规划技术成果制定地方标准的思路延续到了城市设计、城市更新等工作，深圳地方规划技术标准体系内容得到了极大充实。随着《深圳市城市设计标准与准则》《深圳市法定图则编制技术指引》《深圳市城市更新单元规划编制技术规定》《深圳市重点区域开发建设导则》等技术标准与规范相继出台，各类规划设计技术业务悉数纳入规范管理。《深圳市海绵城市规划要点和审查细则》《深圳市城市规划低冲击开发技术指引》《深圳市海绵型道路建设技术指引》等与各类规划标准互为支撑，响应了深圳城市建设进入存量时代、注重低碳生态绿色发展、先行探索海绵城市建设等阶段性重点思路和方向。对于一座拥有2000万人口且治理良好、生机勃勃的城市来说，体系化的规划技术标准是不可或缺的规划治理工具。

规划技术标准是规划制度建设的缩影。特区规划制度体系并非出于凭空而得的顶层设计，体系的各项在实践中孕育形成，也在实践中滚动完善。它们的运作环境与实现土壤，是这座鲜活的城市。

规划产品的实施导向与运营思维

深规院用规划技术产品的持续输出，为特区城市规划体系合理协调政府与市场关系立制铺路，同时也因其对深圳经济特区体制环境中政府与市场关系的深刻理解，更好地服务政府和市场主体。

在行之有效的规划与制度下，是否“好用”是评判规划技术成果的一项关键维度。只能用于“墙上挂挂”的美丽图画，以及“学院派”的理想方案，都无法赢得深圳的一线实践市场。只有熟悉规划实施主体真实运作特征与制度抓手的规划师，才有能力制定切实可行的蓝图。伴随特区成长的深规院参与了深圳规划体系与重大规划制度建设的多个关键阶段，见证了由自己绘制的规划是如何一步步落地、一期期建成的。基于持续不断的研究、规划、设计与评估经验，深规院较早建立了“全流程规划”的技术概念，也以之为理念推动规划技术的全链条服务，将一次性“买卖”延展为贴身技术支持，获得了地方政府的认可。广泛的口碑使深规院得以打开和深耕市场，例如南京江宁的系列工作便源于再续拉萨柳梧新区的前缘，来自浙江市场的积极反馈则让浙江反而成为深规院在深圳市外最大的实践基地。而在广西北海、雄安新区等地，深规院更从规划产品的点对点供给方进阶为规划治理规则的制定者，向它们输出深圳的规划技术标准规范经验。

实施导向规划产品的供给需要规划师用经营思维武装头脑，尤其当开发商、城市运营商等市场主体同时作为规划实施主体之时，规划院对城市运营商的服务能力成为规划实施的重要因素。深规院有幸在深圳特区的长期规划实践中，与招商蛇口、华侨城、盐田港、深业、万科、华润等同样见证和伴随特区成长的开发商、城市运营商合作甚密，从中建立起成本收益、时序管理等项目经营思维，使规划产品契合实施主体所需。这些城市运营商高举特区品牌走出深圳、走向全国，深规院也跟随它们的脚步，为漳州、湛江、成都、西咸新区等地的大型开发项目制定全过程的规划与实施解决方案。

市场响应与实施机制在为政府编制作为公共产品的规划时得到重视，城市公共利益在为企业编制作为项目蓝图的规划时得以维护。规划师在以规划技术与政策咨询服务产品介入规划治理体系、协调政府与市场关系之外，更以对自身工作准则的坚持，超越为政府和为企业编制规划的领域隔阂，超越规划师的身份限制。

城市化的空间配置——以深圳为例

中国城市规划界一直流行着这么一句话：深圳是一座完全按规划建设起来的城市。深圳到底是规划还是演化出来的？对于这个问题的理论争议似乎仍将长期持续。但是特区已经用四十年不长的历史证明，演化是让这座城市不断自我革新的持续动力，而规划，则是让制度力和演化力合理归位、发挥最大效益的政策与技术途径。没有规划的演化和演化的规划，深圳无法行至今日、行稳致远。

组团式城市空间结构选型

在深圳特区之前，教科书中的城市规划技术范式大都遵循了“一般均衡”的经济模型思维，规划，即空间供给的政策与技术行为，是对需求的直接对接。一个理想的“被规划的”城市，是追求边际供给对等于边际需求的城市。由此，传统城市规划技术往往遵循“人口预测—用地测算—设施配置”的理性技术路线，并且由于城市规划编制受到规章制度与行政程序的约束，规划修编的时间周期较长（城市总体规划通常为十年）。以此程序生产出的规划成果，对于发展进程相对平缓、稳定的城市而言尤其具有合理性，但是对于快速生产的经济特区而言，一般均衡逻辑的规划思维是失效的。特区规划工作，需要以演化逻辑的视角加以看待。

演化理论认为，一个稳定可生长的复杂系统具有两点特征：开放的结构与简明的层级。特区规划究竟做对了什么，也可以通过这两个角度来解释。从结构上看，《深圳经济特区总体规划（1986—2000）》采取的“带状组团”结构，为327平方公里的原特区设计了一条从东部的罗湖区和西部的蛇口区开始，向特区中心地带相向生长的组团形态与空间路径，而《深圳市城市总体规划（1996—2010）》的“多中心网络组团”结构，则将特区成立前十五年的空间生长模式进一步放大至深圳全域，是为“分形”逻辑。从层级上看，历版深圳城市总体规划均致力于维护“系统整体”与“组团”的两级结构，是为“同构”逻辑。作为分形与同构的开放复杂系统，深圳的城市空间以相对均好的基础设施与公共服务设施作为空间发展的基石，以对基础设施承载能力与开发强度的引导统筹总体建设规模，在城市人口和经济规模远远突破规划预期的情况下，仍能保持较好的空间环境质量，为大规模工业化和城市化奠定了空间结构基础。

在从图纸向现实物质空间兑现的过程中，一份结构开放的蓝图还需要适度超前的基础设施建设作保障。特区建设伊始，深圳就确立了通水、通电、通气、通路、通信、平整场地的“五通一平”（蛇口工业区为“三通一平”）开发原则。除了城市内部的基础设施外，深圳也像人类历史上几乎所有重商主义的城邦一样，奋力建设对外港口，扩大自身系统与外界的交换通量。受惠于有远见的选址和经营能力，深圳在港城互促中不断提升产业附加值，城市的产业升级插上了海港迭代与空港扩张的翅膀。另外值得称道的一点是，深圳的轨道交通网络规模虽然不大，但是轨道交通线网站点，尤其是高铁、城际站点与城市功能区高度耦合。公交导向的“流空间”让深圳的空间发展更加紧凑、可持续。

组团结构成为深圳特区城市规划最具标志性的形态“符号”之一。形而下层面，它发端于城市布局对山体、河谷等自然地形地貌的规划响应；形而上层面，它又考虑到对于城市快速发展不确定性的空间应对方式。“开发一片一建设一片一成熟一片”——由单个组团向带状组团滚动，再向网状组团演化，组团空间结构在特区城市发展与规划建设实践中得到了充分的检验，并长期为中国城市规划界所称道。作为特区快速营城的一项核心经验，对组团空间结构的推介和运用成为深圳规划的一张“名片”。深规院在多地重大规划项目中，都因地制宜地采用组团空间结构方案，并不拘一格地加以变通和创新，其中就包括了喀什由绿洲水网划分的田园组团、攀枝花因山地形态与厂区布局组织的环形组团，以及怀柔科学城依托大科学装置布局的组团群落。“千年大计”雄安新区起步区的带状组团结构选型，是当代中国城市规划致敬深圳特区经典的最新例证。

规划分解管控与空间建设集成的交互反馈法则

深圳用一代人的时间由县级行政区有序成长为超大型城市并得到有效管理的事实本身，体现了形成与维持复杂人工系统的一条关键秘诀：物质建设上先园区后组团，累积城市整体规模效应；空间管理上先分区再单元，下分管治权力与组织动力。

特区成立初期的深圳是许多相对独立的“开发区”的集合，还无法被称为一座典型意义上具有中心性和公共性的“城市”。“生产”而非“服务”“赚钱”而非“消费”，是开发区的优先功能。这种空间状态，也和早期的开发区体制相对应。工业区（1979年）、旅游度假区（1985年）、保税区（1991年）、高新区（1996年），直至后来的深港合作区（2010年）、自由贸易试验区（2017年）……一个个具有不同试验任务的小容器填充在特区内部，它们大都有着迥异的政策主体和开发运营主体。据有关研究机构统计，深圳市域内拥有大大小小园区超过3000个。诚然，这些“园中园”“城中城”中很多并没有贡献成功的经验，但是任何成功的经验一旦脱颖而出，就往往成为内地取经的对象。而当这些小容器完成了各自的试验使命后，它们便在二次更新与功能置换中，融入城市的肌理与血脉，成为具有一定空间与产业特色的城区或街区，重新焕发生机。这是多样性的胜利。

园区的自我完善，带动组团的成片开发，又使城市的各个组成部分具备职住平衡、配套齐备等良性运转特征。以城市组团为基础，深圳构建并根据组团建设状况来切分区级行政区划，调整行政管理体系，使空间运行与公共管理尽可能集成。深圳的特大城市组织系统由此逐级生成，反之，深圳的特大城市空间管理体系也经此展开。按照深圳的“五层次”规划体系，由次区域规划、分区规划、法定图则依次逐级将总体规划空间布局向下落实。《深圳经济特区总体规划（1986—2000）》完成后，深圳曾首次编制次区域规划。1992年宝安撤县，深圳的次区域划分遂调整为原特区、宝安与龙岗，次区域与行政区衔接，规划编制向依托行政力量实施规划的现实需求靠拢，三个次区域中的《龙岗次区域规划》由深规院完成。《深圳市城市总体规划（1996—2010）》之后，深圳启动原特区内的罗湖、福田、盐田、南山4个行政区分区的规划编制工作,其中罗湖、福田、南山分区规划由深规院编制。由于当时法定图则工作尚未全面展开，福田、罗湖分区规划实际上起到了土地出让依据性文件的作用，其中罗湖分区规划首涉城市更新，并向下指导了清水河、笋岗、布心等工业区、仓储区的功能提升。2004年，深圳对特区外8个城市组团编制分区规划，进一步引导了这些地区的行政区划调整。自此，次区域规划实质上从规划体系中退出。

在世纪之交的这轮分区规划工作中，《深圳市南山区分区规划（2002—2010）》启动以后，南山辖区内的蛇口工业区、华侨城等成片开发区的规划权便被市政府收回。面对20世纪80年代独立管理区模式留下的西部港群、蛇口、华侨城、南头、第五工业区、沙河片区、南油片区、西丽镇分立格局，规划权在手的南山以明确、统一的发展目标为起点，通过建构一体化的交通、公共设施等支撑系统，消除原有的空间樊篱，以适应深圳全域空间分区管理的需要。统筹后的分区空间布局进一步分解至法定图则单元层面，便能在城市整体利益得到刚性保障的基础上，发挥复杂系统终末端的自组织优势，将公众参与与法定图则制度相结合。公众参与让法定图则走向广泛的市场主体和社会公众，规划师走进社区发现问题，了解民众具体而微的诉求和建议，让规划编制不再是简单地套用技术标准和规范或一味地追求理想方案。在南山分区规划编制完成后开展的《蛇口地区法定图则》工作中，深规院的工作团队共收到了来自市政府直属部门、区政府、街道办、当地驻军、企业、人大代表、居民、网民等各方的745份书面意见，内容涉及海岸线功能、填海、公共及市政设施布局、道路规划、城中村改造、地块用地性质、容积率等多方面内容。蛇口的规划权虽然被上收，但改进后的规划制度让当地社群仍然能够为社区建言献策，保持社区运作的活力与特色。

理性而充分的多层次公共空间供给

在城市国有土地使用制度下，实现组团结构与单元管控空间模式需要通过足量的组团间开敞公共空间与组团、单元内部的功能性公共空间来维系，而它们都来自政府对公共空间的累积与馈赠。

具有建设规划性质的《深圳经济特区总体规划（1986—2000）》在带形组团之间留出了大面积的公园与隔离绿地并悉数得到实施，为高密度建成区铺就了公共空间体系基质。两轮城市总体规划过后，2001年编制的《深圳市绿地系统规划》建立起“郊野公园—城市公园—社区公园”三级公共空间体系，奠定了深圳基本生态控制线的雏形。在此基础上制定的2006年《深圳市经济特区公共开放空间系统规划》进一步明确了公共空间的数量规模和服务水平，将“人均公共开放空间面积”和“5分钟步行可达范围覆盖率”两项关键指标纳入公共空间管理框架体系。基于上述两个重要项目心得的深圳城市公共空间规划体系的规划经验，随后也在杭州、扬州等城市落地。除了一般意义上的公共空间外，包括园区管委会在内的政府组织也在城市建成区中留下了诸多自有空间资产，作为政府主导项目的空间储备资源或用于提供各类公共产品。

由于空间资源稀缺，在深圳城市发展达到一定规模后，进一步规划并预留整块公共空间难度很大。因此在自上而下配置的同时，通过奖励性规划政策鼓励市场力量建设私有公共空间，作为城市公共空间资源补偿的思路应运而生。以规划途径、经济杠杆、行政手段等给予鼓励，建立一系列的公共政策，更有助于刺激此类共享式公共空间的持续供给。2007年，深规院受委托编制《深圳市详细蓝图编制指引》，明确规定了开发主体在地块内部开发建设时必须提供的非独立占地的公共开放空间与公共通道的规划表达要求，建立起此类公共空间资源补充方式的规划技术路径。这种方式在深规院编制的《深圳市中心区23—2街坊详细规划》中首次尝试，随后修订的2014版《深标》对非独立占地配建公共空间的建设提出了具体要求。相关规则还在深圳城市更新体系的形成过程中进一步充实和完善。《深圳市城市更新办法实施细则》《深圳市拆除重建类城市更新单元规划容积率审查规定》等现行城市更新制度详细规定了城市更新单元内可供无偿移交给政府用于建设城市基础设施、公共服务设施或者城市公共利益项目等的独立用地规模和比例要求，以及为开发主体落实或额外提供城市公共空间与公共设施而配套的容积率奖励措施。

充沛供给公共空间的思路还从平面走向立体，走向地下和空中。深圳是国内最早系统开展地下空间规划的城市。在《深圳经济特区地下空间发展规划》《深圳市地下空间资源利用策略研究》等地下空间蓝图的绘就过程中，深圳同样以精巧的制度工具，借助多种空间收益方式，撬动相关市场资源合理编织地下空间网络。高密度的深圳也是建筑功能三维复合利用的“立体城市”试验场。政府持有的创新产业用房、社区公共服务设施、人才公寓等公共利益要素正在越来越有机地穿插在各类建设项目中。为此，深圳正在以“三维地籍”等创新技术手段，将城市公共空间资源纳入更为有序的空间管理体系。

规划以外的空间，意料之外的城市

理性规划的广谱应用或许终究是技术与政治的乌托邦。那些未能被“规划”覆盖的空间，同样是这座城市不可或缺的一部分，甚至在一定程度上承担了城市发展的“缓冲器”与“润滑剂”，为城市贡献了更多。

尽管国内学术界对快速城市化时期深圳规划经验的总结主要侧重技术和管理体系，但在海外同行们看来，深圳作为城市发展现象的吸睛题材，都集中在国有土地管理和地方法定规划在短时间内未能干预到的城中村、旧厂区。不可否认的是，恰恰是正规体制外的“非正规性”，成为这座城市在全球学术话语体系中最大的“异域风情”。无论是城市内部二元结构的制度矛盾、低成本空间的草根与爆发，还是旧村背后的宗族文脉、旧厂之外的江湖社会，它们都如万花筒般以其细小和丰富折射出中国城市化的一切宏大叙事。而这些规划以外的空间，也为城市化“下半场”空间规划与治理的发展与创新提供了工作场景与对象的起点。

规划师终究也是有情感的，纸上的点线面与心中的情感对弈，留下的是对场所的归属与眷恋。那些没有以常规规划设计方式产生的空间，有些又成为这座城市精神的家园。2000年11月14日，江泽民总书记在莲花山顶为邓小平铜像揭幕。而承托这座伟人像的山顶广场恰是深规院的作品。为了把城市的“圣地”安排好，深规院的规划师脚量荒山，给出了登山路径与塑像坐标，在福田中心区的中轴线至高潮，托起了一片玉叶繁花和青松翠柏。那一日，曾经飞沙走石、暴雨倾盆，那一刻，却又云开雾散、洒下暖阳。从孺子牛雕像到莲花山广场，由深规院人和深规院院友们塑造的一座座社会剧场、文化容器和艺术丰碑，至今仍在塑造深圳人的心灵和品格。

它们，都属于那个激情时代留下的最深刻的空间档案与最宝贵的精神财富。

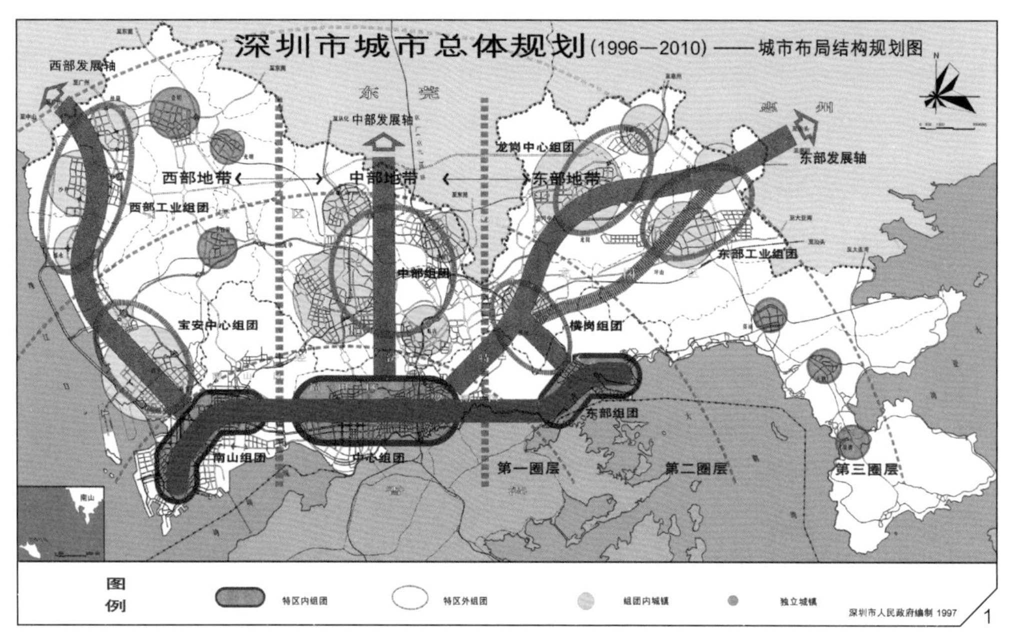

深圳市城市总体规划(1996—2010)——城市布局结构规划图
西部发展轴
中部发展轴
东部发展轴
西部地带
中部地带
东部地带
西部工业组团
龙岗中心组团
中部组团
东部工业组团
宝安中心组团
横岗组团
东部组团
南山组团
中心组团
第一圈层
第二圈层
第三圈层
图例
特区内组团
特区外组团
组团内城镇
独立城镇
深圳市人民政府编制 1997

1

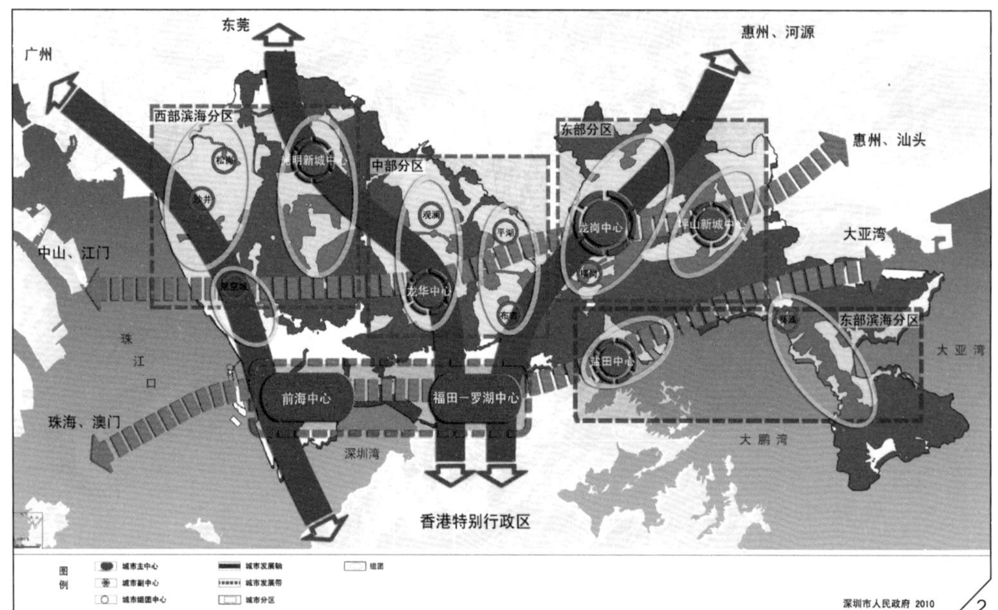

东莞
惠州、河源
广州
西部滨海分区
东部分区
惠州、汕头
中部分区
龙岗中心
坪山新城中心
大亚湾
中山、江门
龙华中心
东部滨海分区
珠
江
口
盐田中心
大亚湾
前海中心
福田—罗湖中心
珠海、澳门
深圳湾
大鹏湾
香港特别行政区
图例
城市主中心
城市副中心
城市组团中心
城市发展轴
城市发展带
城市分区
组团
深圳市人民政府 2010

2

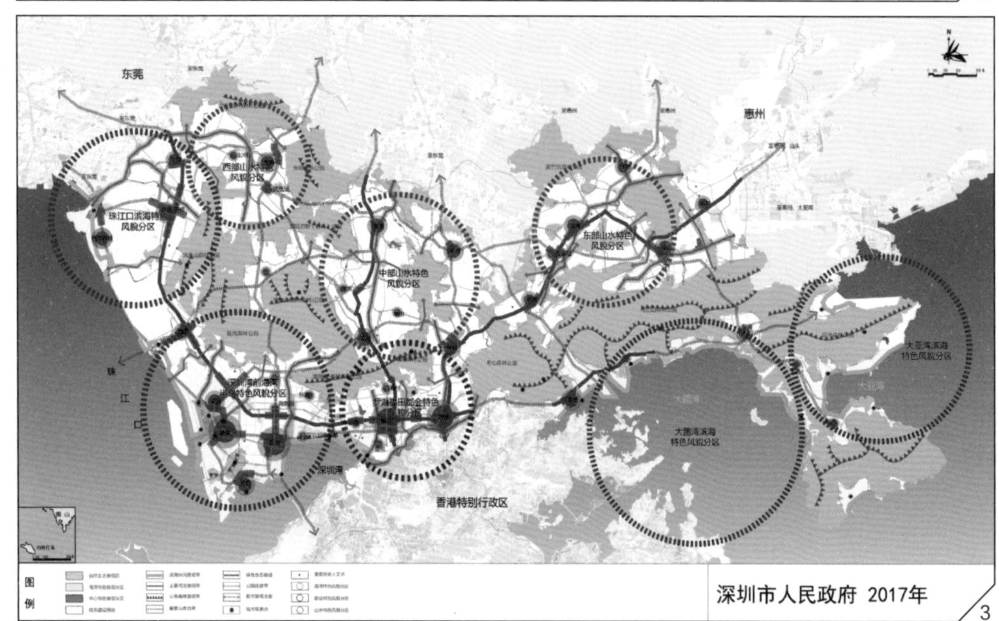

东莞
惠州
珠江口滨海特色风貌分区
中部山水特色风貌分区
东部山水特色风貌分区
大亚湾滨海特色风貌分区
大鹏湾滨海特色风貌分区
珠
江
口
深圳湾
香港特别行政区
图例
深圳市人民政府 2017年

3

深圳市福田区分区规划（1998—2010）

土地利用规划图

深圳市规划与国土资源局编制

二〇〇一年

4

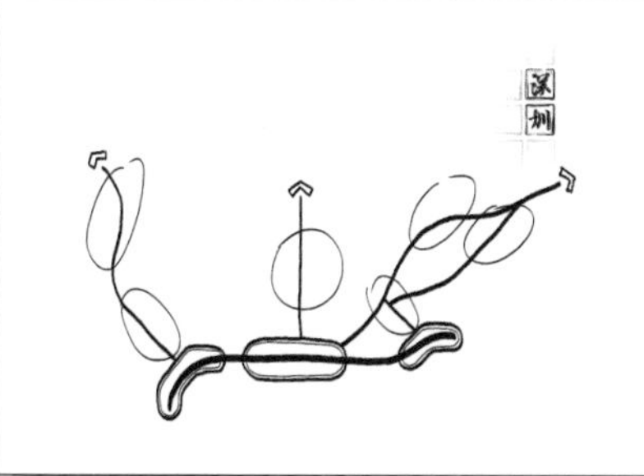

1 /《深圳市城市总体规划（1996—2010）》城市布局结构规划图

2 /《深圳市城市总体规划（2010—2020）》城市布局结构规划图

3 /《深圳市城市总体规划（2016—2035）》总体城市设计图（草案）

4 /《深圳市福田区分区规划（1998—2010）》土地利用规划图

5 /《深圳市罗湖区分区规划（1998—2010）》用地规划图

6 /《深圳市南山区分区规划（2002—2010）》土地利用规划图

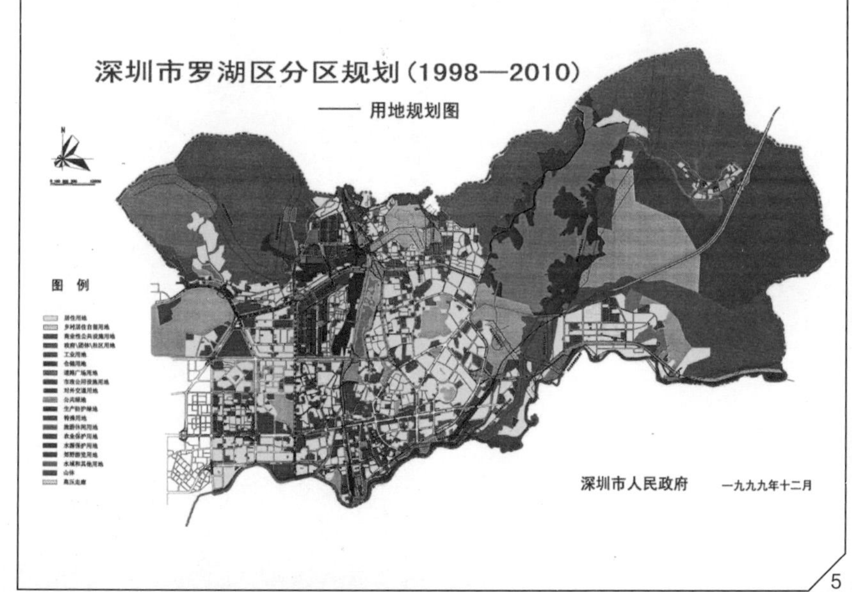

5

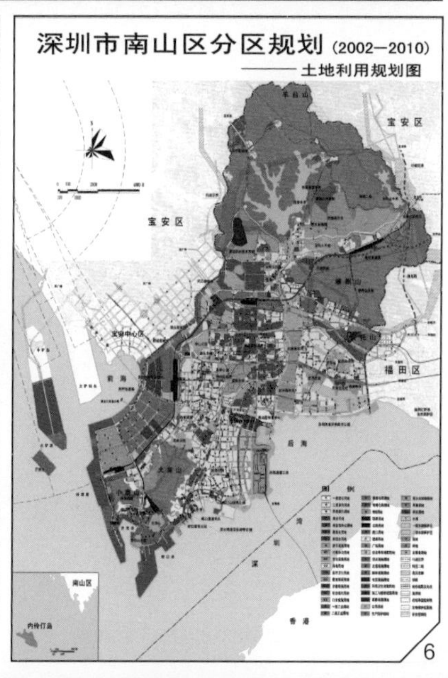

6

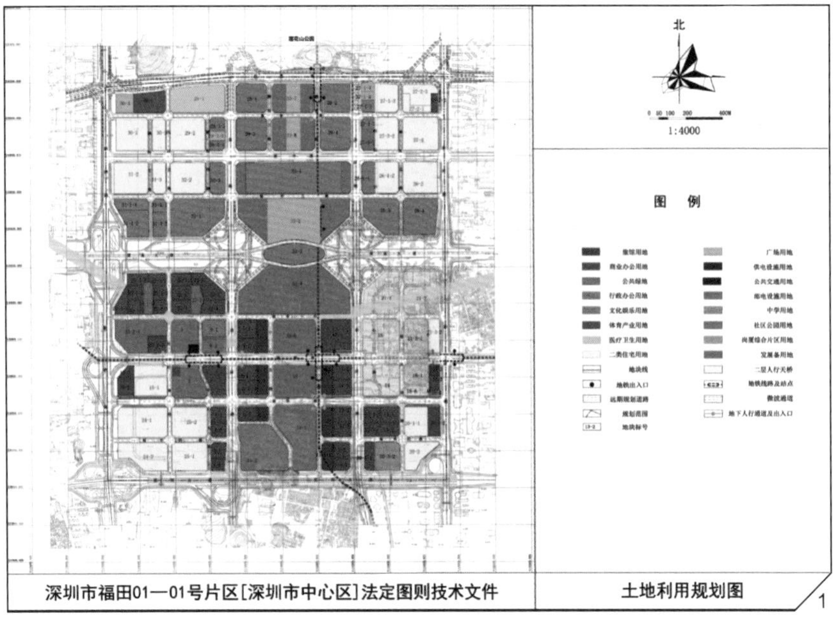

北

1:4000

图 例

深圳市福田01—01号片区[深圳市中心区]法定图则技术文件 | 土地利用规划图 1

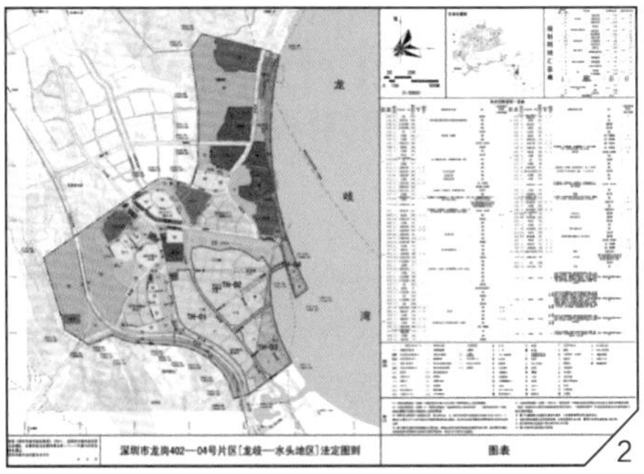

深圳市龙岗402—04号片区[龙岐—水头地区]法定图则 | 图表 2

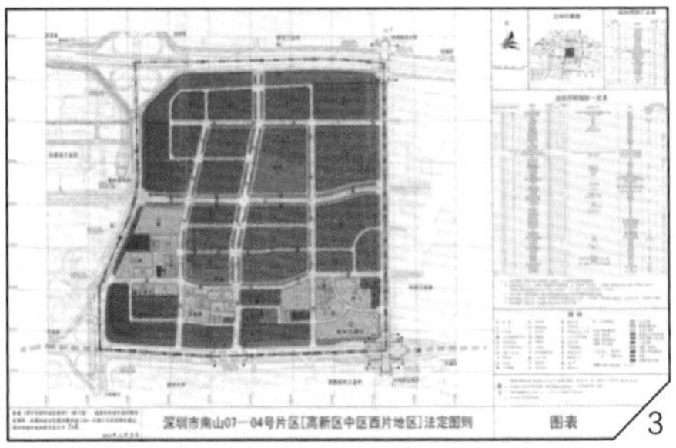

深圳市南山07—04号片区[高新区中区西片地区]法定图则 | 图表 3

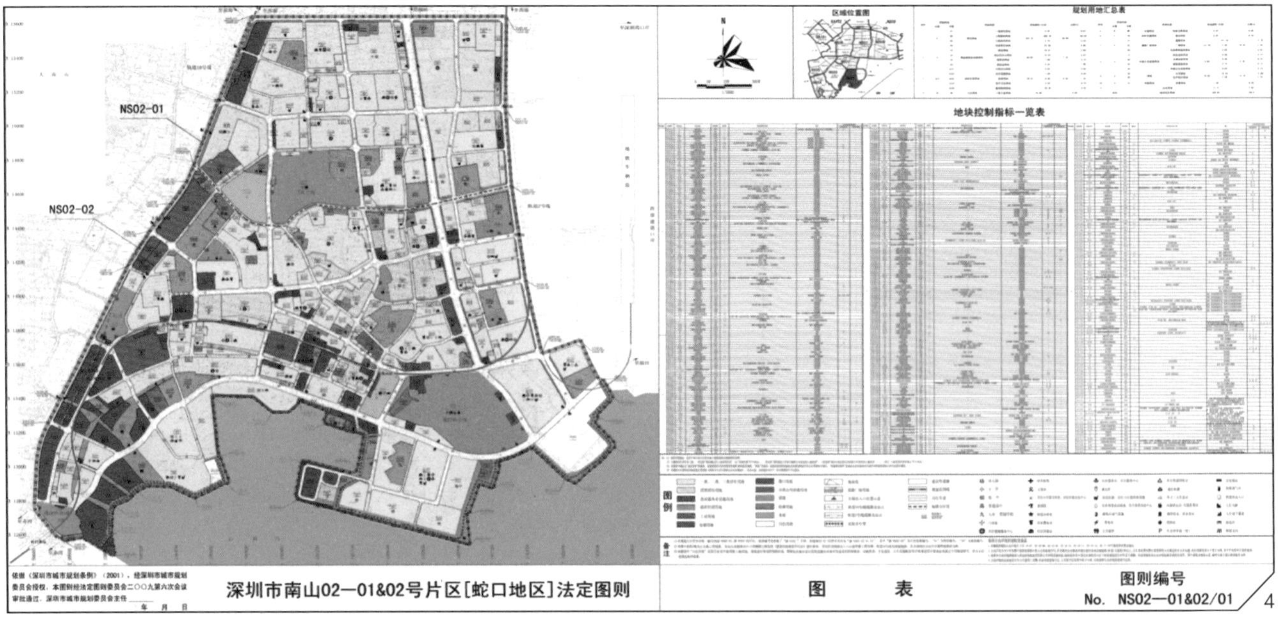

NS02-01

NS02-02

区域位置图

规划用地汇总表

地块控制指标一览表

图例

备注

深圳市南山02—01&02号片区[蛇口地区]法定图则 | 图 表 | 图则编号 No. NS02—01&02/01 4

1/《深圳市福田01—01号片区[深圳市中心区]法定图则》土地利用规划图

2/《深圳市龙岗402—04号片区[龙岐—水头地区]法定图则》图表

3/《深圳市南山07—04号片区[高新区中区西片地区]法定图则》图表

4/《深圳市南山02—01&02号片区[蛇口地区]法定图则》图表

5/《留仙洞总部基地控制性详细规划》土地利用规划图

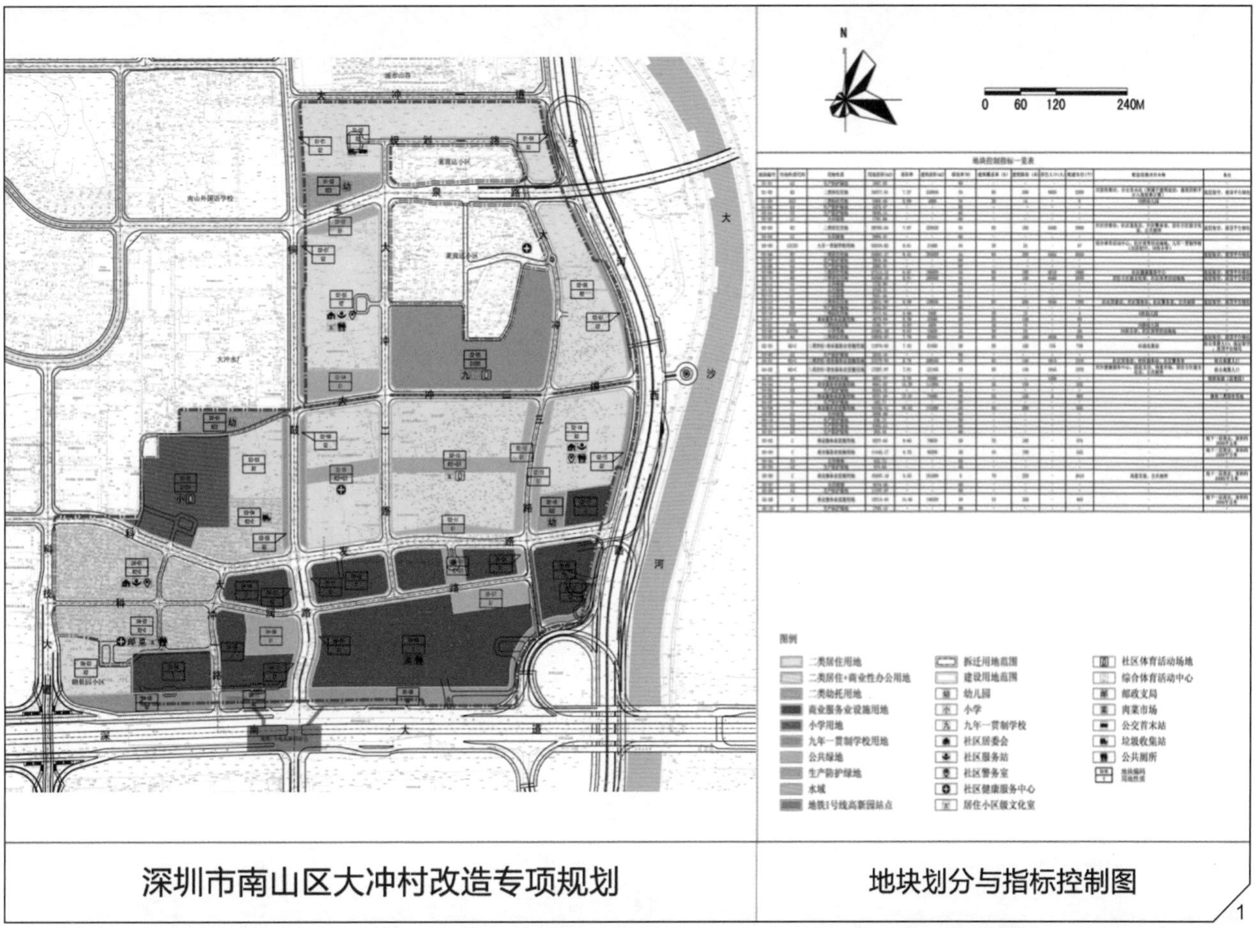

图例
二类居住用地
二类居住+商业性办公用地
二类幼托用地
商业服务业设施用地
小学用地
九年一贯制学校用地
公共绿地
生产防护绿地
水域
地铁1号线高新园站点
拆迁用地范围
建设用地范围
幼儿园
小学
九年一贯制学校
社区居委会
社区服务站
社区警务室
社区健康服务中心
居住小区级文化室
社区体育活动场地
综合体育活动中心
邮政支局
肉菜市场
公交首末站
垃圾收集站
公共厕所
深圳市南山区大冲村改造专项规划
地块划分与指标控制图
1

1 /《深圳市南山区大冲村改造专项规划》地块划分与指标控制图
2 /《深圳市南山07—05&06&07号片区[高新技术区南地区]法定图则》图表
3 /《罗湖区东门街道湖贝统筹片区城市更新单元规划》地块划分与指标控制图
4 /《深圳市高新技术产业园区中区西片区中小企业区详细蓝图》规划总平面图
5 /《深圳市高新技术产业园区中区西片区中小企业区详细蓝图修编》总平面图
6 /《深圳市高新技术产业园区中区西片区中小企业区详细蓝图修编》土地利用规划图

深圳市南山07—05&06&07号片区[高新技术区南地区]法定图则
图表
2

罗湖区东门街道湖贝统筹片区城市更新单元规划
地块划分与指标控制图
3

深圳市高新技术产业园区中区西片区中小企业区详细蓝图
4

深圳市高新技术产业园区中区西片区中小企业区详细蓝图修编
5

深圳市高新技术产业园区中区西片区中小企业区详细蓝图修编
6

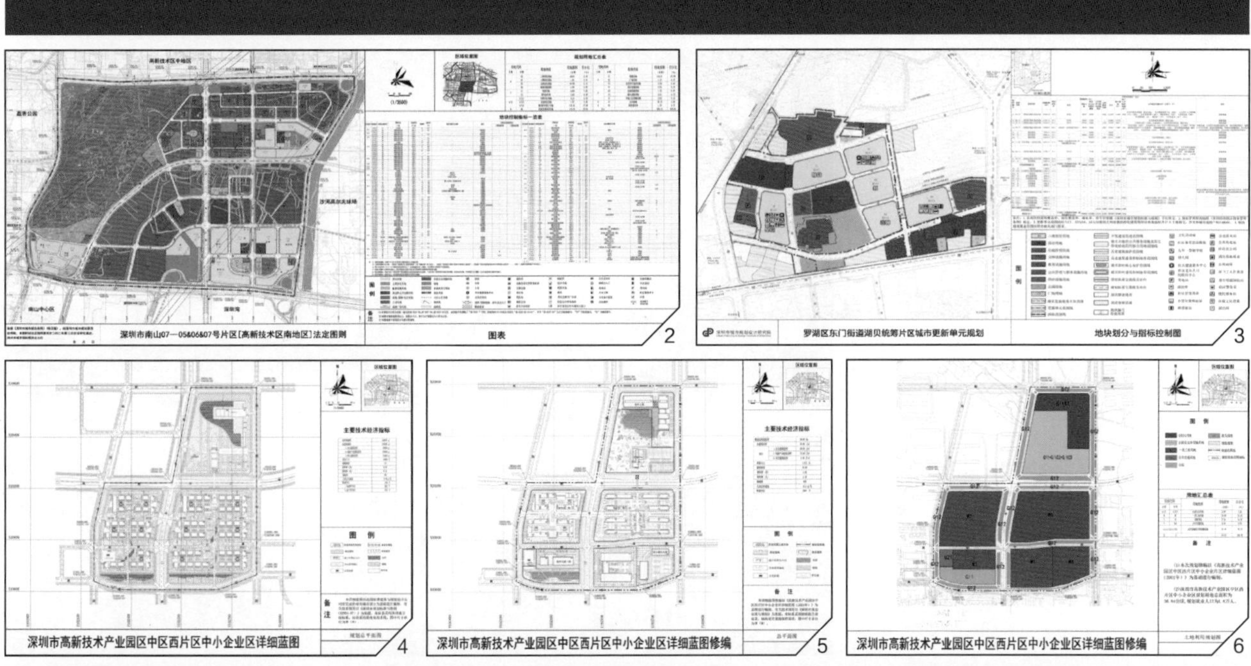

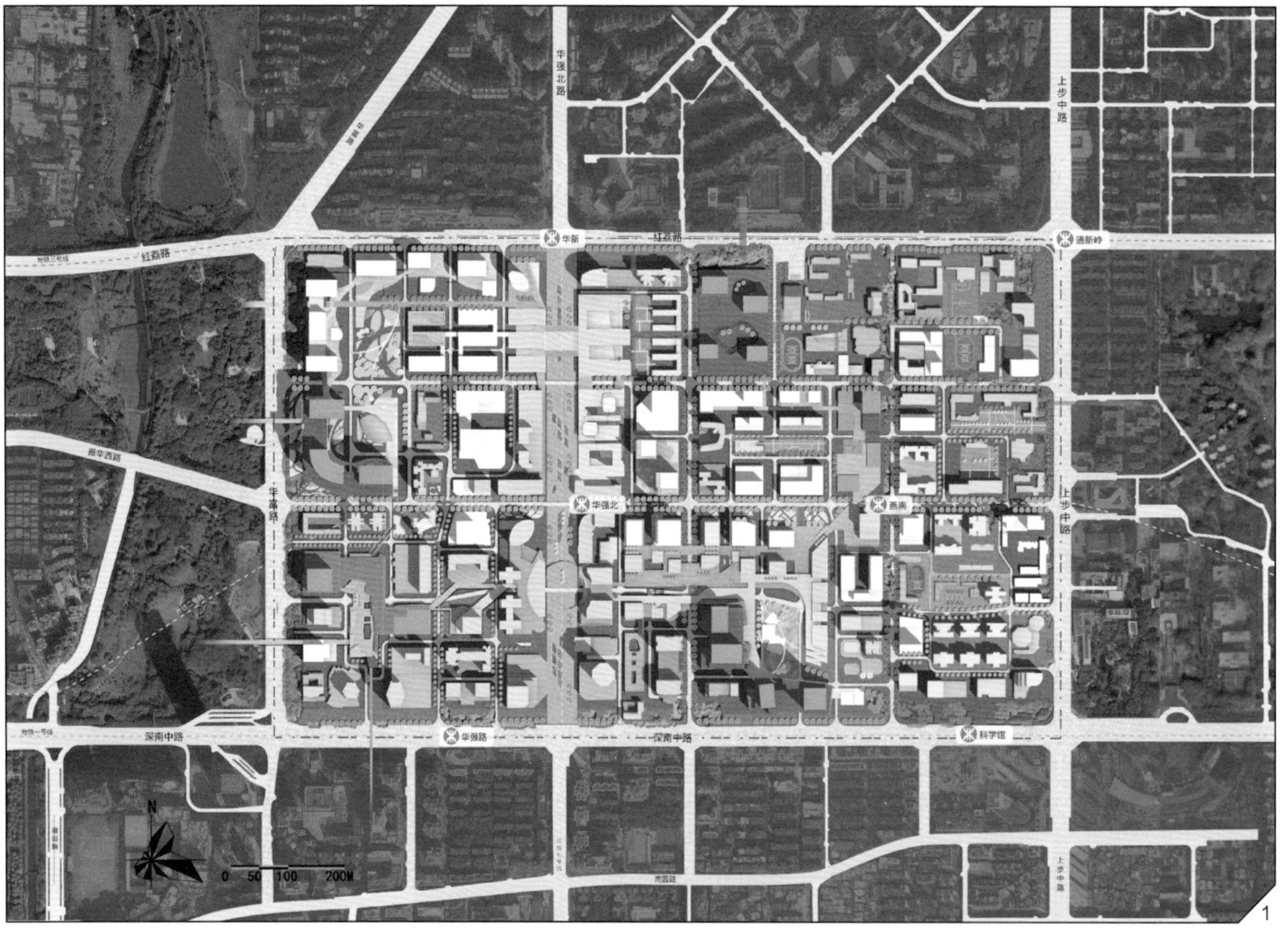

1

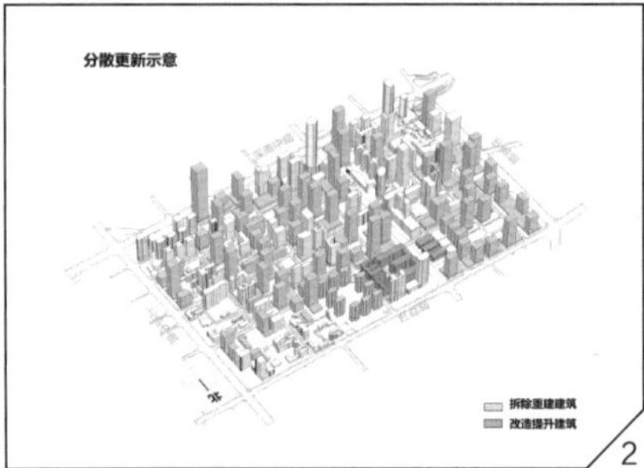

2

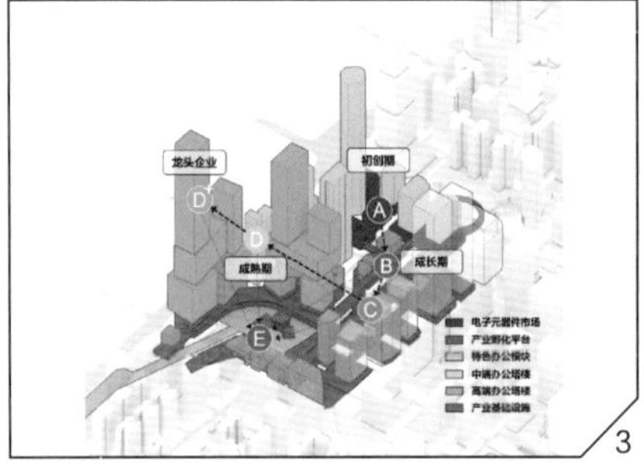

3

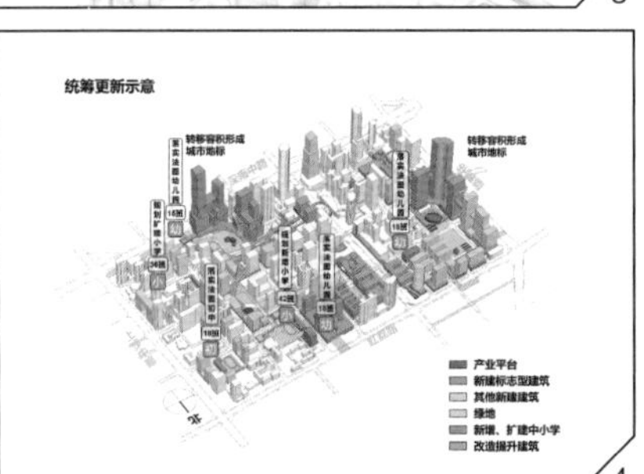

4

1 /《福田区华强北片区城市更新统筹规划》总平面图
2 /《福田区华强北片区城市更新统筹规划》分散更新示意图
3 /《福田区华强北片区城市更新统筹规划》适应企业成长阶段的创新群落示意图
4 /《福田区华强北片区城市更新统筹规划》统筹更新示意图
5 /《福田区华强北片区城市更新统筹规划》城市空间意向图

5

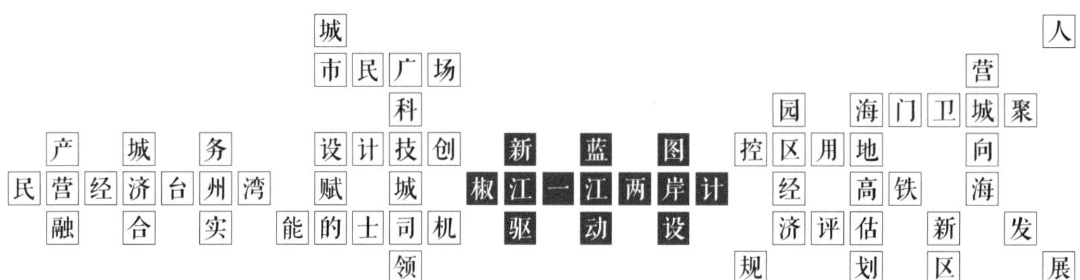
城
市民广场
科
产 城 务 设计技创 新 蓝 图 控区用地 向
民营经济台州湾 赋 城 椒江一江两岸计 经 高铁 海
融 合 实 能的士司机 驱 动 设 济评估 新 发
领 规 划 区 展
园 海门卫城聚
营
人

台州

年轻的台州与年轻的深规院

改革开放前，台州还是海防前线和农业地区，延续着“温黄熟，台州足”的农业盛况。改革开放后，台州在民营经济的发展浪潮中迅速蜕变为中国沿海地区的一颗耀眼明珠，地区生产总值从1978年的10.2亿元增加至2017年的4388.2亿元，增长了430倍，是全国平均增长幅度的两倍以上。现今，台州已成为中国民营经济的代表性城市，是“中国民营经济最具活力城市”“国家小微企业金融服务改革创新试验区”“浙江省湾区经济发展试验区”。

20世纪90年代初，台州提出设立椒（江）、黄（岩）、路（桥）组合型地级市的设想。1994年8月，国务院同意台州撤地建市。不同于其他地市“撤地”后在原地设市，台州则异地“设市”。这一决策改变了原有城市格局，形成了椒黄路三区的初步格局。至此，台州有更大想象空间和更大影响力的中心城区建设，拉开了序幕。

成立于1990年、与深圳共同成长的深规院，在2000年前后开始了由深圳走向全国的新征程。深规院有幸深度参与了台州中心城区的早期规划建设，台州也因此成为深规院走出去的代表性城市，并持续跟踪、长期服务二十余年。

台州民营经济蓬勃发展的气质与深圳这座改革开放先锋城市的路径颇为相似，台州的快速发展得益于其所处的时代背景和台州人勇于创新进取的精神，而台州的每一个重要发展阶段也都留下了深规院的印记。深规院人也因此与台州结下了不解之缘，留下了“台州的士司机都知道深规院”等众多佳话。

规划引领，从中心城区到滨海产业新区

2000年前后，在快速工业化积累的基础上，台州开始加快城市中心区的建设步伐，力图通过城

市中心区的打造，建立这座年轻城市的向心力和城市形象。从工业化到以产兴城，再到以城促产，是一个具有远见的战略举措。为落实这一战略举措，台州开启了系列重点规划建设项目，深规院派遣深圳福田中心区城市设计项目组参与台州市市民广场设计的投标，并得到后续深化的机会。随后，在台州中心区开展了从概念规划、控制性详细规划、修建性详细规划到中央公园方案设计等一系列的设计项目。

深规院借鉴深圳中心区建设经验，立足台州三城分立的实际情况，将“营城聚人”的理念贯穿始终，绘就了一个地上地下立体集成、公共空间与公共服务设施高度耦合的中心区规划蓝图，为台州中心区建设奠定了基本格局。经过十多年建设，美好蓝图逐步变成了现实，且得到了社会各界的高度认可，市民广场也成为台州的城市标志性地区。

进入21世纪，中国正式加入WTO，市场经济发展空前加速，以民营经济为主体的台州加快步入园区经济时代，招商引资和土地招拍挂成为适应园区快速建设的主要模式。针对市场快速变化带来的土地价值提升、市政基础设施供应不足、环境恶化、建设品质欠佳等诸多现象，深规院从“经济—空间—环境”三个维度提出综合发展的企业入园模式，并得到广泛认可，成为台州发展园区经济的基本共识。

这期间，深规院以行动和落地为导向，探索以“用地管控、蓝图设计、经济评估”相结合的规划方式，为台州开发区、中央商务区、商贸区、生活区等提供了30余项控制性详细规划、城市设计和修建性详细规划项目服务。这种探索将详细规划从管理导向转为实施导向，适应了当时快速建设的客观需要，既满足了产业发展、基础设施等建设项目的快速落地需求，又促进了土地价值的大幅提升，进一步夯实了城市的产业基础和财政能力，促进了城市的良性循环。

2008年前后，我国东南沿海地区区域一体化格局的逐步显现，长三角、珠三角等地区逐步从分散式竞争性发展逐步转向区域联动发展，以获取更大的发展空间。浙江省明确提出沿海发展战略，深规院结合台州地处东海入海口的区位优势，敏锐地抓住了这一时代机遇，在战略层面为台州编制了《台州沿海产业带战略规划》《台州市沿江发展轴战略规划》等区域性规划，为台州跨越式发展框架贡献了诸多战略层面的考虑。同时，深规院也陆续承担了《黄岩永宁江概念性城市设计》《台州市黄岩区空间战略规划》等台州主要城区大尺度空间规划项目，为台州拓展城市战略空间格局、步入大平台培育时代提供了良好的规划基础。

2010年，台州市按照浙江省要求，在滨海地区依托市区及温岭、临海两市东部围垦地区开始筹建台州湾循环经济产业集聚区，作为浙江沿海产业带14个重要的战略平台之一。在这种背景下，台州市抱着再造一个海上台州的雄心，开始全面谋划台州向海发展的空间战略，台州湾循环经济产业集聚区自然而然成为战略承载地。

然而，一个产业新城的崛起仍面临诸多困难，首先是如何形成并稳定“向心发展”的空间格局。深规院结合国际可持续发展新趋势和国内城镇化转型发展新要求，立足台州湾循环经济产业集聚区的实际情况，针对性提出生态优先、产城融合等规划理念，并以协同规划的方式打造无缝衔接的“一张蓝图”，形成以“月湖绿岛”为中心的特色格局。

生态优先，建设一个安全、开放、优美的生态水城。延续自然水系格局，保护生态基底，差异化构建不同生态廊道并相互连接，进行生态功能分区，形成“山海相连、水绿交织、人水和谐”的总体生态安全与格局特色。构建生态指标控制体系，完善生态防护系统，以100～2000米不等的宽度指标对不同生态廊道进行规划控制，以保障其主导生态功能。探索海绵城市建设体系，秉承“水质、水量保障与水安全并举，水生态修复与核心区景观营造并举”的原则，统筹研究城市与水的关系，将城市建设开发、海绵城市构建、水资源综合利用、水安全保障、水污染防治、水生态修复、水景观营造结合起来，系统落实到城市空间规划中。规划明确了河道宽度控制、沿河道绿线及蓝线空间控制、水系节点功能、沿线水利设施布局与用地，全面协调工程布局与空间规划，一揽子解决涉水问题。

产城融合，打造人地关系和谐的智造与服务中枢。提高产业布局的功能混合性和空间发展弹性，构建产业链条自我衍生和产业融合发展的空间单元，采取融产业运营、信息技术、产业投融资、教育培训、商贸居住、商务休闲于一体的生态型城区发展模式，探索“产业社区—产业新城”的产城融合发展路径，形成61%工业空间、18%绿色空间、13%居住空间、8%产业配套服务空间的新一代产业功能区格局。强化公共服务的均等性、嵌入性和多样性，以人的需求为核心，按照“工作生活休闲一体化、各类人群全覆盖、刚弹结合并留有余地”的原则，以产业社区为基本单位，构建“区域服务—社区服务—特色服务”三级服务，构建面向各类人群的广义公共服务体系。围绕生活型邻里中心和产业型邻里中心，集中布局社区服务设施，构建围绕邻里中心10分钟生活圈；围绕交通便利、区位良好、环境优美的地段，差异化布置商务服务、学校、医院、养老院、体育中心等区域型服务设施；围绕特色产业发展区，适当布置特色街区等特色服务设施。

经历城市快速扩张后，浙江地区率先由高速发展向高质量发展转型，全省极力推进创新驱动战略。台州在创新驱动方面有着紧迫的现实需求，推动港湾都市区建设需强化都市的创新职能，引领工业向智造转型需增强民营企业创新能力，建设现代化产业体系需培育战略性新兴产业，归根结底，台州亟需能够整合各类优势资源和集聚创新要素的创新平台。

深规院以科技城规划为切入点，整合台州的绿心、蓝心、心海绿廊等城市优质环境要素，将其与科技创新资源、优势产业资源有机耦合，形成面向未来的创新要素体系，构建“双平台+低成本+组合式”的科技城发展模式，探索“科技与产业融合+企业与要素匹配+科创与空间联动”的科技城建设路径，初步奠定了台州科技城与台州湾循环经济产业集聚区联动融合发展的创新空间格局。在此基础上，提出科创走廊构想，并为台州提供了从科技城、科创走廊到自主创新示范区规划研究与建设的系列服务，协助台州走出了一条自下而上较为务实的科技创新道路，为台州积极主动对接浙江省创建浙东南国家自主创新示范区提供了支撑。

以创新为导向的系列规划推动台州逐渐形成“政府引导、民营驱动、民资助力”内生创新发展路径，创新驱动取得了较好的实施成效，经济体量不断壮大、产业新业态持续迸发、民营经济焕然一新，在长三角民营经济创新发展中树立了鲜活样本。2017年台州经济开发区顺利升格为台州高新技术产业园区。

设计赋能，从沿海高质量发展到人文品质生活

新时代的台州人民对美好生活的追求有了新的内涵，台州市委、市政府确定了“大步迈向滨江时代、倾力打造台州新府城”的城市发展新目标，椒江一江两岸地区成为实现新目标的先行示范地区。

这是台州建市的重要支撑，是台州山海水城要素最集中的区域，群山绵亘环伺，水系通达纵横，滨江岸线总长25公里。区域内拥有章安建治、卫温首航、海门抗倭、葭沚开埠等重大历史文化资源，是台州城市文明兴盛的坐标原点和展示台州文化魅力的核心地区。这里曾经是台州市发展的重点地区，其复兴和发展高度契合台州城市能级、增强城市竞争力、提升城市形象的现实发展诉求。这种特殊性使得椒江一江两岸地区成为台州迈向滨江新时代、提升中心城市、推进湾区大发展的关键区域。

为促进椒江一江两岸地区全面复兴和高品质发展，台州市组织编制了《台州市椒江一江两岸综合发展规划及整体城市设计》，深规院承担具体编制工作。在浙江推动“大湾区、大花园、大通道”的战略背景下，规划以沿江拥湾、两岸融合为出发点，强调回归滨水生活、回归市井烟火、回归府城文

明。在整体布局上，以山水为脉，人文为魂，老城为基，通过“生态大绿环”和“文化活力环”串联葭沚水城、江岸尚城、海门卫城、白云悦城、章安古城、前所江城等一批特色功能板块，构筑“文化原点、湾区明珠”的全新发展愿景和空间格局。同时，规划坚持以还原人文本色、走向滨水生活为核心开发理念，全方位、全环节深入挖掘台州文化要素，探索传承地域文脉和彰显城市特色的两种路径。一是以葭沚水城为核心，探索历史文化遗产与现代城市建设的共生融合道路，在全面摸排城内留存古迹和评估历史文化价值的基础上，框定文化保护总体格局，优先保护传统街巷肌理和历史建筑，再现市井烟火气息，力图记载台州作为滨海城市的开埠史和通商史。《葭沚水城详细城市设计》《葭沚老街业态策划》等专项规划设计同步开展，逐次恢复记忆空间，植入城市功能，彰显人文关怀，实现全面复兴。二是以海门卫城、章安古城为核心，探索历史记忆重现于现代生活的技术路径。在海门卫城，规划以卫城城墙历史考证、戚继光抗倭文献为依据，结合城市功能和布局，再现中国海上第一卫的独特意象和英雄气概。

在台州一江两岸进入快速发展通道的同时，杭绍台高铁启动建设，台州中心站选址在中央商务区西侧，高铁站区块成为新时代台州又一重大城市作品。在5.4平方公里的高铁新区实施性城市设计中，深规院项目组提出“未来山水城，中央活力区”的设计愿景，重点研究了三个核心问题：打造代言未来台州的城市杰作，营造市民喜闻乐见的活力空间，塑造成功开发运营的项目典范。规划首先强调汇聚创新要素，打造台州新型活力中心。依托城市东山湖及生态绿心，打造联动周边的城市级公共空间骨架，巧妙利用轨道灰色空间，构建一条连通市府大道、枢纽站、东山湖以及心海绿廊的中央绿谷。其次，强调面向市民，创新公共活力空间供给。中央绿谷沿线形成“创享汀洲”“山水客厅”“台州云谷”“欢乐水岸”四个空间产品，打造为市民体验特色休闲的公共产品。最后，规划强调健康地开发运营，在步行尺度上策划公共和开发产品组合。通过产品化、主题化和更精明的设计创新，将台州的自然山水与都市繁华融合一体，将为台州市民和企业带来不同以往的工作生活体验，并确保公共产品与开发产品捆绑的经济可行性，为站前区的成功开发奠定实施蓝图。

目前，高铁新区、椒江一江两岸地区已成为台州市城市建设的重点地区，相关重大项目和规划设计工作正在有序推进。值得注意的是，深规院在深度参与相关规划的过程中，从早期的市民广场设计到近来的商贸核心区、高铁新区，从滨海的集聚区到沿江的一江两岸地区，从无人机小镇、刺绣小镇等特色小镇培育到城市绿心、心海绿廊等生态品质建设，始终坚持人本关怀，始终把台州人民对美好生活的需要作为规划设计的出发点和落脚点。

项目的合作、各种思想的碰撞，都只是深规院与台州市在规划设计领域交流合作的一个缩影。二十多年的陪伴式规划与共同成长，让深规院深度参与了一座年轻有活力的城市卓有成效的成长，双方合作更像是深圳与台州两座城市之间发展经验的交流与合作，深规院有幸在这个过程中留下了足迹和汗水，相信双方会有更多关于城市高质量发展、高品质建设的长期探索和深度交流。

台州市黄岩区空间战略规划

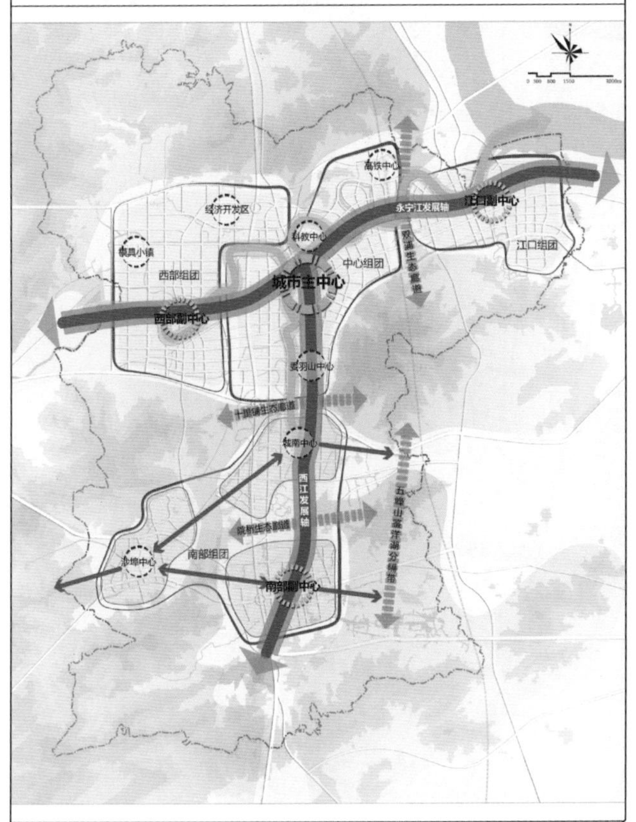

中心城区空间结构规划图　1

台州市黄岩区空间战略规划

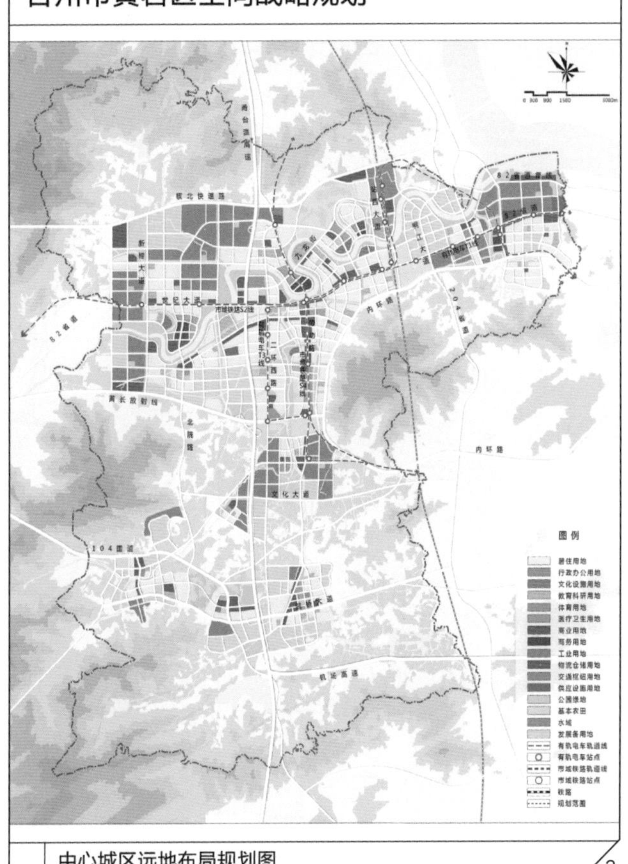

中心城区远地布局规划图　2

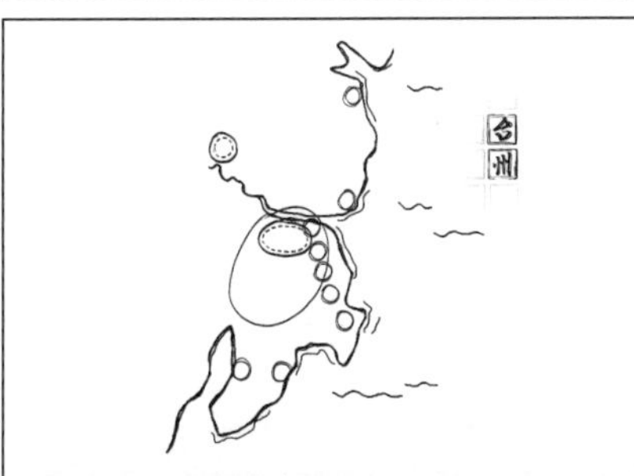

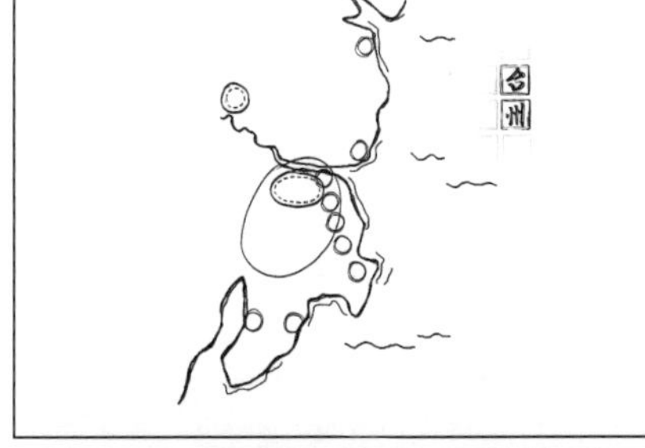

1 /《台州市黄岩区空间战略规划》中心城区空间结构规划图

2 /《台州市黄岩区空间战略规划》中心城区远地布局规划图

3 /《浙江省台州市市民广场设计》总平面图

4 /《浙江省台州市市民广场设计》手绘草图（一）

5 /《浙江省台州市市民广场设计》手绘草图（二）

3

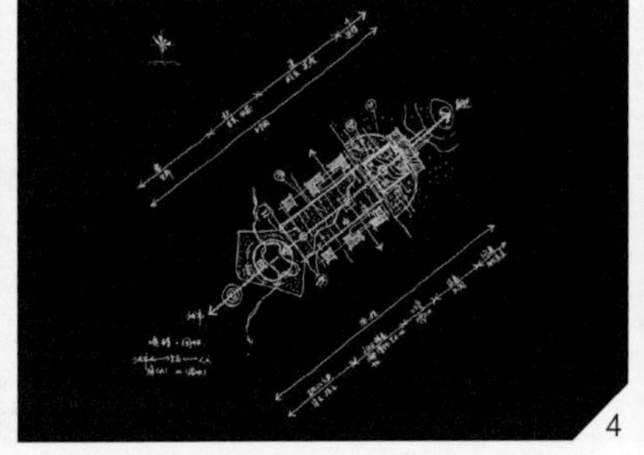

4

5

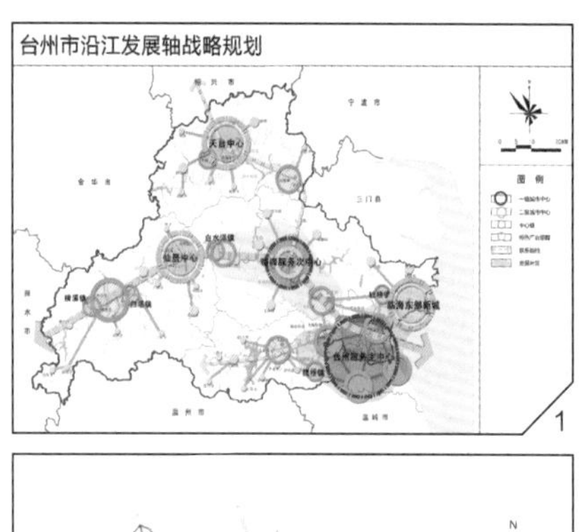

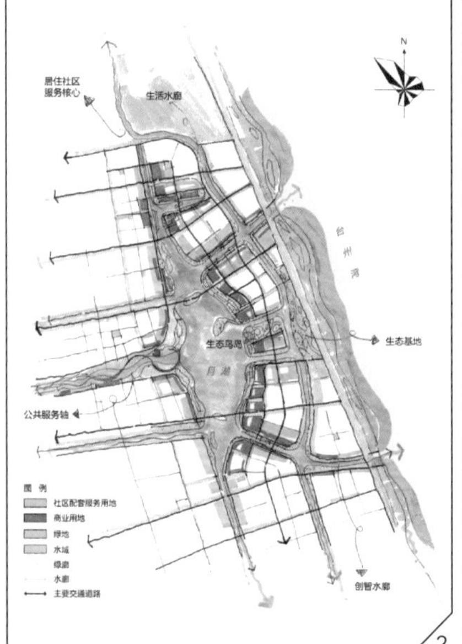

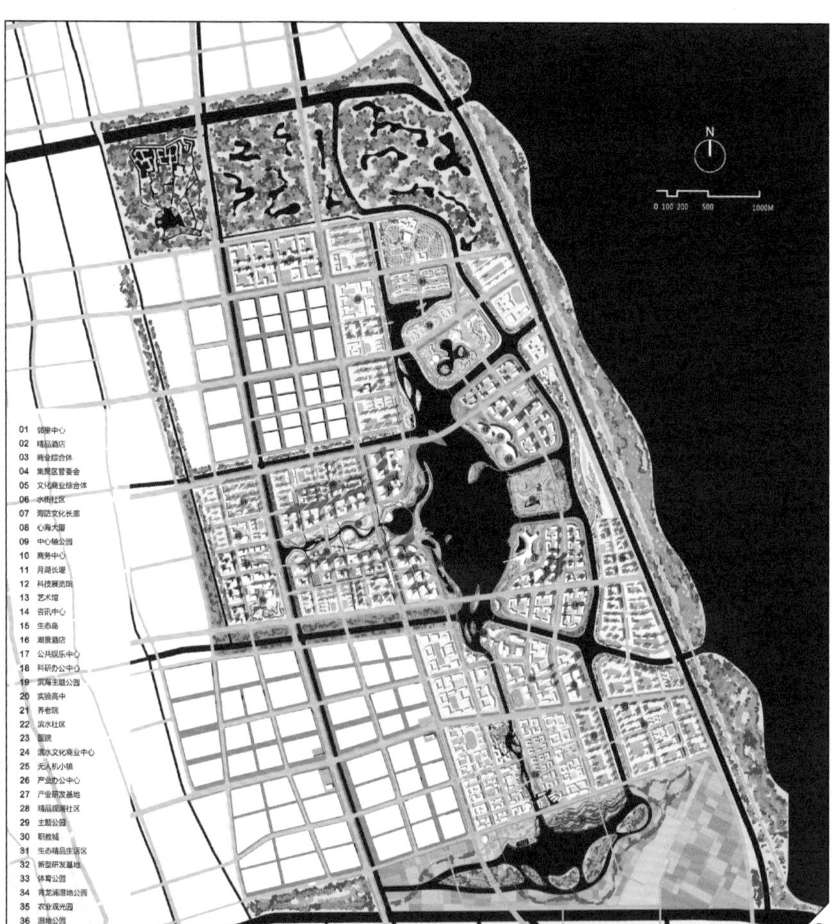

1 /《台州市沿江发展轴战略规划》空间结构规划图
2 /《台州湾循环经济产业集聚区东部新区协同规划》中心区城市设计框架示意图
3 /《台州湾循环经济产业集聚区东部新区协同规划》城市设计总平面图
4 /《台州湾循环经济产业集聚区东部新区协同规划》城市空间意向图
5 /《台州市椒江葭沚水城城市设计》空间布局示意图
6 /《台州市椒江葭沚水城城市设计》老街改造示意图
7 /《台州市椒江葭沚水城城市设计》总平面图
8 /《台州市高铁新区实施性城市设计》总平面图
9 /《台州市高铁新区实施性城市设计》城市空间意向图

N
图 例
核心老街
功能活化
有机织补
商业开发
商务办公
品质居住
5

6

N
7

台州外国语学院
浙大台州研究院
N
0
250
500M
100
8

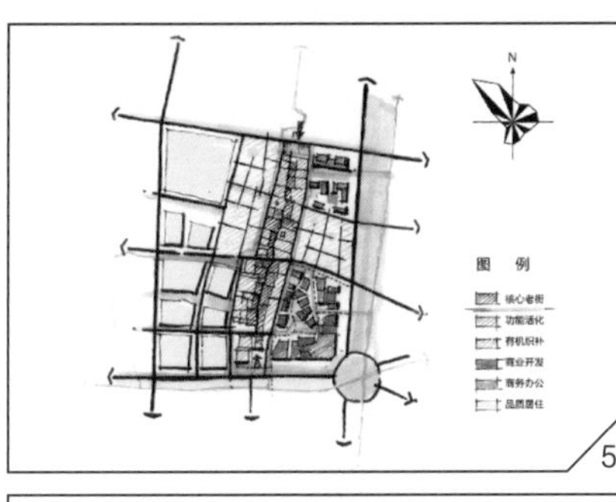

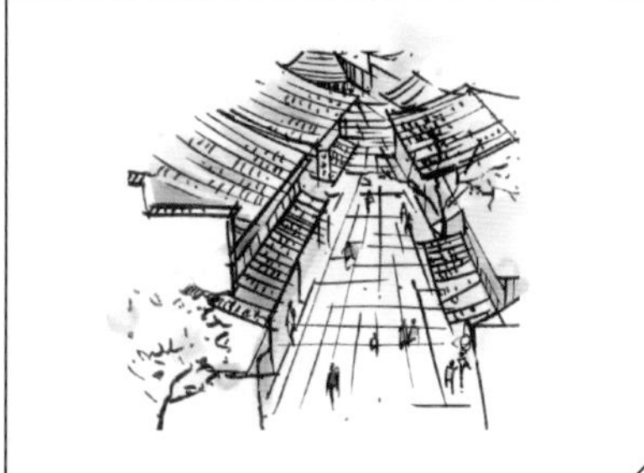

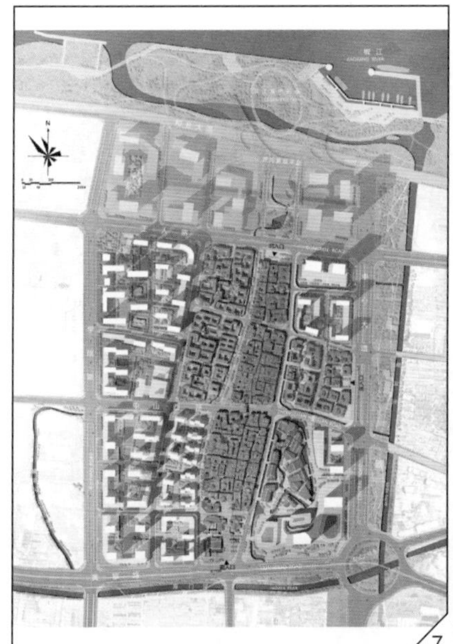

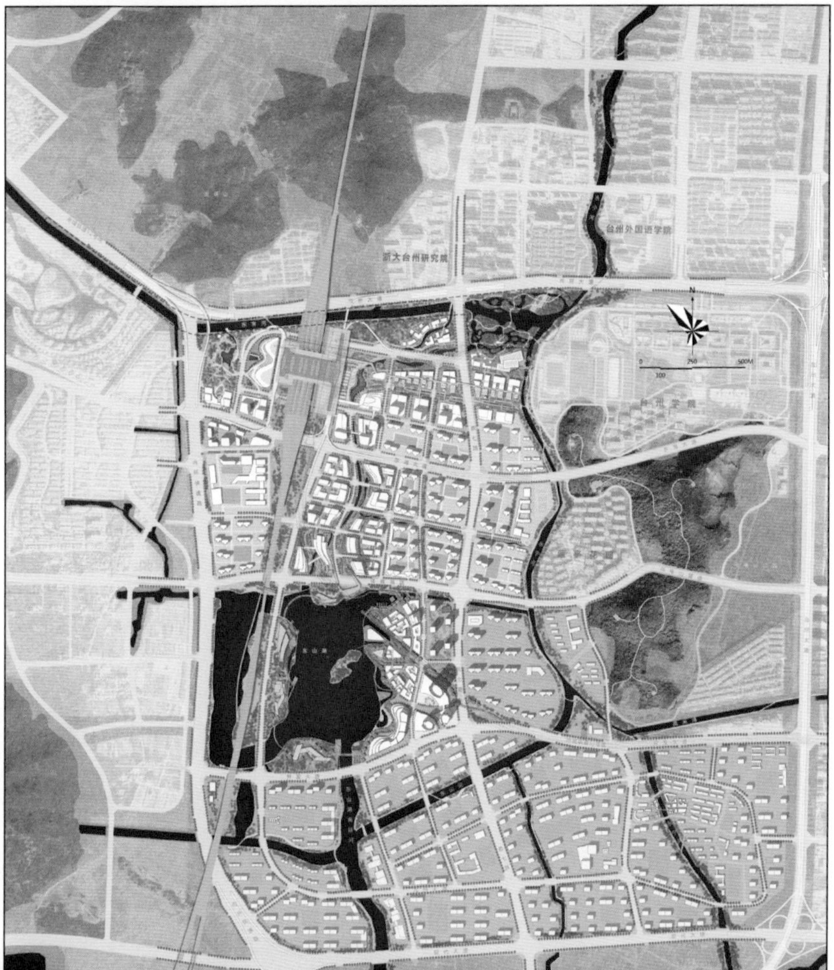

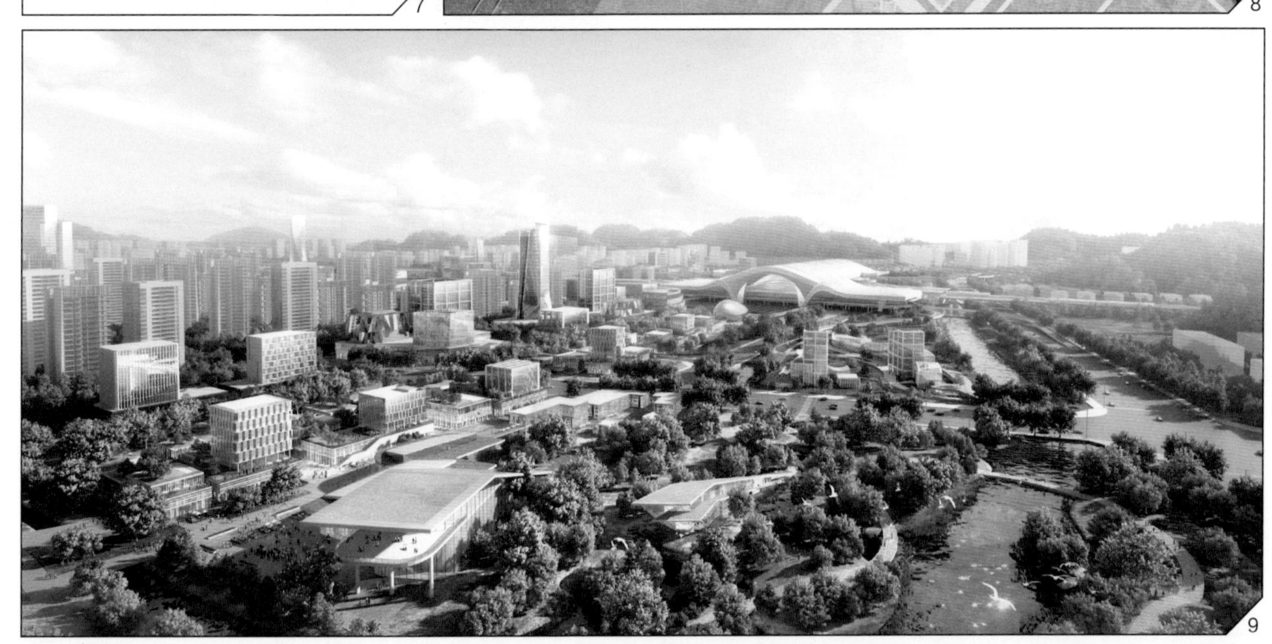

9

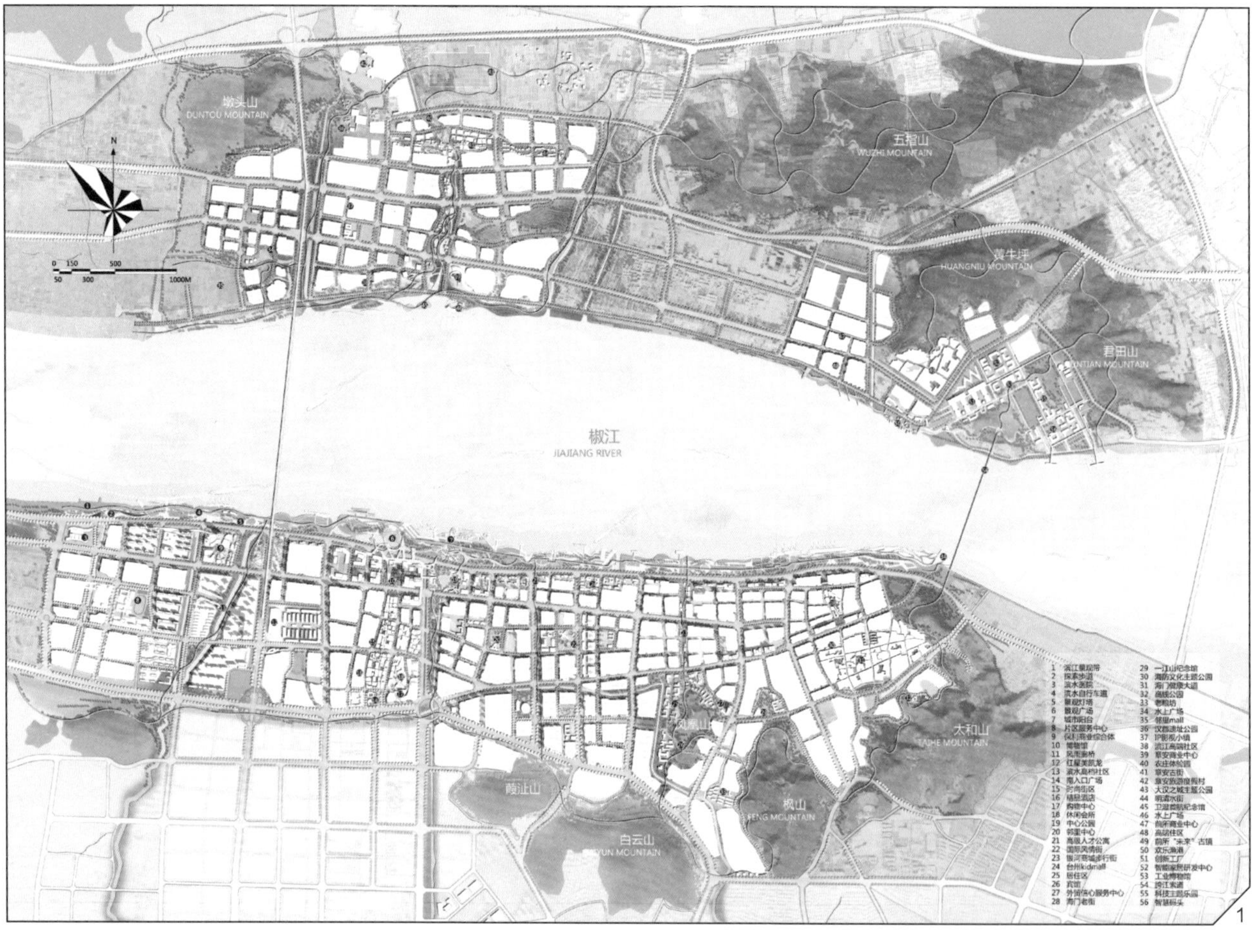

墩头山
DUNTOU MOUNTAIN
五指山
WUZHI MOUNTAIN
黄牛坪
HUANGNIU MOUNTAIN
君田山
JUNTIAN MOUNTAIN
椒江
JIAJIANG RIVER
太和山
TAIHE MOUNTAIN
葭沚山
枫山
FENG MOUNTAIN
白云山
BAIYUN MOUNTAIN
N
0 150 500
50 300 1000M

1	滨江景观带	29	一江山纪念馆
2	探索步道	30	海防文化主题公园
3	滨水医院	31	海门健康大道
4	滨水自行车道	32	岛线公园
5	景观灯塔	33	老粮坊
6	景观广场	34	水上广场
7	城市阳台	35	邻里mall
8	片区服务中心	36	汉都遗址公园
9	保利商业综合体	37	IP影视小镇
10	博物馆	38	滨江高端社区
11	风雨廊桥	39	章安商业中心
12	红星美凯龙	40	农庄体验园
13	滨水高档社区	41	章安古街
14	南入口广场	42	章安旅游度假村
15	时尚街区	43	大汉之城主题公园
16	精品酒店	44	明清水街
17	购物中心	45	卫温航海纪念馆
18	休闲会所	46	水上广场
19	中心公园	47	前所商业中心
20	邻里中心	48	高端住区
21	高级人才公寓	49	前所"未来"古镇
22	国际风情街	50	欢乐渔港
23	银河商城步行街	51	创新工厂
24	台州kidmall	52	智能家居研发中心
25	居住区	53	工业博物馆
26	宾馆	54	跨江索道
27	外贸信心服务中心	55	科技主题乐园
28	海门老街	56	智慧码头

1

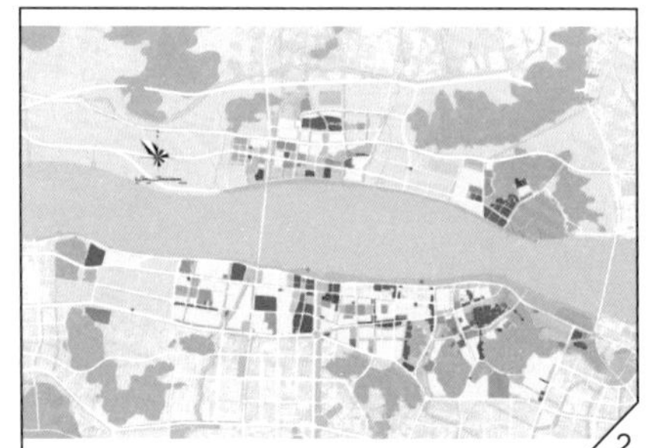

2

1 /《台州市椒江一江两岸综合发展规划及整体城市设计》城市设计总平面图
2 /《台州市椒江一江两岸综合发展规划及整体城市设计》土地利用规划图
3 /《台州市椒江一江两岸综合发展规划及整体城市设计》沿江城市空间意向图

3

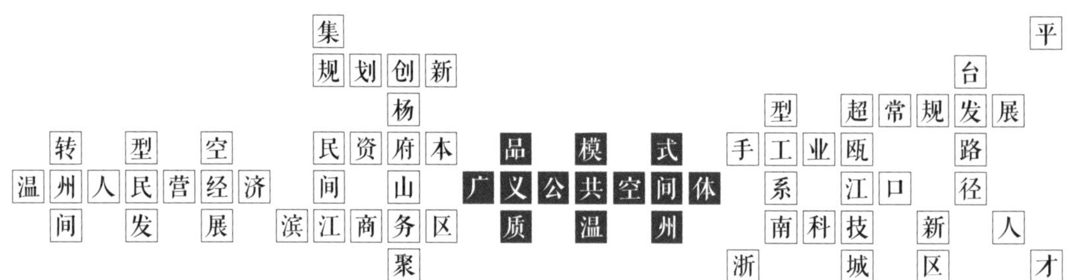
集 平
规划创新 台
杨 型 超常规发展
转 型 空 民资府本 品 模 式 手工业瓯 路
温州人民营经济 间 山 广义公共空间体 系 江口 径
间 发 展 滨江商务区 质 温 州 南科技 新 人
聚 浙 城 区 才

温州

对温州城市发展的再思考

20世纪八九十年代是温州的高光时代，温州人凭着敢为天下先的气魄，使“温州模式”成为时代样板，温州模式与苏南模式、广东模式在改革开放初期各领风骚。然而几十年后的今天，深圳跻身一线城市，苏州GDP逼近两万亿元，温州与这两城的差距却越来越大。

实际上，在2001年中国加入WTO之后，温州就开始被深圳和苏南城市赶超。深规院介入温州规划设计的第一站，正是2000年左右的杨府山CBD规划，其后，深规院又陆续参与了温州的若干代表性规划实践，回首这一路创新求索，有不少值得回味与反思。

空间拓展——杨府山、七都岛与瓯江口新区的探索

改革开放后，在国内其他城市还处于计划经济与国有企业主导的阶段时，温州率先推进民营经济和市场化改革，大量农村家庭作坊涌现，并通过分工协作形成具有特色的专业化产业区，这就是著名的温州模式。2000年左右，在经济上取得一些成就后，温州开始谋划城市空间的改善，开展了人民路整治之类的改造活动，当旧城改造无法满足现有资本的循环时，城市空间自然而然需要拓展。

1999—2001年间，当时温州的城区还局限在老城及周边，杨府山位于市中心东侧，成为向东拓展的首选。《温州市杨府山—七都岛片区分区规划》是深规院受邀在温州做的第一个规划。当年，全球化引发了新一轮城市形象重塑、产业布局调整的浪潮，众多城市开始建设CBD，以提升城市服务能级，适应经济发展形势。彼时的温州也雄心勃勃，意图通过杨府山CBD的建设将经济发展推向更高的台阶。

2001年，在分区规划批复后，杨府山CBD和七都岛同步开展了城市设计，以规划技术支撑城市

发展重大抉择。在杨府山CBD城市设计中，项目团队经过产业研究报告佐证提出商务中心的定位，认为温州当时的资本积累和发展态势，有条件孕育一个现代化商务中心，这一判断获得了当地政府部门的一致认可。为了辅助杨府山拓展、拉大中心区框架，政府部门当时也非常重视七都岛片区建设，通过当年很超前的国际招标方式广泛征集方案。深规院与德国公司SBA在七都岛的规划工作是深规院第一次与国际设计机构合作，前卫的空间方案一举中标。方案明确了“生态岛”的定位，奠定了未来七都岛的发展方向。二十年前的迷惘期，杨府山和七都岛的比选，其实证明了从城市职能角度上应优先聚焦杨府山CBD建设，七都岛作为未来发展空间战略留白，为城市建设做出了理性而前瞻的时序安排。

由此在2003年，深规院正式编制了杨府山商务中心城市设计和控制性详细规划，对温州未来的美好生活图景进行了全面的规划。生态公共滨水空间、立体步行系统、地下空间预测和利用，诉说着现代化城市的豪壮宣言。

但是，多年后，杨府山CBD建设迟滞，温州市区并未如规划预期建成现代化的中心区。某种程度上由于杨府山CBD这类核心空间的缺失，面对加入WTO后涌入国内的外部资本，温州缺乏投融资的窗口和转型升级的城市职能。商务中心的载体和职能对于温州的意义远比想象中重要，在快速建设的十年幸运期，不乏城市通过谋划商务中心而为未来发展奠定了关键的城市职能和结构性要素。而温州却在当打之年错失了现代都市格局构建的最好时期。具体分析，这种结果的产生并非不能解释：温州城市自身增长的动力机制很特殊，经济增长来源于周边农村的工业化，民营经济以家庭作坊式小型手工业为主的特点，有着固有的实用主义判断，天然对于企业生产经营分离、入驻商务办公楼的意愿低；同时，杨府山的建设也需要一定拆迁成本，而温州正处在资本累积的势能期，通过产业空间的复制来赚取快钱远比重构一个现代城市的雏形要容易得多；再者，由于没有预料到全球化和国际化对于中国城市发展的深远影响，市场和政府在建立中心问题上缺乏坚定共识，种种原因导致了杨府山的遗憾。

2008年全球金融危机爆发，2010—2011年国家出台严厉的房地产调控政策，温州房地产泡沫破裂，在这两个年景，温州的GDP增速甚至低于全国平均水平。2010年，温州提出了瓯江口新区这一新的转型升级主阵地。瓯江口新区是省级产业集聚区的核心区块。深规院在当年的城市设计国际竞赛中中标。瓯江口新区的建设面临诸多显而易见的难题：建设主体分散；海涂围垦的基础设施投入大；服务设施缺乏，产业招商难等。但更不可忽视的原因在于城市板块发展的关系，瓯江口新区位于杨府山更东侧，由于杨府山建设的滞后，缺乏杨府山这一支点跳跃式拓展空间，显得缺乏支撑。

转型发展——浙南科技城与全域品质提升的创新

相比深圳在2005年就提出“四个难以为继”，痛下决心创新转型，温州对于创新空间的意识相对较晚。2015—2016年，温州开始抓创新驱动，谋划浙南科技城。浙南科技城是以激光光电、生物医药等产业为主的重点改造园区。深规院参与了从发展总体纲要到几个片区城市设计的一系列规划，以人才的诉求为核心，打造“生态、智慧、科技”为主题的创新空间，承载创新创业产业链，营造绿色、开放、共享的科创空间和高品质宜居环境。但在2016年，温州位列浙江人口第一大市的排名成为历史，其实人才流失的关联影响已经十分严峻。

2019年是全国国土空间规划的基期年，随着国土空间规划的编制，温州提出了城市品质提升的课题。温州城本应具有得天独厚的绿色空间格局，却形成了略带遗憾的品质现况。温州外部自然生态资源丰沛，森林覆盖率达60%，拥有5个国家级森林公园、8个省级森林公园。然而，城区内部脱胎于家庭作坊、村镇工业的块状工业遍布市区外围，呈现出小而散、无序化、违章建筑多、结构落后的问题；弱中心化现象突出，中心城区第三产业、公共服务功能不强；城市风貌、空间品质不佳。

品质提升工作与之前的思路完全不同。进入存量时代，大片区整体性方案在实施上的难度将会越来越大，而品质提升特别关注以分散的针灸式改造为手段，反而更能适合当前的存量背景和温州的民情。回想既往大规模建设在实施阶段的失利，基本面的点状提升可能是一条更易操作的高质量建设路径，是对于当地来讲具有战略意义的长期任务。

基于城市转型发展趋势和国土空间规划的视角，品质提升规划在发展观念上存在一定转变。以生态文明观视角探索新型城市空间组织模式，明确自然资源为重要对象，强调人与自然共生的理念，以实现全域国土空间品质提升。由于温州老城区空间一直未有太大的建设动作，城市建设在有限空间内高度压缩，却留下了更多自然空间，保留了大量的文化遗产。结合这些本土特质，规划围绕“人”的生活、就业、出行、亲近自然、文化体验等需求，构建一个包含自然空间、人文历史空间、公共服务设施和城市公共空间的广义公共空间体系，集中优化服务能力和微观环境品质。

人，是温州永恒的主题

很多社会学家曾将温州作为一个特殊的研究样本。在温州样本中，人是城市发展的关键因素。从经济地理学的角度来看，温州三面环山、交通闭塞、空间狭小，这样的区位条件和空间容量下，善于变通成为温州人迫于地域条件的生存本能。温州高速发展之始，在于温州人创造的著名经济模式；而温州发展之缓，也与温州人对于空间的实用主义态度及温商的外迁有关。温州人一直创造非凡的成绩，而温州城市发展却饱受空间、地缘、市场的制约。

一是空间的掣肘。并不宽裕的土地无法满足井喷式的资本在此循环，城市空间无法支撑其成长和扩张。实体经济主要集中在劳动密集型的制造业，在利润率日渐降低的情况下，资本积累开始向外输出。人才和资本外流似是无奈之举，又像是必然规律。

二是民间资本和意识的关联带动，经济由实转虚，或流入房地产业和股市等投机性市场。许多温州家庭虽没有大规模的企业组织，但财富累积量，也足够促使他们不甘止步于温州的住房及商铺购置，轰动全国的“温州炒房团”由此而生。温州内部资本随着炒房团和大企业的外迁被逐渐掏空。

三是市场竞争。随着改革开放的不断深入，区域制度创新优势的弱化；我国整体经济的发展转型，使得边缘的区位劣势重新凸显。相比而言，长三角地区另一些城市在经济全球化背景下抢得机遇，如苏州，凭借区位优势，一面接收上海资本技术人才溢出，一面开展城市化建设、招商引资，从乡镇集体经济主导的发展模式转型为外资驱动的卫星平台式产业区，融入跨国公司的全球生产网络。而温州却因金融危机爆发、市场失灵，未能在大市场的局面下形成强有力的政府政策的引导。

城市发展的内因和外因并非一成不变，随着城市化的深入，历来制约温州发展的因素似乎正逐渐消弭。全国基础设施建设的均等化，使得交通条件逐渐扁平化，区域中每个城市的机会逐步平等。深圳的发展经验告诉人们，人多地少的局面也并非无法克服。温州有着值得仰赖的民间资本，仍活跃在中国乃至全球投资市场。而在求职者眼中，同属长三角城市群和海西城市群的温州，仍然具备对人才、物质和信息等各类生产资料的吸引力。

回首深规院在温州的二十年，尽管留下一些遗憾，但城市发展的脉络也逐渐明晰。转型时期的规划实践，不论是集聚新人才的创新空间建设，还是为全体市民谋福祉的精细化品质提升，都在紧密回应当下温州人对于现代化城市空间的真实诉求，探索适合温州的规划和建设方式。

未来，塑造一个容纳现代化生活生产方式、反映现代都市文明的高质量中心城区是温州的努力方向，这对于吸引下一个阶段的资本和人才都至关重要。我们认为，在下一个发展周期，温州仍具备优势。两千余年的建城史，为温州形成了众多文物古迹和非物质文化遗产，仅中心城区就集聚了别的城市难以匹敌的历史文化遗存，“永嘉学派”“瓯越文化”的深厚积淀使温州在文化上独树一帜；“东南山水甲天下”的美誉重新被唤起，天然的自然格局奠定了优渥的生态环境和体验，特别适合塑造别致的地域特色。在生态文明时代的感召下，自然和人文已经成为眼下最有价值的空间资产，温州两者兼备，掌握了独特的优势，已经准备好进入下一个时代。

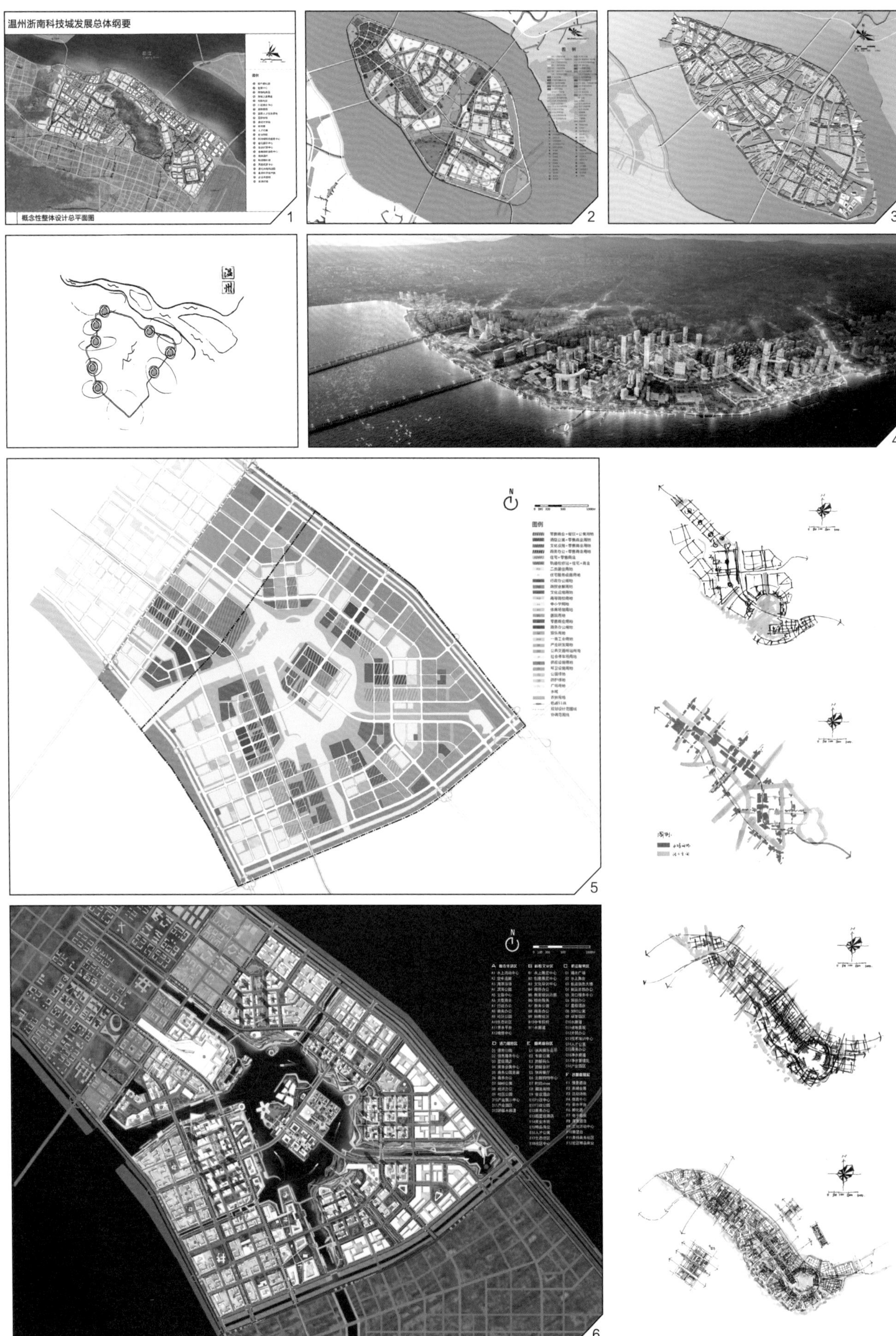

温州浙南科技城发展总体纲要
概念性整体设计总平面图
1
2
3
温州
4
5
6

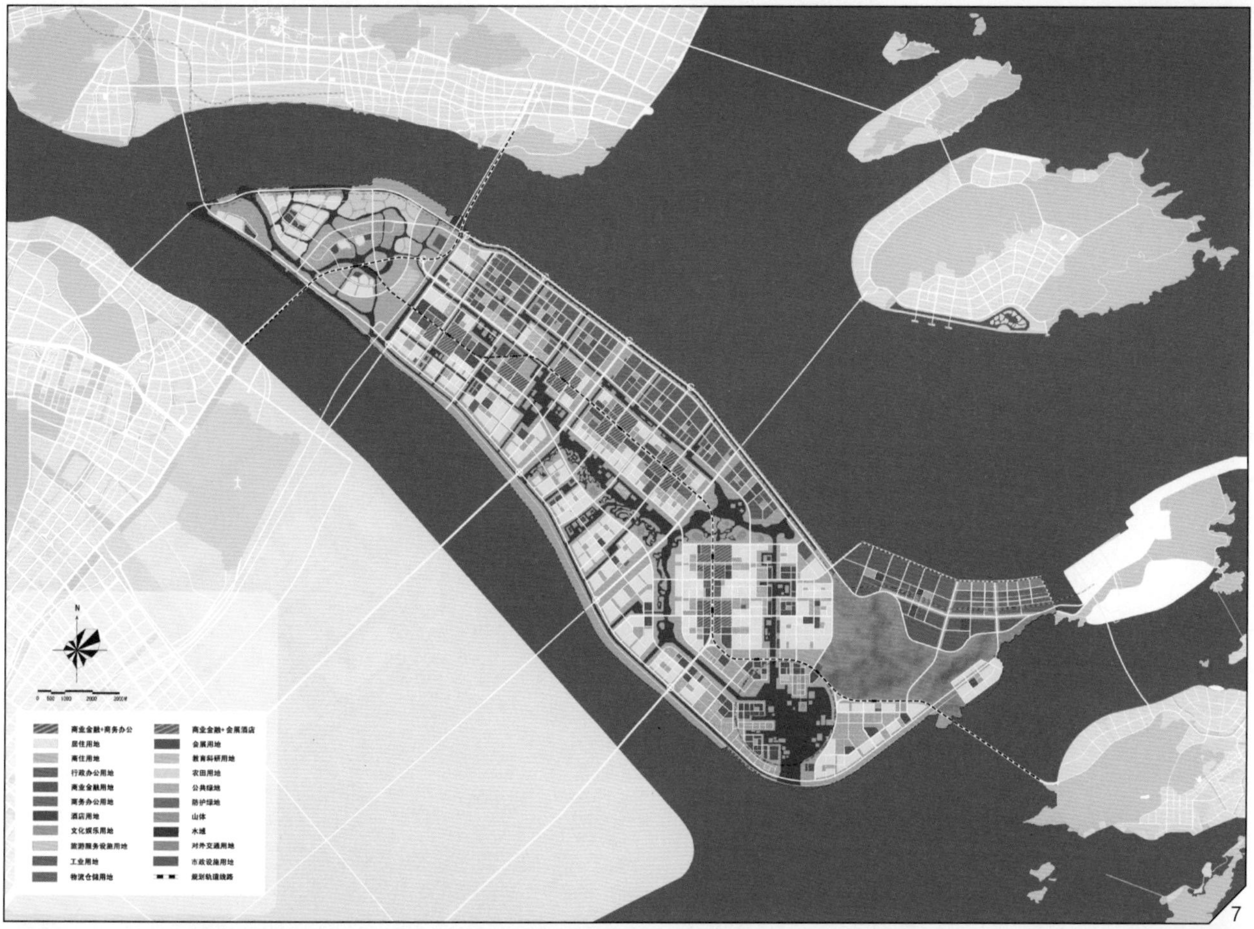
N
0 500 1000 2000 3000米
商业金融+商务办公
居住用地
商住用地
行政办公用地
商业金融用地
商务办公用地
酒店用地
文化娱乐用地
旅游服务设施用地
工业用地
物流仓储用地
商业金融+会展酒店
会展用地
教育科研用地
农田用地
公共绿地
防护绿地
山体
水域
对外交通用地
市政设施用地
规划轨道线路
7

1 /《温州浙南科技城发展总体纲要》概念性整体设计总平面图
2 /《温州市七都岛控制性详细规划》土地利用规划图
3 /《温州市七都岛控制性详细规划》总平面图
4 /《温州市滨江商务区城市设计》（2016）城市空间意向图
5 /《温州市瓯江口新区二期控制性详细规划暨城市设计》重点地区土地利用规划图
6 /《温州市瓯江口新区二期控制性详细规划暨城市设计》重点地区总平面图
7 /《温州市瓯江口新区灵霓半岛规划设计》土地利用规划图
8 /《温州市瓯江口新区灵霓半岛规划设计》城市空间意向图

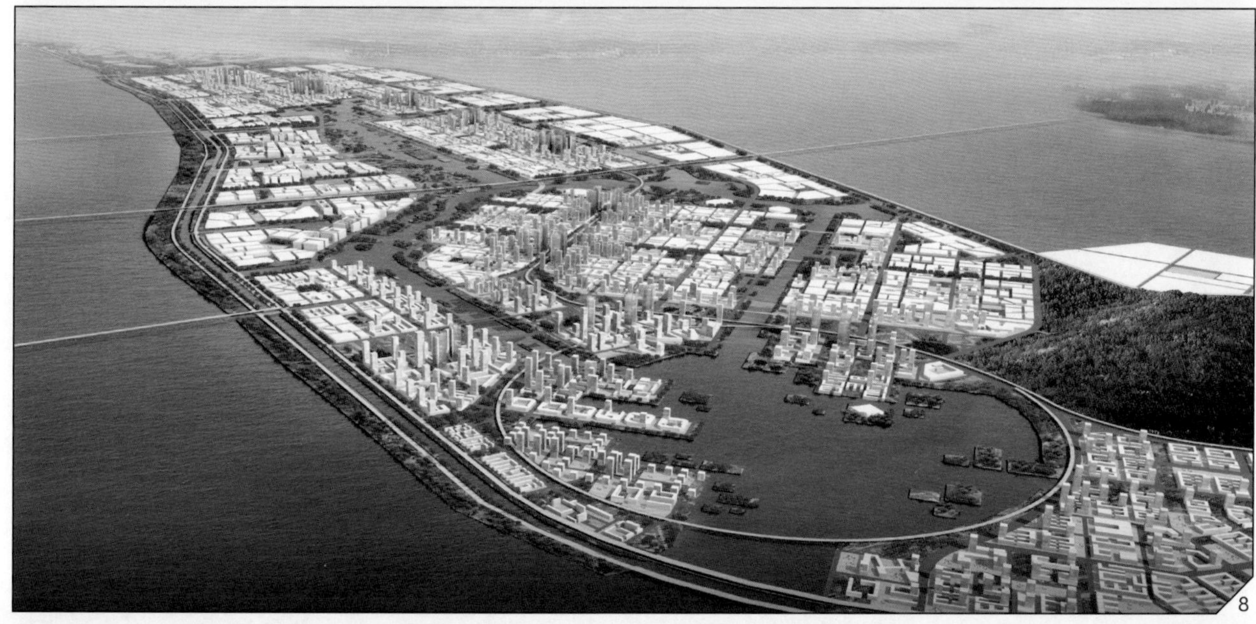

8

瓯江
OUJIANG

跨海大桥 KUAHAIDAQIAO

七七省道 QIQISHENGDAO

YONGTAIWENGAOSU

滨海大道 BINGHAI ROAD

QIQISHENGDAO

永强国际机场
YONGQIANG AIRPORT

跨海一路 KUAHAIYI ROAD

南部填海区
NANBUTIANHAIQU

《温州市瓯江口新区灵霓半岛规划设计》总平面图

Master Plan

0 500 1000 2000 3000M

大小门岛
DAXIAOMEN ISLAND

跨海二路 KUAHAIER ROAD

QIQISHENGDAO

霓屿岛
NIYU ISLAND

跨海大桥 KUAHAIDAQIAO

洞头岛
DONGTOU ISLAND

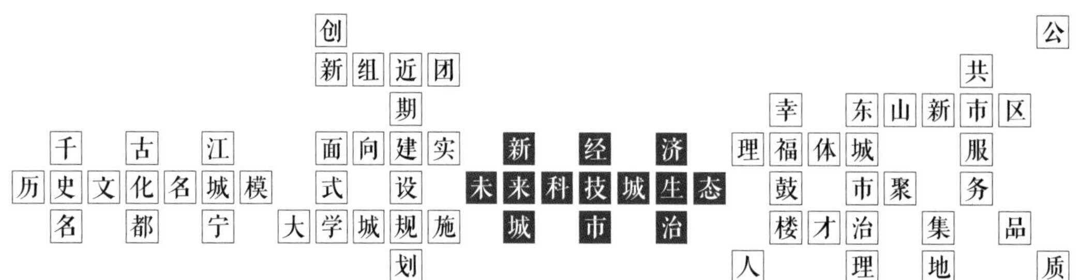
创 公
新组近团 共
期 幸 东山新市区
千 古 江 面向建实 新 经 济 理福体城 服
历史文化名城模 式 设 未来科技城生态 鼓 市聚 务
名 都 宁 大学城规施 城 市 治 楼才治 集 品
划 人 理 地 质

南京

新经济引领下的市县区治理互动与共赢

南京作为六朝古都，拥有丰厚的文化底蕴，享有不可替代的城市地位，特别是改革开放以来，江苏省迅速成为经济最发达的省份之一，其经济发展速度和规模一直位于全国前三甲。作为江苏省会，南京聚集了高等教育、医疗、文化等多重优势，在长江经济带中承担了越来越重要的角色。

南京于1991年着手编制城市总体规划，提出南京都市圈的空间战略，将城市发展重点向外围城镇转移。进入新世纪，南京市城市化持续稳定上升，2000年南京市城市化率已经高达72%，“一城三区空间发展格局”初步形成，依托开发区大学城建设的东山、浦口和仙林等外围城镇得到快速发展，建成区面积由2000年的354平方公里增长至2016年的1024平方公里，年均增长6.86%。

观察并思考南京作为发达地区省会城市的空间拓展和内生动力，对中国快速城镇化的空间供给与需求，以及市级行政管控与县区为主体的市场化自发扩张之间形成的互动，具有很强的理论和实践价值。

21世纪后，南京行政区划共进行了三次较大调整，为郊县区的开发建设提供了新机遇。2000年江宁首先撤县设区，2002年撤销南京市浦口区和江浦县，设立新的浦口区，撤销南京市大厂区和六合县，设立新的六合区，两年内密集的撤县并区，是南京空间拓展、壮大都市功能的重要治理举措。

敢为人先：开发区与大学城的创新

深规院自2002年开始，此后至今陆续承接了南京市域近60余项规划设计和研究项目，其中最为集中的地区是江宁区。回溯到20世纪90年代，得益于高度活跃的县域经济，江宁以其典型的县域经济模式，将省管县体制下的充分自主性和主动谋划相结合，成就了县域经济的样板。

20世纪90年代末，全国兴起了大学城建设热潮。南京作为我国高等教育的重镇，高校扩招带来的扩建压力与日俱增，虽然已经在市区内的浦口设立了大学城，但是受限于当时非常不便的跨江交通和一直没有起色的城市公共服务配套，东南大学、中国医药大学、南京邮电学院等院校，开始寻求新的拓展空间。在此背景下，2001年，刚刚撤县改区的江宁抓住机会，自主筹划建设大学城，2002年开始的大学城规划即成为深规院参与江宁发展的叩门之作。

《南京江宁大学城总体规划》项目是中国最早的一批大学城规划，新类型需要新思维，项目组经过深入调研，认为江宁大学城不仅仅是大学的扩张基地，更是带动城市发展的知识、环境与服务的“孵化器”，因而生态环境与公共服务品质成为规划设计的重点。

大学城的规划选址毗邻东山中心和开发区，规划总用地27平方公里，其中建设用地23.84平方公里。规划的总体格局是以方山为心，将生态核心、旅游景区、教学区通过绿化廊道和公共服务廊道纵横联通，奠定了以生态绿地与城市服务为主要特色的总体构架。

规划着重突出绿化空间，规划绿地面积约576公顷，占建设用地（不含方山风景区）比重高达24%；城市公共服务性功能的用地合计264公顷，占比为11%。同时，保留一部分市场开发产品，包括约14%住宅公寓以及2%工业研发项目用地，在规划上体现了职住平衡和土地经营的理念，尽可能提升城市服务的效能和人气，实现产学研结合的协同发展。在这样的新思路下，江宁大学城的建设和运行获得了很高的市场与社会认可度，优美的环境和多功能协同的园区激发了众多高校强烈的入驻需求，市场的资源也被引入，进一步推进大学城的建设，使之迅速成为南京新的人才聚集地和创业基地。

在江宁正式撤县建区时，为了江宁地方管理的平稳过渡，南京市特给予江宁三年的制度调整期，继续沿用原县级政府自主管理模式，在项目审批、制度优惠、土地出让等方面保持江宁自主决策权力。江宁区抓住了这一机会，以开发区的发展建设为抓手，从2001—2004年大力推进江宁的新城发展框架和产业升级工作，将开发区的建设经验拓展到其他城镇，并取得了显著的效果：东山新市镇向新市区升级转型，新市区和开发区、大学城实现一体化的发展联动，从园区建设“江宁开发区模式”向城市功能的“江宁模式”进一步转变，包括城市规划管理在内的市区两级政府管控机制也进入为期十年的调整磨合期。

随后，以《南京市城市总体规划（1991—2010）》（2001年调整版）和《江宁县域规划（1999—2010）》为依据，深规院以《东山城市总体规划（1992—2010）》和《东山城市总体规划（2000—2010）》（送审稿）为基础继续《东山新市区总体规划调整（2003—2010）》，前后编制了江宁大学城系列规划、江宁开发区（科学园）系列规划、滨江开发区控制性详细规划以及江宁区的近期建设规划，为江宁后续建设提供了详实的规划蓝图。

在江宁自主发展的思路下，《东山新市区总体规划调整（2003—2010）》按照东山正式确定为南京新市区（2001年南京总规调整）的思路，规划以东山新市区为中心，滨江、禄口和汤山三大新城呈圆弧拱卫，依托自然生态空间构筑了绿色生态基底，三大新城、多个产业功能节点等建设组团依附于生态基底和生态廊道，形成了鲜明的空间布局特征。

2005年，在江宁总规调整战略框架的时候，深规院配合江宁区政府，适时推出面向实施的近期建设规划，这在当时是一项具有创新意义的工作。江宁的近期建设规划学习和汲取了深圳刚刚完成的近期建设规划，提出结合区级发展的实施计划，有力保障了规划的落地和执行。江宁的城市建设与园区融合品牌进一步打造成型。其自主打造的开发区一面世便引发关注，甚至有了“无论是国内还是国际人士，看南京经济发展，必到江宁开发区，没有到江宁开发区，等于没看南京经济”这样一个心照不宣的“惯例”。

2019年深规院实地回访时，江宁编研中心主任蒋锐表示：“非常肯定当时江宁的开发区、大学城和东山的规划工作，这是一轮具有划时代意义的规划工作，具有现实和战略地位。”她指出，意义体现在两个方面：一是这轮规划对于江宁的发展需求抓准吃透，契合了江宁模式的含义，即对园区、城区以市场化方式运营的综合考虑，通过高品质空间、产业链式土地供给、生态环境融合塑造等技术手段，创造了市场化运营的基础资本，在当时具有非常鲜明的标杆影响力；二是这轮规划从整个江宁出发，构建了总体发展空间格局，充分利用机场新城、南京南站周边等省市级枢纽，建立与区内项目（园区、城区）发展的活动联系。

主副一体：主城互动实现功能提升

市对区的放权使得江宁区以实施速度与效率抢占战略先机，从2000—2003年决策规划空间结构、2004—2009年项目不断充实，不到五年就已形成了南京主城区南侧的城市副中心。与新增项目同时开展的园区升级，清退了早期的低效能工业企业，实现土地空间的高流转供给，大学城高校的入驻以及百家湖、九龙湖等新中心区组团的建设为产业园的升级招商提供有力的支持，产业园区的土地增值远超其他地区。

同期南京主城也正在以非常规的速度实现北部的跨江发展，2008年以后随着跨江战略政策的提出，“十运会”“青奥会”等大事件的举办，河西、江北等地区扩展明显。2017年4月底，江苏省委常委会明确提出，南京要“努力建成首位度高的省会城市”。南京加大了市域内资源的再整合、再统筹。深规院于2007年受邀参与了南京经济技术开发区战略规划，这是第一批国家级开发区转型升级项目。开发区依托龙潭深水港作为长江流域江海联运的重要枢纽，以及仙林科学城的城市功能和科教资源优势，重点发展光电显示、生物医药、高端装备、现代物流、科技服务等产业，加快向一流的国际化高科技产业新城转型。国家级江北新区已于2015年获批，但由于江北新区由多个包含新老经济的块状经济体、郊区镇组合而成，加上跨江增加了与主城的通行成本，所以短期内江北新区区块经济之间，江北与主城之间，尚未形成活跃的功能联系。而此时的江宁与江北、仙林在《南京市城市总体规划（2018—2035）》中均已获得南京市副中心的定位，形成了南京主城—江宁—空港新城南北向城市级发展轴线，开创了南京主城与副城空间和产业一体化发展新格局。

外围新城的不断拓展势必与主城产生更多的联系，在聚合或者疏解过程中产生出更为丰富的新经济需求。南京作为第一批公布的24个国家历史文化名城之一，先后编制了三版历史文化名城保护规划：从1984年保护规划从无到有，到1992年保护体系全面创新，再到2002年提出协调名城保护和城市发展战略，形成了较为全面完善的南京历史文化名城保护规划体系，特别是始于20世纪80年代的夫子庙秦淮河风光带原真性修复、90年代的南京古城墙公园的开放，为我国历史文化名城保护与复兴提供了创新性的实践。但同时，南京老城区也面临着无法回避的现代城市功能大规模结构性调整、难以兼顾保护与发展的多重需求、近期内疏解困难、实施保障制度缺失不足等问题。深规院近期承接了《南京市鼓楼铁北片区概念规划》，以鼓楼区在新时代提出的“幸福鼓楼、首善之区”为目标，以精细化的城市营造、完善健全的社会供给，探索被称为“最美南京、最古南京、最挤南京”的鼓楼铁北片区，交通拥堵、公共服务不足等重压下的高质量发展路径。值得注意的是，类似南京这样的历史文化名城，其外围新城在成长发育过程中仍然会有相当长的时间依赖老城区的中心服务职能，导致老城负担持续加重，如果不采取行政干预的手段，不知能否实现以市场为主，更为可持续的“保护与发展”统筹协调。

突破点来源于新经济带来的新机遇：在国家大力倡导和推进健康产业之际，江宁引进了与医药相关联的产业进园，依托大学城的医药类专科大学、学院的研发资源，通过区政府的强力推动，确定了以生物制药、健康产业为主的产业发展定位。深规院2019年承接的《南京未来科技城云台山河以南片区城市设计》，借助紫金山实验室落户江宁的契机，与北京怀柔科技城、武汉光谷、杭州未来科技城、深圳西丽科教城等国家级重大科技园区的布局一致，集体行动实现国家科技引领新经济的总体战略部署。2019年，江苏自由贸易试验区南京片区落子江北新区，不断整合中的江北新区重点聚焦集成电路、生命健康、人工智能、物联网和现代金融等产业，建设具有国际影响力的自主创新先导区、现代产业示范区和对外开放合作重要平台。

2019年，南京市政府把江宁作为市级基础设施、公共服务、产业以及配套等重点项目的资源投放区域之一。根据《南京市2019年市政府投资项目计划》，江宁区共有80个项目入选市级重大项目计划，总投资2356亿元；5个城建和民生市级重大项目，总投资67.8亿元，这是江宁设区以来最大规模的投入。而江北新区则凭借24条过江通道，让跨江更为便捷。南京北站综合客运枢纽、与国外名校联合筹建的创新中心、研究院、大型美术馆、图书馆相继落户江北新区。新经济加上大手笔的市政基础设施和公共服务设施的持续投入，催发了更为扁平化的创新组团在主城外围出现，互联网消费服务更加速了创新组团实现就业与生活的在地化平衡，消解大都市由于空间扩张带来的郊区边缘化的危机。

市区联动带来了经济增长的跃升：江宁区2018年地区生产总值成为南京市第一个突破2000亿的区，2019年上半年的统计数据表明，南京各区基本进入了稳中加速的阶段，江宁仍然保持8%以上的发展增速。2019年上半年江北新区直管区完成地区生产总值842.9亿元，同比增长13.2%，增速高出全市5.1个百分点，居全市首位。

新经济引领下市区城市治理的未来

深入分析深圳经济特区在改革开放中的经验不难看出，市场化是深圳经济持续创新的根本，而映射到空间供给机制上，深圳对诸如特区内蛇口、华侨城等片区以及特区外村镇经济的放权，使得上述地区以适应市场产业不断升级的敏捷速度，及时提供土地及空间，并以法规保障了生态环境和公共设施的服务品质。深规院在2002年第一次承接江宁大学城规划时，就秉承了深圳经济特区规划建设的经验，特别强调对城市功能的关注，将规划的生态空间控制刚性与功能多样化的市场柔性充分结合，助力江宁奠定坚实的经济、社会与城市功能基础，逐步成长为南京的副中心。

中国城镇化的全面启动和提速，始于强县经济，江宁作为长三角的典型县域经济代表，以产业和大学城建设作为“双轮驱动”，迅速将区位与交通的优势转化为发展动力。更难得的是，在规划建设之初，搭建了完整的生态保育格局和公共服务支撑系统，空间发展脉络与南京市域的总体规划结构引导主动匹配，充分发挥了产业、研发、机场等核心战略资源优势。江宁模式虽然表面上是经济的成就，但其背后更值得研究的是治理体系的探索与实践，特别是国家、省、市和县在国土空间管控和城市建设用地审批权限，随着城市经济产业转型和人民生活的需求提高，形成敏捷而非僵化的机制，促进资源的快速流动和高效匹配。

2016年国务院批准实施南京市城市总体规划，本轮总体规划集中在生态保护、城市发展目标定位优化、城乡空间布局等重要内容上，在城镇化发展战略方面坚持外延拓展与内涵提升并重方针，控制主城人口快速增长，引导人口向副城和新城集聚，形成城乡统筹发展新格局。跨江而踞、拥江而兴的南京，是全国重要的科教中心、首批国家历史文化名城，同时也是GDP超万亿的经济重地，在长江经济带上是一个独特的标志性城市。仅仅蓝图式的空间规划已经不能满足南京的新时代区域统筹协调发展的使命，回顾南京历史文化名城的卓越、“江宁模式”县域经济的辉煌，展望江北新区的创新引领发展，需本着“多样性、可持续”的原则，在政策上降低门槛，破除部门管理壁垒，更加敏捷地为不断增长的城市新经济，提供多样化、相对低成本的空间产品，关注人的安居与乐业，同时鼓励市场与社会积极参与，为城市提供更丰富的公共服务，形成区域间更为有效的互动与流动性，这是年轻的示范区深圳与千年名都南京共同追求的目标。

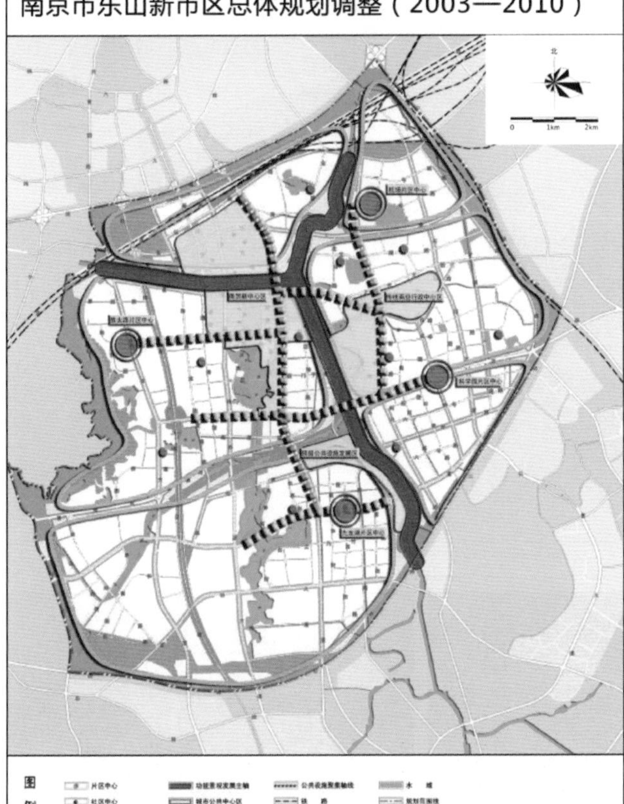

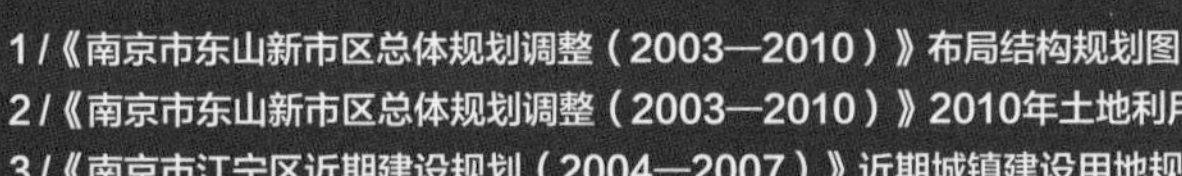

1 /《南京市东山新市区总体规划调整（2003—2010）》布局结构规划图
2 /《南京市东山新市区总体规划调整（2003—2010）》2010年土地利用规划图
3 /《南京市江宁区近期建设规划（2004—2007）》近期城镇建设用地规划图
4 /《南京市江宁区近期建设规划（2004—2007）》生态空间体系规划导引图
5 / 南京东山新市区百家湖实景照片（一）
6 / 南京东山新市区百家湖实景照片（二）

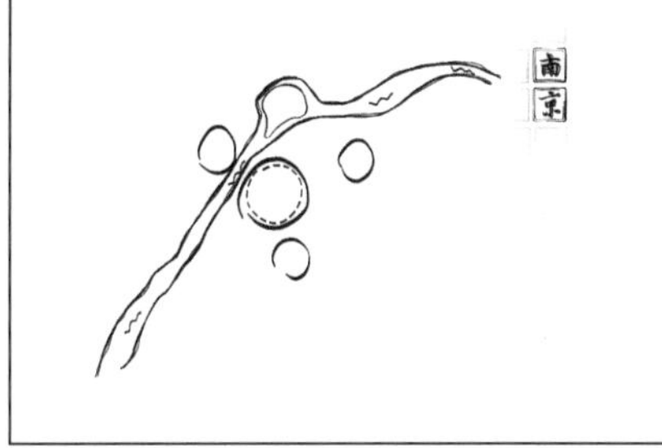

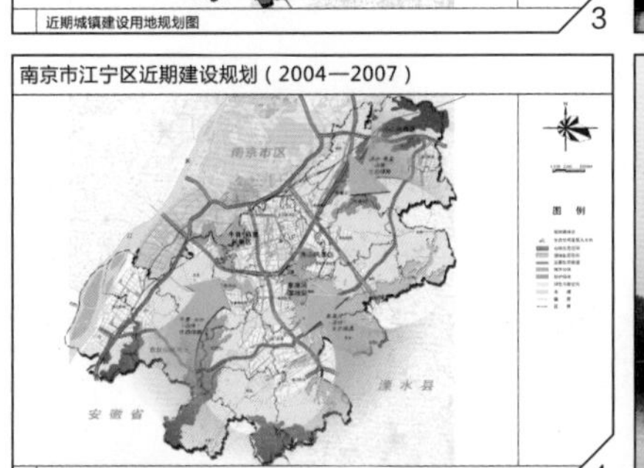

1

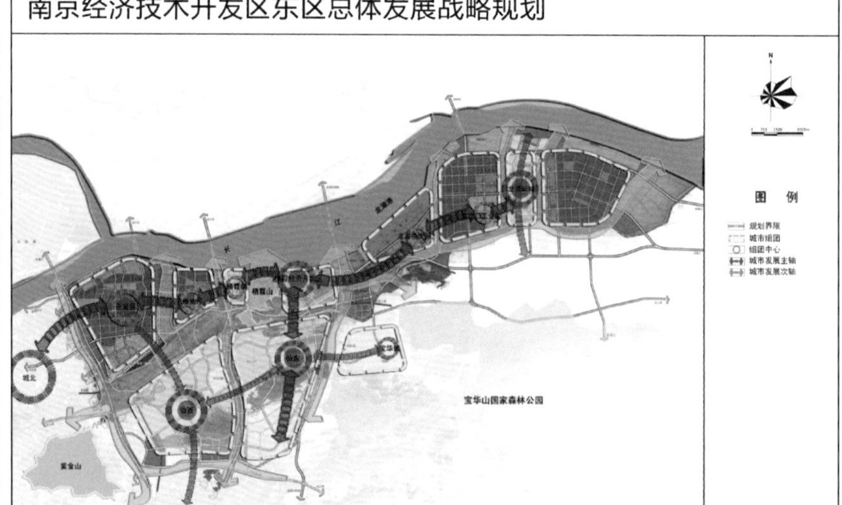

功能结构规划图

2

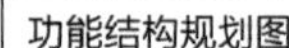

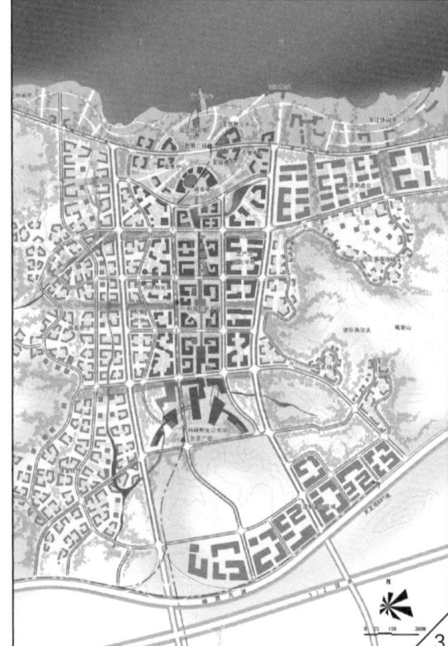

3

4

1 / 南京城镇群格局演变图
2 /《南京经济技术开发区东区总体发展战略规划》功能结构规划图
3 /《南京经济技术开发区东区总体发展战略规划》概念城市设计总平面意向图
4 /《南京经济技术开发区东区总体发展战略规划》城市空间意向图
5 / 2020年江宁大学城卫星影像图
6 /《南京江宁大学城总体规划》规划布局结构图
7 /《南京江宁大学城总体规划》土地利用规划图
8 / 南京江宁大学城实景照片（一）
9 / 南京江宁大学城实景照片（二）

8

5

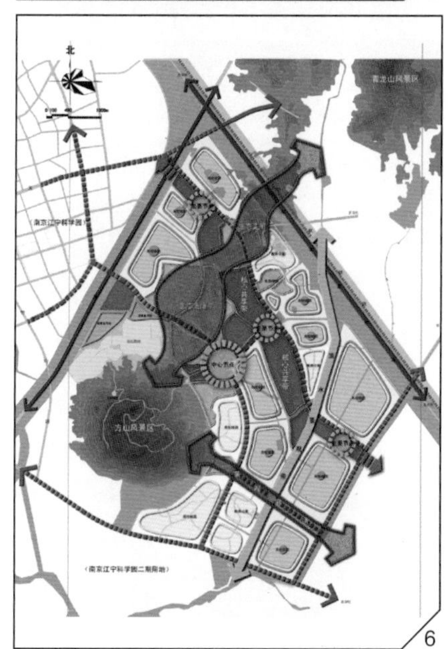
北
青龙山风景区
南京江宁科学园
方山风景区
（南京江宁科学园二期用地）

6

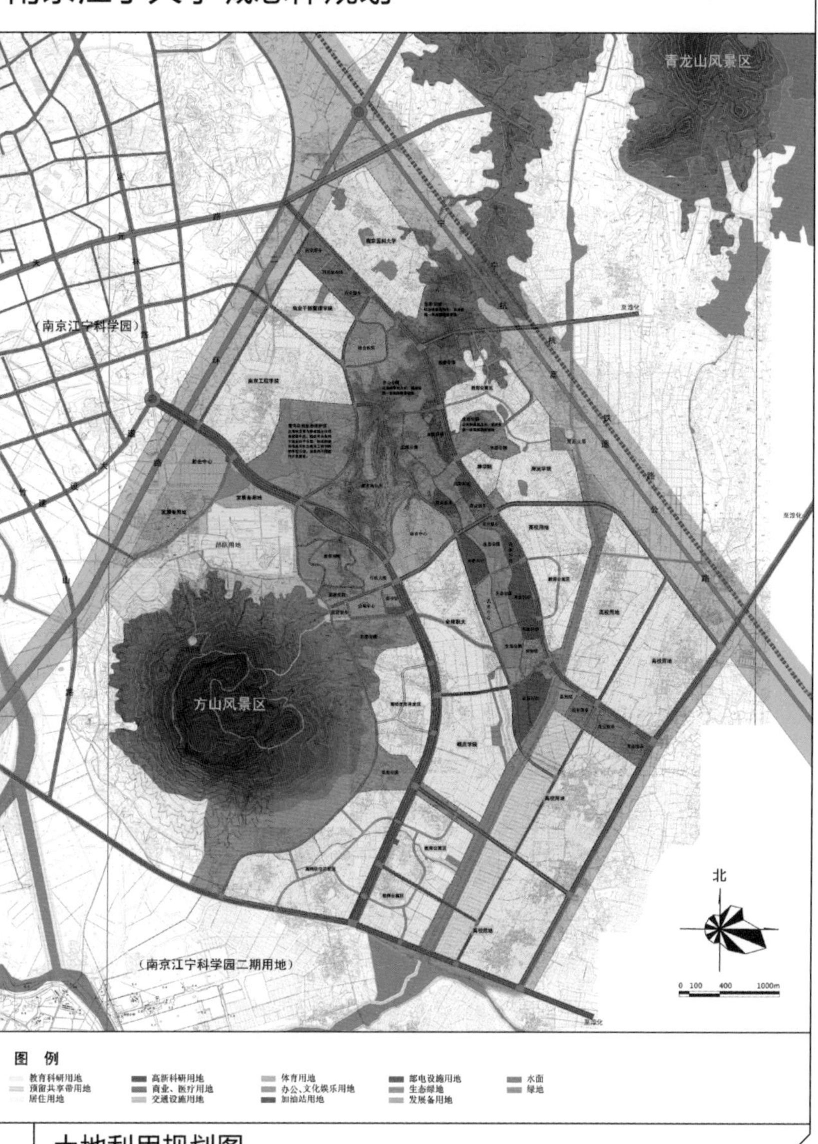
南京江宁大学城总体规划
青龙山风景区
（南京江宁科学园）
方山风景区
（南京江宁科学园二期用地）
北
0 100 400 1000m
图 例
教育科研用地
预留共享带用地
居住用地
高新科研用地
商业、医疗用地
交通设施用地
体育用地
办公、文化娱乐用地
加油站用地
邮电设施用地
生态绿地
发展备用地
水面
绿地
土地利用规划图

7

9

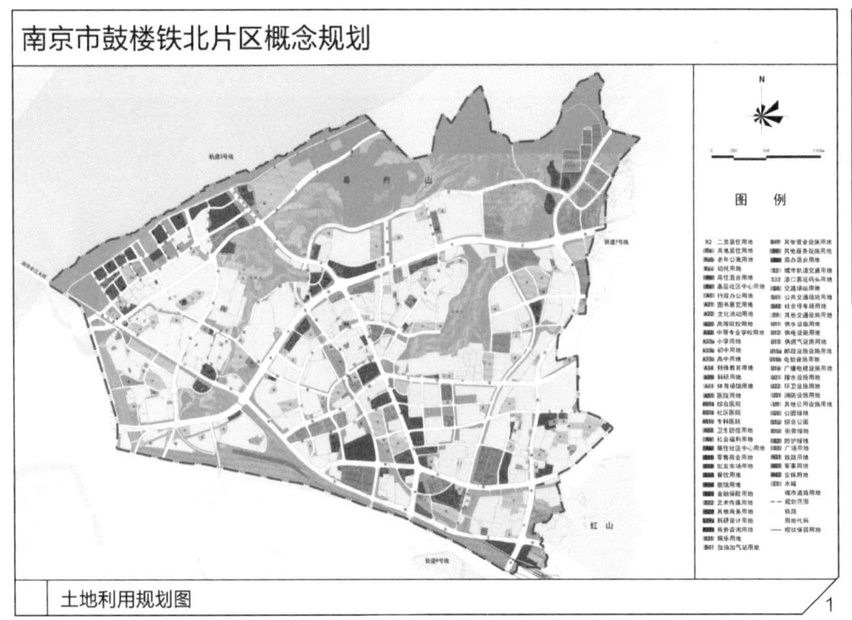

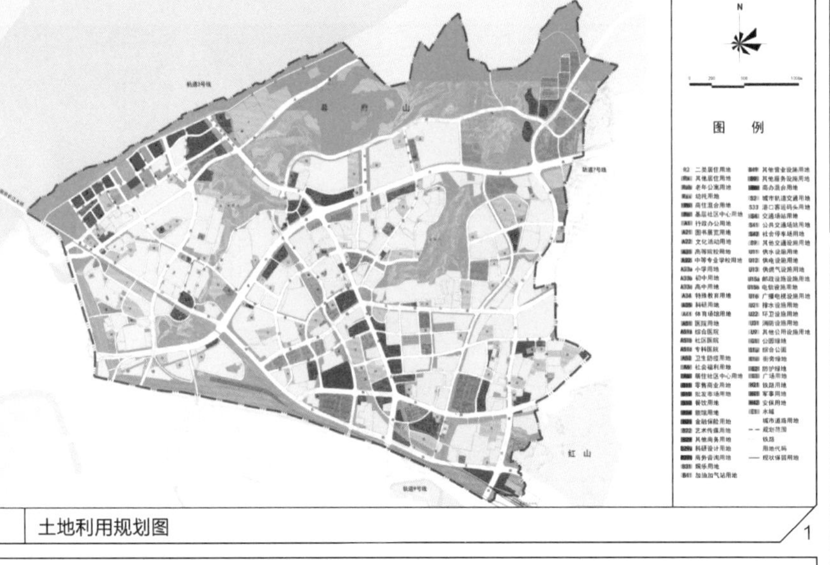

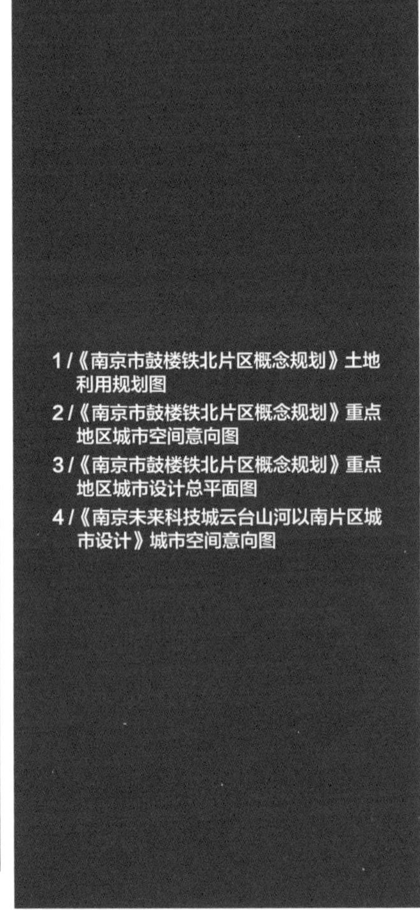

1 /《南京市鼓楼铁北片区概念规划》土地利用规划图

2 /《南京市鼓楼铁北片区概念规划》重点地区城市空间意向图

3 /《南京市鼓楼铁北片区概念规划》重点地区城市设计总平面图

4 /《南京未来科技城云台山河以南片区城市设计》城市空间意向图

存 轨
量 多 中 心 道
物 城 可 持 续 发 展
因 地 城 再 造 兰 州 黄 河 创 深 圳 经 验 城
带 状 组 团 空 间 布 局 流 东 部 科 技 城 西 固 提 生 态 市
制 宜 市 特 色 产 城 融 产 业 新 质 增 效 营 更
合 交 通 城 新

兰州

将深圳经验带到中国的母亲河畔

兰州，中国省会中唯一一座黄河从市区穿流而过的城市，人们沿水而居，在河流阶地上建造起中国西部的中心城市之一。兰州城区海拔1520米，地形东西狭长，南北两山脉相距短，“两山夹一河”的地理特征造就了独有的城市形态格局和特色。

组团布置，两个带状城市的缘分

我国著名城市规划专家、建筑学家、工程设计大师任震英，是兰州市规划、建设、管理事业的奠基人，他毕生致力于我国城市规划事业。“一五”时期，受到苏联援建影响，兰州城市空间布局呈现“轴线对称”“放射交通格局”等典型苏联模式。时任总规划师的任震英先生突破苏联斯大林格勒带形城市范例，独辟蹊径提出“分区布局、组团发展”“城市特色论”等规划理念，确定了兰州城市沿黄河两岸、组团式发展的基础格局，因地制宜创造出较大容量的城市空间发展基础，开创了中国带形城市规划典范。此后近六十年，兰州城市大体格局没有变化，以城关旧城区为中心加速发展，主要建设活动集中在城关、安宁、七里河和西固四区。

无独有偶，1986年吴良镛、周干峙等20多位国内外著名专家担任顾问对深圳经济特区提出弹性规划建议，形成六个功能不同又互为补充的城市组团，奠定带状组团特区空间骨架。此后组团式开发成为推动特区一体化的主要模式，各具特色的组团定位、灵活的组团连接、差异化的开发时序，既保持了城市本身的发展力量，又提供了自由生长的未来空间。

2000年以来，深规院在兰州陆续承接了《兰州新城分区规划》《兰州市西固国际物流新城发展战略规划》《兰州市城市轨道交通2、3号线沿线城市更新策略及城市设计》《兰州东部科技城重点地区城市设计》《兰州城市更新政策研究与密度分区研究》等，在不同城市发展时期呼应兰州空间发展战略，解决城市发展问题，输出同为带状组团城市的深圳经验，参与兰州城市发展建设，共同成长，服务兰州。

十年一步，优化多中心组团结构

2001年，深规院走进兰州，承接《兰州新城分区规划》，协助开启兰州北跨黄河、寻求城市发展空间的第一步。《兰州新城分区规划》在尊重兰州宏观结构的基础上，通过建立合理的规划结构和功能布局，在安宁区、七里河区和西固区的交界地段建设起兰州新城区。兰州新城作为三区接壤地带，具有“北依黄河、西接西固、东连城关、南靠西津路”的独特优势，其开发建设可串联兰州盆地的城市建设，形成新的城市布局和经济格局。

兰州新城分区规划重视对环境的保护与营造，充分发挥该地区的环境资源优势，突出“山、水、城”相互交融的城市特色，创造良好的城市形象。通过保持传统工业的经济活力，对现状工业进行改造整治，逐步对其实行技术改造和结构调整，提高原有工业企业的效益。同时，在马滩地区发展新兴产业和高新技术产业，培育全市工业新的经济增长点。规划充分重视管理性与可操作性，强调以集约高效的土地利用模式打造兰州市21世纪的城市中心区。兰州新城分区规划结果也纳入了兰州第三版城市总体规划，助推以“三滩新城”为核心的兰州城市新副中心的形成，引导城市空间结构由单中心向双中心转变。

世纪之交，国家开始实施西部大开发战略，兰州战略地位不断提升。与此同时，兰州第三版城市总体规划实施以来的十年间，中心城区越发拥挤，主城区已无法承载西部中心城市职能提升需求。2010年兰州市提出实施“再造兰州”战略，跳出老城建设新区、跨越发展再造兰州，力争通过五到十年的努力，在城区面积和经济总量上再造一个兰州。恰逢2010年，铁道部提出，要在全国主要沿海港口城市和内地主要城市建设18个集装箱中心站，构建双层集装箱运输主通道。兰州铁路集装箱中心站的建设，对促进兰州区域物流中心建设、全力打通连接我国西部省份乃至沿海经济发达地区与周边国家的物流快速通道、带动西北地区经济发展具有重要作用。

在此背景下，深规院承接《兰州市西固国际物流新城发展战略规划》，抢抓西部大开发和集装箱中心站建设机遇，促进产业城区的提质扩容。依托西固城区进行城市“外溢发展”，凭借集装箱枢纽优势，助力西固建设兰州向西的动力引擎。借鉴国内外地区成功的建设经验，西固国际物流新城突出产城融合的发展理念，综合发展相关的产业功能，包括出口加工、商务会展、生产性服务等产业功能，打造“西部国际门户、生态陆海商城”。

西固国际物流新城强调产业功能与生活服务功能的平衡，使其在空间上与中心城市融为一体。西固国际物流新城的确立，有助于缓解兰州各组团功能较为单一、城市生活服务中心同城市结构中心偏离导致的东西向交通拥挤、城市中心超负荷运转问题。新城集装箱中心站的建立，使兰州七里河货运场站的功能得到释放，结合兰新复线的高铁站点，重点发展城市中心职能，工业则向新城靠拢，使其作为兰州中部的城市中心，以缓解城关区的中心压力。同时，新城通过完善的配套，弥补西固城区配套的问题，依托优越的景观条件，塑造兰州旅游的亮点。

随着国家“一带一路”倡议的提出，兰州全方位打造丝绸之路经济带核心节点城市建设步伐不断提速，兰州东城区以其相对平整的地理条件，较为丰富的土地资源、水资源、矿产资源及旅游资源等，成为兰州新时期城市实现可持续发展的重要战略空间。2018年深规院承接兰州东部科技城城市设计，以科技、城市、生态共生引领城市高质量东扩。兰州东部科技城位于兰州市东南部榆中盆地的定连地区，西北侧紧邻和平片区，东南侧与榆中县城相连，是兰州市城市空间拓展、城市功能外溢、城市人口扩散较佳的接应点和承载地。东部科技城作为带形城市结构的延续和“东翼”新城，将疏解复合科技城定位功能、承载高端现代服务功能、成为高质量发展的示范。秉承党的十八大以来“创新、协调、绿色、开放、共享”五大指导新时代城市建设的新发展理念，规划将深规院在雄安新区等国家前沿规划实践中的经验融入东部科技城发展需求中，将东部新城定位为承接国家区域战略、引领城市未来科技创新、示范未来建设标准的中国西部科技创新先行示范区。高起点、高标准、高水平建设兰州中心城区定连片区，加强主要功能区块、主要景观、主要建筑物的设计，体现城市精神、展现城市特色、提升城市魅力、提高城市宜居水平、满足人民群众美好生活向往。规划坚持生态优先，并通过城市设计方案，有效控制用地指标及建筑形态等内容，指导具体项目的落地实施，以保证规划区健康有序开发建设。兰州东部科技城体现了新时代营城新理念在西部城市的重要实践，以“蓝绿交织、产业创新、魅力多彩、人民城市、快线慢网”的规划策略推动产业、城市与人之间活力向上、一体化发展。

更新引导，助力存量时期提质增效

在兰州带状组团结构不断推进的进程中，随着社会经济的不断发展，狭长的城市空间及河谷外跳跃式战略拓展使得兰州出现了城市中心过度集聚、土地资源日渐紧缺、产业内部结构不尽合理、自主创新能力不足、城市建设和管理相对滞后、民生保障能力有待提高等问题。2018年，兰州市确立了建设“都会城市、精致兰州”的发展定位，城市发展迈入新时期，存量资源挖潜提效成为兰州市实现“精致兰州”战略的重要发展途径。

2016年深规院承接《兰州市城市轨道交通2、3号线沿线城市更新策略及城市设计》，借鉴深圳城市更新经验，优化城市空间格局，以紧凑、集约、混合的开发模式，提高城市土地开发效益。规划提出“构筑城市发展新空间骨架，培育城市创新发展新增长平台，建立新城市发展模式和规则”的设计目标，以存量城市发展空间为主线，充分利用轨道交通建设契机，借鉴先进经验，促进轨道和土地协调发展，优化站点腹地功能结构及土地利用模式，提升沿线土地效能和空间品质。摸清沿线土地资源潜力，为轨道交通建设提供融资空间，促进城市轨道交通与土地同步经营，沿线土地增值收益用于轨道基础设施及公益性设施建设。制定城市更新策略和计划，为沿线城市更新提供技术指引，合理有序推进城市更新改造工作。基于TOD规划设计理念，开展重点站城市设计，促进轨道站点地区一体化发展，具体指导轨道站点核心腹地的开发建设。

2019年深规院承接《兰州市城市更新政策研究与密度分区研究》，旨在盘活存量资源，以形态更新为手段，拓展城市发展空间，提升城市发展品质，推动城市发展模式和增长方式的全面转变，支撑兰州城市发展战略，打造品质名城，重构兰州发展核心竞争力。研究通过对兰州市城市更新与城市发展进程关系的分析，确定更新目标及现状条件基础。盘点潜力资源，分为建议综合整治、优先拆除重建与其余更新潜力区三类更新区域指导更新活动。根据兰州市城市发展目标及更新原则，采取单因子判断与多影响因子叠加分析综合的方式，对更新潜力用地进行科学分区。以需定供，确定各更新类型的功能导向，统筹考虑全市发展需求,划定关键更新地区,强化政府引导和统筹作用。落实生活圈配套设施，加强政府扶持设施配置的力度，积极探索新型投融资模式，强化更新中的历史保护和绿色生态要求，提升综合品质，推动产业结构升级，促进发展动力模式转型。对接新时期城市规划工作要求，分类引导、因区定策，引领精细化城市管理，树立高水平存量规划示范。

从第一版城市总体规划的城市规划区范围126.66平方公里，到第四版总体规划确定的市域范围13085.6平方公里，兰州市以“两山夹一河”确定的带状组团结构为起点，跨越河谷、砥砺前行。兰州寻求破题之法伊始，深规院以深圳经验、深圳服务，参与兰州城市建设，从产城融合、沿轨道开发模式，到城市更新、生态营城，深规院始终坚持以最先进的城市发展理念与因地制宜的落地实施方案，助推兰州实现跨越式发展。

兰州新城分区规划

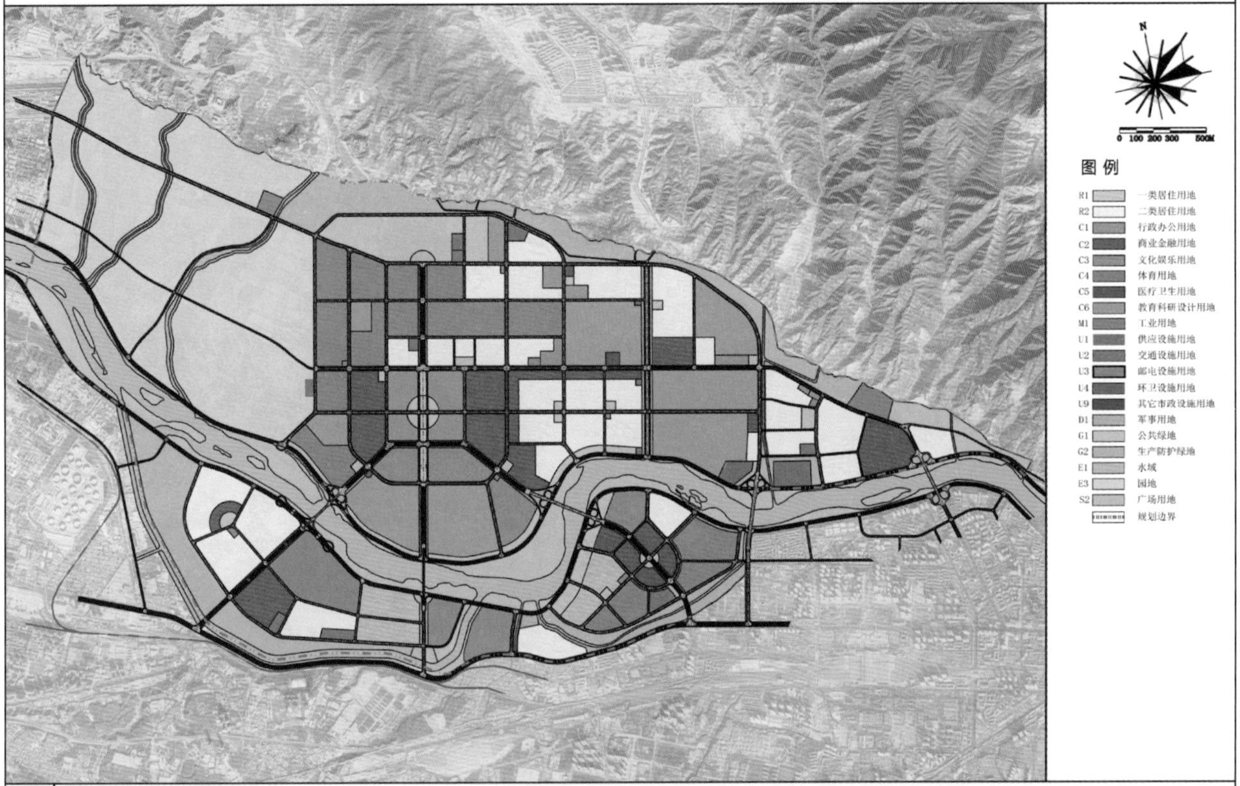

N
0 100 200 300 500M
图例
R1 一类居住用地
R2 二类居住用地
C1 行政办公用地
C2 商业金融用地
C3 文化娱乐用地
C4 体育用地
C5 医疗卫生用地
C6 教育科研设计用地
M1 工业用地
U1 供应设施用地
U2 交通设施用地
U3 邮电设施用地
U4 环卫设施用地
U9 其它市政设施用地
D1 军事用地
G1 公共绿地
G2 生产防护绿地
E1 水域
E3 园地
S2 广场用地
规划边界

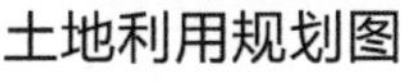

土地利用规划图

1

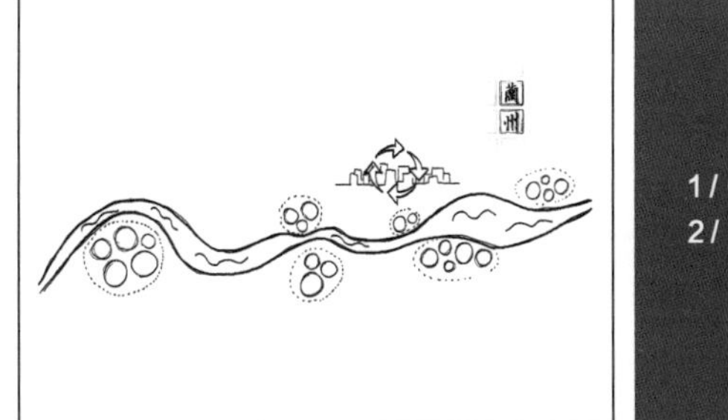

1 /《兰州新城分区规划》土地利用规划图

2 /《兰州市城市更新政策研究与密度分区研究》密度分区方案图

N
0 2 4 6 8KM
图例
特殊控制区
密度Ⅰ区
密度Ⅱ区
密度Ⅲ区
密度Ⅳ区
密度Ⅴ区

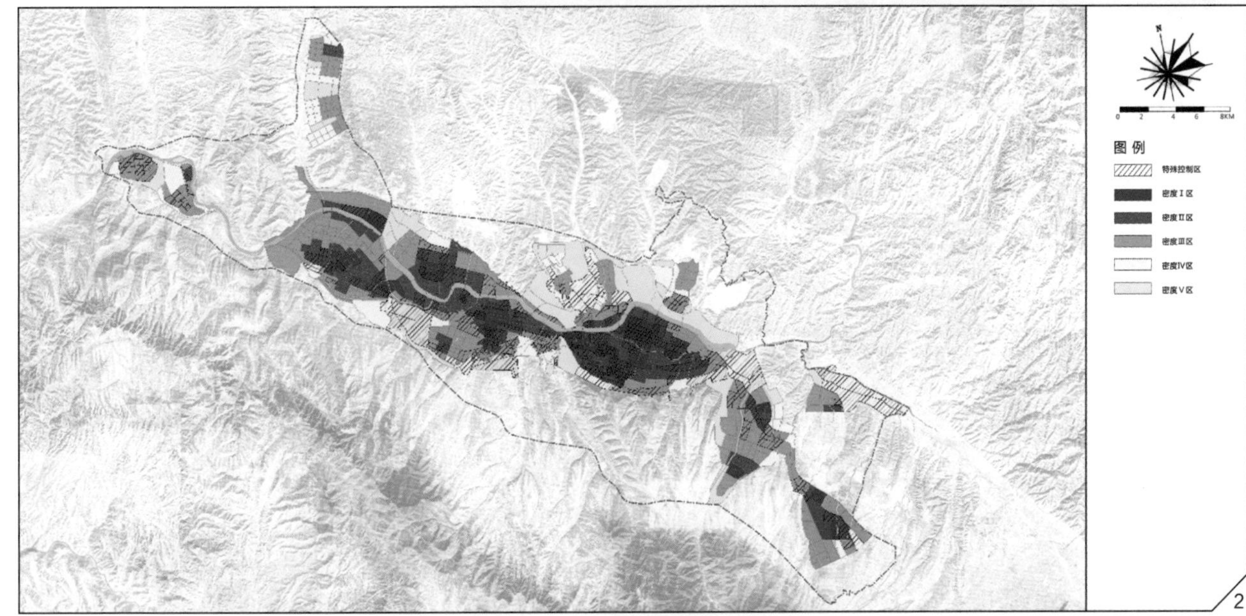

2

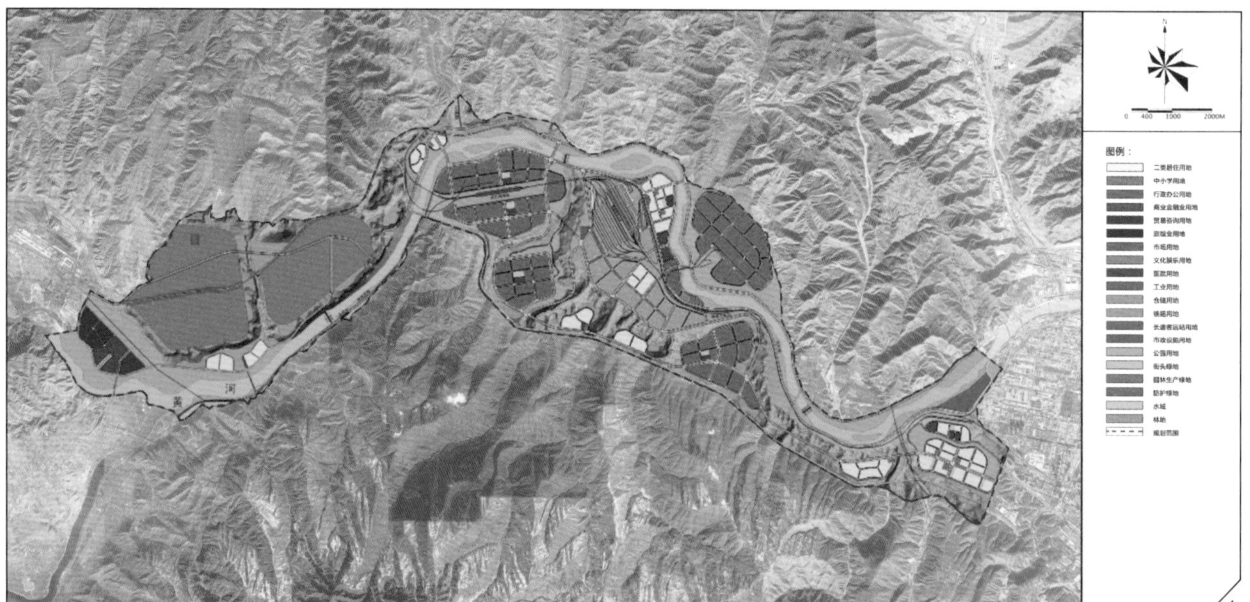

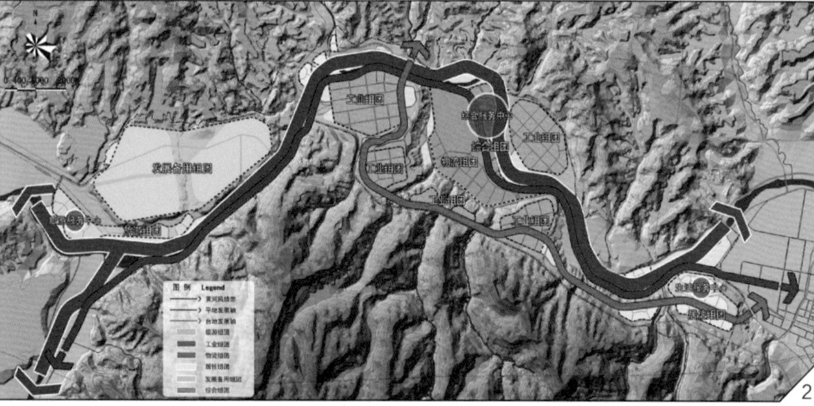

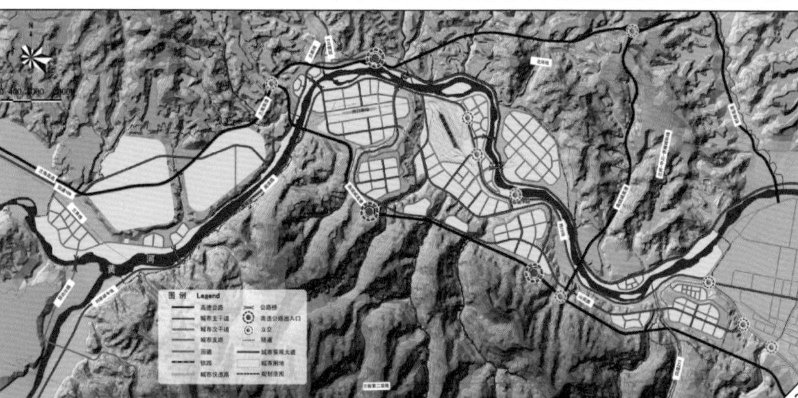

1 /《兰州市西固国际物流新城发展战略规划》土地利用规划图

2 /《兰州市西固国际物流新城发展战略规划》规划结构图

3 /《兰州市西固国际物流新城发展战略规划》综合交通规划图

4 /《兰州市西固国际物流新城发展战略规划》配套综合服务区总平面图

5 /《兰州市西固国际物流新城发展战略规划》绿地系统规划图

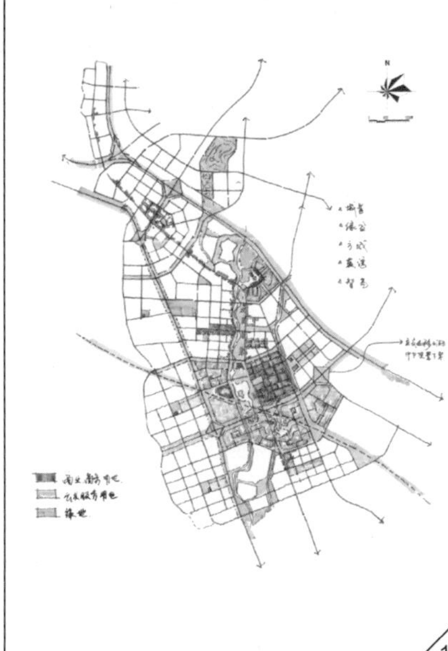

1

兰州东部科技城重点地区城市设计

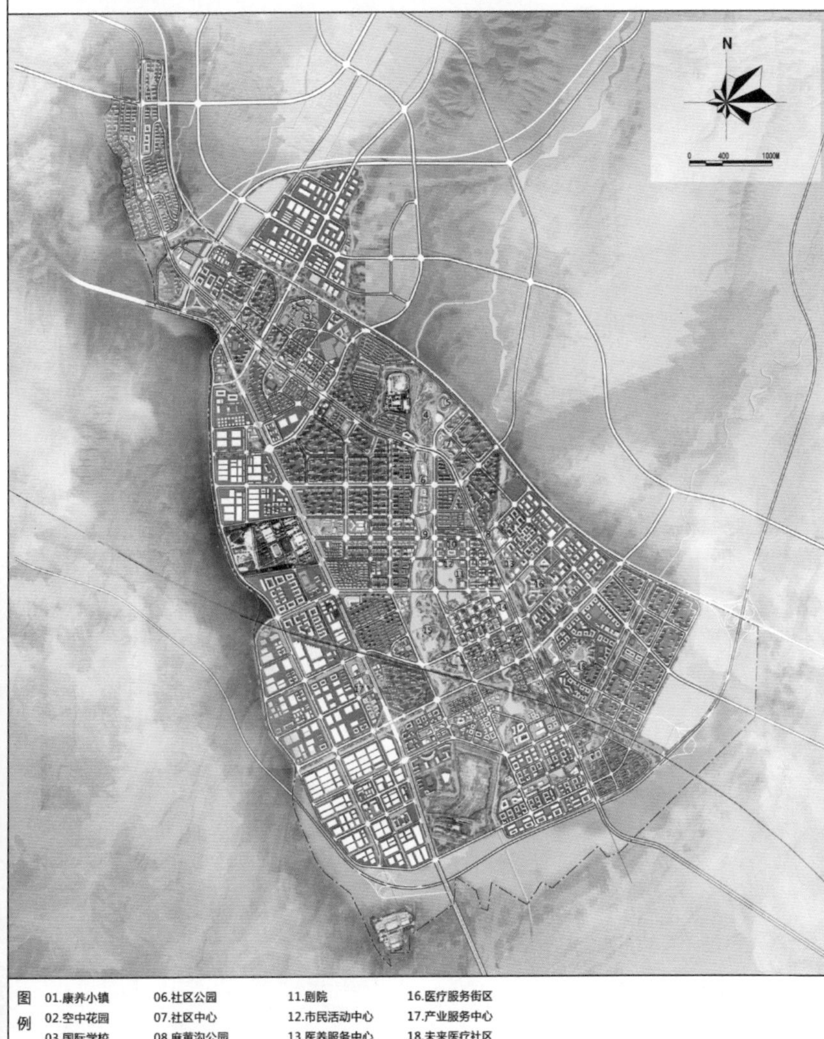

总平面图

2

1 /《兰州东部科技城重点地区城市设计》手绘草图

2 /《兰州东部科技城重点地区城市设计》总平面图

3 /《兰州东部科技城重点地区城市设计》城市空间意向图

3

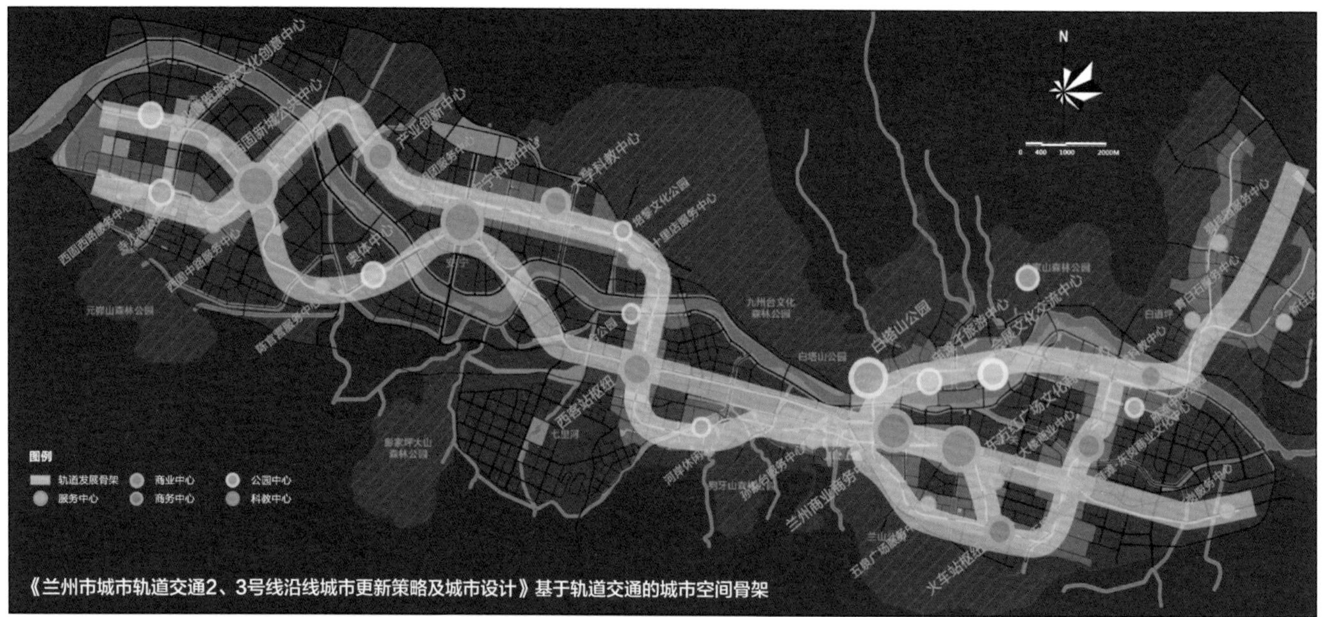

《兰州市城市轨道交通2、3号线沿线城市更新策略及城市设计》基于轨道交通的城市空间骨架

《兰州市城市轨道交通2、3号线沿线城市更新策略及城市设计》全线城市设计总平面示意

《兰州市城市轨道交通2、3号线沿线城市更新策略及城市设计》编制重点站城市设计建议

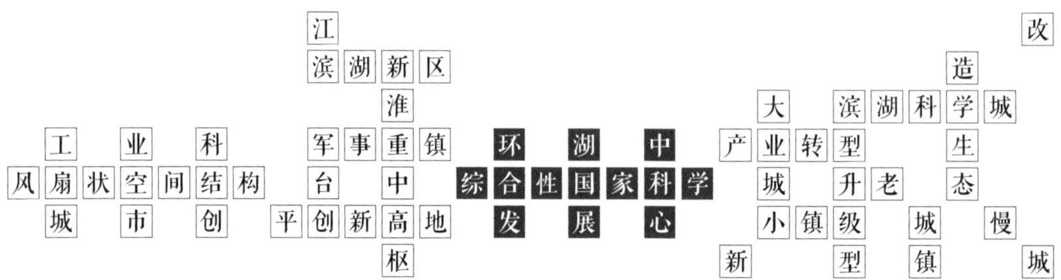

江 改
滨湖新区 造
淮 大 滨湖科学城
工 业 科 军事重镇 环 湖 中 产业转型 生
风扇状空间结构 台 中 综合性国家科学 城 升老 态
城 市 创 平创新高地 发 展 心 小镇级 城 慢
枢 新 型 镇 城

合肥

从江淮军事重镇到国家科学中心

合肥，位于江淮之间，巢湖之滨，因两河（南淝河与东淝河）均发源于此地而得名，是中国承东启西，贯通南北的重要城市。在两千多年的历史长河里，合肥争天时、获地利、拥人杰，完成了从军事重镇到江淮中枢、从安徽省会到长三角副中心城市、从全国工业城市到国家科学中心的华丽蜕变。

团城时代，经典的风扇状空间结构

20世纪50年代，合肥城市规模较小，城墙内老城区面积为5.2平方公里，人口数不足5万，城市基本上在已有环城绿带内发展，对外联系依赖水运，城市处于缓慢的自然发展状态，呈现为典型的团城结构。50年代初，合肥成为安徽省会，城市建设开始逐渐突破城墙限制，城市向东、北、西南三个方向沿对外交通线向外发展，建设了东部工业企业、北部工业仓库区、西南部的文教科研区和工业区，并很快发展为超过50万人口的大城市。直到90年代，合肥市城市格局呈现为以老城为核心、三翼发展的风扇状结构，生态绿楔自然嵌入城中，成为中国城市规划教科书式的经典。

90年代后，合肥市进入工业驱动的快速发展时期,三个国家级开发区相继成立，加上数量众多的各级工业园区，驱使城市不断向外拓展。在工业化快速推进下，合肥城市人口激增，建设规模不断扩大，老城中心已不堪重负，单中心的城市结构愈发难以支撑合肥的持续发展。如何优化合肥城市总体结构成为当时亟需破解的难题。2002年，合肥行政区划作出调整。2006年，合肥市总体规划提出“141”空间发展战略，对城市总体结构进行重新梳理与搭建，明确了从“单中心”走向“双中心”的空间结构调整。随之而来的合肥新一轮发展也围绕“推进老城改造、构建滨湖新区”两大重点事件展开。

2005年，深规院受合肥市规划局委托承接《合肥老城区发展策略研究与规划》。从全市发展的战略高度，规划提出新城、老城联动发展思路，注重老城功能的有机疏解与滨湖新城的错位发展，以及对老城进行改造的一系列创新方法与发展策略，坚定了合肥跳出老城、另造中心的战略决心。

围绕城市总体战略诉求与老城现实矛盾，规划坚持务实更新改造、高品质综合开发和延续传统风貌的三大建设原则，提出将合肥老城区打造成传统风貌与现代气息兼顾、城园交融环境宜人、具有强大吸引力的区域级商务中心的规划目标，并从老城区功能发展、老城区交通发展和城区容量控制三方面提出相应策略。此外，依据改造可行性和改造必要性评价，将老城区划分为综合改善区、控制建设区和引导建设区三类分区。控制建设区以保留或保护现状建成区块为目的，包括建设品质较好、功能匹配、产权清晰的现状建成区，以及具有重大价值的历史遗存等；综合改善区重点围绕老城区风貌品质欠佳、功能业态陈旧、拆建难度较大的建成区块，通过风貌提升、功能更新、环境整治等手段进行综合提升；引导建设区则重点围绕老城未利用和可腾退的存量空间进行综合开发，植入全新的城市功能，并以此作为带动老城全面更新的重要触媒。

环湖时代，滨湖新城与特色小镇

2006年年底合肥成立滨湖新区，正式迈入“滨湖时代”。滨湖新城的启动建设以及三大国家级开发区的扩容升级使合肥城市规模得以进一步扩张。随着2011年行政区划调整，合肥城市总体结构从“141”调整为“1331”，城市进入“多组团、跳跃式”的发展阶段。与此同时整个巢湖尽揽城中，环湖12个特色小镇的规划成为环湖生态文明建设的重要工作。在此期间，深规院参与了多个城市核心区块的规划设计及环湖特色小镇系列规划项目，为合肥谱写“大城小镇”的历史新篇。

196平方公里的滨湖新区概念性规划及核心区城市设计方案于2006年面向全球招标，深规院从全球110多家规划团队中脱颖而出，中标成为最终规划整合单位，并参与了滨湖新区核心区部分控制性详细规划等工作，见证滨湖新城从最初的规划设想开始进入真正实施阶段。

滨湖新区规划人口70万，建设用地规模90平方公里，是集商务文化、研发创意、旅游服务、综合居住于一体的合肥形象门户区。在多家全球顶级规划团队的方案基础上，深规院为滨湖新区提供了一个生态友好、富有活力、面向未来的框架蓝图，以“三重水景、九重洞天、绿带连环”为主题的滨湖核心区城市设计，精彩演绎了城市与巢湖水绿交融的篇章。

坚持生态优先原则，引湖入城，以水为脉、以绿为魂，创造“城”“水”“绿”交融的独特城市风貌。构建滨湖新区生态安全格局，利用湿地资源，积极保护和恢复原生湿地生态系统，创造城市与自然和谐共生的理想境界。沿河展开城市主要生态廊道，指状楔入城市，并以此为线索生长出下一层次绿化走廊，结合公共绿地及生态保护区，形成层次分明的绿地景观结构。打造滨水核心区，强调滨水城市景观特色，注重人的活动空间感受，突出滨湖城市独有魅力。

先期启动政府和会展中心，打通与老城的轴向联系，带动全区发展。滨湖新区分为南、中、北三个相对独立的片区，北部片区为老城区外围居住延伸区，建设重点在于交通梳理与设施完善；中部片区为原城市外围产业带的组成部分，规划结合高铁和集装箱码头建设，进行功能提升与整合，布局高新技术产业园区、职业教育园区、物流商贸区、奥林匹克中心等功能；南部片区是滨湖新区的主体，也是核心启动区，规划省级行政区、商务中心区、文化娱乐区、研发创意区、旅游服务基地等功能，重点打造合肥门户形象。

滨湖新城的建设使合肥从一个内聚式的传统城市转变为外向型的现代滨湖城市，所有资源在全市范围内重新分配、整合，中心城区与滨湖新区分工合作，形成“双核并重、双星闪耀”的城市空间结构。作为合肥城市结构发生重大变化的标志性事件，滨湖新城的规划建设彻底将合肥“单中心”结构转变为“双核”结构，不仅对老城功能的战略性疏解起到支撑作用，更是对未来合肥战略性功能导入提供了优质的空间平台。

随着行政区划调整，合肥成为全国唯一的环湖发展的省会城市，如何将巢湖的生态保护治理与环湖小城镇的科学发展结合起来，成为环湖时代合肥面临的重任之一。2013年深规院承接《肥东县长临河镇总体规划》的编制任务，作为环湖十二镇中首个编制总体规划的城镇，受到社会各界的广泛关注。在合肥“大湖名城、创新高地”新战略目标下，规划尝试通过协调生态保护、镇村特色、旅游发展三者之间的关系，以“环湖首镇、生态慢城”为发展目标，探索一种适用于环巢湖地区的新型城镇发展模式。

创新发展——规划提出以新型城镇化为指导思想，摒弃“新城式、摊小饼”的乡镇规划模式，以“适度集聚、多点极化”的创新思维引导全域建设空间布局，在保持传统镇村空间肌理的前提下，形成镇村有机生长的网络发展体系。

特色发展——长临河拥有丰富但又分散的特色资源，总体规划以资源为导向，以当地乡村“九龙攒珠”传统布局为雏形，在滨湖区域形成各具特色的五个精品旅游组团，分别带动腹地特色村落发展，形成全域范围的“九龙攒珠”格局。各组团之间预留生态廊道与田园空间，最大限度保留当地独有的陂塘系统，凸显田园乡村特色，引导城镇、乡村与山水、田园融合发展。

持续发展——规划以旅游休闲产业为主线，以滨湖精品项目为引擎，激活山水、田园、乡村等优质资源，在生态底线管控与村落适度归并的双前提下进行全域范围的旅游产业综合策划，为增强镇村经济动力、改善镇村配套设施、提高村民收入提供发展路径，保障乡镇的持续稳定发展。

科创时代，三大国家级开发区建设

2013年，在国家创新驱动战略持续推进下，进入经济转型期的合肥致力于产业转型升级与科创平台的培育，城市框架也进入“多中心融合发展”的阶段。合肥经济开发区、合肥高新区、合肥新站综合改革试验区三大国家级开发区齐头并进，以不同发展方式，寻求创新驱动力。经过多年谋划与实施，综合性国家科学中心于2018年正式获批，并以滨湖科学城（约841平方公里）为载体，自西向东覆盖合肥政策最集聚、要素最优质、基础最优越的空间，力争创建中国第20个国家级新区。在合肥迈向国家级科学中心的发展征程中，深规院通过在三大国家级开发区多年的规划探索与实践，为了让合肥持续吸聚并更好的服务创新要素，提出以“三生融合”的发展思维引导单一的产业空间逐步向更加生态化、人性化、复合化的现代城区转变，持续提升城市公共服务产品体系，促进合肥产城融合发展。

2012年，深规院获得合肥高新区一山两湖城市设计国际竞赛第一名，方案明确合肥高新区定位为科学中心核心区、新兴产业引领区、创新改革示范区、国际新城先行区。规划方案以一山两湖片区为平台，依托中科院、各类国家级研究所、国家实验室等优质科学要素资源，加强产城融合与品质提升，并通过西拓预留未来发展空间。

规划在生态环境评价基础上以叠加方式对现状建设用地、在建及拟建项目进行综合评估，将规划用地划分为保留建设用地、优化建设用地和重新规划用地三大类型，并重点对后两类用地空间进行规划设计，构建“智谷、金廊、玉环、双湖”的整体发展结构。

两大湖区作为大巢湖陂塘系统的组成部分，规划采用低冲击的建设理念，在“一环双心”网络结构的生态绿道体系下进行建设控制，维系具有整体性和连续性的生态格局，并以多层次的微绿地系统优化城区公共空间及生态环境。在高效的路网体系下组织便捷的城市公交系统，并通过“P+R”模式与轨道站点进行一体化设计。慢行系统围绕城市绿道环线与滨水步道展开，串联两大湖区及主要公共开放空间，最终融入全市大绿道系统。在“一山两湖”的整体格局下，创新大道作为创智产业集聚轴，通过高低错落的空间隆起带构建具有标志性的城市智谷；长江西路作为城市门户大道，以大体量的现代建筑风貌凸显合肥新形象；望江西路作为山湖景观大道，沿线形成大开大合、疏密有致的空间特色，成为望山观湖的景观主轴。一山两湖核心区将作为中国的创智先锋，提升合肥城市名望，演绎山湖融城经典。

在2017年全国357家国家级产业区中，合肥高新区综合竞争力排名第五。2017年合肥获批综合性国家科学中心，高新区是其建设核心区。2018年高新区获世界一流高科技园区，在国家级高新区综合排名第八。2019年，合肥综合性国家科学中心聚力推动项目建设、科研攻关、成果转化、体制机制创新等取得了一系列重大成果。未来，高新区将继续以综合性国家科学中心建设为契机，发挥创新平台作用，继续打造“中国声谷，量子中心”的园区品牌，向着“世界一流高科技园区”阔步迈进!

三个时代见证了合肥的城市发展足迹

三个时代	标志性事件	城市地位变化	结构特征变化	增长模式变化	规划工作重心变化	深规院编制规划代表性项目
团城时代（1949—2006年）	●1949年后合肥城市结构经历“团城—风扇大团城”的变化； ●2002年行政区划调整，合肥提出构建滨湖新区设想； ●2006年滨湖新区规划全球招标； ●2006版总规，合肥“141”城市结构拉开	安徽省省会	单中心—双中心渐进扩张 从“团城风扇”到“141”结构	工业驱动 工业区齐头并进 三大国家级开发区为龙头	扩张 功能单一的用地扩张；重功能分区的二维式用地规划	旧城更新+新城拓展 ●《合肥老城改造更新规划研究》； ●《合肥滨湖新区概念规划及核心区城市设计》（全球招标第一名、整合单位）
环湖时代（2006—2016年）	●2006—2010年城市快速扩张； ●2011年行政区划调整巢湖纳入合肥市； ●2012年合肥提出“大湖名城、创新高地”战略目标； ●2012—2016年环湖小城镇规划与建设全面铺开； ●2013年版总规，城市结构从“141”转变为“1331”	长三角城市群副中心	双核引领多组团跳跃发展 从“141”到“1331”	城市驱动 城市框架迅速拉开 双核建构 与 产城用地扩张	跳跃 功能多元的产城共进；新城概念规划与城市设计；综合策划+空间规划+形态设计	环湖小镇规划 ●《长临河镇总体规划》（全国优秀城乡规划第一名）； ●《三河镇总体规划》（全国历史文化名镇）； ●《半汤、汤池国际温泉度假区规划》（国际竞赛第一名）
科创时代（2016—至今）	●2016年至今城市进入产城融合多中心发展阶段； ●2013—2018年创新驱动战略下三大开发区不断优化规划布局，践行产城融合发展理念； ●2016年合肥东部新中心规划全球招标； ●2018年合肥获批综合性国家科学中心，合肥全面启动滨湖科学城规划	综合性国家科学中心	多中心融合发展 中心城区形成1—4—7三级多中心结构	创新驱动 获得 国家科学中心地位 创新驱动 推动产城融合发展	融合 三生融合 生态、生产、生活产城功能高度融合；公共服务供给加强；功能空间复合利用；风貌品质全面提升	产城融合规划 ●《合肥新站综合开发试验区少荃湖沿湖岸线城市设计》（国际竞赛第一名）； ●《合肥高新区一山两湖核心发展区概念性规划与城市策划及城市设计》（国际竞赛第一名）； ●《合肥经开区高刘镇高刘老街概念规划及重点片区城市设计》； ●《合肥东部新中心概念规划暨城市设计》（全球招标第二名）

合肥老城区发展策略研究与规划

杏花公园

逍遥津公园

西山景区

图例

土地利用规划图

1

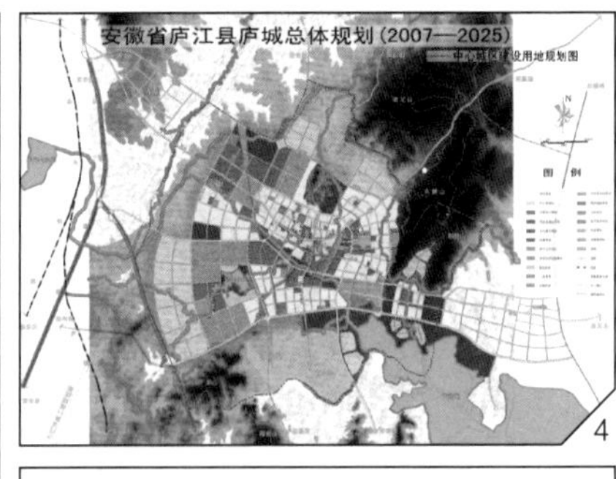

4

城市设计总平面图

2

1 /《合肥老城区发展策略研究与规划》土地利用规划图

2 /《合肥老城区发展策略研究与规划》城市设计总平面图

3 /《合肥老城区发展策略研究与规划》城市空间意向图

4 /《安徽省庐江县庐城总体规划（2007—2025）》中心城区建设用地规划图

5 /《安徽省庐江县庐城总体规划（2007—2025）》城东新区城市设计城市空间意向图

6 /《肥东县长临河镇总体规划》镇域空间结构图

7 /《肥东县长临河镇总体规划》中心镇区土地利用规划图

8 /《肥东县长临河镇总体规划》镇域土地利用规划图

3

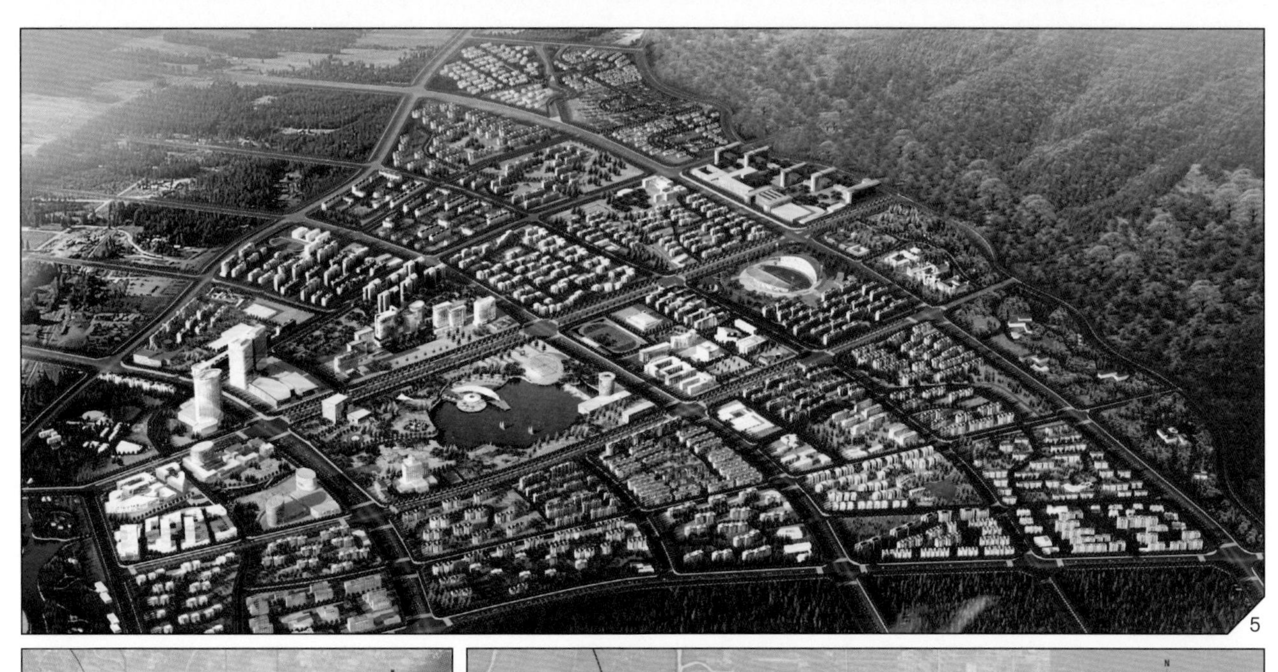

5

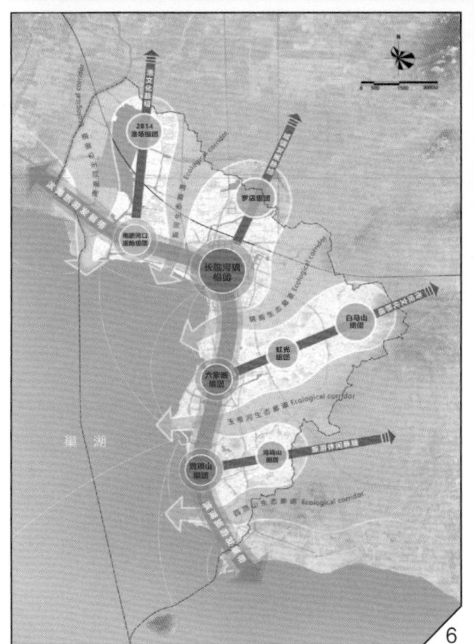

6

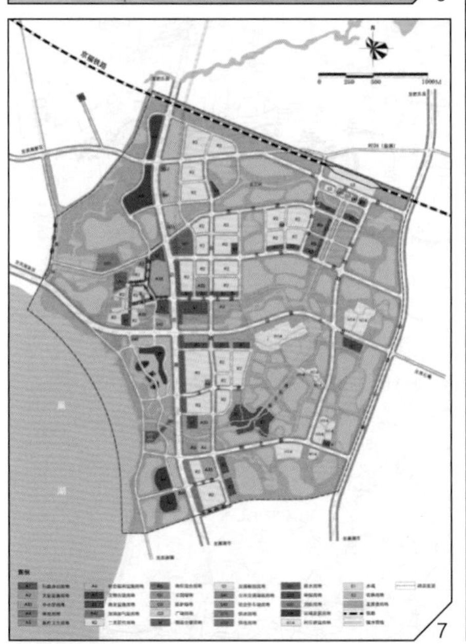

7

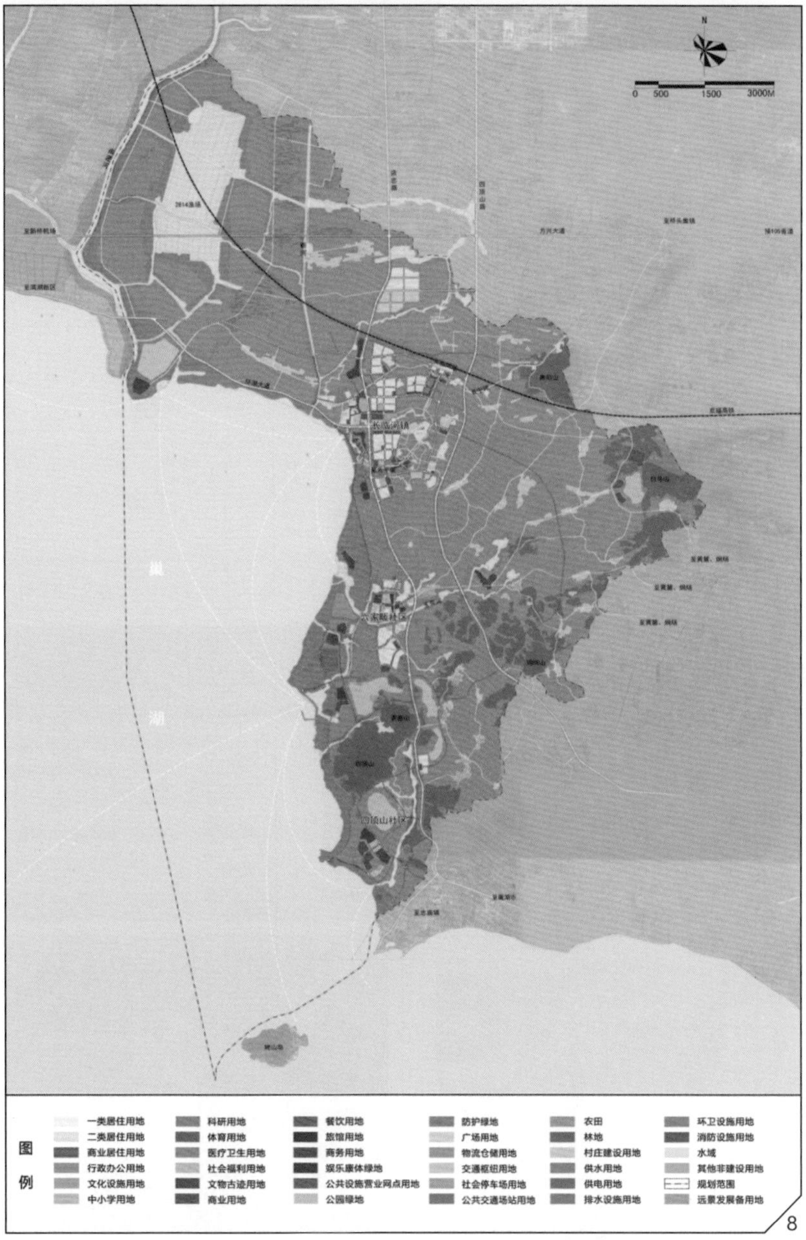

0 500 1500 3000M
图例
一类居住用地
二类居住用地
商业居住用地
行政办公用地
文化设施用地
中小学用地
科研用地
体育用地
医疗卫生用地
社会福利用地
文物古迹用地
商业用地
餐饮用地
旅馆用地
商务用地
娱乐康体绿地
公共设施营业网点用地
公园绿地
防护绿地
广场用地
物流仓储用地
交通枢纽用地
社会停车场用地
公共交通场站用地
农田
林地
村庄建设用地
供水用地
供电用地
排水设施用地
环卫设施用地
消防设施用地
水域
其他非建设用地
规划范围
远景发展备用地

8

合肥滨湖新区概念性规划及核心区城市设计

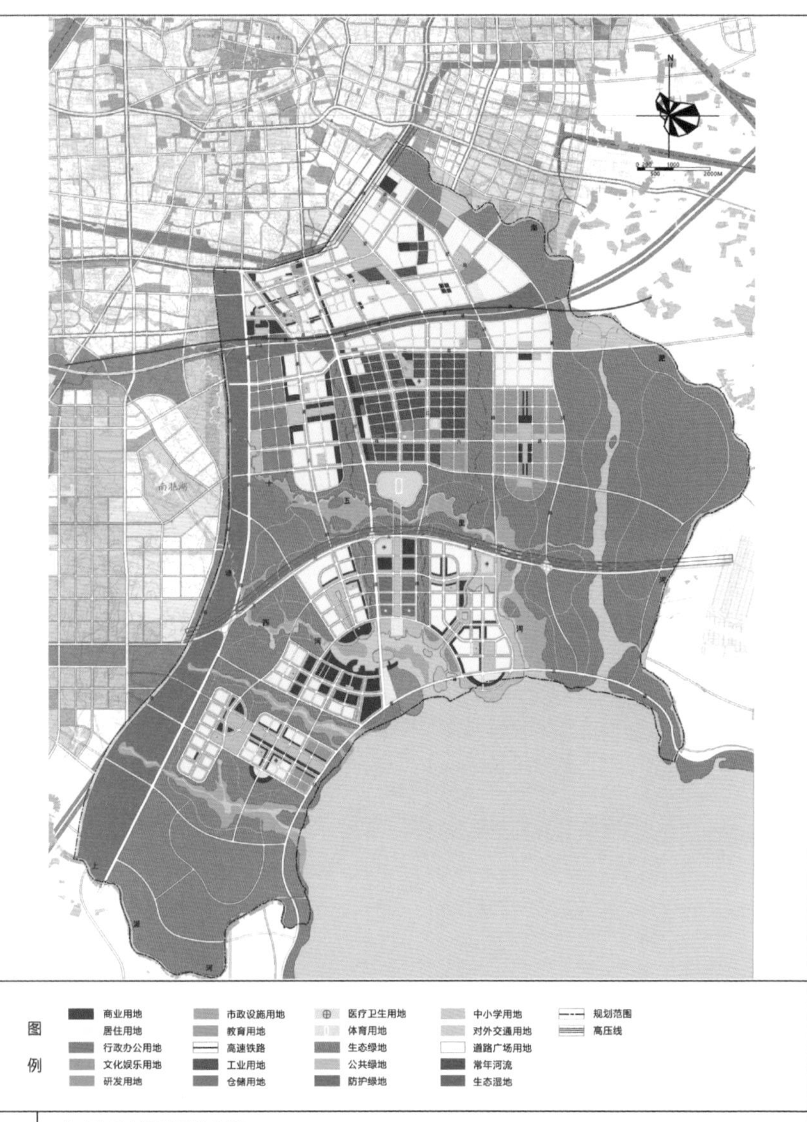

土地利用规划图 1

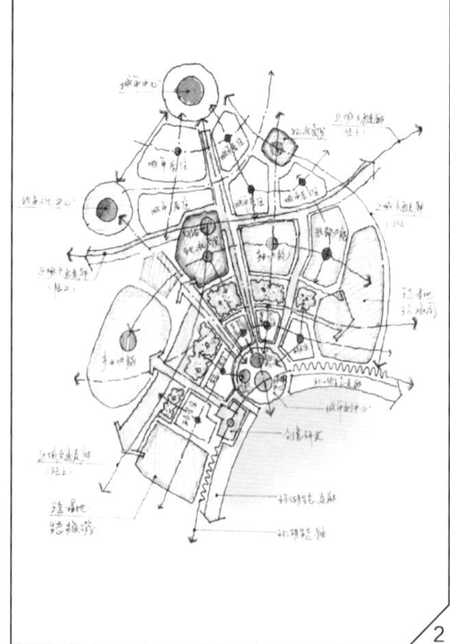

2

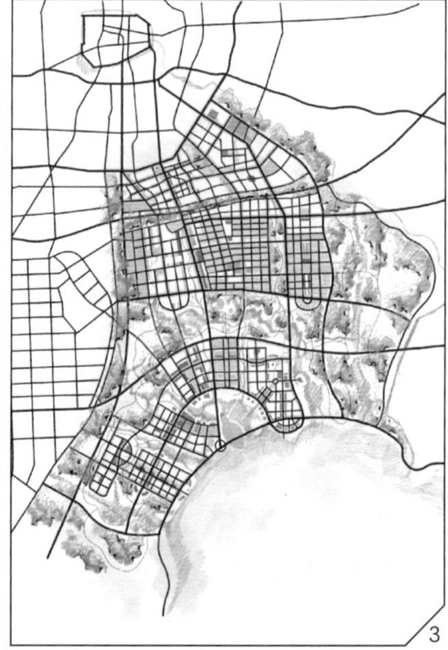

3

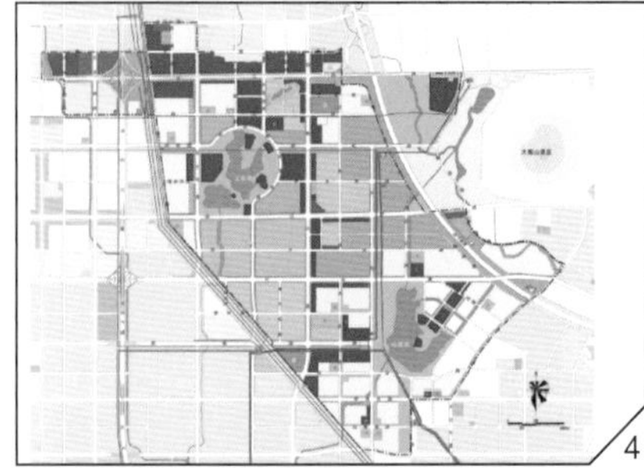

4

1 /《合肥滨湖新区概念性规划及核心区城市设计》土地利用规划图
2 /《合肥滨湖新区概念性规划及核心区城市设计》功能结构图
3 /《合肥滨湖新区概念性规划及核心区城市设计》方案草图
4 /《合肥高新区一山两湖核心发展区概念性规划与城市策划及城市设计》土地利用规划图
5 /《合肥高新区一山两湖核心发展区概念性规划与城市策划及城市设计》总平面图
6 /《合肥高新区一山两湖核心发展区概念性规划与城市策划及城市设计》城市空间意向图

5

6

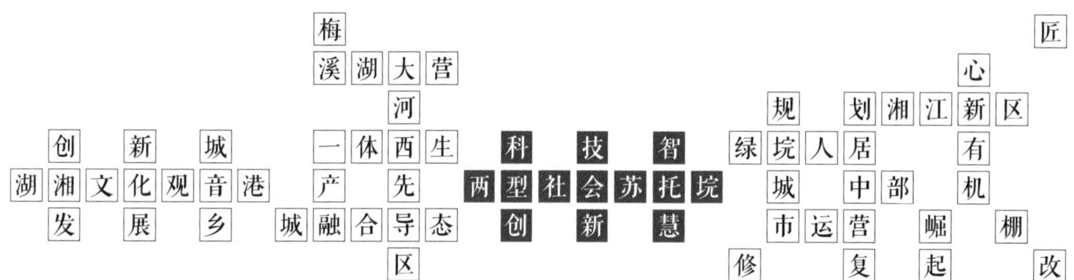

梅 匠
溪湖大营 心
河 规 划湘江新区
创 新 城 一体西生 科 技 智 绿坑人居 有
湖湘文化观音港 产 先 两型社会苏托垸 城 中部 机
发 展 乡 城融合导态 创 新 慧 市运营 崛 棚
区 修 复 起 改

长沙

从两型示范区到国家级新区的规划跟踪

长沙，长江中游地区重要的中心城市，“经世致用、兼收并蓄”的湖湘文化，孕育出中国首个世界“媒体艺术之都”，并以独特的山水资源和创新精神，引领城市高速发展。

从2005年中部崛起战略启动、2007年国家批准长株潭城市群为全国资源节约型和环境友好型社会建设综合配套改革试验区，到2015年国家发布长江中游城市群发展规划，批复长沙湘江新区成为中部地区首个国家级新区，长沙的崛起及转型发展经历了两个阶段：第一阶段，以“引资源、拉框架”为重点，高新区建设驱动经济发展，在此基础上，通过生态塑形城市的“两型社会”发展模式、湘江湖垸保育模式的实践，构建了三生共荣的发展路径；第二阶段，以创新引领城市转型，培育了新经济发展的内在动力，以人本理念进行存量更新，创造了美好人居的品质环境。

深规院在长沙进行了十余年的规划实践和跟踪服务，见证了长沙发展历程，遵循城市快速开发与转型实践中的发展规律，梳理城市结构性要素，并引导区域空间生长。

以“两型社会”为基，践行生态文明

2007年，国家批准长株潭城市群为全国资源节约型和环境友好型社会建设综合配套改革试验区，要求长沙在转型发展方面作出示范样板。长沙以此为契机设立大河西先导区，在规划建设上探索实践生态塑形、高效集约的发展模式。

面对“两型社会”与城镇快速发展的矛盾，《长沙市大河西先导区空间发展战略规划》确立了“两型社会”发展的基本模式：转变传统空间等级中心体系，确立扁平化网络城市结构，构建紧凑型用地布局；生态环境方面，生态优先，建立用于维护生态系统完整性的水系、导风及动植物迁徙廊道，引

入生态基本控制线规划，严格保护的“工”字形生态廊道，实现了对后续规划建设的有效管控；形态上，结合城市增长边界技术应用，引导了大河西地区的基本空间框架。这个项目不仅创立了区域总体发展框架，探索了经济社会与人口、资源、环境相协调的新型模式，同时由大规模园区建设向新城发展转型，实现了区域引领和示范作用。

《长沙大河西先导区观音港新城发展规划》探索了丘陵滨水地区生态空间保护，形成了以多层水网串联城市中心的旅游新城水景营造模式，构建了以绿色功能汇聚人气的复合型绿色产业格局和低碳交通网络。观音港的规划设计集成“两型社会”发展模式，不仅有效指导了生态修复与再利用，而且对湘江两岸生态敏感区域的规划设计产生了深远的影响。

大河西先导区的规划探索树立了“两型社会”发展的典范，随着党的十八大作出“大力推进生态文明建设”的战略决策以及湘江新区批复成为中部地区首个国家级新区，“两型社会”的发展模式在湘江沿岸湿地空间的规划实践中不断延展。

生态修复——立足水安全的空间设计。2012年长沙市苏托垸概念性规划国际竞赛率先探索了湘江沿岸生态高度敏感地区的水系整治和生态修复策略，实现“垸”生态功能的进化和演变。水安全上，科学计算洪量确定湿地水面率，多要素叠置分析明确防洪排涝体系，保障自身调蓄功能和水体循环经济性最优；水布局上，结合现状与历史水系分布，明确水系联通方案，将水系引入城市组团内部，提升土地价值；水意向上，利用水网串联公共服务中心与优美滨湖景观，展示苏托垸湿地全新的“水生活”图景；水肌理上，围绕湖面形成若干绿岛和半岛空间，并保留串接区内的水渠、水塘与农田湿地，凸显多彩斑斓的水乡特色；水环境上，通过海绵体系构建控源截污、清淤增容、拓岸筑绿、造景营栖的八元修复模式，控制水流方向，实现地表径流污染物的沉降与消减。

绿垸人居——三生共荣的保育模式。2015年《长沙市天心区解放垸概念规划》进一步探索了生态文明视角下的湿地保育与价值提升方式，实现“垸”社会功能的传承与新生。湖垸乡村采取就地城镇化策略，特色培育功能与村庄、生态结合，通过延续垸居空间肌理，形成以艺术创作、创意设计、文化旅游及数字出版为触媒的创客社区。与此同时，搭建有机生长的空间框架，筑巢、营文、塑游的功能生长路径与整体出让、项目引入、灵活开发的单元开发模式相结合，指导空间布局。突出湖垸品质建设，回归滨水、重塑垸居聚落，打造新时代的绿垸人居模式，彰显低碳生活与水乡风情。

以创新发展模式引领中部崛起

2005年中部崛起战略启动推进，长沙依托其长三角、成渝、珠三角、武汉四大都市圈地理中心的区位以及巨大的辐射腹地，成功抢占先机，以“引资源、拉框架”为重点，通过高铁、高速及多条跨区域干道的建设，有力破解要素流通障碍、降低要素流通成本，吸引了大量珠三角产业资源，沿海地区转移来的电子信息、生物医药与新材料等新兴产业快速崛起，以三一重工、中联重科为代表的本地制造业增速显著。与之匹配的是城市建设框架的大幅拉开，向东以长沙县、浏阳市作为机械制造、生物医药产业发展的新战场，向西跨越湘江，以长沙高新区作为驱动新经济发展的引擎。

2005—2015年的十年间，长沙经济总量增长了460%，增速在全国33个重点城市中居首位，科技创新对经济增长的贡献率超过60%，长沙从过去十年的高速发展阶段，逐步转型迈入高质量发展新阶段，带头落实了中部崛起战略“培育新的经济增长点、促进国家东中西区域良性互动发展的任务”的要求。

在城市运营上，结合2008—2009年《梅溪湖周边地区控制性详细规划初步成果与城市设计纲要》《梅溪湖周边地区控制性详细规划》的规划实践，长沙开启了市场融合思维，探索“空间规划产品营销、规划与资本双重驱动”的开发思路，快速撬动了土地开发的城市运营模式。资本介入方面，通过动态经济分析，把概念规划目标向经济指标和空间指标转化，确立空间规划和土地开发的指标底线；规划导控方面，结合各区块不同市场主体的投资特点，确定住宅类型和社区形式，形成综合性的城市设计方案。

梅溪湖的城市运营模式有效衔接了空间规划与土地开发，具有较强的现实指导意义，快速吸引了资本投入城市开发，成功导入了中冶长天、中化化肥等数十家知名研发设计企业，引入了湘雅梅溪湖医院等综合三甲医院，建成了由扎哈·哈迪德建筑事务所设计的梅溪湖国际文化艺术中心，大大加速了大河西先导区核心区的建设。

同样的市场思维，在2017年《梅溪湖国际新城二期城市设计、产业策划及控规优化》中得以应用，规划制定了小而全、单元嵌套的空间模式，营造了差异化的成本空间，激发了多样创新活力，同时通过弹性控制指标体系，构建土地开发框架，实现城市弹性快速营城。

在城市创新空间上，湘江新区高屋建瓴地提出了政校企合作的创新模式，并探索出渐进式生长的创新路径以及弹性引导的快速营城框架。2015年的《湖南湘江新区空间发展战略规划》从战略高度解决了政府对创新资源的主导与配置问题。政府主导协同创新，形成政府服务与企业创新的整合网络：转变传统产业规划门类，从产业集群出发构建引领性产业方向；推动政府从生产配套向创新服务角色升级，打通创新环节，建设链接市场和城市服务的创新平台；配置空间资源，构筑开放创新结构，以岳麓大学城、岳麓科技产业园、岳麓副中心形成的“创新三角”，打造湘江新区创新发展的核心引擎。

在整体创新发展框架下，2016年的《岳麓副中心核心区及周边区域概念规划》以创新主体需求为导向，探索出了一条产、学、城融合的渐进式创新生长路径。首先，适应不同主体，提出校区创业模式、园区定向孵化模式、城区创新服务模式三种创新转化路径；其次，通过森林系统串联生产生活服务，垂直定向引导创新链生长；最后，依托内城、外园、远镇的融合生长模式，构筑创新空间筛选的“创新漏斗”，培育创新中心成型。

中部崛起的回顾与思考

国家节点战略地区预设目标的实现，需要国家给予特定导向，即对制度创新、优惠政策支持和国家要素投入等给予指定的空间，特别是区域层面的支持。湘江新区通过引入战略性基础设施、联动国家级新区、筑造政策开放平台三方面，与区域联动，制定快速促进湘江新区战略影响力提升的行动框架。

具体行动包括：建设高效的区域性交通设施，提出保税物流、航道升级、引入高速铁路等战略性设施，弹性规划高铁入城，打造“一主一辅”客运枢纽；联动周边国家新区，扩大战略合作，以“西挺东出”的思路建立和周边国家新区的合作关系；申报“湘江新区保税物流中心（B型）”、自由贸易区等政策开放平台，加速外向经济发展。

国家级新区发展的关键是避免职住分离，合理处理老城区与新区的功能关系，营造具有活力的综合城区。肩负建设产城融合、城乡一体的新型城镇化示范区使命的湘江新区，以空间规划与社会经济需求同步为目的，打造多尺度纵深的产城融合体系。

区域层面，根据社会需求数据反映的要素东西流动的规律，培育与沿江地产格局互补的内生式产业轴，东西融合培育多个产城融合单元，分类别、精细化研究各产业功能区的产城服务配套比例，统筹管控实现职住平衡。城市层面，培育打造高能级的“长沙西中心”服务核，结合交通枢纽打造“长沙西中心”，提升服务配套能级，吸引要素汇聚、减少跨江交通，并通过完善的轨道交通支撑产城融合发展提升。

单元层面，精细化评估区内工程机械、航空航天、电子信息等不同产业园区的产居配比及服务配套差异，结合大量案例经验数据进行整合，差异化、合理化管控产城融合单元。

中国经济发展进入新常态以来，规划契合以人民为中心的发展思想，适应创新人群的需求，引导城市发展进入品质时代；以城市公共价值提升为理念，通过低成本、微空间改造提升居民的获得感，引导城市发展进入民生时代。

深规院把深圳在城市更新方面的创新经验与长沙本土实际结合，通过《长沙市中山西路棚户区改造建设工程规划设计》《长沙岳麓区后湖片区整治规划》《长沙绿心工业退出片区土地整备与利益统筹》等实践，不断探索与城市发展同步更迭的城市更新模式与路径，创造美好人居环境。

面对传承历史文脉与重塑现实利益平衡，长沙逐步探索出一条有机棚改之路，以修复修缮为主，零星拆除重建为辅，对历史街巷及文物聚集区周边两厢房屋进行提质改造，既保留历史文脉，又更新城市建筑，达到提升城市现代化品位的效果。2009年开展的《长沙市中山西路棚户区改造建设工程规划设计》充分挖掘了中山路街区特点，采取渐进式拆除重建方式对其进行小规模改造。通过街道肌理的保留还原场地人文足迹，以历史文化底蕴为卖点提升商业活力与吸引力，以街区综合体的模式再现了中山路的辉煌。该项目也成为历史文脉保护传承与现代都市开发共生共荣的典范与标杆。

面对城市中的自发商业、低成本生活空间等被拆除引发的无序与秩序、保留与拆除等争议，2015年的《长沙岳麓区后湖片区整治规划》借鉴深圳保护城中村的经验，规划通过综合整治手段保护低成本创新空间，维系原有社会生产关系网络；注重整体环境治理和文化脉络的渐进式生长，城乡统筹激活多元共生环境；满足艺术家、学生、村民及游客四类人群诉求，建筑微改造提供多元创新创意空间。

面对征地拆迁与利益分配的矛盾，借鉴深圳以规划、资金、地权为手段的配套政策设计经验在《长沙绿心工业退出片区土地整备与利益统筹》项目中得以试点应用。通过规划与土地政策的联动，提出四点创新：一是针对空间碎片化现状，以土地整合为核心开展工作，政府与园区算大账，园区与相关权益人算小账；二是以权益人为主体，在政府主导基础上嵌入社会协商模式，优化了社会治理模式；三是通过规划、土地多政策联动，建立土地增值收益分配机制；四是划定公共利益底线，保障该区域公共设施项目建设。

新时期的长沙，需要进一步回归都市生活，加强对市民日常交往方式的营造，激发城区活力；需要凸显对中国文化的传承与弘扬，增强城乡居民的文化归属感，引导城市发展进入匠心时代。愿以深规院的规划匠心，承传营城智慧，彰显城市特色，让长沙更幸福、更宜居、更有魅力。

[两型社会]综合配套改革试验区
长沙市大河西先导区规划方案国际征集

先导区土地利用规划图　1

湖南湘江新区空间发展战略规划

用地布局规划图　2

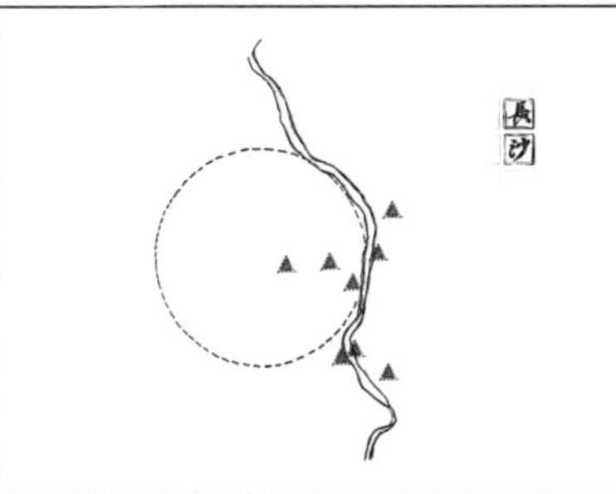

1 /《[两型社会]综合配套改革试验区长沙市大河西先导区规划方案国际征集》先导区土地利用规划图

2 /《湖南湘江新区空间发展战略规划》用地布局规划图

3 /《长沙市大河西先导区梅溪湖周边地区控制性详细规划初步成果与城市设计纲要》城市设计总平面图

4 /《长沙市大河西先导区梅溪湖周边地区控制性详细规划初步成果与城市设计纲要》城市空间意向图

5 /《长沙市大河西先导区洋湖垸片区控制性详细规划优化与调整》洋湖垸方案手绘图

3

4

5

长沙大河西先导区观音港新城发展规划

概念方案平面图 1

2

长沙大河西先导区观音港新城发展规划

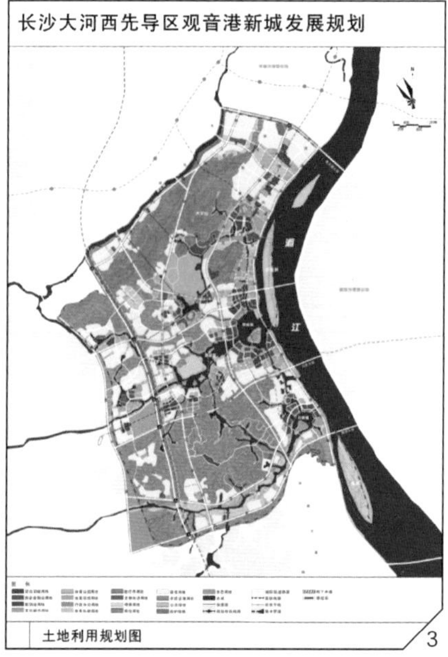

土地利用规划图 3

4

5

1 /《长沙大河西先导区观音港新城发展规划》概念方案平面图
2 /《长沙大河西先导区观音港新城发展规划》路网方案图
3 /《长沙大河西先导区观音港新城发展规划》土地利用规划图
4 /《长沙大河西先导区观音港新城发展规划》城市空间意向图
5 /《梅溪湖国际新城二期城市设计、产业策划及控规优化》总平面图
6 /《梅溪湖国际新城二期城市设计、产业策划及控规优化》城市空间意向图

6

《梅溪湖国际新城二期城市设计、产业策划及控规优化》城市空间意向图

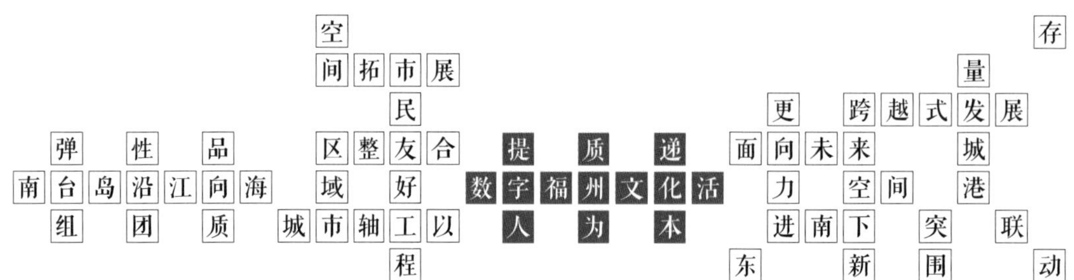
空 存
间拓市展 量
民 更 跨越式发展
弹 性 品 区整友合 提 质 递 面向未来 城
南台岛沿江向海 域 好 数字福州文化活 力 空间 港
组 团 质 城市轴工以 人 为 本 进南下 突 联
程 东 新 围 动

福州

向海新生和有福之地的品质生活

福州地处我国东南沿海，与台湾岛隔海相望，一直是福建的省会和文化中心，同时也是近代中国最早对外开放的城市之一。福州城始建于汉初，经历了汉冶城、晋子城、唐罗城、宋外城、明清福州府城等历史演变过程，形成“三山鼎立，两塔对峙”的空间形态。近代，福州城市空间呈现跨水域分片式拓展与沿闽江向河海口跳跃式拓展并存的特征。西方殖民的进入和领事馆的建设推动城市跨江发展，南台岛中部形成外国人集中的居留地，福州通商口岸的开放和福州港区、马尾船政工业区的建设，推动了城市沿闽江向下游河海口方向跳跃发展。1949年后，受海峡两岸关系与阶段发展决策影响，福州建设和发展缓慢。改革开放后，福州发展加快，但人地矛盾突出，亟需找到新的城市发展出路。在寻求突破发展的历史转折点上，2005年，深规院以参与《福州城市发展战略规划》为契机，持续跟踪、参与福州城市规划设计工作，与福州共同务实谋划和探索尝试可持续发展的路径。

沿江向海：空间拓展的方向与节奏

近现代，福州城市空间沿闽江向东面下游拓展，形成了不连续的带状群组结构，整体格局较为松散，紧凑度低。2005年，随着海峡西岸经济区提出和闽江口城镇群规划发布，福州迎来了前所未有的发展机遇。在完成初步建设积累后，福州进入新一轮外向拓展的阶段。在潜在需求不确定性和空间供给多选择性的现实发展条件下，合理发展步骤的选择、弹性空间的构筑成为规划应对的核心手段。在此背景下，《福州城市发展战略规划》采用组团轴向传递的逐级推进模式构建“弹性组团、轴向传递”的空间结构，确立了中心外迁—延伸主轴—连接长乐—伺机突破—整合提升的空间发展脉络，以“东进南下”空间战略为目标，作出具有弹性的空间步骤安排，奠定了整个福州空间的拓展节奏。

不同于平原地区传统城市的团状拓展格局，受地形地貌限制，福州在城市拓展时遭遇跨江向海的距离成本高、人地矛盾突出等问题。同时，福州既享有海峡西岸经济区中心城市的政策倾斜，也受到两岸关系不稳定的发展制约。福州的发展战略规划部署，是在国家发展支撑下内生动力不充分、自身自然资源和地形地貌格局受限、有拓展开发节奏控制要求的背景下，城市稳步扩张战略的探索。《福州城市发展战略规划》根据城市发展阶段和资源特征的研判，城市空间需求和供应的能力、结构、时机的综合分析，制定了精明供给的空间战略，提出福州未来城市发展的时序设定和空间设定。其之所以对后来的城市发展影响深远，不仅仅是因为在战略中识别了城市战略空间的供给地，更是提供了供给的步骤过程。

在福建省的区域格局中，福州、厦门、泉州三大城市拥有绝对优势。然而，由于福州周边县、市域经济的发展水平明显落后于厦门、泉州，中心职能提升缺乏足够的腹地经济规模支持。区域战略资源的整合是福州“突围”的必然选择，城市、产业、港口的联动是福州“崛起”的必然支撑。福州的城市动力扩张和空间拓展需要在两个空间尺度上实现城、产、港的融合：第一个空间尺度上需要中心城区沿江向海与福州港融合发展，第二个空间尺度上需要中心城区及周边区县与松下、江阴、罗源湾等港口融合发展。通过城市、产业、港口的联动发展，福州市域的城市建设集中在沿海的闽江口都市圈，初步形成“一主两翼”的大福州都市圈空间结构。《福州城市发展战略规划》从“经济力”“社会力”进行空间格局谋划，虽战略性地提出在北翼琅岐岛或龙高半岛设立“对台经济协作区”，却还是未能有效预测到“政策力”对于空间格局的影响。2009年5月，国务院发布《关于支持福建省加快建设海峡西岸经济区的若干意见》，福州（平潭）综合试验区成立，福州都市圈特别是南翼发展区的发展格局获得历史性机遇。2019年，平潭海峡公铁两用大桥全线贯通，福州、平潭形成“半小时生活圈”，这为福州南翼的发展提供了更多更广阔的可能性。

基于福州城市发展实际的理性分析，《福州城市发展战略规划》选择在南台岛建设城市新商务中心，将长乐滨海地区作为战略性空间资源加以预留。在福州中心城区战略框架稳步拉开的进程中，深规院接连编制南台岛西南部组团南屿南通新城区、三江口东部组团马尾新区两个战略拓展节点的分区规划，有效推动沿江向海进程。

南台岛拥有得天独厚的区位和充分的供给条件，是适宜建设城市新商务中心、产业及生活空间的核心地区，具备成为建设城市新城的现实条件，是《福州市城市总体规划（2009—2020）》“一主两副”框架的中心之一和产业发展核心区域。2000年后，随着福州经济技术开发区、福州高新技术开发区两个开发区的落地与发展，南台岛地区成为福州的经济发展引擎。在近期城市服务中心外拓的战略安排下，南台岛承接了重大交通设施、教育设施、公共服务设施的建设。《福州市南屿南通新城区总体规划》以生态优先、产城融合作为规划出发点，从生态优先、科技引领、区域统筹、机制创新四方面提供长远可持续的前瞻性指引。2006年，依托福州大学城和福州高新技术园区的建设，南屿南通组团新城开发建设逐步推动。2008年，依托福州高铁南站的开发建设，闽江南岸新城市中心的开发建设逐步加快。

在中心外拓的同时，福州加快沿江向海发展轴线的建设。乌龙江、闽江、马江交汇处的三江口地区地处闽江出海口，是产业扩容的战略节点、沿江向海发展要冲之地。三江口的马尾地区是中国近代工业的重要发源地，也是福州经济技术开发区的空间载体。《福州市马尾新城分区规划》将马尾开发区向东扩区将金峰地区打造成为承接大规模制造业的基地，同时注重沿江生态、经济复合走廊的联动，推进福州产业发展和城市建设向海发展的轴线延伸进程。2008年后福州的发展，因应两岸“大三通”、建设海峡西岸经济区中心城市的历史机遇，全面建设南台岛和三江口地区，有效推动了产业空间扩容、城市形象提升，拉开“沿江向海”的城市框架，为城市跨越式发展做好准备。

转型提质：新时期的品质城市塑造

在新旧动能转换、互联网迅速发展、建设数字中国的时代，福州从经济发展为纲的高速扩张期，过渡到以人为本综合推进的平稳运行期，城市建设更加注重品质和质量，形成增量转型引领、存量更新提质两大高质量发展路径。在宏观层面，继续推动“沿江向海”的空间布局，进行资源统筹，形成具有弹性的滨海山水组团城市，为未来经济发展提供空间支持。在微观层面，福州通过城市设计与公共政策雕琢建设细节，推动福道等市民友好工程建设，不断提升城市发展质量，建设以人为本的城市。

2014年12月，福建自由贸易试验区成立，福州成为核心区之一。2015年8月，国务院正式批复同意设立福州新区。2018年4月，首届数字中国建设峰会在福州隆重召开，作为数字中国实践起点的数字福建，历经18年的探索成为我国数字化城市建设的热点与焦点。福州紧跟国家战略，成为自贸区和国家级新区双覆盖、数字经济与两化融合发展优势突出的城市，发展格局全面打开。

随着福州新区成立，在空港（长乐机场）、海港（松下港）、信息港（中国东南大数据产业园）的发展引领下，作为福州向海发展的重要支点的滨海新城建设机遇和条件已经成熟，从战略预留阶段进入全面建设阶段，成为带动大福州乃至整个海峡西岸经济区的新引擎、新动力。其中，中国东南大数据产业园是撬动滨海新城跨越发展的战略支点，也是福州发展“数字经济”的重要载体。为了进一步发挥大数据产业对滨海新城建设和福州发展转型的带动作用，福州市先后制定了《福州市大数据产业发展规划（2017—2020）》《中国东南大数据产业园暨数字福建（长乐）产业园发展规划（2017—2020）》等详细发展规划，高位策划数字中国、数字福建发展战略。2017年，深规院承担编制《中国东南大数据产业园城市设计》工作，立足“务实战略拓展”“效率营城筑品质”“创新培育新环境”三大核心，制定“合力”筑园、“特色”造园、“弹性”营园三大发展策略。随后相继承担了中国东南大数据产业园城市设计整合深化、中国东南大数据产业园西片区城市设计、福州滨海新城临空经济区城市设计等工作，以城市设计推动滨海新城高质量高标准建设，以空间凝聚发展动力。

在向滨海新区战略拓展的同时，福州加快经济开发区、高新区的转型提质工作。一方面，《福州市仓山区金山投资区、高新区仓山园改造提升规划设计》一系列的园区转型提质规划相继出台，全力推动福州产业空间载体的内涵提升，并提供丰富的都市文化设施和创意产业空间；另一方面，延续信息产业基础优势发展大数据产业，建设东南大数据产业园、临空经济，打造滨海新城发展的“新引擎”。

福州已经进入创新发展的新阶段，对产业空间的营造提出了更高的要求。对于福州产业空间的规划思路，从关注产业空间增量转向注重产业空间存量，从关注产业和空间本身转向公共服务及公共环境的提升，从被动落实到主动的空间营造来吸引要素进驻，通过空间的存量更新来营造创新创业环境，实现新旧动能转换。

有福之州：面向未来的文化活力提升

近代福州的发展以江海兴，却也一度因为海峡两岸关系的不确定性、激烈的区域竞争、自身的人地关系矛盾放缓了发展的脚步。随着“一带一路”建设深入推进、福建自贸区和福州新区建设加快，福州的发展格局向海全面打开，集聚海陆要素资源，深化海陆对接合作，逐渐成为面向中国台湾、面向世界的开放窗口。2005年，福州正处于困顿期，深规院从参与福州战略规划咨询起步，陆续承担福州的规划设计和咨询任务，从城市战略咨询切入，到经济开发区、高新区重要的战略抓手的规划，到滨海新城增量转型引领规划、南台岛存量更新提质规划，陪伴着福州在困境中蓄势、发力，见证了福州向海新生。

改革开放后中国大城市的战略规划，以《广州城市建设总体战略概念规划纲要》为代表，发挥了城市实现跨越式发展的纲领性作用。福州城市发展战略也不例外，以区域联动统筹协调福州及周边地区的资源，实现福州沿江向海的历史性跨越，为后续新经济的培育、战略资源的引入奠定了充分的空间支撑基础。以当下的眼光回看，十余年规划服务过程中，较大的遗憾是，过于重视产业经济和空间开拓，而忽视了文化对于城市，尤其是福州这样一个历史文化名城的重要性。可贵的是，福州近几年在城市“东进南下”拓展后，对“三山两塔”的城市格局和历史文化名城的价值重新审视，三坊七巷、马尾船政学堂等历史文化空间经过公共空间的再造、新功能的引入，成为外地人的“打卡地”、本地人的“精神家园”；海峡文化中心、福道等市民公共文化设施加快建设，大力推动历史文化的传承和活化。

2020年，第44届世界遗产大会将在福州举办，福州成为中国第二个承办该大会的城市。横向对比改革开放后的其他省会城市，几乎无一例外地经历了拉开城市空间框架、新经济引领和文化复兴同步的发展历程，今日的福州将持续稳步推进“沿江向海、东进南下”的空间发展战略，也更进一步做强历史文化、海洋文化，并将其作为城市发展战略的内核动力，持续塑造城市的竞争力。

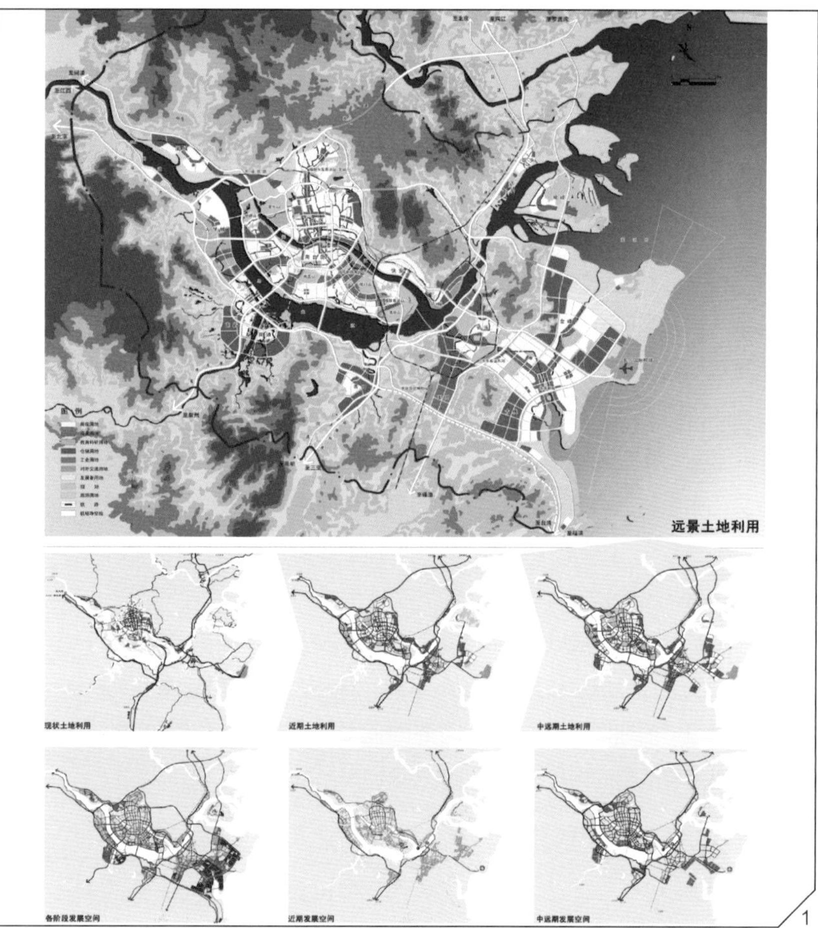

1

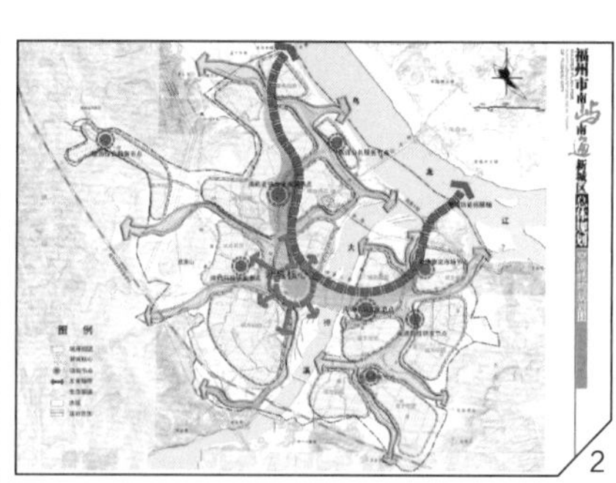

2

3

4

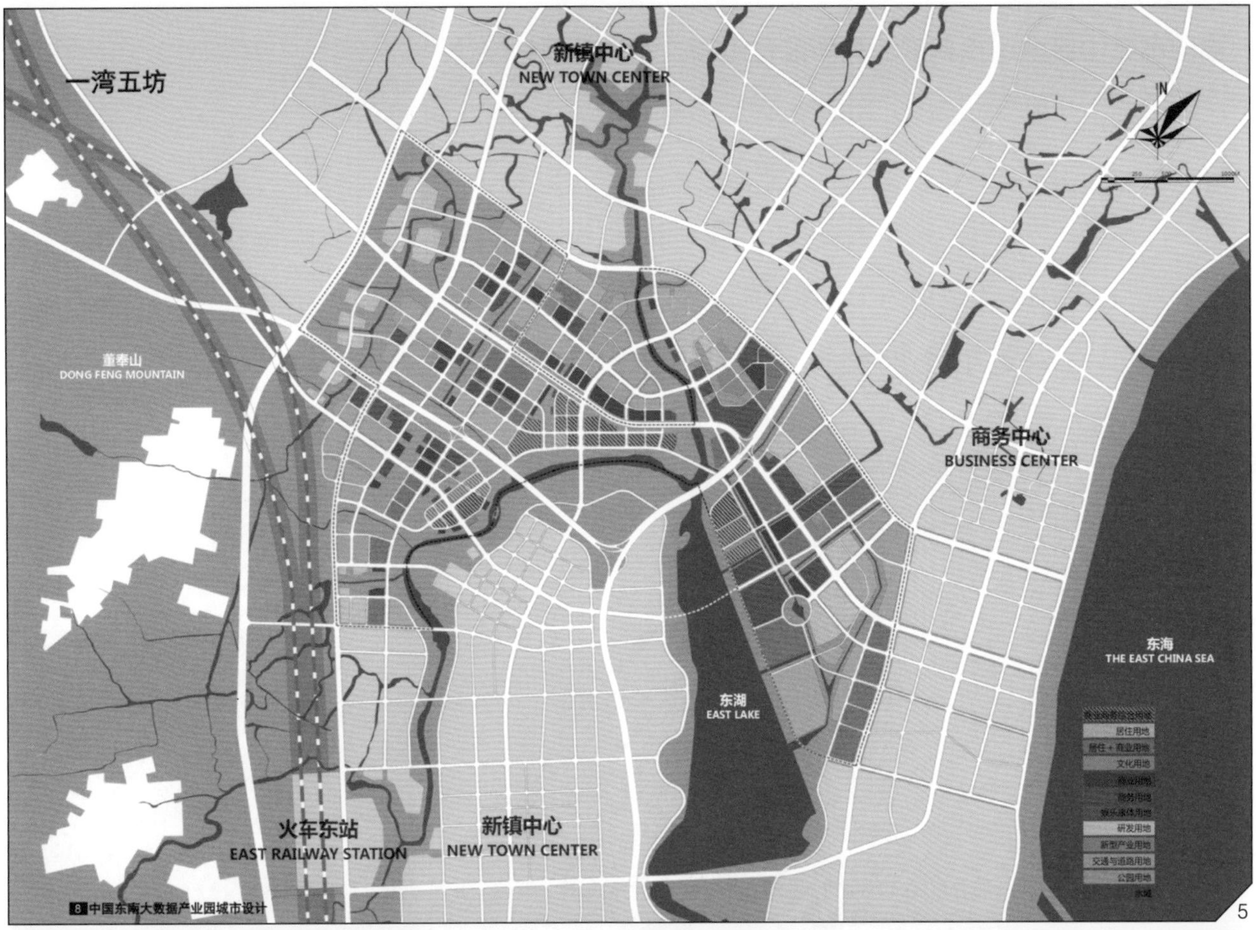

5

1 /《福州城市发展战略规划》分阶段土地利用概念性规划图
2 /《福州市南屿南通新城区总体规划》空间结构规划图
3 /《福州市南屿南通新城区总体规划》核心区城市设计总平面图
4 /《中国东南大数据产业园城市设计》城市空间意向图
5 /《中国东南大数据产业园城市设计》土地利用规划图
6 /《中国东南大数据产业园城市设计》手绘草图
7 /《中国东南大数据产业园城市设计》总平面图

6

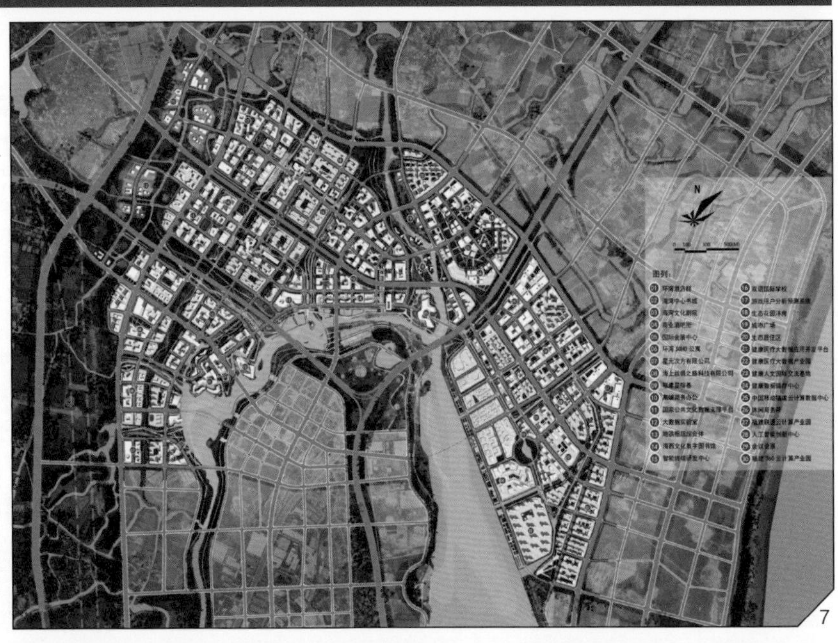

7

福州市仓山区金山投资区、高新区仓山园改造提升规划设计

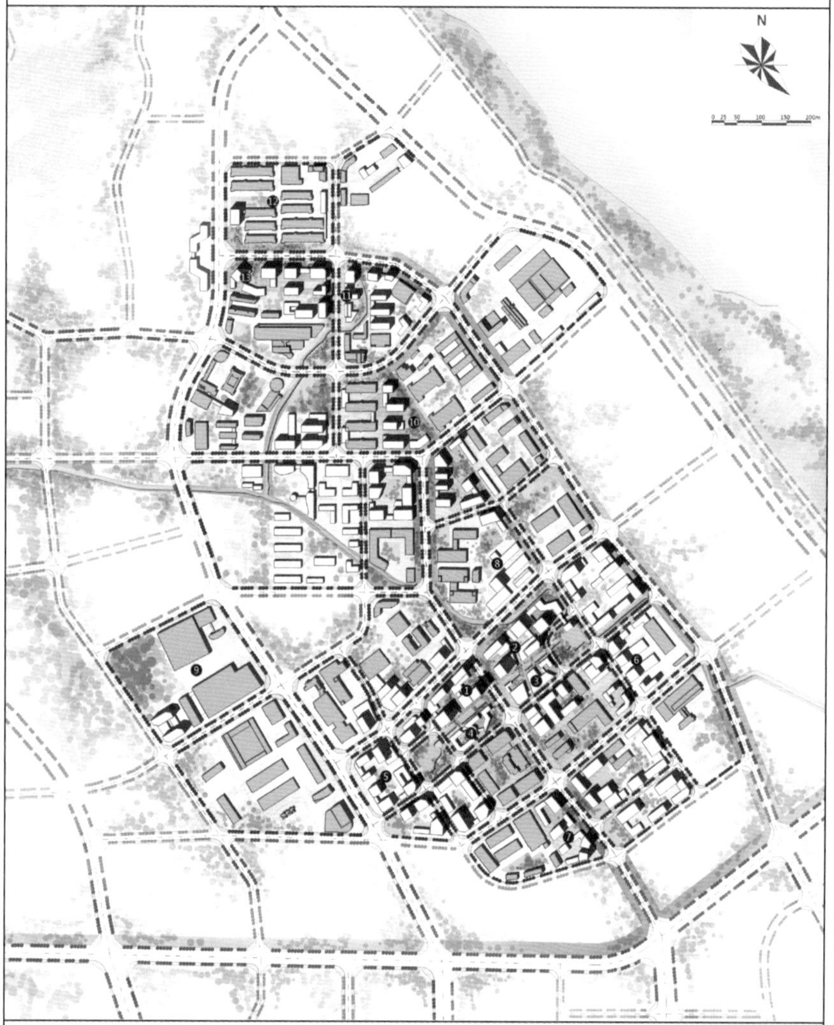

图例

- ❶ 总部经济大楼
- ❷ 人才培训中心
- ❸ 创新商业综合体
- ❹ 艺术时尚发布厅
- ❺ SOHO公寓
- ❻ 小黑子文化创意园
- ❼ 科技设计中心
- ❽ 金山科技企业孵化园
- ❾ 奋安人居创意园
- ❿ 信息产业孵化器
- ⓫ 发展管理中心
- ⓬ 红坊海峡创意园
- ⓭ 商务办公

仓山—金山片区城市设计平面图

1

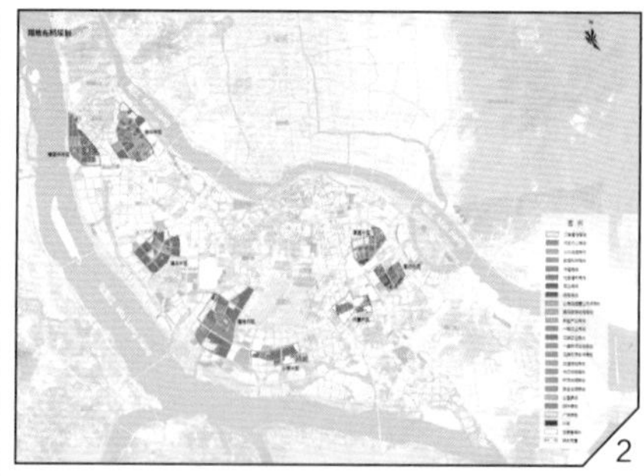

2

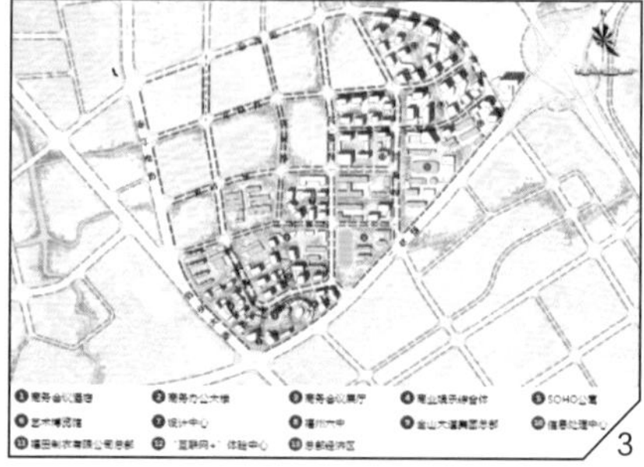

3

1 /《福州市仓山区金山投资区、高新区仓山园改造提升规划设计》仓山—金山片区城市设计平面图

2 /《福州市仓山区金山投资区、高新区仓山园改造提升规划设计》用地布局规划图

3 /《福州市仓山区金山投资区、高新区仓山园改造提升规划设计》仓山—高盛片区城市设计平面图

4 /《福州市仓山区金山投资区、高新区仓山园改造提升规划设计》城市空间意向图

4

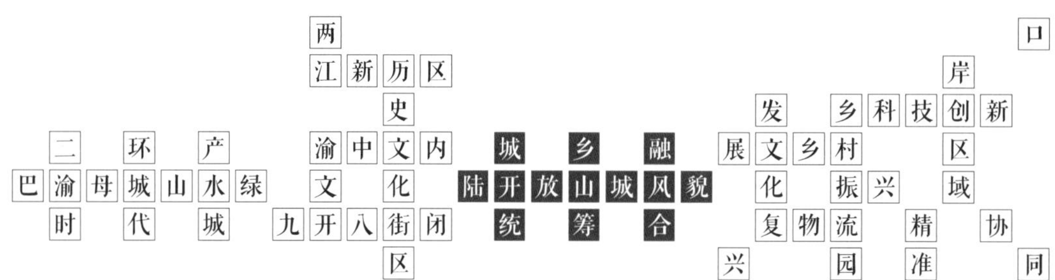
两 口
江新历区 岸
史 发 乡科技创新
二 环 产 渝中文内 城 乡 融 展文乡村 区
巴渝母城山水绿 文 化 陆开放山城风貌 化 振兴 域
时 代 城 九开八街闭 统 筹 合 复物流 精 协
区 兴 园 准 同

重庆

深圳规划师的山城足迹

1997年，重庆直辖市设立，十四年后的2011年，深规院重庆分院正式成立。重庆作为国家战略重点发展地区，抓紧落实主城扩城战略部署，强力推进城乡总体规划的实施。在此过程中，深规院相继承担了《重庆市渝中区历史文化街区发展规划》《重庆铁路口岸及物流园区战略发展规划及城市设计》《重庆市高新区发展战略规划》等多项具有国家战略价值和地方特色的课题与项目，通过对重庆这个国家重要中心城市的规划和建设参与，对中国城镇化的全景有了更为全面的了解。

挖掘历史文化，再塑“巴渝母城”

历史上的重庆城，主要集中在渝中半岛“九开八闭”的城门里，直辖后拓展到内环，新世纪城市建设空间跨跃发展到二环时代。

渝中半岛是重庆的“母城”，由“上半城”和“下半城”构成。如果说以解放碑为核心的上半城展示的是重庆作为国际化大都市、国家中心城市的实力，那么以“九开八闭”的城墙为载体的下半城则承载着重庆千年古城的魂。曾经繁荣昌盛的下半城，而今已显得老旧和破败，迫切需要改善民生和城市面貌。如何在保护与发展之间取得平衡，构建“城一文一江”三位一体、富含历史价值而又充满活力的母城意象，彰显新时期母城文化的特质，并集合社会力量共同实施，成为《重庆市渝中区历史文化街区发展规划》工作的重点。

规划最初的任务是解决“老、旧、堵”的环境形象和下半城服务职能发展空间受限的问题，工作重心是对用地的梳理和存量空间的利用，寄期于重庆既有的“土地财政、地区平衡”模式，寻求发展的机会。随着工作的深入，项目组逐步认识到：追求短期局部经济利益，必然会破坏母城文化氛围和山地城市格局。

经与主管部门反复研究，在何智亚、肖能铸、任重远等重庆本土历史和社会学专家的鼎力支持下，将“重庆母城文化的彰显与复兴”确定为项目的核心目标。通过多次寻访座谈，深度挖掘文化根源，提出以“九开八闭的城门”为城市意象主线，“爬坡上坎寻乡愁”为文化空间路径，“两街五巷九区一环”为格局的总体保护与发展策略。

规划对下半城的空间进行梳理和管控，明确了“彰显文化、提升活力、塑造魅力”三大行动计划，形成八大文化复兴工程项目库，包括33个巴渝母城文物修缮工程、10个城墙环线靓化等工程、6段传统风貌街巷整治工程、6个特色山城步道整治工程、4个活力滨江景观带提升工程、4个传统山地特色交通活化工程、8个旅游配套服务设施完善工程和5个半岛景观系统重塑工程，总计76个核心项目。希望通过上述核心项目，坚守文化复兴的发展路径，稳定城墙和街巷的空间格局，使下半城成为最具重庆乡愁的“巴渝母城”。

国家新区的顺势而兴

作为“一带一路”及长江经济带战略连接点、亚欧陆上国际贸易大通道支点、内陆国际铁路综合枢纽口岸、西部开放型经济创新高地，重庆铁路口岸及物流园区一面世，即成为西部向陆上丝绸之路开放的窗口及示范区，园区将利用跨洲际国际铁路贸易优势，实现内外联动，深度参与亚欧贸易；借力中新合作，充分释放重庆信息产业等优势；利用开放口岸、中新、自贸三重优势，推动构建创新服务新平台；提升土地利用效率，实现产城互动互促，构筑口岸服务生态圈。

《重庆铁路口岸及物流园区战略发展规划及城市设计》基于产城融合理念，以国际铁路联运为基础，积极拓展国际贸易网络，以信息平台和金融平台为支撑，将城市功能贯穿于内，形成以“五大产业服务体系+城市功能”构成的六大核心功能板块，其中五大产业服务体系即现代物流、国际贸易、金融平台、信息服务和创新合作。

深规院同时承接的还有《重庆市高新区（东区）发展战略规划》，以石桥铺为核心的重庆东区，类似深圳的华强北，最初是工业区，现已成为电子和机电产品交易市场，其工业生产功能逐步搬迁到一山之隔、建设条件更好的西区。同时，东区的更新改造要为西区的发展筹措建设资金，实现“自我造血、滚动发展”。因此，如何在东区西区联动的发展条件下，实现产业空间与环境运营协调统一，成为《重庆市高新区（东区）发展战略规划》亟待解决的现实问题。

规划明确产业发展是高新区东区的根本，并坚持“科技创新之城，数码消费之都”的定位，提出可持续发展规划理念的设计要点与原则。战略上，核心区的现代服务业主要聚焦于科技金融、科技交易、科技研发、科技会展及相应的基础服务等；文化创意产业主要聚焦于广播及影视制作、游戏开发、广告会展、设计服务、艺术设计等跟现代互联网科技紧密相关的新兴产业。空间上，围绕东西向发展主轴布局创新产业功能，外围布置生活功能。结合公共利益捆绑的开发策略，构建线性绿色公共开放空间，实现公共空间和公共利益的均衡落实。

习近平总书记2016年视察重庆，2018年两会期间参加重庆代表团审议，提出“建设内陆开放高地,成为山清水秀美丽之地，努力推动高质量发展、创造高品质生活”的“两高两地”发展目标。重庆，尤其是国家级两江新区，要转变以规模和速度为主的发展思路，转向以品质和环境优先的发展路径。

深规院参与了《两江新区山水绿文体系构建》《两江新区水土园区思源片区空间品质提升规划》等项目。贯彻落实生态文明建设和“两山理论”等国策，实现“山水之城，美丽之地”的目标，推动两江新区由产业扩张阶段走向综合品质提升阶段。

《两江新区山水绿文体系构建》从追求产业扩张转型为城市与生态有机融合发展，在梳理生态本底的基础上，优先构建山水绿文体系，组织公共空间，优化城市功能和产业的布局，实现高质量发展与高品质生活的深度融合。

作为两江新区创新产业重要承载地的水土组团中心区，思源片区是探索产城融合发展创新的前沿实践区。《两江新区水土园区思源片区空间品质提升规划》通过大数据统计和企业走访调研，摸清现有人口构成和需求，预测目标人群的规模构成和需求特征，针对就业安家型、就近投资型、区域创业型三类目标人群，营造交通便捷的宜居型“产业家园”、方便舒适的绿色“宜人家园”。规划建设生态景观、公共服务、社区生活、科技创业的四个组团，在差异化中形成统一的生态与公共空间秩序，营造家园归属感，激发综合产业社区的动力与创造力。

主城与乡村的城乡统筹

2009年12月31日，重庆绕城高速公路建成通车，标志着重庆的城市空间正式进入“一千平方公里、一千万人口”特大国家中心城市的“二环时代”。为实现产业与城市的融合发展，重庆在二环区域打造了20个聚居区，并组织编制二环时代大型聚居区规划。聚居区的建设不仅拓展了城市发展空间，构建起了多组团、多中心的城市空间结构，也为稳定城市房价、提高市民的幸福指数奠定了坚实的基础。深规院参与了陶家、钓鱼嘴、木耳等聚居区的规划设计，以及崇兴村、净龙村、新木村等乡村振兴实践。

重庆市集大城市、大农村、大库区、大山区和民族聚集地于一体，城乡二元结构矛盾突出，老工业基地改造振兴任务繁重，统筹城乡发展任重道远。2009年1月26日，《国务院关于推进重庆市统筹城乡改革和发展的若干意见》发布，确定重庆为“国家统筹城乡综合配套改革试验区”。

2001年起，深规院先后参与县域城乡总规实施评估、总体规划局部维护与修改、城市总体规划修编，直至2014年承担《南川区城乡总体规划》编制工作，工作重心由最初的城市建设用地的调整优化转为城乡统筹、全域性的总体规划实践。

规划围绕南川区核心价值——世界自然遗产金佛山为主，构建全域城乡生态空间保护格局；从只关注自身发展，以中心城区向东西拓展，转变为区域协同、对接重庆主城、融入都市一体化的统筹连片发展。由原本以40平方公里中心城区为中心、引领资源加工为主的工业区的内聚空间，拓展为以“城旅融合、农旅结合、绿色发展”为发展主题。2600平方公里的城乡统筹地区，城镇体系由“中心城区—工业镇—一般乡镇经济”分级结构转变为“中心城区—金佛山、大观田园新城—工业组团—乡镇群落”的全域布局，突出保护发展兼顾、农业旅游复合、产业城乡协同的城乡统筹城镇体系构建。

《重庆市北培区江东片区五镇统筹发展研究》是深规院在重庆城乡统筹规划的另一个探索。北碚是近代中国最早的城乡统筹发展地区之一，民国时期的民族企业家卢作孚在此进行了城乡统筹发展的建设实践。通过对历史经验的借鉴，结合目前重庆村镇建设的实际需要，研究中主要强调以下三个方面：

政策统筹，“山水林田湖草”是镇村的根本资源，在国家“乡村振兴”的战略下，涉农政策、农业补贴、农田水利、土地整治、生态维护、乡村道路、项目扶持、精准扶贫等大量政策和资金投入乡村，统筹好这些政策资金是统筹空间规划的前置政策环境和实施保障。

区域协同，乡镇作为基层政府，难以避免“求大求全”的自身诉求。城乡统筹就要打破行政界线的约束，从区域一体化的角度，按资源禀赋和精准扶贫要求划定“政策分区”，明确各分区的发展要求和计划，精准投放各项政策资金。村作为最基层的集体经济单元，多数呈现分散自我独立发展的状态，缺乏规模、整合和特色。研究提出将资源相似、区位相邻、经济关联度高的村庄联动发展，形成16个“特色村落”，明确发展主题和计划，协调帮扶项目和资金。

行动计划，镇村的发展不能只描绘蓝图，要把理想转为行动。在“联村兴镇”和“平衡利益”的基础之上，遴选重点村落，凝聚政府和社会力量，全面统筹，反复协调，在各方达成共识的基础上制定实施计划。明确项目牵头单位，精准落实政策资金，并将其落实到各部门的年度计划中，构建了可传导、可分工的实施路径。

重庆直辖已经23年，深规院有幸在重庆进行近地化咨询与服务，并见证了重庆作为“一带一路”的重要节点城市、中国西部发展重地，在区域统筹、城乡和谐、产业壮大、美好人居、文化传承、山城风貌等方面取得巨大的进步和成绩，深规院将为持续建设美丽山城而努力。

1

重庆市渝中区历史文化街区发展规划

两街五巷空间结构图

2

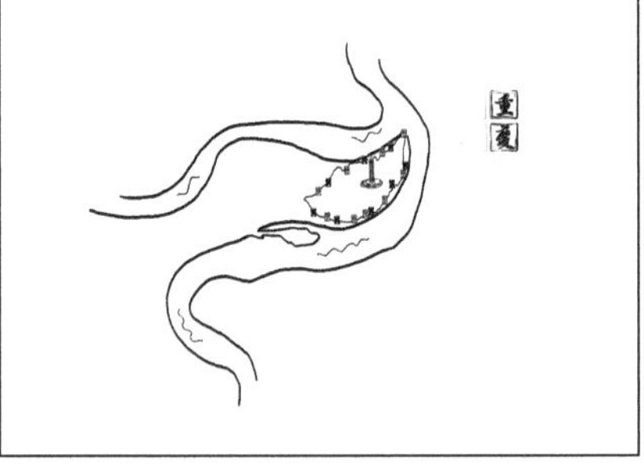

总体空间布局规划图

3

1 / 清末《渝城图》，收藏于法国国家图书馆

2 /《重庆市渝中区历史文化街区发展规划》两街五巷空间结构图

3 /《重庆市渝中区历史文化街区发展规划》总体空间布局规划图

4 /《重庆市北碚区江东片区五镇统筹发展研究》发展政策分区图

5 /《重庆市北碚区江东片区五镇统筹发展研究》城乡产业统筹图

6 /《重庆市两江新区水土园区思源片区空间品质提升规划》总平面图

7 /《重庆市两江新区水土园区思源片区空间品质提升规划》城市空间意向图

重庆市北碚区江东片区五镇统筹发展研究

生态旅游观光区

现代农业生产区

生态修育区

综合协调发展区

战略发展控制区

图例

4

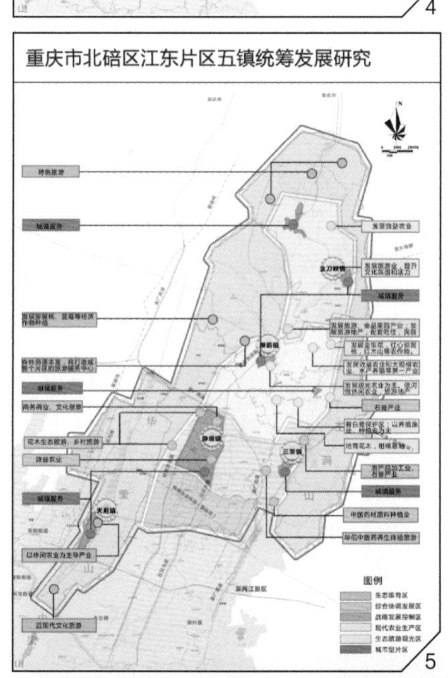

重庆市北碚区江东片区五镇统筹发展研究

5

重庆市两江新区水土园区思源片区空间品质提升规划

总平面图

6

7

重庆铁路口岸及物流园区战略发展规划及城市设计

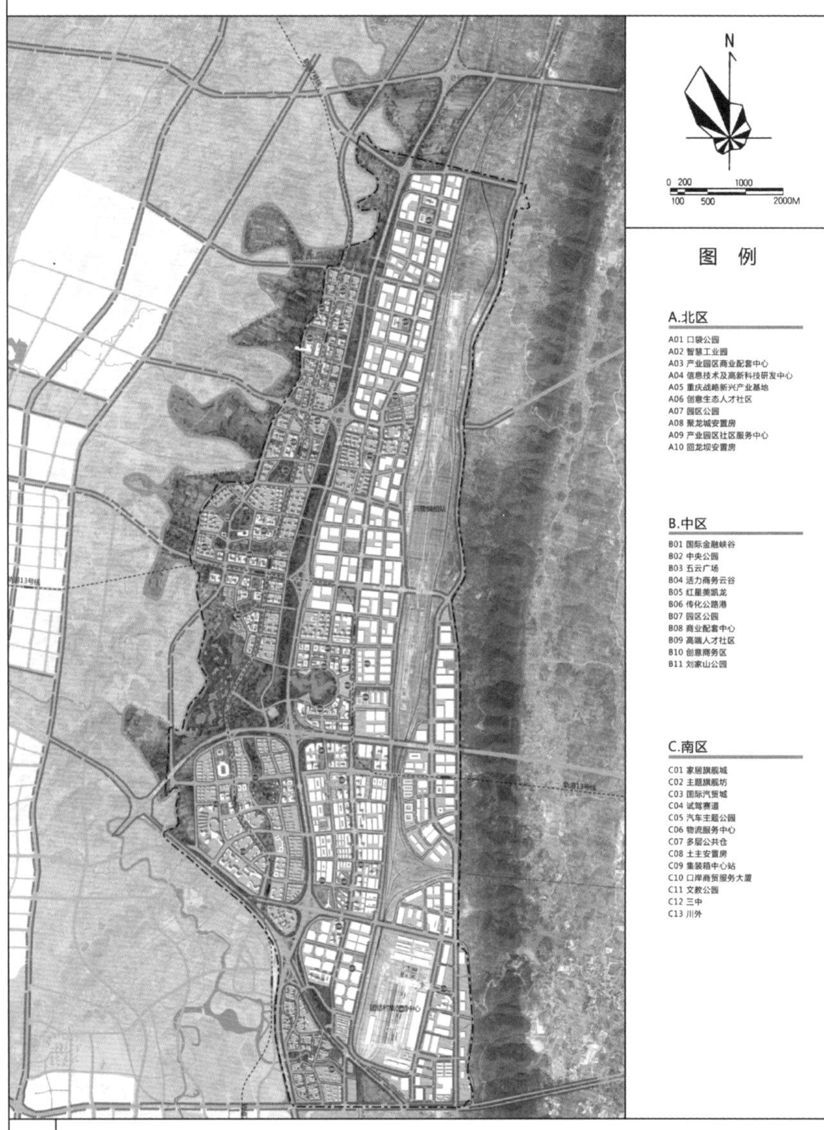

总平面图

1

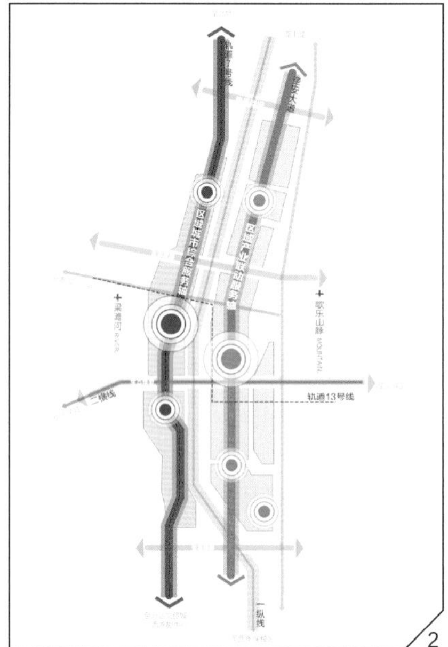

2

1 /《重庆铁路口岸及物流园区战略发展规划及城市设计》总平面图

2 /《重庆铁路口岸及物流园区战略发展规划及城市设计》总体结构图

3 /《重庆铁路口岸及物流园区战略发展规划及城市设计》核心区城市空间意向图

3

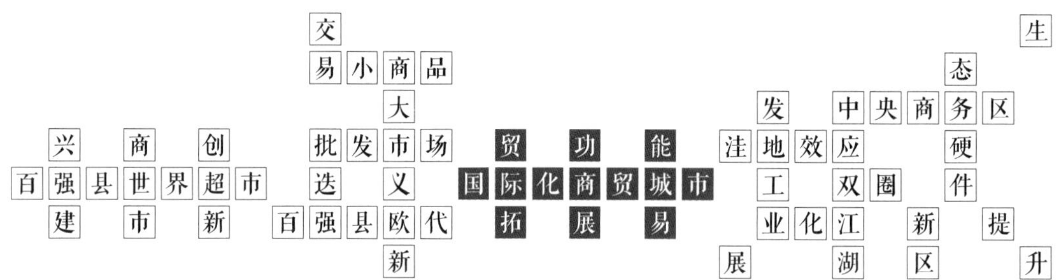
交 生
易小商品 态
大 发 中央商务区
兴 商 创 批发市场 贸 功 能 洼地效应 硬
百强县世界超市 迭 义 国际化商贸城市 工 双圈 件
建 市 新 百强县欧代 拓 展 易 业化江 新 提
新 展 湖 区 升

义乌
WTO与全球最大的小商品批发市场

义乌是一座“建在市场上的城市”。这里是全球最大的小商品集散地，各式各样的小商品层出不穷、琳琅满目，吸引了全国乃至全球络绎不绝的采购商，商贸之盛犹如清明上河图中繁华情景。数据显示，义乌中国小商品城2018年成交额为1358.4亿元，经营着26个大类、210万个单品，日均客流量21.4万人次，商品辐射210多个国家和地区，每年到义乌采购的外商来自100多个国家和地区，达50多万人次，这里被联合国、世界银行与摩根士丹利等权威机构称为“全球最大的小商品批发市场”。同时，义乌也是中国百强县第12名，是中国最富裕的地区之一，人均收入水平在中国大陆居首位。此外，义乌还是唯一一个县级市国家级综合改革试点。

“小商品，大市场”的进化史

从1982年的稠城小商品市场算起，义乌市场已历经多轮迭代。第一代“马路市场”，为铺设水泥板的露天市场，几乎没有什么配套，因为恰逢计划经济向市场经济转轨之初，小商品市场很快达到饱和。1984年10月党的十二届三中全会提出“发展有计划的商品经济”后，当年年底就建设了占地3.5万平方米、固定摊位近2000个的“棚架市场”，摊位从露天搬进了棚子，经商条件改善很快吸引了大批的交易客商，1986年小商品市场交易额首次突破1亿元。1986年9月开业的城中路市场属于第三代小商品市场，可以称之为“平房市场”，市场内建有综合商业服务及工商、税务、邮电、金融等管理服务大楼，营商环境得到了进一步的改善。到1990年年底市场占地达到5.7万平方米，设有固定摊位8503个，成为当时全国最大的小商品批发市场，1991年市场交易额首次突破10亿元。1992年建成投入使用的篁园路市场属于第四代市场，经营场所基本进入室内并采用柜台式经营，随着篁园市场二期、宾王市场的相继竣工，1995年年底，市场占地46万平方米，已容纳摊位3.2万个，全年市场交易额达到152亿元。2001年，中国加入世贸组织，义乌小商品市场走上了国际化的发展道路，国际商贸城一区市场投入使用，第五代市场正式亮相，目前第五代市场已扩展成总建筑规模超过300万平方米的超级市场群。

纵览义乌市场的迭代，不由让人惊叹义乌人骨子里的精明。几次升级都契合了中国宏观经济发展的重要节点。第二代市场建设呼应了党的十二届三中全会提出的“发展有计划的商品经济”；第四代市场建设应对了中国加速建设社会主义市场经济；第五代市场建设恰逢中国加入WTO。国际商贸城的建设适逢中国加入WTO的前夜，迭代升级的不仅是市场规模，更是市场的功能内涵。

四十年始终如一的“兴商建市”战略

时光回溯到20世纪80年代，当时的义乌只是一座既不沿海、也不靠边、资源匮乏的普通小城，甚至整个县的财政收入还不及杭州余杭一个镇。从传统农业小县到全国经济强市，从马路市场到全球最大小商品批发市场，从工业小县到工业强市，从内陆小城到国际化都市的跨越，义乌生动演绎了“莫名其妙、无中生有、点石成金”的发展奇迹。义乌的成功既源于一方水土孕育经商传统的“先发效应”，更源于对城市发展战略始终如一的坚守。

“洼地效应”带来了城市发展的突破。中共十一届三中全会的一声春雷，激活了义乌人骨子里的商业基因，沿街摆摊屡禁不绝。1982年义乌县委班子集体决定，开放小商品市场。其后，义乌出台了“四个允许”：允许农民经商，允许农民进城，允许长途贩运，允许多渠道竞争。发端于“鸡毛换糖”的小商品专业市场得以先行一步，率先发展。1984年，义乌县委县政府提出“兴商建县”（义乌撤县设市后改为“兴商建市”）的方针，放宽企业审批政策，简化登记手续。掀起全县范围内的经商办厂热潮。“洼地效应”下义乌小商品市场的发展完全超越了人们的预期。到1991年，国家工商局第一次统计中国“十大专业市场”龙虎榜，义乌高居榜首。此后，义乌市政府持续积极发力，通过公共资源配置调控有度，引导市场不断走向繁荣规范。其中，划行归市等手段至今仍被公认为义乌市场发展最重要的特色。

联动效应奠定了义乌发展的根基。随着市场集聚效应越来越强，20世纪90年代中期，义乌市委、市府在继续贯彻“兴商建市”发展战略的同时，适时提出了“以商促工、工商联动”的重要举措，鼓励部分经商大户创办工业企业，引导经商积累的部分资金转移到工业领域，走工贸结合之路。从此以后，几乎每家的摊位后面都有工厂，小的有几台机器，大的有十几台机器，现在义乌依托的支柱产业，比如饰品、内衣、袜子、吸管等，都可以在那个时候找到雏形。这是义乌产业发展的重要一跃，义乌从此走上“小商品、大产业；小企业、大集群”的工业化发展之路。

国际贸易实现了城市发展的进阶。义乌小商品外贸开启于1994年前后，到20世纪90年代末，义乌开始有集装箱出口。2001年，中国加入世贸组织，义乌大力发展国际贸易，向全球出口小商品，逐渐形成以国际贸易、洽谈订单、商品展示、现代物流等为主的新型业态。这一次的变化不仅使小商品城在国内众多竞争对手中脱颖而出，实现了“买全国卖全国”到“买全球卖全球”重大转变，也带来了城市发展目标的进阶——义乌确立了建设国际化商贸城市的新目标。围绕这一目标，义乌先后建成了义乌港、铁路口岸、航空口岸、国际邮件互换局、义乌保税物流中心（B型），成为国内唯一具备五大口岸平台功能的县级市。同时，以市场为中心，各种资源要素向这里集聚，义乌成长起一批物流企业和贸易服务企业，物流、结算、报关等后端服务的支撑，形成完整的产业链条，形成了一个生机勃勃的“贸易生态圈”。强大的“一站式供应链服务”和“贸易生态圈”，已经成为义乌的核心竞争力之一。2014年，首趟“义新欧”中欧班列（义乌—马德里）成功发出。如今“义新欧”班列已开通九个方向的国际货运班列，实现了每周双向对开的常态化运行，义乌已成为长三角及周边地区商品进出口汇聚地。

从开放小商品市场到确立“兴商建县”发展战略，再到“以商促工、贸工联动”，再到“以工哺农、以商强农”和率先推进城乡一体化，再到确立建设国际化商贸城市，可以发现，义乌每一阶段的发展都不离一个“商”字。当地政府始终秉承“抓市场就是抓经济”的理念，致力于专业市场硬件提升、交易创新、功能拓展，每一阶段的发展又有新的创新、新的内涵、新的提升、新的拓展，真正做到了工作围绕市场转，城市围绕市场建，产业围绕市场育。就这样，义乌人从“鸡毛换糖”、摆地摊起步，历经风雨坎坷，硬是将一个“一条马路七盏灯，一个喇叭响全城”的农业县变成“买全球卖全球”的世界超市。

二十年跟随城市不断进化的规划实践

深规院在义乌的规划实践始于2000年年末，恰逢中国加入WTO的前夜，承接的第一个项目是义乌福田市场园区（后更名为“义乌国际商贸城”）控制性详细规划。此时的义乌正面临巨大的竞争挑战。一方面，市场发展面临着激烈的竞争。从全国看，排名第二的武汉汉正街小商品市场交易总额为180亿元，仅比义乌小商品市场少了13亿元，在浙江省内，绍兴、台州、温州等一批专业批发市场也对义乌形成追赶之势，先天条件相对偏弱的义乌要确保小商品市场的全国领先地位，需要强化集聚效应和市场优势，以提升竞争力；另一方面，随着市场功能升级，外贸需求的兴旺对商品流通方式的现代化提出了新的要求。同时，义乌在“划行规市”的基础上又提出了“撤摊改店”的举措，但当时的市场布局结构已经难以适应新的发展要求，需要因应市场业态变化和功能创新的要求，进一步改善市场经营环境，提升市场档次。此外，受行政因素影响，当时义乌的城市化进程总体滞后于社会经济发展要求，中心城区规模仍类同于小城镇的发展规模，与全国商业流通中心地位并不匹配。为此，义乌政府提出按照“全国小商品市场的示范性窗口，50万以上人口大城市的高水准小区，国际性商贸城市的标志性建设”的定位建设国际商贸城。

基于这样的认识，《义乌国际商贸城控制性详细规划》开展了超越项目本身的思考，确定了城市的跨越式发展和市场的延续与提升的两大主题，以期通过项目的规划建设改变单纯的“市场带动”模式，提升城市建设水准。规划分析了“市场带动”的开发模式对城市交通系统、功能布局、空间拓展等带来的影响。根据现状条件，引进城市发展轴的概念，提出了一个结构清晰明确、功能完善、各系统组织新颖的新型市场园区规划。针对市场建设中存在的人车混杂、平面化扩张等问题，对市场建设模式和交通组织方式等提出了立体化、大型化等建设性的设想，来解决既往市场发展模式中遇到的问题，从而使规划的空间布局和尺度变化与市场开发和新区建设目标完美结合起来。同时，规划还超越单纯市场园区开发确立了城市新区建设发展指引，有效指导了后续开发实施。在基本规划框架稳定后，为配合国际贸易城的建设实施需要，强化实施的速度和效率，规划师在义乌驻点工作了近半年时间，通过“边规划、边设计、边施工”的方式有效保障了国际商贸城的落地实施。

2001年中国正式加入WTO后，国际商贸城一期工程即实现奠基，2002年投入使用，第五代市场正式亮相。此后，义乌外贸出口迅速达到义乌小商品市场营业额的40%。时至今日，国际商贸城扩展为五个区，超过了当年的规划规模，成为总建筑规模达300多万平方米的超级市场群。市场商品外贸出口率达60%以上，90%以上商位承接外贸业务，商品销往140多个国家和地区，基本实现了政府的预期目标。

在2000年的义乌国际商贸城规划中，深规院首次提出了义乌中央商务区的设想，建议在国际商贸城义乌江沿岸划定约2.58平方公里的范围打造城市未来的商务、文化中心，这个设想得到了义乌政府的高度认可，很快中央商务区的设想被纳入城市总规。随着国际商贸城一期建成投入使用，2002年中央商务区规划建设正式启动。

为实现中央商务区的高品质建设，中央商务区组织了一次国际咨询。在当时，县级市采取国际咨询属于开创性举动。2003年，深规院在国际咨询基础上进行了城市设计方案的深化整合，规划方案紧扣义乌城市发展的脉络，提出了“活力无限、魅力永恒”的设计理念，以活力、魅力作为展示规划区功能特征的基本着眼点；方案借义乌江这一资源，通过引水入内，为中心区公共设施提供了全方位滨水的布局形态，有效丰富了亲水景观的视野；以水空间为中心聚焦点，通过滨水绿化、街道为纽带串联整个公共开放空间，塑造了具有“碧水生辉、绿脉纵横”景观意象的滨水城市中心区。这次工作为中央商务区描绘了基本的发展蓝图，规划确立的功能定位、布局结构、空间形态等核心要素均在后续工作中得到了延续。

2006年，结合实施过程中的一些变化，义乌市建设局委托深规院开展了中心区城市设计深化工作。深化工作围绕开发规模检讨、项目调整落实、空间形态推敲、交通组织优化、设计内容完善六个方面展开，为中心区建设提供了更加精细化的技术保障。

2008年，结合中心区项目建设的实际需求，义乌市建设局又委托深规院就金融商贸区进行了局部调整。深化工作主要围绕地块规模、建筑形式等内容展开，也对公共空间、空间形态、交通组织等关联问题进行了研究。

此后，深规院作为义乌中心区顾问规划师单位紧密地参与到义乌中心区的建设中。目前，义乌中心区金融商务区块已基本建成，文化中心区块最重要建筑——义乌大剧院也已在2018年确定了设计方案，预计在2020年动工。义乌中央商务区城市设计将近二十年的服务周期，见证了一个现代化中心区的崛起。

近年来，义乌正处在县域经济向都市经济转型的关键时期，城市中心城区规模不断扩大，位于义乌西南翼的双江湖新区建设开发，将进一步推动中心城区和佛堂小城市联动发展，拓展城市发展空间，形成中心城区160平方公里的现代化都市框架，是义乌面向未来的重要战略举措。双江湖新区内义乌江与南江贯穿南北，是义乌自然山水环境相对较好，较集中的区域。即将动工建设的双江湖水利工程，不但能有效缓解水资源紧缺现状，而且将会形成6平方公里的集中水域。优越的景观条件加上已在实施的科教园区板块和国贸改革试验区的战略加持，双江湖新区将成为实现义乌新旧动能转换，助力义乌从县域经济向都市经济转型，实践义乌城市理想的重要抓手。

双江湖新区是深规院近阶段在义乌承接的最重要项目之一。规划从市场提升、产业升级、城市服务和文化旅游四个方面切入，明确了双江湖新区补位城市服务，承接未来高素质人才和产业的升级的功能使命。规划方案围绕着建设义乌国际贸易综合改革试验区先行区和品质生活的城市会客厅总体目标，以生态自然资源作为发展基础，协调处理空间增长与土地利用规划关系，因地制宜划定空间增长边界，强化节约集聚、紧凑发展理念，通过组团单元的发展模式，大分区、小融合的实现产城融合。

规划方案还立足于现实基础，明确了近期依托计量大学等产学研资源，做强创新科教园，加快周边产业转型；中期以环境和国贸改革试点为策划动力，打造研发高地；远期服务和品质为衍生动力，做优旅游业和现代服务业，促进新兴产业、旅游业、现代服务业的循环联动的总体发展路径。

二十年来，深规院与义乌城市发展共生共荣。不仅持续参与了一系列的规划项目编制，更是经历了义乌从“买全国卖全国”到“买全球卖全球”的深刻转变，见证了一个城市不断进化的过程。每一个项目都是一次探索，每一次探索都是面向未来的谋划。这种谋划既是针对项目本身的，更是服务于城市的发展。希望我们的每一次设计实践都能为义乌城市质量的提升提供务实且有价值的积累。

义乌市福田市场园区控制性详细规划

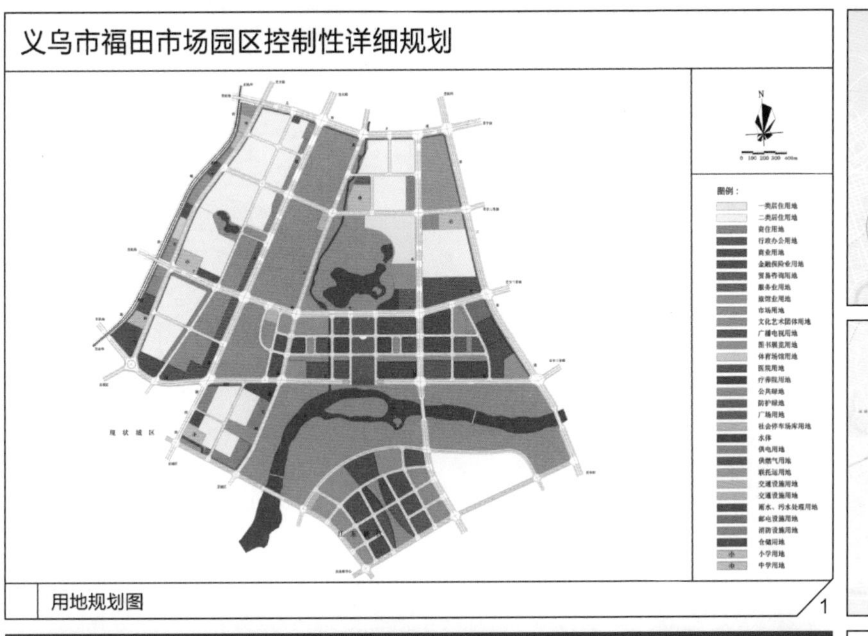

N
图例：
一类居住用地
二类居住用地
商住用地
行政办公用地
商业用地
金融保险业用地
贸易咨询用地
服务业用地
旅馆业用地
市场用地
文化艺术团体用地
广播电视用地
图书展览用地
体育场馆用地
医院用地
疗养院用地
公共绿地
防护绿地
广场用地
社会停车场库用地
水体
供电用地
供燃气用地
邮电设施用地
交通设施用地
交通设施用地
雨水、污水处理用地
邮电设施用地
消防设施用地
仓储用地
小学用地
中学用地
现状城区

用地规划图

1

上溪镇
义亭镇
佛堂镇
金义新区

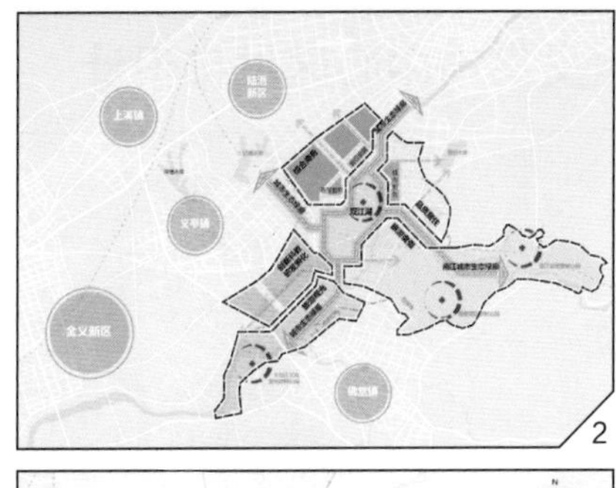

2

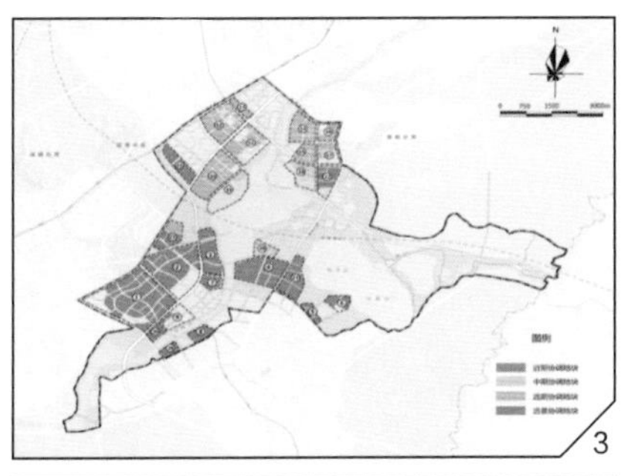

3

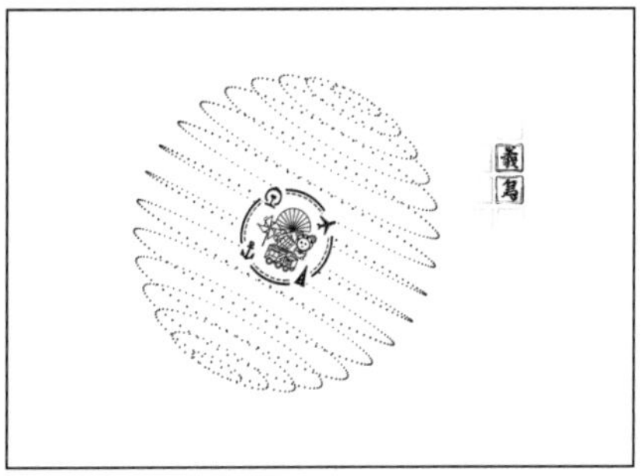

1 /《义乌市福田市场园区控制性详细规划》用地规划图

2 /《义乌市双江湖新区空间发展规划（2019—2035）》空间结构规划图

3 /《义乌市双江湖新区空间发展规划（2019—2035）》规划用地协调示意图

4 /《义乌市双江湖新区空间发展规划（2019—2035）》土地利用规划图

义乌市双江湖新区空间发展规划（2019—2035）

N
0 750 1500 3000m
图例
文化设施+商业设施用地
商务设施+商业设施用地
二类居住+商业设施用地
二类居住用地
行政办公用地
文化设施用地
高等院校用地
中小学用地
高校科研教育用地
体育用地
医疗卫生用地
社会福利用地
文物古迹用地
宗教设施用地
商业设施用地
商务设施用地
娱乐康体设施用地
加油加气站用地
工业用地
公共交通场站用地
社会停车场用地
供水用地
供电用地
通信用地
排水用地
环卫设施用地
消防用地
公园绿地
防护绿地
广场用地
农林用地
水域
村庄建设用地
其他非建设用地
轨道线
铁路
规划范围
义乌市界
行政中心
社区服务中心
展览馆
艺术中心
图书馆
文化馆
青少年宫
老人活动中心
文化活动中心
小学
初中
高中
体育中心
多功能运动场地
医院
社区卫生服务中心
老年人福利设施
儿童福利设施
白鹤山
黄茅山

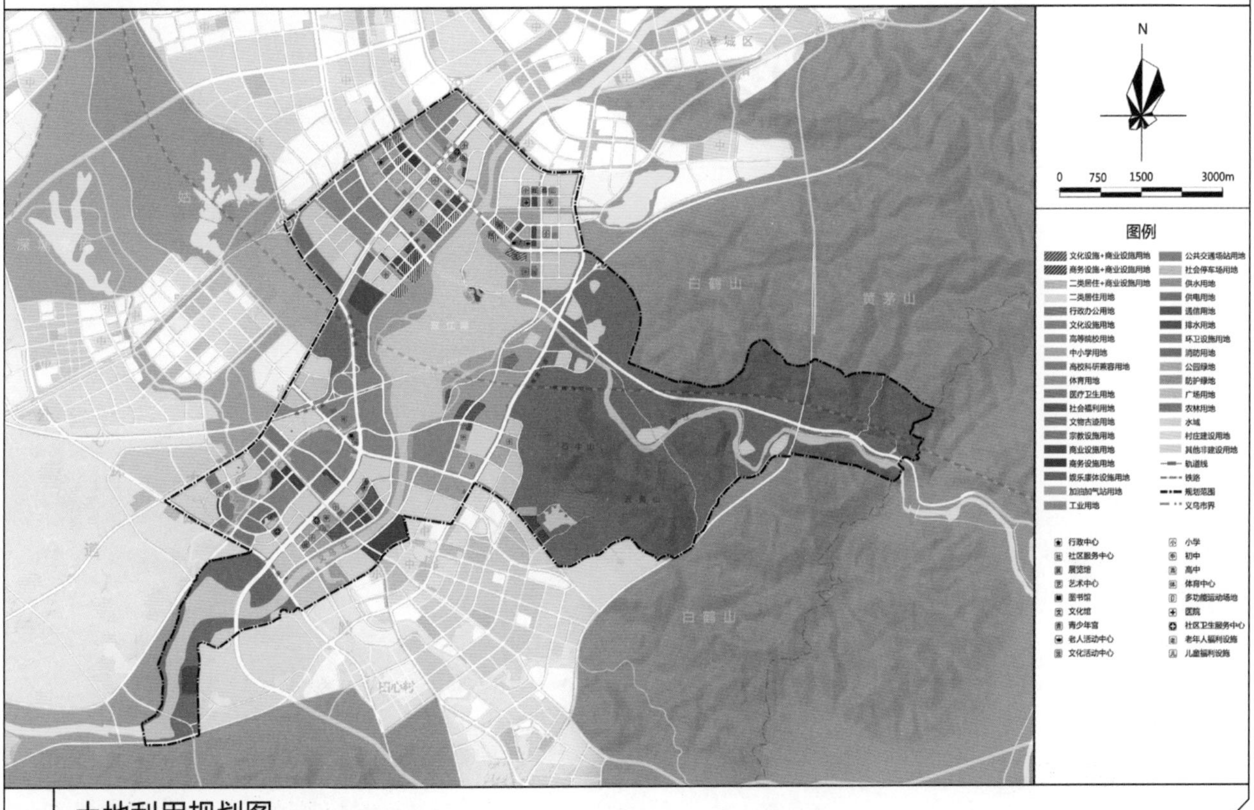

土地利用规划图

4

义乌市中心区城市设计

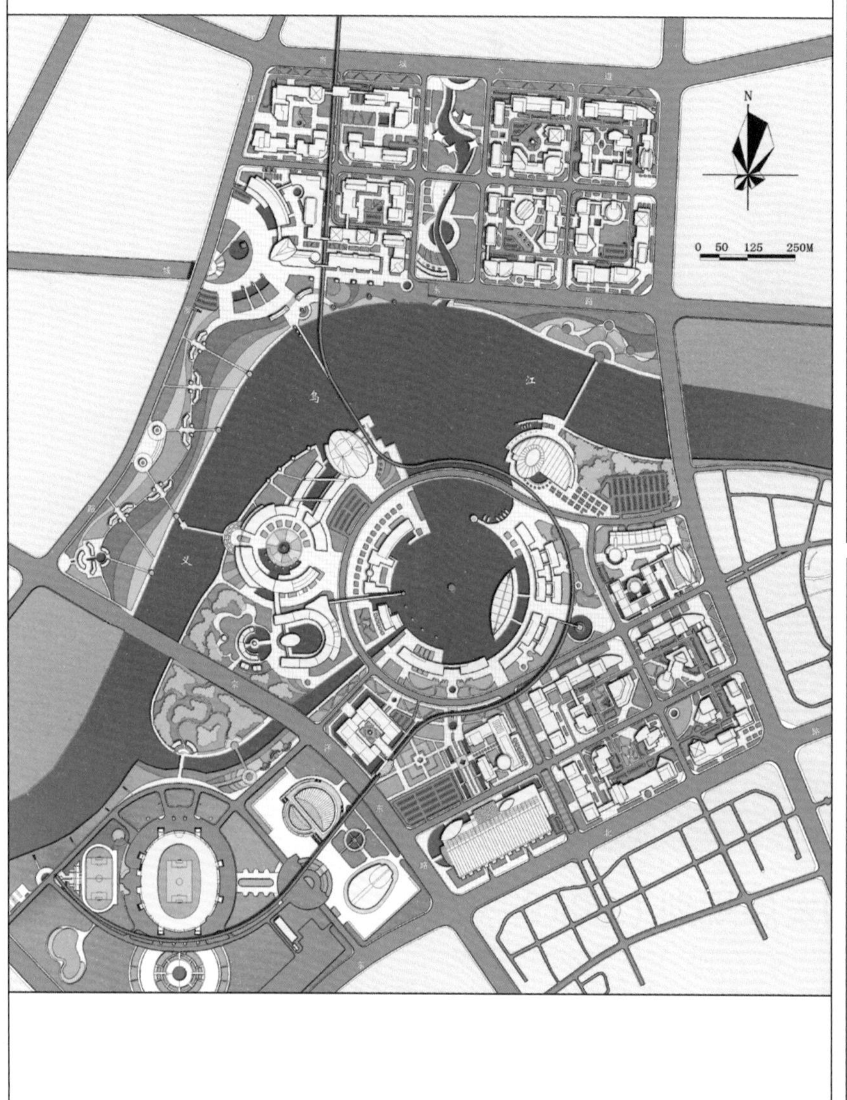

总平面图

1

义乌市中心区城市设计

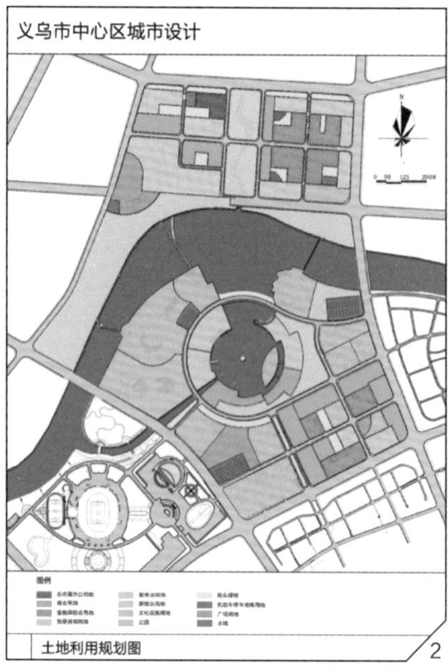

土地利用规划图

2

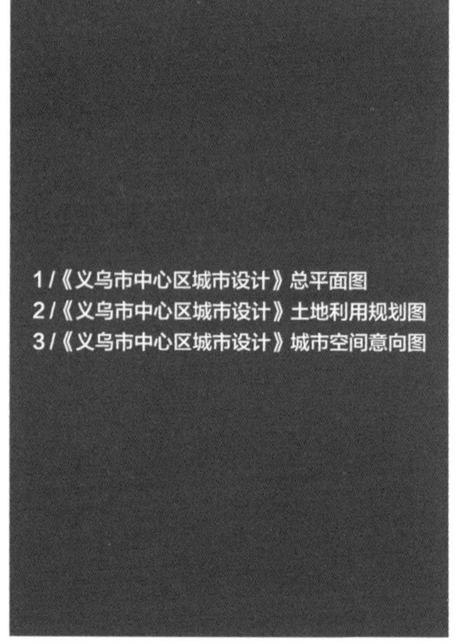

1 /《义乌市中心区城市设计》总平面图
2 /《义乌市中心区城市设计》土地利用规划图
3 /《义乌市中心区城市设计》城市空间意向图

3

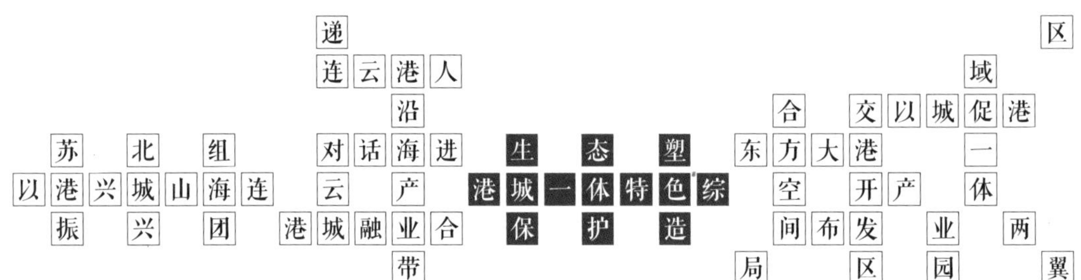
递 区
连云港人 域
沿 合 交以城促港
苏 北 组 对话海进 生 态 塑 东方大港 一
以港兴城山海连 云 产 港城一体特色综 空 开产 体
振 兴 团 港城融业合 保 护 造 间布发 业 两
带 局 区 园 翼

连云港

港城融合发展，迈向海洋时代

“郁郁苍梧海上山，蓬莱方丈有无间。”千年以前，苏轼描写的古云台山还只是黄海中的一座岛屿。沧海桑田，花果山演绎了《西游记》，东磊石孕育了《镜花缘》，而在这片神奇的山海之间，一颗璀璨的黄海明珠也应运而生——连云港。

百年之前，孙中山在《建国方略》中，将连云港确定为“可容巨舶”的“东方大港”。百年之后，尤其是在近四十年中国改革开放的浩荡浪潮中，连云港恪守“高质发展、后发先至”理念，以新亚欧大陆桥东方桥头堡、“一带一路”倡议支点城市为目标，已获得全国优秀旅游城市、世界水晶之都、全国创新药物先行区和知名“药港”、国家七大石化产业基地之一的美誉。

港城融合，向海发展

1984年，我国进一步深化对外开放，设立了14个首批沿海开放城市，作为经济特区的延伸，承担国家经济大开发的重任，连云港便是其中之一。在此之后的二十年间，我国沿海步入高速发展的快车道，连云港东与日韩隔海相望，北与渤海湾和山东半岛相接，南与长三角相连，区位优越、交通便捷，成绩单却不太亮眼。与青岛、宁波等同一批的沿海开放城市相比，连云港无论是城区发展还是港口建设都相对落后，成为我国中部沿海开放地带的“经济洼地”。

进入21世纪，我国经济结构调整进程加快。为加大对外辐射势能，拉动中西部地区发展，中央推进东部滨海经济相对发达地区的进一步发展提升，对江苏省提出了“两个率先”的要求。随着江苏省“加快苏北振兴、沿东陇海产业带、沿海经济带开发”等战略部署的推进，位于“沿海产业带”与“沿东陇海产业带”“T”字形发展结构交汇点的连云港成为了江苏省振兴苏北，实现跨越式发展的关键。

然而，连云港依然保持着“一市双城”的内陆型城市布局。中心城区由新海城区和连云城区组成，新海是全市的政治、经济、文化中心，工业集中地区；连云城区作为港口、开发区、保税区是连云港涉外、贸易、旅游的窗口。发展结构两端的“城市”和“港口”各自相向推进，空间相互挤压，争夺发展资源。港城争地、空间受限、产业腹地不足等直接导致了连云港经济发展滞后于省内大多数城市。城市拓展、港口建设与产业提升是连云港发展三大主题，而港—产—城三者间的不协调成为制约连云港整体发展的核心矛盾。

2005年8月，连云港东部滨海地区发展战略规划国际竞赛拉开帷幕。最终由深规院进行整合提升，形成了《连云港东部滨海地区发展战略规划》成果。2007年，深规院承担了《连云港市城市总体规划（2008—2030）》编制。《连云港东部滨海地区发展概念规划》与《连云港市城市总体规划（2008—2030）》两个项目为连云港奠定了新时期港城融合，向海发展的城市发展蓝图。

一体两翼，港群战略

《连云港东部滨海地区发展概念规划》在市域城镇群空间重构、总体空间布局、城市特色及生态保护三个方面确定了总体空间结构。

市域城镇群空间重构方面，规划提出以港兴城、以城促港的港城整合战略。提升主港、拓展两翼，加快柘汪、灌河口港群建设，以“港群”战略实现亿吨大港目标，成为青岛和上海之间重要的干线大港。同时，按照沿海港口和城镇基础条件，构建东部滨海城镇群，形成港城互促、协调发展的全新城镇群空间体系。

总体空间布局方面，提出了“一体两翼、组团递进、三级拉动、重点突破”的整体空间布局。“一体”以新海城、开发区、滨海新城围绕云台山形成城市功能主体。新海城延续现有的行政、办公、商业及居住功能；开发区包括经济技术开发区、朝阳高教产业区；滨海新城作为未来城市核心区，将承担商业、文化、旅游、居住、体育等职能，体现高品质城市形象。“两翼”的北翼以赣榆县城为中心，依托岚山港、海头港、柘汪港、青口港，重点发展柘汪、海头片区石化和重型机械制造业片区；南翼依托燕尾港和灌河口港群发展集中的石化产业基地。

城市特色及生态保护方面，突出连云港山海特色，塑造具有明显文化特征和现代城市气息的滨海宜居城市。利用“山之轴”“海之轴”“城之轴”串联整合和突显城市景观，三条轴代表了三种特色的文化内涵，在城市中交融形成连云港独特的城市文化。将172公里的滨海岸线进行分类管控，制定相应的开发保护原则，最大限度地保持岸线公共性。

在战略规划已经明确的战略定位、空间结构及城市特色基础上，《连云港市城市总体规划（2008—2030）》进一步提出，充分发挥对我国中部沿海地区及陇海——兰新经济带的辐射带动作用，将连云港建设成为国际性的海滨城市、现代化的港口工业城市和山海相拥的知名旅游城市。

按照“一体两翼”的战略格局，重点打造沿海城镇发展带，完善提升沿东陇海城镇发展带，促进全市城镇协调发展。产业以“重型化”和“新型化”为重点，迅速提升产业竞争力，形成城市发展动力源。中心城市按照“东进向海”的战略布局，以“海滨新区”建设为契机，优化城市公共服务中心体系，为跨越发展提供空间平台。基础设施保障采用适度超前的原则，构筑以海港、空港、铁路、公路为枢纽，水路、轨道等多种运输方式协调发展。

《连云港东部滨海地区发展概念规划》与《连云港市城市总体规划（2008—2030）》使连云港形成了由“一体两翼”的组合大港，“一纵一横”的产业空间，“一心三极”的特色风貌构成的港城一体的城市大框架，为后续城市的再次腾飞，打下坚实而富有弹性的空间基础。之后在后续落实总体规划、跟踪服务过程中，深规院参与了连云港20余项规划服务工作，涵盖了各片区的概念规划研究、控制性详细规划、城市设计、专项规划等类型，保证了战略规划及总体规划战略定位及发展思路的延续与落实。

两个连云港人的对话

为了更加深入地了解规划对于连云港城市建设的影响，当年全程参与连云港系列重要规划的项目负责人、深圳规划院上海分院院长张光远先生专程采访了连云港市政协副主席、连云港市规划局原局长黄咏梅女士。从以下的对话中，可以更加直观地感受到两个职业规划人对连云港发展的关注，切实领会到城市规划对于城市发展的深远影响。

张光远[1]（后文简称“张”）：黄主席您好，我们都是连云港人，但我们真正结缘应该是在2005年，那是连云港发展的一个关键节点，从战略规划到总体规划，我院全程参与其中，提出了一

[1] 设计方代表：张光远，深圳市城市规划设计研究院上海分院院长，连云港东海县人。

系列全新的发展思路，作为规划主管领导，请问您，连云港当时是一种怎样的时代背景，规划编制之后又对连云港的发展产生了怎样的影响？

黄咏梅[1]（后文简称“黄”）：2005年，我时任连云港市规划局局长，当时连云港面临的主要问题是港城争地，发展空间不足，战略规划给出的空间答案是：“一体两翼、组团递进、三极拉动、重点突破。”未来新海城区、赣榆城区、东部城区三极联动构建“大市区”，同时，沿海依托组合港群两翼展开城市发展空间，摆脱了“螺蛳壳里做道场”的空间束缚，为连云港描绘了一张宏大的发展蓝图。可以说，这张蓝图及后续总体规划的编制，影响了之后十几年的城市发展，从后来的行政区划调整、组合港群的建设到城市空间和产业空间的战略布局，无一不体现了规划思路的延续。

2014年5月，经国务院批准，撤销赣榆县，设立连云港市赣榆区；撤销新浦区、海州区，设立新的连云港市海州区。连云港市从之前的“四县四区”调整为海州区、连云区、赣榆区、灌南县、东海县、灌云县“三区三县”的全新格局，而这“三区”正在成为拉动城市发展的“三极”。

2018年6月，国家级综合保税区获批，连云港口岸赣榆港区、徐圩港区和灌河港区获批开放。市开发区、东海县分别获批国家级新医药、新材料出口基地。灌南经济开发区、东海高新区升格为省级开发区。城市格局正在以“组团递进”模式，逐步形成“一体两翼”整体格局。

张：我作为当时的项目负责人，深知“一体两翼”结构对于连云港发展的重要性，但同时，发展框架的拉开也意味着城市各组团必须要有便捷高效的交通联系作为保障，尤其是连云港作为“一带一路”倡议支点城市，内外交通快速转换是重中之重，请问近些年连云港的交通基础设施建设取得了哪些进展？

黄：你说得没错，连云港最大的优势在于以港口为核心的综合交通优势。当时的战略规划与总体规划首先强调的就是：加强与周边城市交通基础设施的衔接与合作，构筑以公共交通为主导的综合交通体系，引到城市空间结构调整和功能布局优化。在后来国家“一带一路”倡议背景下，连云港被提升到了“一带一路”倡议支点的高度，因此，交通基础设施的建设一直是连云港近些年城市建设的重中之重。按照规划，近些年连云港不仅大大提升了连云港港口自身的吞吐能力，还逐步向两翼拓展，“一体两翼”港群框架基本形成。同时，高铁的建设，机场的重新选址，城市快速公交BRT的建设，轨道交通的谋划等，基本延续了当时的规划原则，有效地保证了近十几年城市的高速发展。

[1] 管理方代表：黄咏梅，连云港市政协副主席，连云港市规划局原局长，在连云港工作生活三十余年，在规划局工作二十年。

2016年4月13日，连云港港30万吨级航道一期工程通过竣工验收。2017年9月26日，连云港港30万吨级航道二期工程开工建设。连云港港已形成由海湾内的连云主体港区、南翼的徐圩和灌河港区、北翼的赣榆和前三岛港区共同组成的“一体两翼”总体格局。连云港港货物吞吐量从2006年的0.72亿吨增加到2018年的2.36亿吨。

2018年12月26日，青盐铁路开通运营。连云港初步形成以陇海铁路、青盐铁路为骨架的T形铁路运行网络，正式迈入“高铁时代”。

2019年2月开工建设连云港花果山国际机场为江苏省第三大国际机场，国际口岸开放机场，远期预留4E等级区域枢纽机场，摆脱了白塔埠国际机场军民合用的限制。

2012年10月1日，连云港快速公交BRT1号线全线通车。是继常州、盐城之后的江苏省第三条真正意义的快速公交线，是中国第16个建设快速公交系统的城市，是江苏省建设周期最短的一条快速公交线。

2019年2月12日，连云港市郊列车项目正式开工，线路全长34.1公里，沿线设连云港、盐坨、连云港东、墟沟、连云共5个车站，平均站间距离8.8公里。同期，连云港市规划7条轨道交通，其中4条主城轨道，2条都市域快轨线，1条市郊铁路线。规划以轻轨为主，结合市域快轨，局部建设地铁。

张：近些年连云港在基础设施建设上的确取得了巨大的成绩，当时规划构想的城市框架也基本实现，但是城市发展的核心动力是产业的可持续发展，按照原有规划的构想，城市框架形成的核心目的是实现“以港兴城、以城促港”的“港城”整合战略，实现产业的跨越发展。那么请问，这些年，连云港的产业发展是否真正得益于当时的规划提出的空间布局？港口等基础设施的建设是否带动了相关产业的发展?

黄：产业经济高速高质量发展确实是连云港长期面临的挑战，战略规划及总体规划提出“以港兴城、以城促港”的“港城”整合战略，以产业“重型化”和“新型化”为重点，打造城市发展的动力源。这一战略的核心是依托港口，积极兴建临港产业园区，形成港口与园区的良性互动协调关系，为连云港后续产业发展指明了清晰的方向。近些年连云港的产业发展基本延续了规划思路，以“一体两翼”为空间载体布局产业园区，基本形成了以11家开发区为核心，多个产业园区为补充的布局体系。

连云港目前有11个开发区，其中连云港经济技术开发区、连云港高新技术产业开发区、江苏连云港出口加工区为国家级开发区，主导产业包括医药、装备制造、新材料、软件及信息服务、食品、家具等。另外八家省级开发区分布市区及东海、灌云、灌南三县。

在产业发展方面，连云港形成了石化、冶金、装备制造三大千亿级产业集群，12个百亿级特色产业。国家级石化产业基地正式获批，一大批重大临港产业加速集聚。高新技术产业占规模以上工业比重达43.7%，其中，新医药、新材料、新能源和高端装备制造等“三新一高”产业占高新技术产业产值比重达97.0%。

张：看来当时的规划确实对连云港近十几年的快速发展起到了积极的引领与推动作用，这是我作为职业规划师长期服务于连云港的自豪，另一方面，连云港作为我的家乡，其实更让我怀念的是充满儿时幻想的花果山，是和伙伴一起捉虾捕蟹的碧海白沙，是远远望去驶向远方的巨轮……连云港的美在于“山海港城”的交相辉映，我离开家乡二十多年，但每次回家，都能感受到家乡一天天在变美，请问这些变化也和当时的规划影响有关系吗?

黄：感谢你一直以来对家乡的关注，其实“连云港”这三个字本身充满了诗意和美妙，“山海连云，港城一体”，这个城市不仅有花果山景区、海州古城，还拥有172公里的海岸线，连岛等资源。当时规划提出“山、海、港、城”的完美交融，人与自然和谐共生的城市建设目标，具体思路是利用“海之轴”“山之轴”“城之轴”来进行串联整合，使得原本分散的特色资源能够形成更加鲜明的城市风貌，对连云港特色塑造起到了重要的作用。

与此同时，连云港在许多重要节点也精心规划，不断提升城市建设水准，“山、海、港、城”已成为连云港的名片。

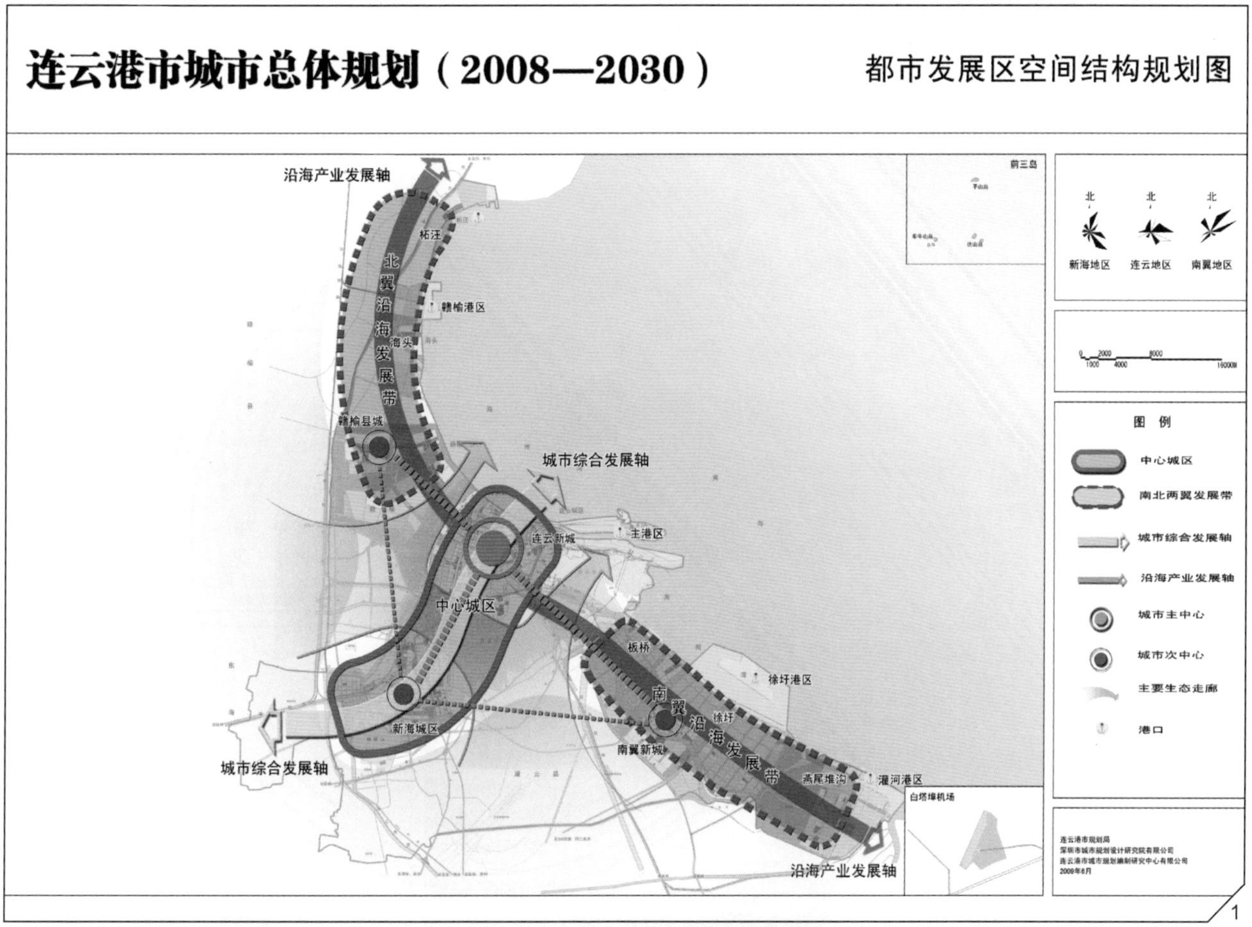

连云港市城市总体规划（2008—2030）

都市发展区空间结构规划图

沿海产业发展轴
北翼沿海发展带
柘汪
赣榆港区
赣榆县城
城市综合发展轴
连云新城
主港区
中心城区
板桥
徐圩港区
南翼沿海发展带
徐圩
新浦城区
南翼新城
城市综合发展轴
高尾堆沟
灌河港区
白塔埠机场
沿海产业发展轴
前三岛

北 北 北
新海地区 连云地区 南翼地区

图 例
中心城区
南北两翼发展带
城市综合发展轴
沿海产业发展轴
城市主中心
城市次中心
主要生态走廊
港口

连云港市规划局
深圳市城市规划设计研究院有限公司
连云港市城市规划编制研究中心有限公司
2009年6月

1

1 /《连云港市城市总体规划（2008—2030）》都市发展区空间结构规划图

2 /《连云港市城市总体规划（2008—2030）》中心城区土地利用规划图（2030）

3 /《连云港东部滨海地区发展概念规划》市域发展概念结构图

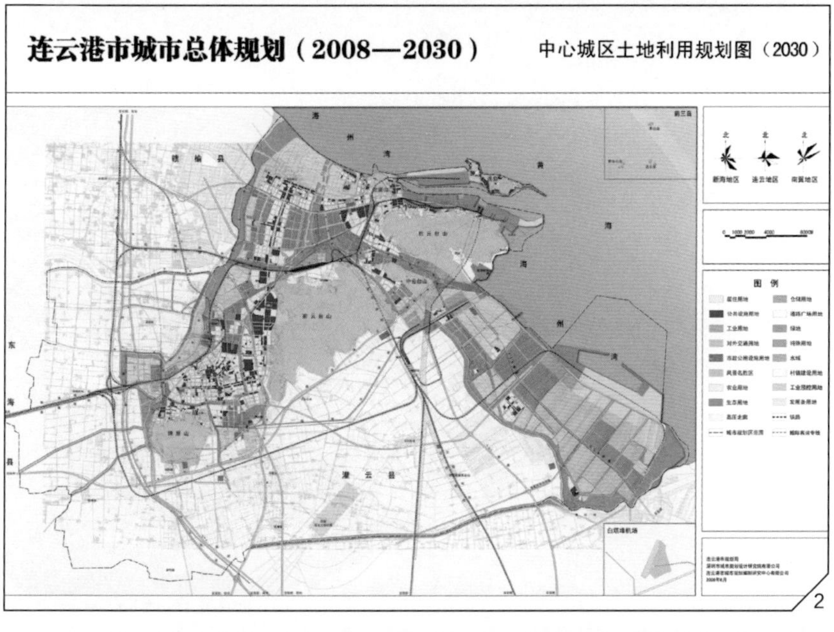

连云港市城市总体规划（2008—2030）

中心城区土地利用规划图（2030）

北 北 北
新海地区 连云地区 南翼地区

图 例

白塔埠机场

2

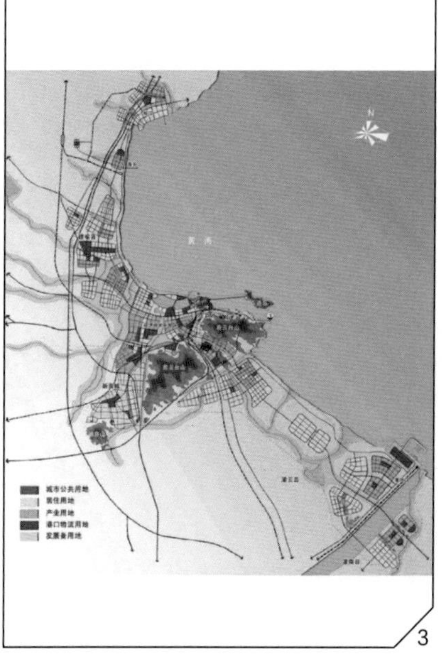

3

连云港花果山片区详细规划及城市设计

科教园区城市设计总平面图 1

科教园区土地利用规划图 2

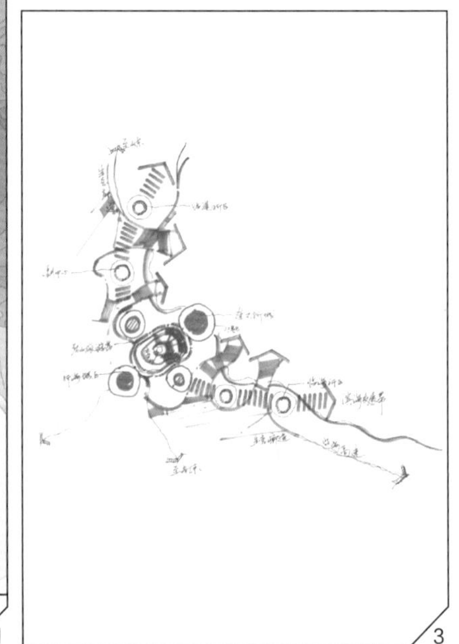

3

4

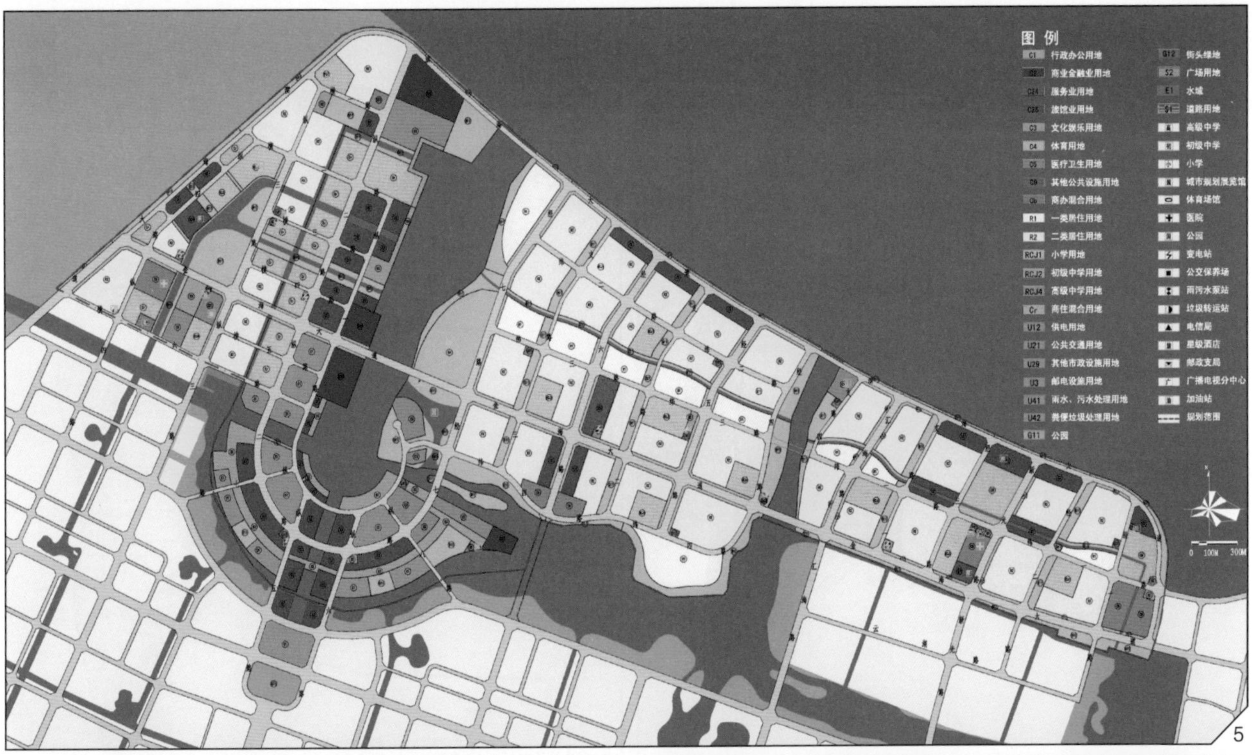

5

1 /《连云港花果山片区详细规划及城市设计》科教园区城市设计总平面图
2 /《连云港花果山片区详细规划及城市设计》科教园区土地利用规划图
3 /《连云港东部滨海地区发展概念规划》规划结构草图
4 /《连云港东部滨海地区发展概念规划》城市空间意向图
5 /《连云港东部滨海地区发展概念规划》滨海地区土地利用规划图
6 /《连云港东部滨海地区发展概念规划》滨海地区城市设计总平面图

6

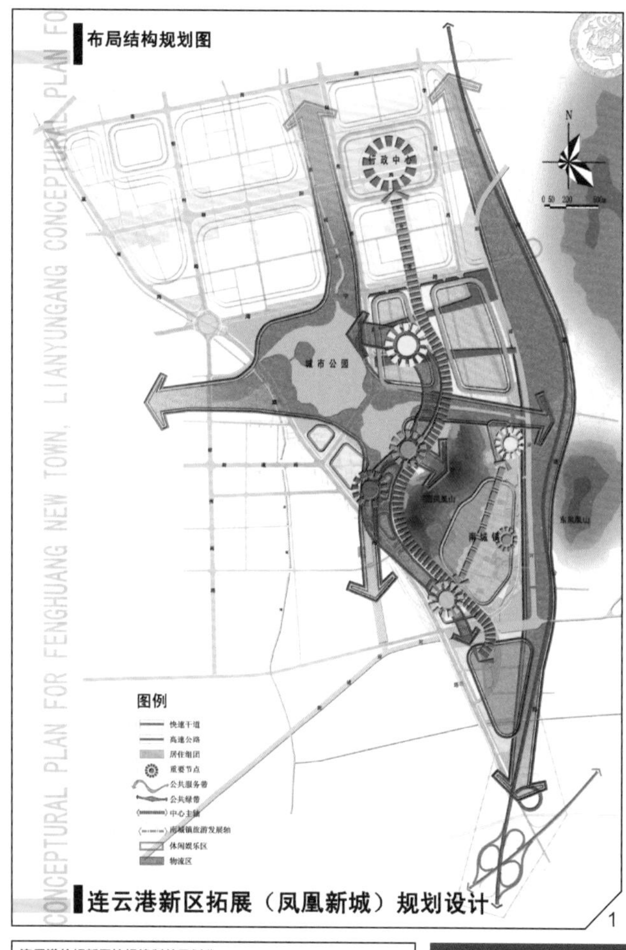

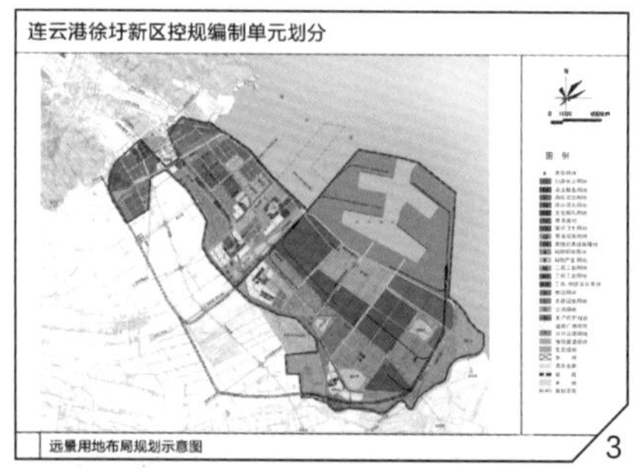

1 /《连云港新区拓展（凤凰新城）规划设计》布局结构规划图
2 /《连云港新区拓展（凤凰新城）规划设计》规划总平面图
3 /《连云港徐圩新区控规编制单元划分》远景用地布局规划示意图
4 /《连云港东部滨海地区发展概念规划》城市空间意向图

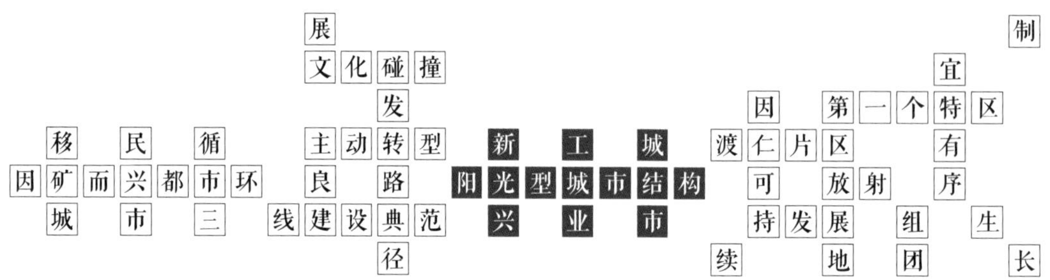
展 制
文化碰撞 宜
发 因 第一个特区
移 民 循 主动转型 新 工 城 渡仁片区 有
因矿而兴都市环 良 路 阳光型城市结构 可 放射 序
城 市 三 线建设典范 兴 业 市 持发展 组 生
径 续 地 团 长

攀枝花
一座计划型城市的市场化转型

20世纪30—50年代，先后有地质学者在金沙江畔（如今攀枝花市所在一带）勘测到丰富的矿藏，引起了西南地质局的重视，经派出的地质队考察后确认，这一区域蕴含的矿产极为丰饶，除储量很大的钒钛磁铁矿外，还有大量优质煤矿、石灰石、耐火黏土等作为冶金辅助的原材料矿，这为当时还是不毛之地的攀枝花发展为一个新兴工业城市埋下了伏笔。攀枝花在轰轰烈烈的“三线”建设中崛起，是当时历史条件下非常典型的计划经济产物，而后全国战略调整，攀枝花也走上了艰难的“市场”转型之路。

恰逢其时，深规院有机会参与攀枝花城市新区规划编制工作。攀枝花新区的规划建设不能单纯地从空间规划入手，必须基于对攀枝花城市全面的认识，充分考虑宏大的背景、特殊的环境、高远的期望，有针对性地谋划。最终，深规院对这座城市的历史、面临的困境以及未来的转型展开了全面且细致的研究，为攀枝花提交了一份城市白皮书、一个新的城市空间建构思路和一套完整的新区规划。

因矿而兴的新中国第一个特区

20世纪60年代中期，国际局势日渐紧张，为保障战备安全，尽快改变国内工业布局，我国决定首先集中力量在西南、西北内陆地区开展大规模的重工业建设，即“三线”建设。当时，攀枝花以其“近矿、近水、近煤、近林”的突出优势，以及处于群山峡谷之中、易于掩蔽的特点脱颖而出，最终被选定成为“三线建设”的重中之重——钢铁厂的所在地。毛泽东主席对攀钢建设尤为关注，他认为我国的工业建设“要有纵深配置”“建不建攀枝花，不是钢铁厂的问题，是战略问题”。这表明攀枝花在当时国家发展中具有相当高的战略地位。1965年3月22日，攀枝花成为共和国历史上第一个特区，实行“政企合一”模式，受冶金部、四川省双重领导。

开发攀枝花，是毛主席落下的一颗具有战略意义的棋子，凝聚着党和国家几代领导人的心血。毛主席不仅为攀枝花确立了战略重点的地位，对钢厂厂址选定、特区领导管理体制的确定等重大问题也亲自拍板决定。在项目具体建设方面，周恩来总理受毛主席委任负责统筹安排部署，时任中共中央书记的邓小平亲赴现场视察，中央13个部委会战攀枝花，这在我国工业建设项目中是绝无仅有的。20世纪90年代，江泽民在担任中共中央总书记期间，曾两次到攀枝花视察，对其建设与发展作出重要指示。

在几代领导人和三线建设工作者的努力下，攀枝花的建设硕果累累，走出了一条具有中国特色的大型工业基地的路子，在国家工业化的道路上创造了一个奇迹，并成为成功转型为工业城市的三线建设典范。

在工业迁移的过程中，工业人口也实现了行业的整体性移植，攀枝花也因此成为中国西部最大的移民城市，80%以上的居民是外来人口，不同的地方文化和风情与攀枝花当地少数民族文化碰撞、影响、融合，衍生出攀枝花独特的移民文化。在这里，科技人员攻克了普通高炉冶炼高钛型钒钛磁铁共生矿的技术难关，开创雾化提钒新工艺，将“死矿”变为“宝藏”；在这里，建设者们挖涵洞、架桥梁、修公路、建铁路，经过数十年的艰辛建设，把曾经的“天堑”变成“通途”；在这里，攀枝花人只用了一年多时间，就完成了需要两三年时间才能完成的前期准备工作，实现了通路、通水、通电，并在城市规划引导下，开始布置以骨干企业为基础的城市组团，逐年发展壮大城市，最终将攀枝花由“荒山”变为了我国西部重要的新兴工业城市，金沙江畔的一颗璀璨明珠。

主动转型，摆脱“矿竭而衰”的命运

80年代，实行改革开放后，国家发展战略重点集中在沿海地区，偏远的地理位置、落后的交通条件成为制约攀枝花城市发展的瓶颈。外向型经济较弱、经济总量较小导致攀枝花在国家发展中的战略地位大不如三线建设时期。进入21世纪以来，由于全球性金融危机，沿海区域增长放缓，未来内需对中国经济具有重大意义，国家迫切需要推动全国性崛起的均衡战略和新的经济增长区域，区域经济成为新的热点，国家在中西部也批复了若干重大经济区，这成为攀枝花再一次跻身国家重大战略、借力发展的机遇。

经过几十年的积累与21世纪初的城市扩张建设，攀枝花已成长为中国西部重要的钢铁、钒钛、能源基地和新兴工业城市。但也迎来了外部全新的环境变化和城市内部发展诉求的不断衍生。从城市内部来看，城市规模增长与土地供给、生态环境保护间的矛盾日益突出，工业经济发展空间拓展也因此受到掣肘。同时，城市钢铁经济转型的需求已十分迫切，如何找到新时期适合自己的发展路径、为城市提供内生动力，成为攀枝花面临的巨大挑战。这种挑战也并非攀枝花一城独有，城市发展规律和未来城市发展趋势都在演绎城市新的机会。攀枝花若主动采取转型措施，走“可持续”“生态宜居”之路，极有可能摆脱资源型城市“矿竭城衰”的命运，使城市发展进入良性循环。

面对全新挑战，为了抓住机遇，进一步推动城市经济社会发展，为打造区域性中心城市提供重要支撑，攀枝花政府提出了宏大的新区开发建设计划，并在城市历史上首次采用国际竞赛形式征集新区规划建设方案，要求形成总规评价和规划方案两部分内容。深规院在参与该竞赛项目时，并未局限于对现状和上一轮规划进行评价，更没有就新区论新区，而是回归城市本身，从攀枝花的城市发展历程入手，立足未来反思她从前走过的道路，以新区开发建设计划为契机，在新阶段寻求城市发展的突破，为攀枝花城市构建了一个理想的框架。

因地制宜，群山峡谷中独创的“阳光型”城市结构

1965年攀枝花编制了第一版总体规划，名为《攀枝花工业区总体规划》。从名称也可以看出，当时的焦点落在了“工业区”，首要考虑工业生产需求。因此，根据资源分布情况、各部门间生产协作关系以及用地条件，规划采取了小城镇群的空间布局形式，沿金沙江将煤炭、电力、冶金等骨干企业布置在五个片区，片区间有交通线路相连，如此形成了分散布局而又相互联系的五组团格局，其中大渡口片区是行政中心所在。

随着攀钢生产步入正轨，攀枝花开始了大规模建设。到70年代初，城市移民人口已突破规划规模，城市用地明显紧张，生活居住用地与生产用地相互混杂，造成城市布局混乱。此外，国家也对钢厂提出了二期扩建的要求。在这样的背景下，新一轮规划编制工作已刻不容缓。1979年，《渡口总体规划》完成，将城市性质确定为“冶金为主的工业城市”，更进一步拓展空间格局，将原5个片区增至8个，横跨金沙江两岸约50公里。炳草岗片区成为新的城市行政中心和文化中心。城市空间布局仍是以工业生产为核心，除炳草岗片区外，其他片区均以工业生产或辅助生产的职能为主导，各片区的生活功能相对独立，但在生产上却又相互协作。

随着工业城市发展逐渐走向成熟，城市布局越发注重组团之间的连接。在《攀枝花市城市总体规划（1997—2020年）》中，原来的城市功能片区被分为了三部分。其中中心区由炳草岗在内的四个

片区组成，承担城市政治、经济、文化、商贸等职能，东西两区则以工业、运输等功能为主。《攀枝花市城市总体规划（2007—2025年）》又将中心区分为江南与江北两部分，继承中心区的功能，江北则继续提升工业。城市中心区的划分反映出攀枝花在工业发展过程中对城市综合服务功能的需求，但是，城市其他部分的传统工业职能依旧强势并占据主导。

从工业区到工业城市，攀枝花的空间生长如“长藤结瓜”。交通就像枝蔓，而初始的骨干企业为种子，城市组团为瓜果。随时间推移，新瓜果结出，而原有的果实也在不断生长。攀枝花在原有的城市空间上逐步蔓延扩张，城市道路也随着用地扩展需求而不断延伸。因此，这种延伸形成的道路交通系统性较差。

在充分研究攀枝花城市空间演变和发展条件的基础上，结合带型城市和放射型城市的结构特点，深规院项目团队提出了“阳光型”城市结构。在这种结构下，城市由“都市环”和“放射组团”组成：“都市环”的中心绿核向外放射生态绿廊，建立与自然基底的生态联系，同时也划分形成规模适宜、特色各异的功能组团；外围的“放射组团”结合现状，通过干道组织，呈放射状布局。

新的空间格局在交通上强调系统完善。“都市环”地区沿不同标高台地布置相对平行的主干道以及城市内环快速路，并通过合理间距的纵向主干道构建完善的骨架道路网；外围组团则突出主干道建设和连接。此外还建设绕城高速连接丽攀与成昆高速，形成城市外环高速路，作为中心城区的交通保护壳，分流过境交通。

“都市环+放射组团”下的产业布局也由“遍地开花”转向有序拓展，由内向外呈现出圈层布局模式，依次为现代服务区、产业发展区、外围的资源产业组团相互连接形成产业发展带。现代服务区重点打造城市服务和生态居住两大核心功能；产业发展区以教育研发、钒钛产业区和现代物流区为主要方向；资源产业发展带则结合资源分布和既有的工业基础，发展传统产业，并建设新兴产业，延伸产业链。这样的布局令城市中心辐射能力得以加强，产业结构升级的空间基础更为坚实，同时更有利于城市空间的有序生长。

深规院对攀枝花城市空间结构的思考和方案得到了当地政府的高度认可，并纳入了2017修编版城市总体规划。由此，攀枝花进入了新空间框架指导下的发展时期。支撑都市环的道路环线建设逐步推进，阳光大道、花城大道两条主干道兼景观大道已成雏形，且在干坝塘与炳仁路形成双十字道路骨架，为新区的建设畅通“动脉”。位于炳草岗南部的渡仁片区以“多元”为特色，集中布局城市最主要的服务要素，正在逐步成为攀枝花的都市中心区。渡仁片区中的干坝塘被规划为与炳草岗同等级的城市主中心，成为政府推进新区建设的重点地区。目前，干坝塘空间框架基本成型，设施建设也初具规模。按照计划，下一步新区管委会将加快构建渡仁片区及新区的全域道路网络，尽快实现与老城的无缝衔接。

作为响应新中国战略安全而建设的“三线”工业基地，攀枝花正走在转型的道路上。以产业链的衍生与重构为基础动力，推动构建由生态廊道分割的组团式空间结构，加速公共服务设施的建设，全新的攀枝花城市建设正迈步向前，成为历史老工业基地向可持续发展城市转型的一个“样本”。

1

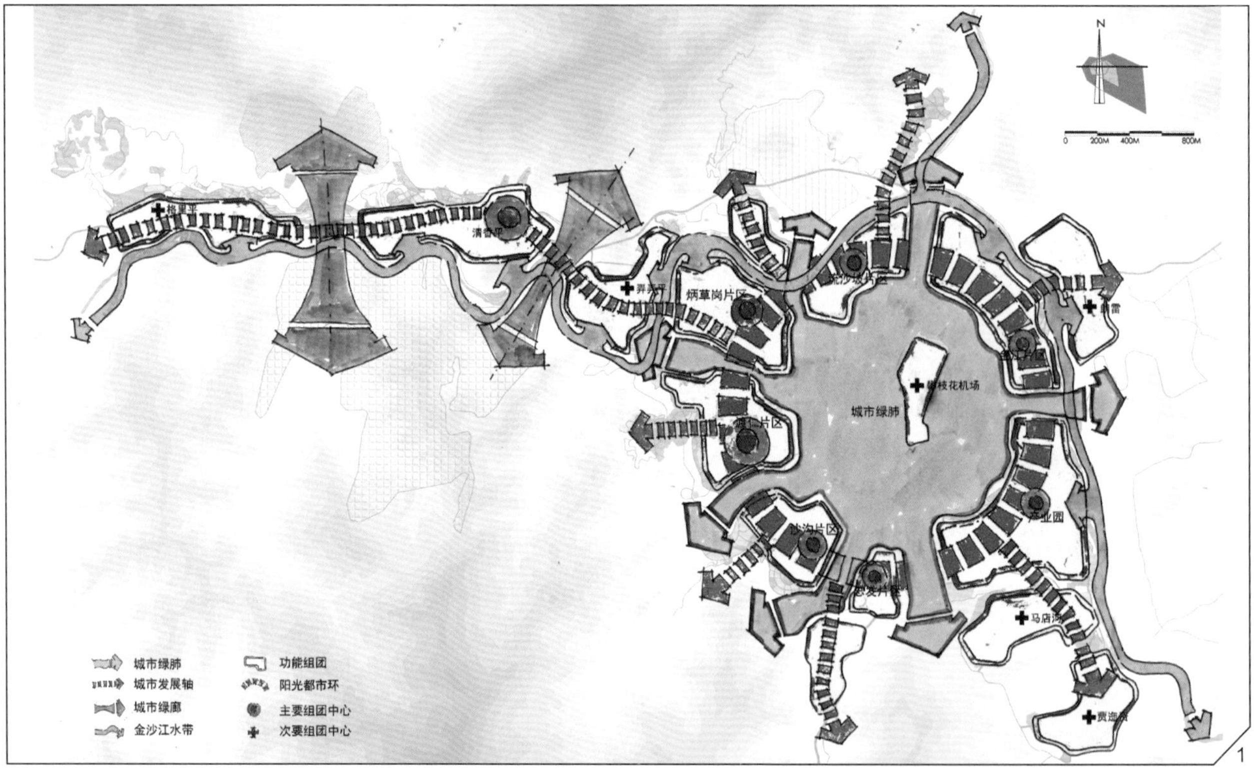

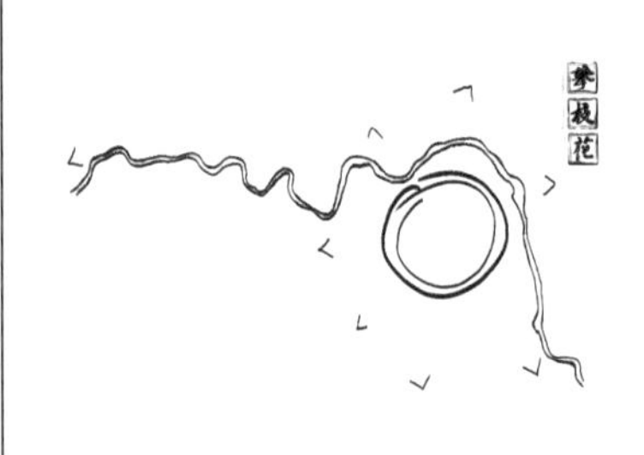

1 /《攀枝花市城市新区概念性总体规划》“阳光型”城市结构图
2 /《攀枝花市城市新区概念性总体规划》用地布局示意图
3 /《攀枝花市城市新区概念性总体规划》总平面图

2

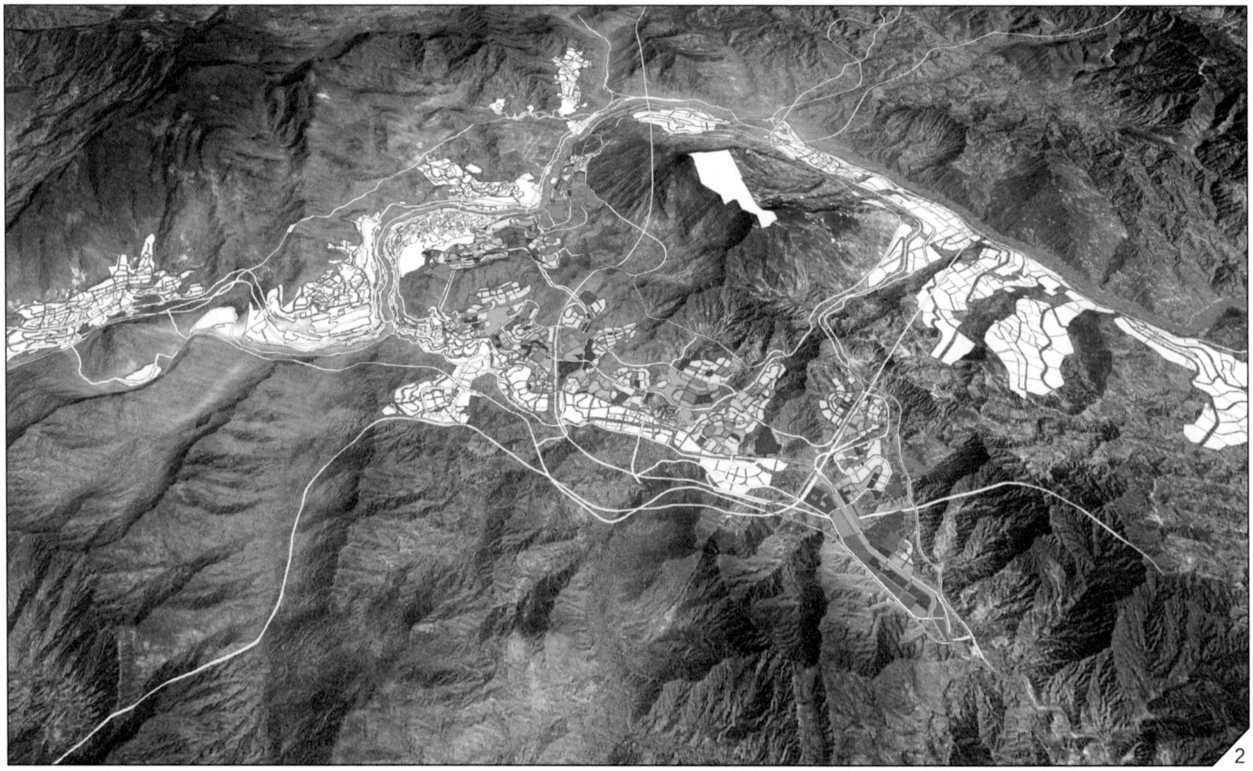

攀枝花市城市新区概念性总体规划

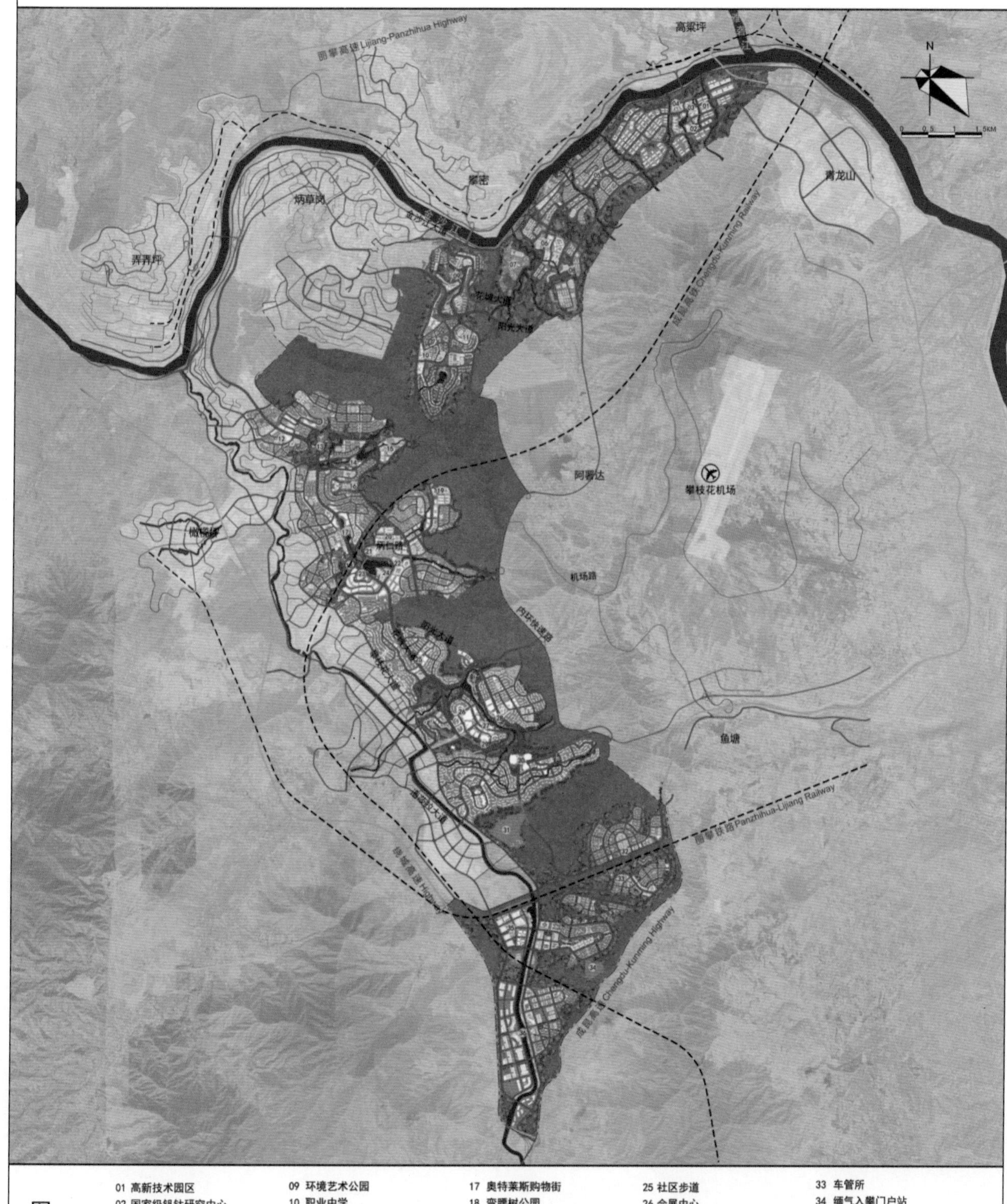

图例

01 高新技术园区
02 国家级钒钛研究中心
03 科技园综合服务中心
04 高新技术园展览中心
05 古镇风情步行街
06 体育中心
07 机电技术学院
08 高等、中等专业院校
09 环境艺术公园
10 职业中学
11 妇幼保健院
12 演艺中心
13 巴斯箐公园
14 生态幽谷
15 重点高中
16 落日天街
17 奥特莱斯购物街
18 弯腰树公园
19 综合医院
20 行政中心/市民广场
21 三线建设博物馆
22 文化馆/购物公园
23 钒钛交易大厦
24 中央公园/酒吧街
25 社区步道
26 会展中心
27 园博园场馆
28 攀枝花艺术博物馆
29 阳光谷度假酒店
30 攀枝花体育中心
31 殡仪馆
32 山地休闲街
33 车管所
34 缅气入攀门户站
35 商贸服务市场
36 物流服务中心
- - - 铁路
—·— 规划范围

总平面图

《攀枝花市城市新区概念性总体规划》城市空间意向图

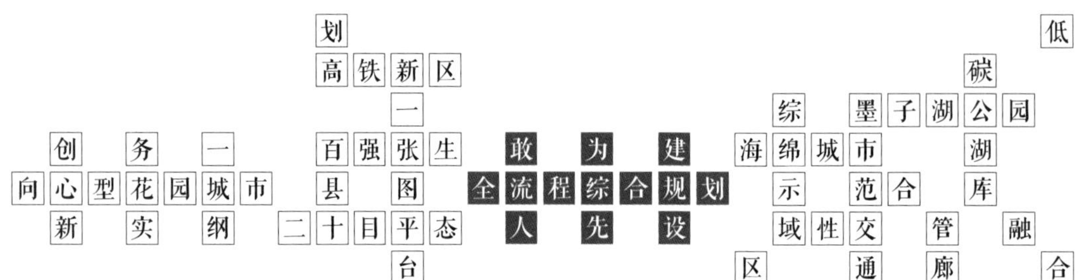
全流程综合规划
敢为人先
建设
向心型花园城市
创新
务实
一纲
二十目
百强县
张图
一张图
平台
生态
高铁新区
划
海绵城市
示范区
综合管廊
域性
交通
墨子湖公园
低碳
湖库
融合

滕州

大国小城，因交通而兴，因规划而精

“齐楚今何在，滕犹旧国名。”古有“三国五邑之地，文化昌明之邦”“善国”等美誉的滕州市，地处山东省南部地区，地理位置优越，西临微山湖，东倚泰沂山脉，是我国南北交通往来的主要节点之一。滕州的发展一直与区域性交通有着紧密的联系，古有京杭大运河古官道作为依托，使得滕州成为南北商贸重地；今有铁路、公路等区域性交通干线贯穿，支撑滕州经济位列全国百强县。因长期受益于南北文化交流融合，滕州文化彰显兼爱包容、开放创新、敢为人先的特点，这也让滕州在悠远漫长的城市发展过程中颇受裨益。

因交通而兴的小县城

清末强调“力行实政”，铁路建设列为“实政”之首，由此推动了我国铁路建设的起步，从滕县穿行而过的津浦铁路（天津至南京浦口）于民国元年建成。1968年，津浦铁路与京沪铁路接轨，正式并入京沪铁路。这一改变使得滕州南可通上海，北可达首都，成为全国极为重要的经济线上的节点。滕州火车站则成为滕州对接区域性经济要素的窗口，人流导向高度集中，站前区域形成了滕州最早的城市商圈。

20世纪80年代初，《国家干线公路网（试行方案）》的发布，提出国道干线建设计划。90年代初，属于国道干线之一的G104（北京至平潭）确定将从滕州西面穿过，紧邻铁路线。山东省政府考虑到滕州有京沪铁路线和即将建设的G104通行的区域交通基础，批准在城区西部和南部建立滕州市经济开发区。由此，滕州进入开发区引领下的城市规模快速扩张时期。2004年，从滕州城区东面跨越而过京福高速公路（北京到福州）通车，并在滕州设立南北两个出入口。高速公路的通车使得滕州的对外联系有了新的支撑，也为城市空间扩张带来新的导向和动力，城市空间进一步向东扩张。

进入21世纪，随着首条具有完全自主知识产权的京津城际铁路的通车和《中长期铁路网规划》的发布，我国正式步入高速铁路时代。在这轮全国高速铁路建设的新浪潮中，滕州再一次抓住交通设施带来的机遇。

2011年，“四横四纵”高铁干线之一京沪高铁全线通车。京沪高铁线纵穿滕州东部，并在此设立滕州东站，滕州由此迈入高铁时代，滕州东站也成为城市三小时内对接全国两大经济圈的窗口。因此，滕州城市空间又一次具备了向东扩张的动力。2012年，滕州市政府顺势提出启动滕州高铁新区建设计划，彼时，城市大规模的扩张已进入尾声，滕州搭上新区建设的末班车。于滕州而言，高铁新区是城市新发展时期的重要空间，也是探索高品质城市建设的试验田，换言之，高铁新区的建设将代表滕州这座县级城市的明天。

因规划而精的新滕州

滕州市政府高度重视高铁新区规划，采用高规格的国际竞赛方式征集高铁新区概念性规划方案。最后，通过资格预审从国内外二十余家一流规划单位中筛选出七家，深规院有幸参与。

在设计之初，项目团队摈弃“跳出老城建新城”“就高铁论新区”的惯性思路，选择回归城市空间本身，重新考量新区建设。从空间规模扩张来看，高铁新区是城区建设的最后一块大拼图；从城市整体空间来看，此次新区规划是反思过去空间发展问题、重塑城市未来发展框架的最佳契机。因此，深规院认为新区规划不仅要立足城市整体视角，重塑滕州新的空间格局；还要充分考虑建设实施，提出从土地资源、财政投入、功能诉求等角度均具备实际可行性的新区建设方案。

在京福高速影响下，滕州城区已经形成在铁路和高速公路之间呈南北带状发展态势，高铁新区的建设将推动城区往东跨高速发展，新老城区的融合成为滕州城市新空间格局构建的焦点。在此认知上，项目组参照霍华德的“花园城市结构”和大城市的“向心结构”，结合原有城市肌理和当时的城市总体规划、城市绿地系统规划，提出了“向心型花园城市”结构——对城市原有水系郭河的河道进行拓宽，在新、老城区接合部打造约4平方公里的墨子湖公园，作为城市的生态核心，并以公园为核心，构建放射绿廊渗入四周城区，划分形成多个功能各异的城市组团。在高铁新区范围内，依托山泉湖河等自然资源，打造生态景观，环湖组团布局城市核心功能，以现代服务业为主导；外围组团以蓝绿林带分隔，布局城市一般职能，包含商贸物流园区、科教研发区等。

从实施层面来看，新区建设是一个循序渐进的过程，原有的旧村、旧镇不可能一次性拆迁，各个功能组团的开发需求也是随城市发展逐步产生的。在新区规划中，高铁站前以及临近老城区的空间是近期最具动力开发的用地，在常规新区规划中，站前空间通常规划为商务区，但这与市场对新区近期开发的功能需求相悖，开发难度极大，往往导致新区建设难以起步。因此，在深规院提出的高铁新区方案中，站前地区空间以商业、居住等老城区外溢功能为主，具备近期开发条件。环湖组团的现状为老镇区，拆迁量极大，方案中安排环湖组团功能以现代服务业为主，是滕州未来的CBD，建设时序上为远期开发。这些切合实际的用地条件与功能需求的细致考量为规划方案的可实施性提供了保障。

凭借立足于重塑滕州整体城市空间和切实指导新区开发建设的规划思路，深规院的方案最终赢得评委的青睐，并被委托承担更综合、深入的新区系列规划。

全流程综合规划的创新实践

全流程综合规划是基于全方位地研究城市发展需解决的问题，形成包含空间布局、产业发展、开发策划等多学科融合的综合性解决方案。新区建设是一个十分复杂的系统工程，且处在“一张白纸”的阶段，因此，深规院以引导和促成新区建设为出发点，建设性地提出在滕州高铁新区采用全流程综合规划的编制方法。与传统分层次开展规划项目相比，在同一时段内开展多层面、系统性的规划编制，可将设计思路贯穿在各个层次规划中，并在编制过程中实现不同规划间的反馈和校核，以此提升它们的协调性与科学性，更好地指导新区建设实践。经深入了解和沟通全流程综合规划的组织形式以及优势之后，高铁新区同意采用该方法，并全面协作推动全流程综合规划的工作。

滕州高铁新区建立了以总体规划为“纲”，二十余项专项规划为“目”的规划体系。这“一纲二十目”不仅包含控制性详细规划、起步区城市设计这类常规的空间规划设计，也涉及生态方面的低碳生态规划、海绵城市规划，以及关系到城市运营的投融资与土地整备规划等。随后，高铁新区的规划工作逐步搭建起由规划团队牵头并承担技术统筹工作的多专业平台，并最终带领完成全流程综合规划编制，为后续设计、施工提供了总纲。为了更好地保证高铁新区“一张蓝图干到底”，提高项目规划建设管理水平，深规院在完成全流程综合规划后，搭建了高铁新区一张图平台，形成对规划建设全生命周期的跟踪，并以此为依托，开展选址意见研究、专题研究、实施评估、规划设计条件研究与核定、设计方案技术审查等工作，为高铁新区管委会提供全面、深度的规划服务。这样的工作组织不仅确保各项规划间有效衔接，也解决了规划、设计、施工的隔离问题以及分项设计实施的弊端。

在滕州高铁新区的建设过程中，从综合的规划编制到深度的规划服务，深规院推动了“一家单位系统做，一项规划跟到底，各项规划设计施工共协调”的规划总承包，这也是如今雄安新区力推的规划师单位负责制的雏形。中国市政工程华北设计研究总院和中铁集团则分别承担了工程总承包和投资总承包的工作，三项承包共同保障了新区建设的顺利推进。

敢为人先的建设示范

在全流程综合规划的指导下，高铁新区管委会秉承着滕州文化和滕州人民敢为人先、创新务实的特征，在新区建设中推动一系列具有创新性的建设实践，为滕州城市建设开启了全新面貌，在投融资模式创新、湖库工程融合建设、综合管廊和海绵城市实践等方面作出先行示范。

投融资模式创新是地方政府推动新区建设计划、解决资金问题的关键一步。项目前期沟通时，深规院即提出建议，在全流程综合规划中开展投融资规划，引进专业团队，对土地整备、投资时序、起步区具体开发实施模式等方面展开研究。在投融资规划的引导下，高铁新区将单体项目的PPP投融资模式引入区域综合开发，促成政府与中铁置业的合作。2014年，中铁置业正式与高铁新区签订合作协议，投资超过50亿元，全面负责高铁新区的一级土地开发，并协定双方在土地出让获益后的具体分成。中铁置业重点实施新区起步区范围内的土地综合整治和主次干道、综合管廊等基础设施项目的投资建设，通过对土地的一级开发，炒熟地块，联动土地二级开发。中铁置业负责一级土地开发，大大减轻了政府在建设初期的资金投入压力，为新区的全面建设奠定了良好的基础。现在，这种投融资合作模式在各地的片区综合开发中被广泛使用。

湖库工程融合建设是落实规划方案、推动城市格局重构、塑造城市新中心的巧妙之举。初期，深规院提出的打造墨子湖公园、重塑城市新中心的想法，虽然得到地方政府的高度认可，但是在落地实施上阻力颇大。适逢南水北调山东段工程实施，需要在该区域兴建调蓄水库以实现配套，高铁新区借机争取，承担兴建调蓄水库的任务，推动墨子湖公园的落地。

由于建设的特殊性，墨子湖采用湖库融合的方式，湖的形态由我国园林设计大师孟兆祯院士设计，墨子湖的综合设计则由深规院负责，在孟院士的咨询方案基础上深化。墨子湖公园作为城市新中心，亦是承载城市文化精神的平台。在综合设计中，深规院提出了“三湖十景”，彰显滕州善文化。更重要的是，墨子湖是实现新、老城区有机融合的载体。为了缝合高速两侧，项目组对墨子湖公园周边道路进行梳理，提出京台高速湖畔路段改高架的设想。同时，将横穿墨子湖的交通性干道（平安路）的穿湖段采用下穿隧道的形式，避免桥梁联通对湖整体造成分割，破坏整体的景观效果。穿湖的道路与环湖的交通疏解环线较好地平衡了湖区的整体性与城市道路的系统性，高速路高架更是改善了原本新区、老城之间的空间割裂，使得墨子湖公园能更好地融入周边地区。目前，1.7公里的湖底隧道主体建成，墨子湖已蓄水成湖，5.6公里的京台高速滕州段高架改造工程也已开工建设。

于新区而言，综合管廊的实施具备先天的优势条件。深规院在高铁新区规划建设综合管廊21千米，其中起步区内规划长度10.4千米，随后中国市政工程华北设计研究总院完成滕州首条综合管廊的工程设计。2013年国家启动地下综合管廊试点工作，并于2015年发布一系列政策全面倡导、鼓励城市优先建设综合管廊。滕州的综合管廊也于同年4月由中铁开工建设。高铁新区超前规划、超前建设为滕州争取到了山东省地下空间规划建设试点城市，并被誉为“试点中的试点”。截至2018年8月，新区综合管廊项目已完成建设3.8千米，吸引了一批又一批的“取经者”。

在2012低碳城市与区域发展科技论坛，“海绵城市”这一理念首次被正式提出之前，国内已有多家团队尝试采用生态基础设施解决城市水问题，并发展出“绿色海绵工程”“生态海绵城市”等类似概念。高铁新区规划之初，深规院吸收这些先进的实践经验，按照“生态低碳”与“海绵城市”的理念和“国际级的生态”标准，编制了高铁新区低碳生态规划。

2015年年末，山东省全面启动海绵城市建设，而此前滕州市高铁新区已率先在规划设计、工程设计及施工中贯彻“生态低碳”“海绵城市”的理念。目前，具有雨水收集系统的平安路及配套设施、养德公园等项目已建设完成，若水河水系治理及景观打造等项目正在实施建设。这些海绵城市项目有效地改善了新区的水环境、水生态，减轻了雨水对城市洪涝灾害的影响，与公园绿地的融合更是广受市民赞誉，成为各地参观考察的典范。

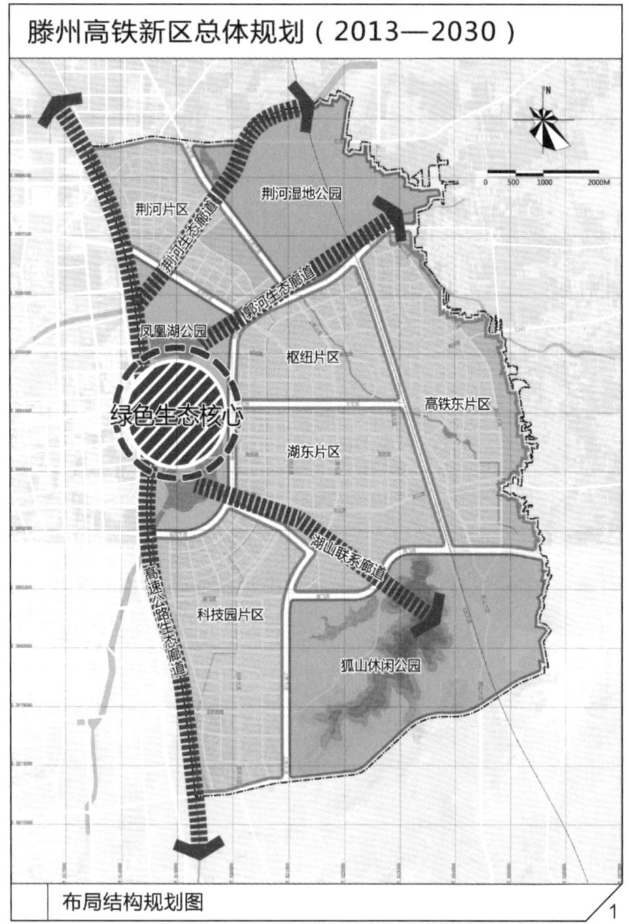

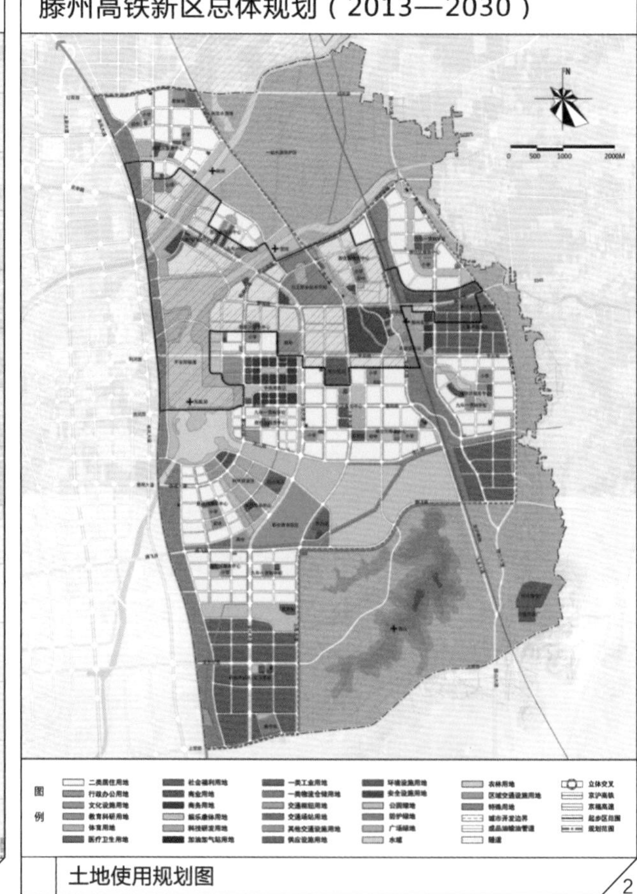

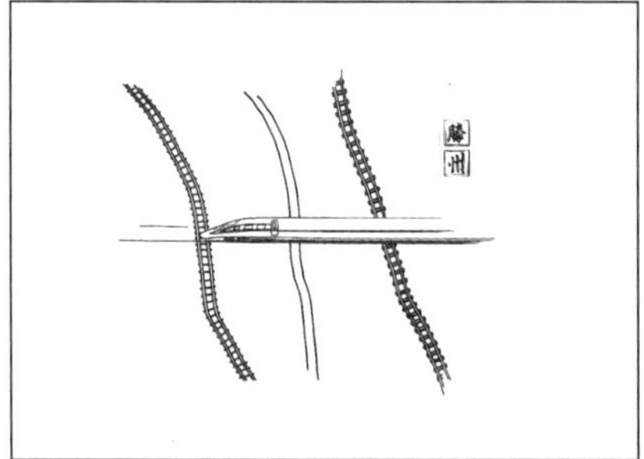

1 /《滕州高铁新区总体规划（2013—2030）》布局结构规划图

2 /《滕州高铁新区总体规划（2013—2030）》土地使用规划图

3 /《滕州高铁新区启动区详细城市设计》总平面图

4 /《滕州高铁新区概念规划》城市空间意向图(一)

5 /《滕州高铁新区概念规划》城市空间意向图(二)

滕州高铁新区启动区详细城市设计

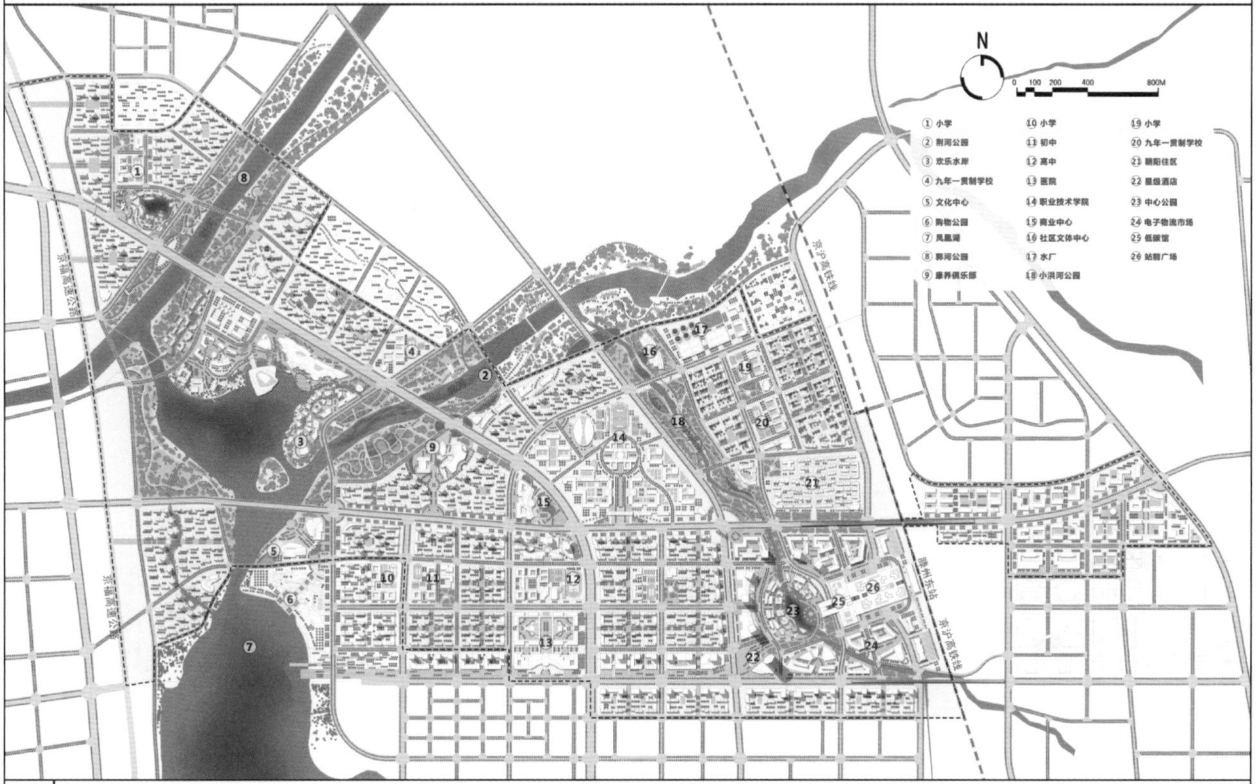

N
0 100 200 400 800M
① 小学
② 荆河公园
③ 欢乐水岸
④ 九年一贯制学校
⑤ 文化中心
⑥ 购物公园
⑦ 凤凰湖
⑧ 郭河公园
⑨ 康养俱乐部
⑩ 小学
⑪ 初中
⑫ 高中
⑬ 医院
⑭ 职业技术学院
⑮ 商业中心
⑯ 社区文体中心
⑰ 水厂
⑱ 小洪河公园
⑲ 小学
⑳ 九年一贯制学校
㉑ 朝阳住区
㉒ 星级酒店
㉓ 中心公园
㉔ 电子物流市场
㉕ 低碳馆
㉖ 站前广场
京福高速公路
京沪高铁线
滕州东站

总平面图

3

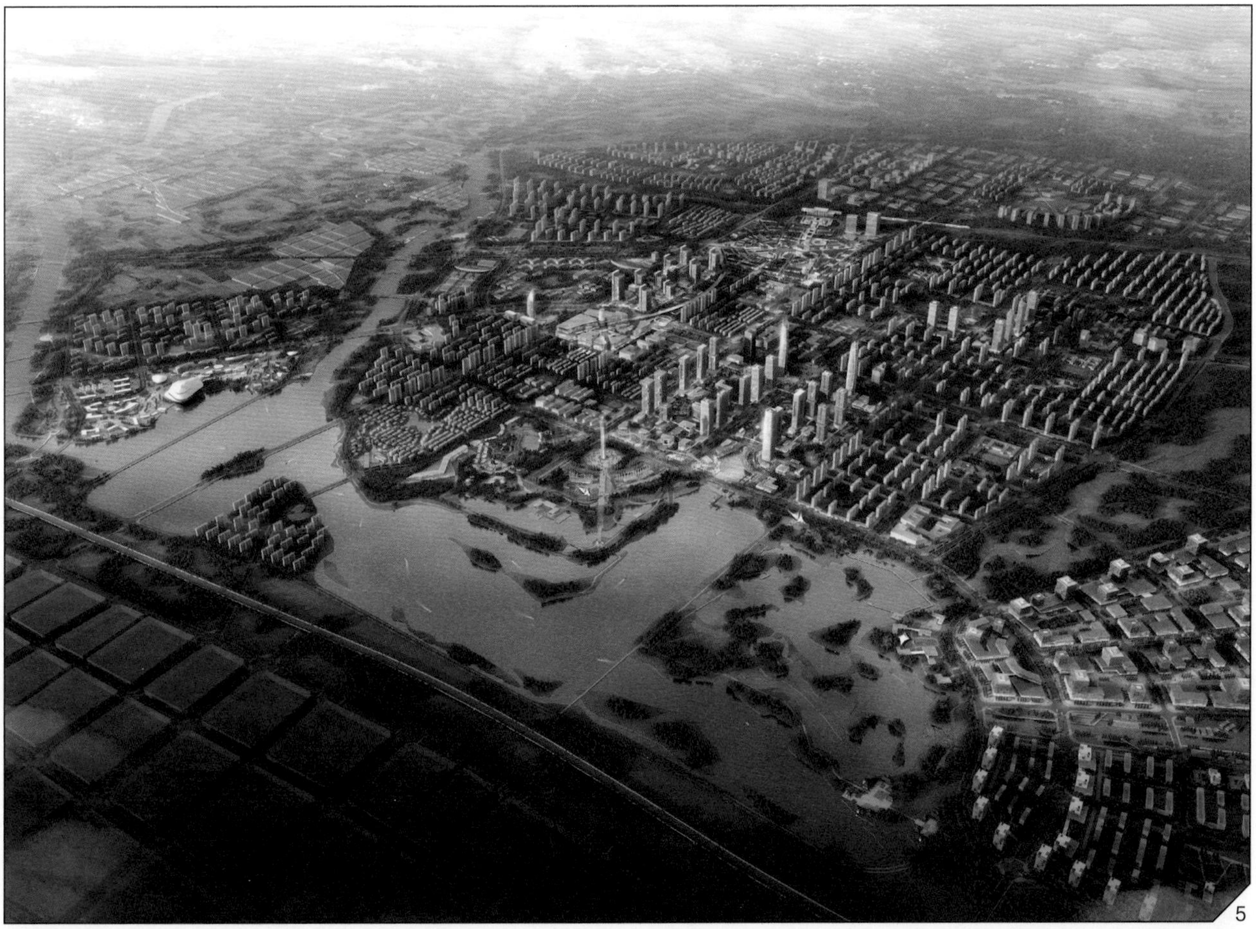

5

《滕州高铁新区概念规划》滕湖片区城市空间意向图

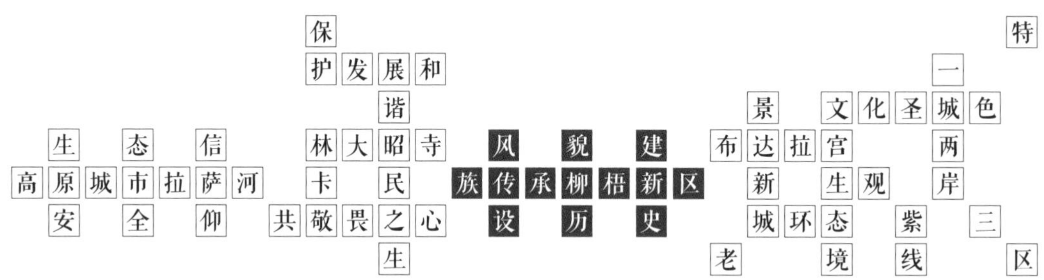
保 特
护发展和 一
谐 景 文化圣城色
生 态 信 林大昭寺 风 貌 建 布达拉宫 两
高原城市拉萨河 卡 民 族传承柳梧新区 新 生观 岸
安 全 仰 共敬畏之心 设 历 史 城环态 紫 三
生 老 境 线 区

拉萨

天空之城的功能疏解与新城规划

十九年前，当深规院项目组应拉萨市柳梧新区的邀请，初次踏上这片被称之为“世界屋脊”“日光之城”的土地时，就被公路沿线匍匐在朝圣路上磕长头的队伍彻底征服了。一大群藏人，每天匍匐于大昭寺门前，在桑烟与诵经声中，一个又一个地磕着长头。手磨破了，额头红肿了，没有达到自己规定的个数，他们绝对不会停下……拉萨给人以干净、圣洁、空灵、虔诚、通透而清爽的印象，从空气到器物无不散发着神秘气息，触动着每一个人，指引着人们发自内心的膜拜。磕长头是藏人生活的重要组成部分，外人虽是无法彻底理解这种虔诚，但若见到这样的场面却必定会被感染，不由地感叹于藏传佛教的伟大力量和西藏人民对信仰的虔诚，敬畏造化的神奇。

在拉萨，还有那么一群人，他们和拉萨人居住在同一座城市，对拉萨的一切如数家珍，甚至比土生土长的拉萨人更了解这座城市。他们或因梦想，或因爱情，从千里乃至万里之外来到这里，长居于此，融入拉萨并成为城市的一分子。这群人被称为“拉漂”，他们不是地道的藏传佛教信徒，但怀敬畏之心；他们保留着自己家乡的饮食习惯，但也会做纯粹的藏餐；他们也许没有拉萨户籍，但也与拉萨本地人做着同样的事：与当地人一起转山，一起点酥油灯祈福，一起磕长头……

脆弱、敏感的生态环境

拉萨是世界上海拔最高的城市之一（3650米），风多雨少、夏短冬长且高寒缺氧的气候环境，造就了拉萨特殊的生态环境。一方面，拉萨所处的青藏高原现状生态环境状况总体良好，是全球为数不多的生态足迹消费略有盈余的地区之一，对全国生态安全屏障建设乃至对全球生态安全维护都具有举足轻重的作用；另一方面，拉萨的生态环境又是脆弱而敏感的，可逆性非常低，原生生态环境一旦遭到破坏，其后果将是毁灭性的，通过人工措施恢复的可能性微乎其微。因此，保障生态安全必须作为拉萨经济社会发展、城镇化进程推进的基本前提。

随着城镇开发热潮的来临，拉萨城中最具特色的生态资源——拉萨河（又称为“辫子河”）两岸的土地逐渐得到开发商青睐，项目组和当地规划主管部门及时确立了“一河两岸，生态入城”的山水空间格局，并加强纳木错—念青唐古拉山等风景名胜区、自然保护区，以及湿地、水源地等特殊生态功能区的保护，制定并严格实施有关保护措施，推行低影响开发模式，建设海绵型城市等。

城市的发展与扩张

2001年，深规院项目组正式进驻拉萨，开展柳梧新区的规划编制工作。当时的拉萨处于城镇化快速扩张阶段，正着手建设藏热路以东的东城新区、拉萨河以南的柳梧新区以及流沙河以西的东嘎新区。

据当年调研资料显示，1951年以前的拉萨建成区主要包括八廓片区和布达拉宫—雪村片区。1951—2000年的五十年间，拉萨城市建成区由3平方公里左右发展到48平方公里，城市建成区面积增长平稳，成片集中在拉贡公路以东，西藏大学以西区域。2001年后，拉萨的城市发展进入了全面扩张的阶段，城市规模从建成区面积48平方公里，迅速发展到了2015年年末的71.16平方公里，十五年间，城市面积扩展了近24平方公里，几乎增长了50%。2006年7月1日，青藏铁路全线通车，拉萨作为“藏中南经济隆起带”的中心城市，与“长江中游经济圈”“关中天水经济圈”“大香格里拉经济圈”和“成渝经济圈”之间的联系得到了空前的强化。同年，《拉萨市城市总体规划（2009—2020）》的编制工作启动，拉萨市中心城区“一城两岸三区”的空间结构逐步清晰。2010年总规再次调整，增加了白淀片区、次角林片区，并扩大了东嘎新区的面积。

但是，拉萨市区人口分布并不均匀，主要集中在以布达拉宫、大昭寺为中心的主城区。随着城市的东延西扩，城区逐渐向东西两侧扩展，拉萨的居住人口也主要向西城片区和东城片区转移，但开发建设的东嘎新区、柳梧新区和白淀片区人口密度仍较低。

主城功能的疏解

在拉萨的历版规划中，新城与老城的关系始终是核心问题。一方面，需要统筹协调发展与保护的关系，按照整体保护的原则，切实保护好城市（特别是历史城区）传统风貌和格局。如加强对八廓街等历史文化街区，布达拉宫、大昭寺、罗布林卡等世界文化遗产，小昭寺、哲蚌寺等文物保护单位及其周围环境的保护，全面、完整地落实历史文化遗产保护和紫线管理等要求，保护和传承“林卡”文化等；另一方面，城市发展必要的新设开发区体量大、功能新、风格现代，应与老城适当分离，跳出老城，协同发展。如此，老城承担城市文化、旅游、科教、宗教、政治中心等服务职能，新城承担产业、经济、居住等服务职能，二者职能错位互补，有助于强化对老城的整体性保护和历史文化街区原真性的保持。新老城区适度分离有助于减少高速公路、快速路、体育场、商业综合体、交通场站等大型设施对老城空间的冲击，减少对老城基础设施、公共服务设施的冲击。

在快速城市化与城市扩张过程中，“跳出老城建新城”“保老城、兴新城”“跳出老城，协同发展”等城市空间布局思路始终贯穿在各类规划中，并形成规划共识。

独特的新区城市风貌

2015年，深规院项目组赴拉萨开展规划回访，再次追寻着拉萨文化脉络，探寻这座历史文化名城1300多年的文化基因。坐在尼色拉山头，俯瞰柳梧新区已经建设完成的新貌，感怀当年与当下的沧海桑田之感，当年推敲的路网、用地布局已经逐一实现，新区已然从图纸转变为现实。拉萨河大桥已经修通，可快速联系河北片各区，沿东环路一路向南，经邦嘎隧道可直通拉萨河东岸，串联新区各组团。

当年，新区规划充分考虑了藏民的传统生活习惯、气候特点以及居住形态方面的特殊要求，规划了具有浓郁地方特色的现代化新城区。规划还分析了藏族居民、其他民族居民以及外来游客等不同群体在城市中开展的就业通勤、购物休闲、宗教节庆、旅游观光等不同活动的行为特征，与城市功能结构有机结合，构建了类型丰富、特色鲜明的广场，特色街道，以及自然与人文景观交融的拉萨河景观带等特色化空间。

再次徜徉在柳梧新区街头，处处可见结合曼荼罗原型风格的传统建筑符号、色彩，传达着对地域文化的认同和呼应；结合察巴湿地、中心花园、沿河绿带建设的林卡，在满足藏族人民“过林卡”等生活休闲习惯和要求的同时，将自然环境与人文环境相互渗透，形成了人与自然和谐共生、互动的优美环境。

审视城市的特色与价值

伴随着城市的发展与扩张、主城功能的疏解，城市空间框架逐步拉大，新老城在空间特色、风貌保护、生态格局等层面的矛盾逐步凸显，拉萨开始立足一河两岸的整体空间框架，审视敏感、脆弱的生态环境与“山—水—城—河”空间格局，从中国、世界乃至人类等更大视野，重新审视圣城的地域民族特色和城市价值问题。

2016年，深规院正式启动《拉萨河沿线特色空间规划》的编制工作，基于优化城市功能布局、塑造城市特色风貌、营造城市滨水活力的要求，提出：“保护母亲河”，凸显“雄山相峙、碧水连城、雪域明珠、文化圣城”富有地域民族特色的整体城市风貌。

通过生态修复、河道治理，完善城市整体空间安全格局，并落实到后续的《拉萨海绵城市建设规划》《拉萨河水景观工程规划设计与河道整治》《拉萨河流域综合治理规划》等项目中。同时，分别建立游客、居民、朝圣者等不同群体的特色文化休闲路径，优化一河两岸功能布局，建设28公里连续的“滨河公园活力带”。从历史街区、文物遗迹、传统民居等别具藏族风貌特色的空间修复和风貌协调管控等视角，思考城市的过去、现在和未来，审视文化传承、生态保护和经济发展的关系，探索和谐、永续的发展路径。

二十年来，为圣城服务的规划建设者们秉承“加快推进新区建设，合理疏解旧城功能”的空间发展策略，构筑了有利于历史文化保护的城市空间结构。拉萨从世界文化遗产、文物古迹的独立保护，扩大到了历史环境、城市格局、空间形态的历史文化街区、历史城区的整体保护，乃至全市域的一体化保护。拉萨人继承了祖先们优秀的文化精髓，守住了民族传承的血脉。同时，也以开放的心态，迎接着新时代、新世界的文化融合，在国际化的过程中，汲取营养，蜕变、升华，形成独具特色的地域文化。

对于拉萨的规划工作而言，常怀敬畏之心，方能行有所止。只有懂得敬畏自然，才能真正践行生态文明建设的理念，保护脆弱的生态环境；只有懂得敬畏信仰，才能真正领略藏文化的要义，传承并延续文化脉络，留住民族之根；只有懂得敬畏生命，才能真正理解居民的多样生活诉求，建设宜居、宜业、宜游的人民城市，开放、活力的新拉萨。

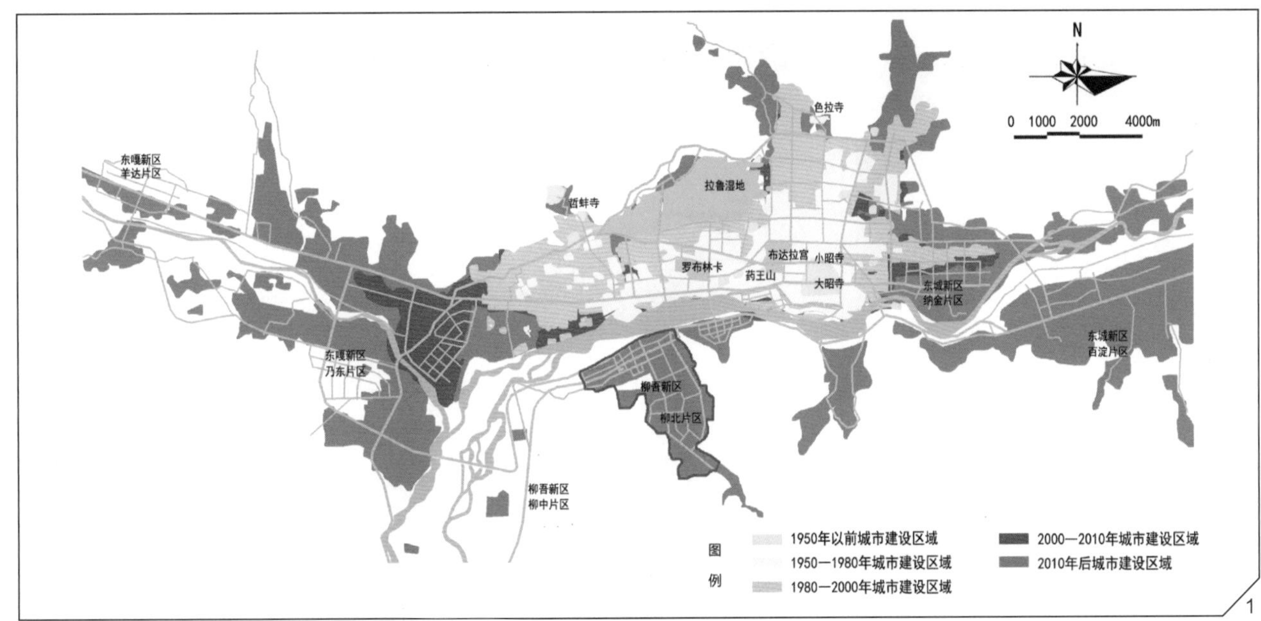

1

2

拉萨市柳梧新区法定图则规划

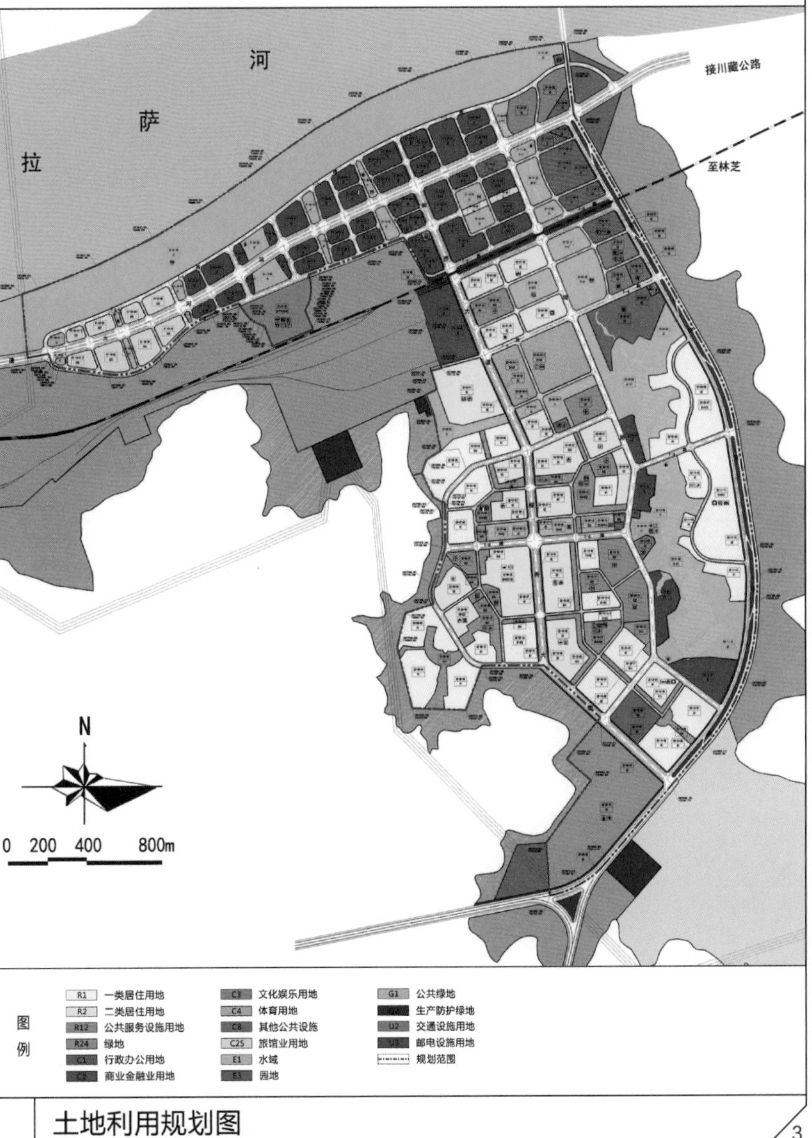

3

1 / 拉萨城镇建设用地扩张示意图

2 / 《拉萨市柳梧新区法定图则规划》中心区景观结构图

3 / 《拉萨市柳梧新区法定图则规划》土地利用规划图

1

2

3

拉萨市柳梧新区法定图则规划

总平面图

4

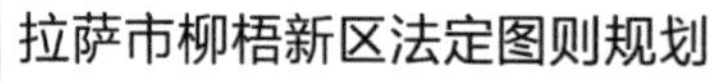

拉萨市柳梧新区法定图则规划

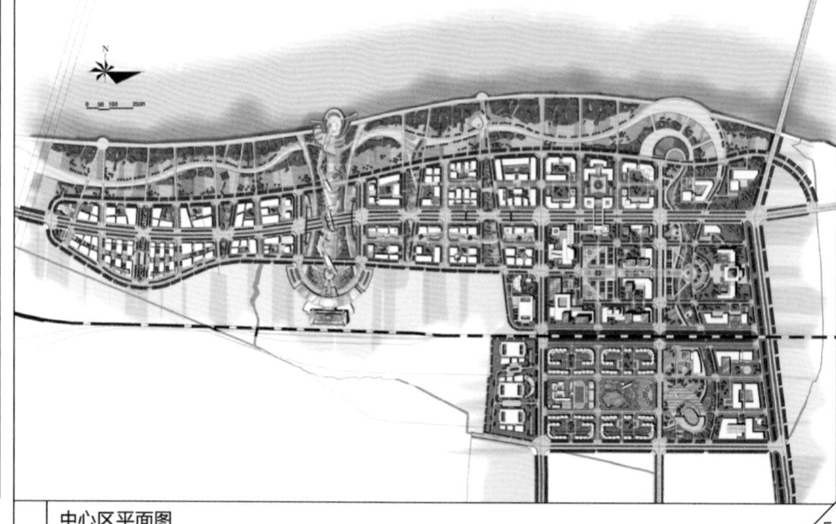

中心区平面图

5

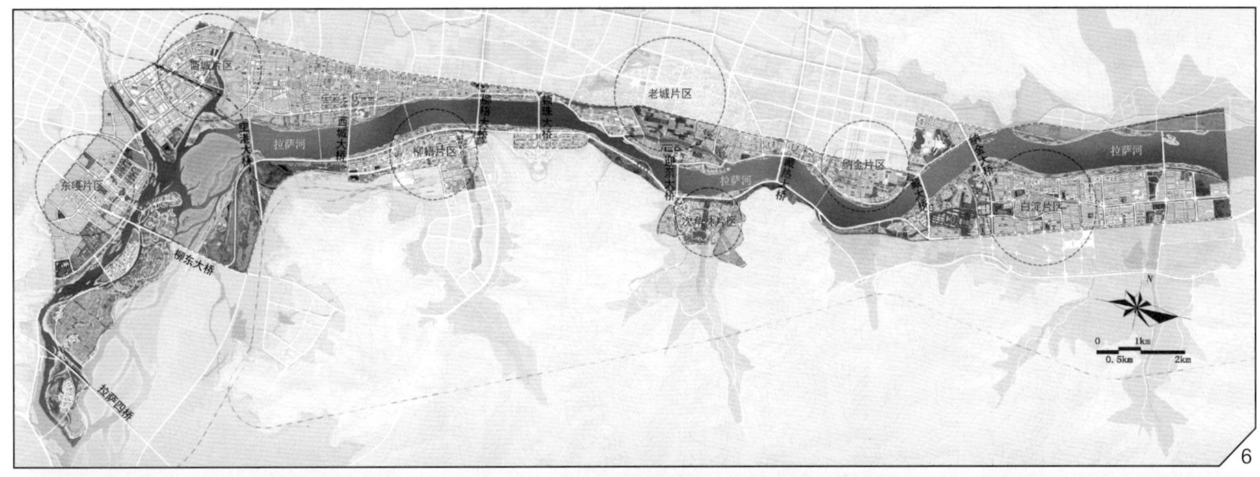

6

1 / 2019年10月柳梧新区卫星影像图
2 /《拉萨市柳梧新区法定图则规划》布局结构规划图
3 /《拉萨市柳梧新区法定图则规划》总体构思概念图
4 /《拉萨市柳梧新区法定图则规划》总平面图
5 /《拉萨市柳梧新区法定图则规划》中心区平面图
6 /《拉萨河沿线特色空间规划》总平面图
7 /《拉萨河沿线特色空间规划》整体意向图
8 /《拉萨河沿线特色空间规划》实景照片

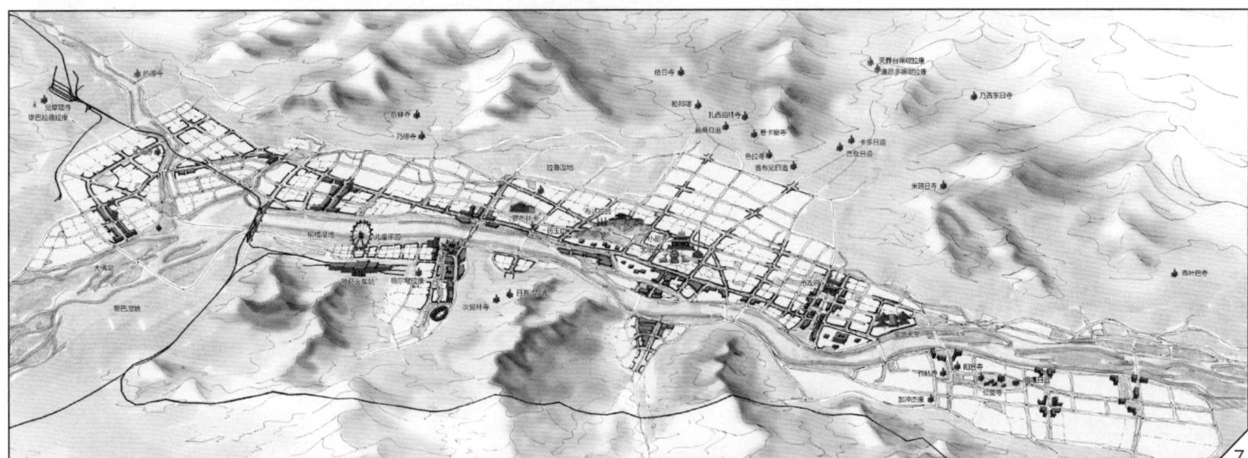
7

8

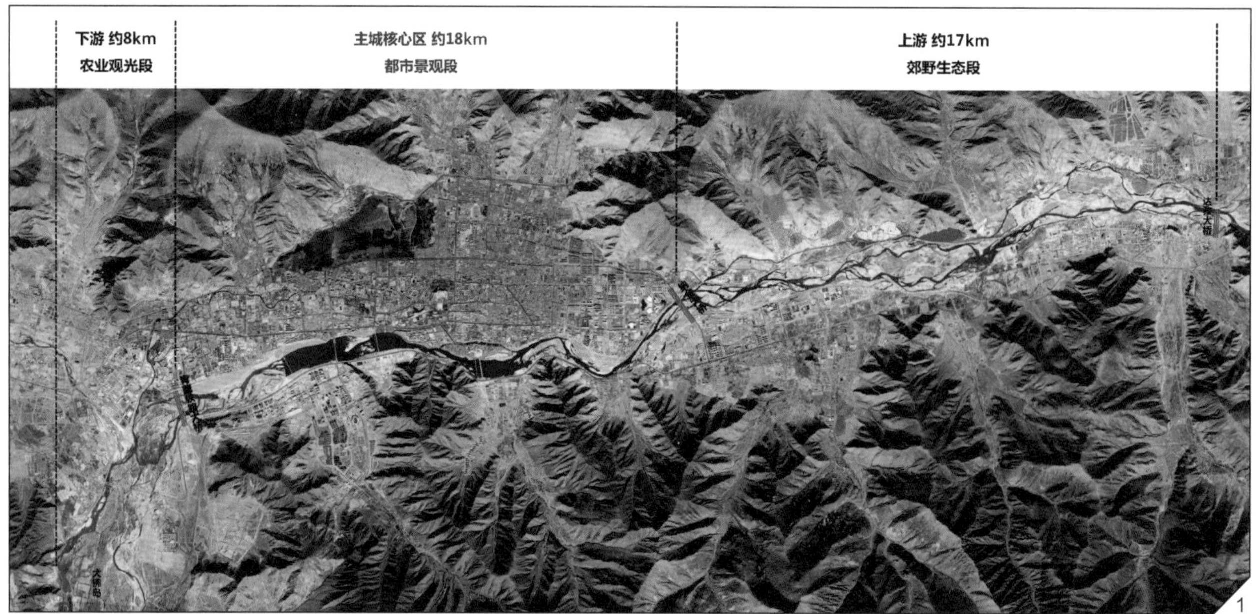

1 /《拉萨河沿线特色空间规划》整体风貌分区图

2 /《拉萨河沿线特色空间规划》一河两岸空间关系图（一）

3 /《拉萨河沿线特色空间规划》一河两岸空间关系图（二）

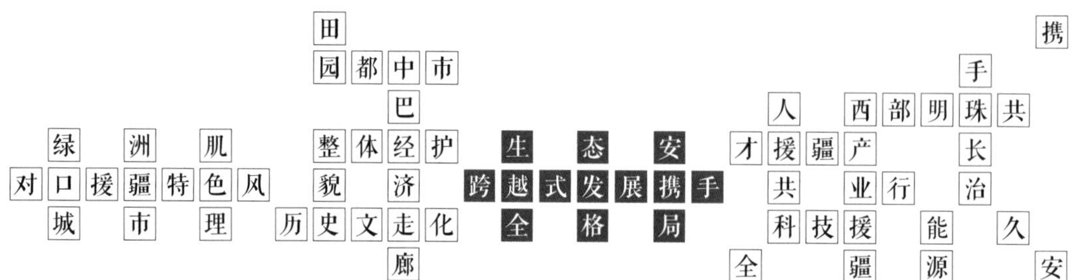

田 携
园 都 中 市 手
巴 人 西 部 明 珠 共
绿 洲 肌 整 体 经 护 生 态 安 才 援 疆 产 长
对 口 援 疆 特 色 风 貌 济 跨 越 式 发 展 携 手 共 业 行 治
城 市 理 历 史 文 走 化 全 格 局 科 技 援 能 久
廊 全 疆 源 安

喀什

老特区新城市与老城市新特区的十年牵手

喀什市是区位特殊的南疆区域中心城市，位于中国西端，与塔吉克斯坦、阿富汗、巴基斯坦三国接壤，周边邻近国家还有吉尔吉斯斯坦、乌兹别克斯坦、印度、哈萨克斯坦、土库曼斯坦，具有“五口通八国、一路连欧亚”的独特区位优势，是我国向西开放，通往中亚、南亚、西亚乃至欧洲的国际大通道。新的历史机遇下，喀什的发展已成为国家全方位开放战略的关键。城市总体规划以历史文化与现代文明交相辉映的“西部明珠”为愿景，赋予喀什市特殊的使命与特殊的定位，努力将喀什建成欧亚大陆国际之城、中国内陆开放之窗、和谐发展首善之区、历史人文魅力之都。

对口援疆，规划先行

2010年，全国第二轮对口支援新疆工作会议和中央新疆工作座谈会相继召开，对推进新疆跨越式发展和长治久安作出了战略部署，确立了“新疆实现跨越式发展和长治久安”的战略目标。喀什从此担负了党中央所赋予的重要职责和殷切期望，承担了保障国家政治安全、保证国家能源供应、展示国家发展成就、担当开发开放先锋，助推全疆实现跨越式发展、实现民族和谐与地区长治久安的使命。

两次会议同时也拉开了集全党之智、举全国之力的援疆大幕，吹响了新一轮援疆的进军号角。按照党中央部署，深圳市对口支援喀什地区的喀什市、塔什库尔干县。深规院贯彻落实中央新疆工作座谈会精神，全面开展对口援疆规划工作，从大鹏湾畔来到昆仑山下，上到帕米尔高原，奉献在对口支援一线。从此深圳喀什两个地区关山万里心手相连，息息相通。

在新一轮对口援疆中，深规院借鉴深圳特区经验，强力推进喀什的跨越式发展与实现长治久安。援疆规划工作统筹兼顾国家战略与地区发展，一方面充分理解中央援疆会议精神，明晰喀什使命，突出目标导向；另一方面强化东西双向开发开放，整合区域资源培育可持续发展的战略空间，实现新特区从“输血”到“造血”转变。跨越式发展和长治久安，这是有因果关系的双重目标，对援疆规划工作来说，这既是目标与要求，也是路径和线索。针对喀什跨越式发展的需求，规划借鉴深圳经验编制并适时进行调校，确保城市开发建设按照目标步步为营、有序推进，避免多点开花、漫无目的的开发建设模式。

为此，深规院在承担编制的《喀什市城市总体规划（2010—2030）》《喀什经济开发区总体规划（2011—2020）》《喀什市东部新城控制性详细规划及重点片区城市设计》《喀什市老城区公共空间及绿地系统规划》等系列项目编制过程中，重点围绕“现代绿洲田园城市”“多中心组团弹性结构”和“内疏老城、外拓新城”等核心理念探索创新规划服务。

现代绿洲田园城市。承袭古人营城智慧，践行绿洲与城市是生命共同体的理念，构筑现代绿洲田园城市理念下的可持续城市框架。喀什市总体规划充分尊重绿洲生态本底，以“现代化的绿洲田园城市”为基本理念，将喀什中心城区与周围乡村及周边城镇紧密组织成为开放的空间系统，成为城—乡优势交融的结合体、城市—区域共生的聚合体。划定生态防护带、生态保育带、生态休闲带，并与开敞的城市空间结构相结合，打造半城半绿的城市空间格局，不断提高城市的活力与宜居性。

凸显生态理念，探索“荒漠绿洲”地区开发区的可持续发展模式。严格保护绿洲缓冲区域以及系统的、结构性的生态基质空间，加强对规划区内各类河流湖泊的保护，维护自然开敞空间，结合道路绿化网络搭建，形成连接生态极核的绿化网络，构筑生态安全格局。挖掘符合资源节约和环境友好要求的新兴产业资源，培育产业增长点，倡导产业园区组团式发展，形成相对独立和平衡的功能组团，集约节约利用土地资源，强化生态理念在空间布局中的作用。

三网合一，搭建现代绿洲田园都市生态框架。城市设计延续城市总体规划三网合一的规划理念，将现状渠网、林网与规划道路相结合，构建出现代化绿洲田园城市的生态网络。在此框架下城与绿洲高度融合，同时有效控制水土流失、调节微气候，利于植被的灌溉与生长，对彰显地域风情特色也有积极意义。

多中心组团弹性结构。基于深圳经验以及城市空间本底，喀什市总体规划以河流湖泊、公园绿地、防护绿地、阡陌纵横的防风林网为生态本底，以城市干道为基本骨架，构筑“绿”“水”“城”相互渗透的生态城市框架，搭建“一轴、三带、双中心”的组团式城市结构，灵活适应城市跨越式发展过程中的多种可能。

搭建弹性的空间框架，并与特殊政策、产业发展需求相得益彰。一方面通过弹性规划增强城市应对人口规模过快增长的协调能力；另一方面舒展经济开发区的空间结构，引领城市未来发展方向。规划充分考虑不同阶段、不同范围开发建设条件，分别预留发展空间和发展方向，同时采取渐进有序的发展策略，做到成熟一片开发一片。在开发区内统筹总体功能布局，注重对交通、市政基础设施等用地和廊道进行控制，构建不同阶段相对完善的园区支撑系统，灵活应对项目进驻。围绕交通枢纽，强心展翼，合理布局产业功能，由近及远、由内向外、合理高效组织各个功能模块。以深喀、城东、迎宾、创业大道为启动轴带，以商贸金融中心、交通物流中心为触媒点倡导交通引导土地开发模式，沿轴带组织产业、生活空间，与城市联动发展。

内疏老城、外拓新城。通过对老城做减法、对新城做加法的方法，促进内外互动融合。内外统筹，老城为新城提供文化遗产，新城为老城提供现代服务。在喀什老城公共空间及绿地系统项目中，保持城市肌理和特色风貌，严格保护迷宫式的街道格局，穿插交错的过街楼，让老城更老。以老城内清真寺、香妃墓、吐曼河为核心，逐渐开辟多处相当于居住区级中心的带有绿化、水池、广场和少量公共建筑的公共场所，延续喀什传统民居的尺度与风格，传承本地人文历史，加强对老城的整体性保护。依托良好的绿地、水库景观环境，发展行政办公、生产性服务、现代城市公共服务、文化娱乐、都市休闲等职能，打造现代化的东部新城中心，让新城更新。突出东部新城景色丰富优美的国际都市风貌特征，以中高密度建设为主，强化街道空间连续性和韵律性，同时在建筑高度、色彩、材料选择上强调活力、现代风格。局部滨水地段鼓励设置滨水主题的公共设施、旅游服务设施，不断提高公共设施的服务能力和吸引力，提升东部新城城市空间品质。

充分发掘和凝练喀什城市中传统的城市特色要素，即由“巴扎+广场+街道”组成的公共活动体系和由“林网+水网+路网”组成的空间骨架体系。将其应用在老城肌理的梳理和新城公共开放空间的构建中，营造高品质的日常交流邻里空间，保持城市活力和丰富的街道生活，以更好地传承和凸显城市特色和个性。

产业援疆、科技援疆、人才援疆

新一轮对口援疆以来，按照深圳标准、深圳质量，深圳倾力支援新疆经济社会发展，在产业援疆、科技援疆、人才援疆等方面走出了富有深圳特色、卓有成效的援疆模式。喀什深圳产业园、喀什深圳城、喀什大学、喀什综合保税区、深喀科技双创中心（即“一园一城一校一区一中心”）作为援疆精品项目被喀什美誉为“五朵金花”。

产业援疆，增强造血功能。深圳市不断加强喀什深圳城和喀什深圳产业园基础设施建设，充分发挥其产业集聚平台作用。近年来，已经有86家劳动密集型企业落户喀什经济开发区深圳产业园，成为南疆纺织服装、电子组装产业集聚地和扶贫就业基地；深圳城已成为喀什新城首家具备商业办公条件的区域，带动了商业的快速聚集与发展。喀什综合保税区发展开创新模式，开通了“保定—喀什·中亚南亚”和“深圳—喀什·中亚南亚”多式联运国际班列，累计进出口总额近7500万美元，使喀什综合保税区在国家“一带一路”倡议中发挥重要支撑作用。

科技援疆，实现创新赋能。目前，科技援疆帮助喀什构建起富有特色的“科技园+产业群+金融扶贫+公共平台+专业服务+综合配套”全链条“双创”生态体系，为喀什未来长期可持续、高质量发展不断增添新动能；深喀科技创新中心已入驻企业170余家，其中科技孵化企业（机构）22家，被科技部评定为国家级科技企业孵化器。打造深喀双创基地，引进北斗、华为—喀什大学智慧工场、古城创客空间等孵化机构，成为南疆科技产业腾飞的加速器。

人才援疆，扶贫优先扶智。深圳通过教育援疆，建立以精准脱贫需求为导向的人才培养机制，全力支持喀什教育发展，帮助喀什改变落后的教育现状；打造从基础教育到高等教育的全链条覆盖教育援疆体系，优化当地人才培养结构，全面激发出受援地脱贫攻坚的内生动力。目前深圳援建的幼儿园已经覆盖了喀什市和塔县各个乡镇，深喀一高已经成为喀什教学质量优秀的学校之一，喀什大学新校区已投入使用，为南疆地区源源不断培养应用型人才。深圳职业技术学院和喀什大学签署合作协议，为喀什产业发展升级提供强有力的人才支撑。

中巴经济走廊与规划的远见

援建十年，新城已成，瓜达尔港正式通航。“一带一路”倡议开启新时代对外交往新丝路，中巴经济走廊建设与瓜达尔港正式通航，为喀什提供了重大发展机遇。

中巴经济走廊全长3000公里，起点在喀什，终点在巴基斯坦瓜达尔港，北接“丝绸之路经济带”、南连“21世纪海上丝绸之路”，贯通南北丝路关键枢纽，是一条包括公路、铁路、油气和光缆通道在内的“四位一体”的通道和贸易走廊，也是“一带一路”的重要组成部分。瓜达尔港的通航则打通了中国与中东、里海油气资源运输通道，在破解威胁中国能源安全的“马六甲困局”、提升我国能源安全系数的同时，把南亚、中亚、北非、海湾多国通过经济、能源合作联系在一起，形成经济共振。

早在编制《喀什市城市总体规划（2010—2030）》之初，深圳规划者们就积极寻找城市发展的坐标定位，根据喀什市发展现状和未来发展趋势的前瞻性分析，站在区域与国际更高的层面把握城市发展脉络，以城市规划的远见展望喀什的未来。考虑到中巴铁路的规划以及世界地缘战略格局，总体规划赋予喀什保障国家能源供应及国家政治安全的历史使命，随着中巴铁路的建设，喀什将成为中国能源大通道的新落脚点，承担破解油气运输困局、提升能源安全系数、保障经济持续增速发展的重任。中巴铁路将成为中国在印度洋的出海口，亦将打通中国与中东、里海油气资源运输通道，有望破解威胁中国能源安全的“马六甲困局”，提升中国能源安全系数。

在新时代的历史使命下，喀什的区域城镇体系结构、大喀什地区空间发展、区域交通发展策略、城市职能等规划内容也纳入了中巴铁路建设的战略意义。依托南疆铁路、中吉乌、中巴铁路整合喀什和周边区域，未来将打造“大喀什两小时经济圈”，同时在其辐射带动下展望形成以大喀什两市两县为中心的“一圈两轴”的“X”形空间结构。考虑远景中巴和中吉乌铁路贯通后，喀什对中亚、西亚和南亚的国际性商贸、文化中心地位基本确立，喀什—格尔木—成都大通道将成为新疆对内对外开放的主要通道之一，沿线城镇将进入以喀什为龙头的快速发展时期，喀什—莎车—和田—民丰发展轴将成为新疆南部的城镇发展主轴。位于两条发展轴线交汇点的喀什，以特殊经济开发区建设为契机，通过“一市两县”整合发展，其发展能级和区域辐射能力将大大提高，将有条件成为全疆的副中心城市与南疆地区的中心城市。

特区老城市与老特区新城市，十年携手共行，铸就新辉煌。如今的喀什，已成为建设“一带一路”、丝绸之路经济带、建设中巴经济走廊的重要区域，成为国际经济廊桥的中国前沿。

未来，在规划绘就的新时代美好蓝图指引下，“丝路明珠”将继续大放异彩，千年古城将持续焕发新活力，成为欧亚大陆国际之城、中国内陆开放之窗、和谐发展首善之区、历史人文魅力之都！

1

3

2

1 /《喀什市城市总体规划（2010—2030）》中心城区空间结构规划图

2 /《喀什市城市总体规划（2010—2030）》中心城区土地利用规划图（2030年）

3 / 喀什老城区实景照片（一）

4 / 喀什老城区实景照片（二）

5 /《喀什市东部新城控制性详细规划及重点片区城市设计》行政文化中心手绘草图

6 /《喀什市东部新城控制性详细规划及重点片区城市设计》国际商贸区手绘草图

7 /《喀什经济开发区总体规划（2011—2020）》喀什主体园区—功能布局结构图

8 /《喀什经济开发区总体规划（2011—2020）》喀什主体园区—土地使用规划图

9 / 喀什老城区实景照片（三）

4

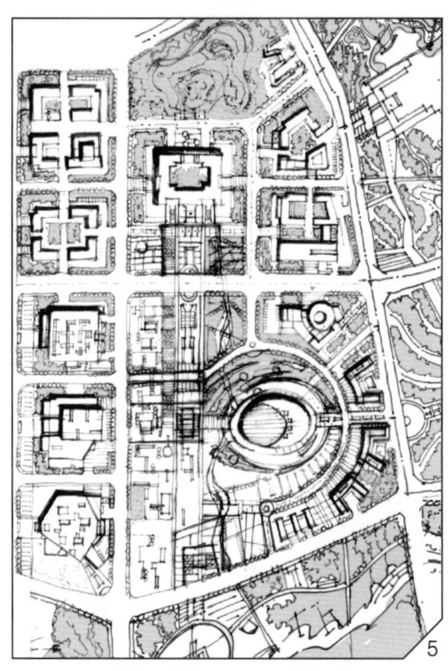

5

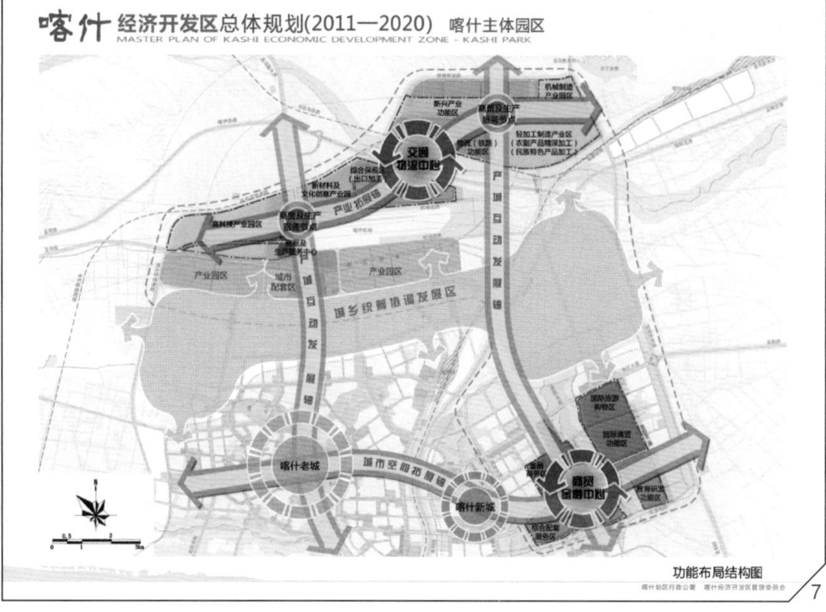

喀什 经济开发区总体规划(2011—2020) 喀什主体园区
MASTER PLAN OF KASHI ECONOMIC DEVELOPMENT ZONE - KASHI PARK
机械制造产业园区
新兴产业功能区
交通物流中心
轻加工制造产业区
（农副产品精深加工）
（民族特色产品加工）
综合保税区
（出口加工）
新材料及文化创意产业园
产业拓展轴
高科技产业园区
产业园区
城市配套区
产城互动发展轴
城乡统筹协调发展区
国际旅游购物区
国际商贸功能区
喀什老城
城市空间拓展轴
喀什新城
教育研发功能区
综合配套服务区
功能布局结构图

7

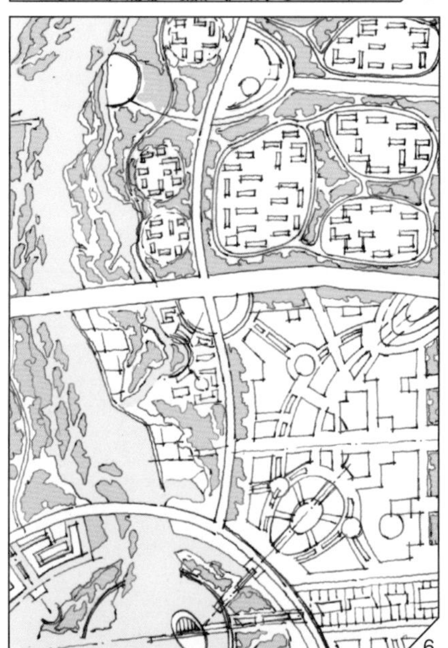

6

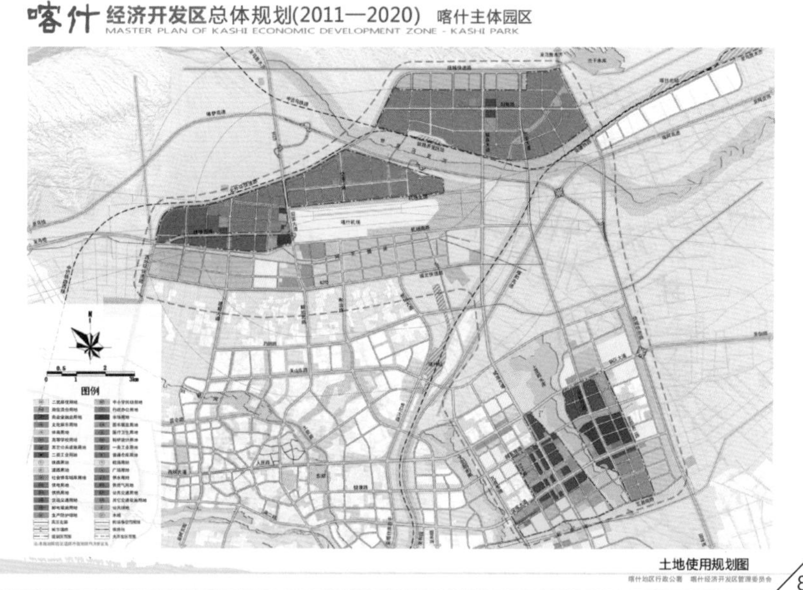

喀什 经济开发区总体规划(2011—2020) 喀什主体园区
MASTER PLAN OF KASHI ECONOMIC DEVELOPMENT ZONE - KASHI PARK
图例
土地使用规划图

8

9

喀什市东部新城控制性详细规划及重点片区城市设计

N

0 250 500 1000m

图例

1 行政附属办公	2 人工山丘
3 市民中心	4 行政附属办公
5 休闲商业水街	6 生态酒店
7 行政附属办公	8 博物馆
9 艺术中心	10 高线公园
11 健身步道	12 体育场
13 小亚郎生态公园	14 配套居住
15 青少年活动中心	16 地景休闲吧
17 配套居住	18 配套居住
19 民俗公园	20 民族风情街
21 国际酒店	22 亲水公园
23 喀什新天地	24 中央绿廊公园
25 双子塔	26 国际免税购物中心
27 文化中心	28 总部经济区
29 欢乐水岸	30 学校
31 商业MALL	32 总部基地
33 中心公园	34 信息管理中心
35 会展中心	36 国际酒店

设计范围线

总平面图

1

2

1 /《喀什市东部新城控制性详细规划及重点片区城市设计》总平面图

2 /《喀什市东部新城控制性详细规划及重点片区城市设计》开放空间系统规划图

3 /《喀什市东部新城控制性详细规划及重点片区城市设计》城市空间意向图

3

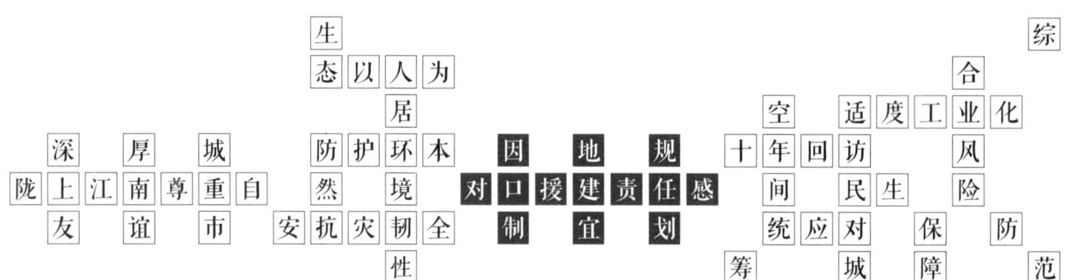
陇上江南
深厚友谊
尊重自然
城市
生态以人为本
人居环境
防护环境
安全
抗灾韧性
对口援建责任感
因地制宜
规划
十年回访
空间统筹
统应对
适度工业化
民生保障
综合风险防范

陇南

灾后重建“陇上江南”

陇南市，位于甘肃省东南部，地处秦巴山区、青藏高原、黄土高原三大地形交汇区域，中国地势第二级阶梯向第三级阶梯地形的过渡带。境内地形复杂，高山峻岭与峡谷、盆地相间，平均海拔1000米，河流江河溪流纵横密布，均系嘉陵江水系，河流密度达到每平方公里0.5条，并拥有亚热带气候，被誉为“陇上江南”。陇南共辖195个乡镇，总人口287.42万（2017年统计）。陇南地处我国南北地震断裂带中段，山大沟深，生态功能退化、水土流失严重，存在发生地震及滑坡、坍塌、泥石流等次生灾害的隐患，是甘肃省自然灾害最严重的地区之一，也是我国四大地质灾害频发的地区之一。

汶川地震，引起城市安全的重新思考

2008年5月12日，四川省汶川发生大地震，与震中相距约200公里的陇南也受到极大破坏，是甘肃省受灾最重的地区。受灾人口超过全市总人口的64%，200多万间房屋倒塌、受损，遇难人数337人，受伤人数7302人，直接经济损失422.61亿元。

在党中央、国务院的部署领导下，深圳迅即开展了对口陇南的援建工作，主要涉及工程服务和规划服务两个版块。无论是援建方深圳，还是陇南本地，对陇南灾后重建规划都提出了较高的要求。为落实深圳对口援建的规划服务事项，深规院开始筹划并推进了陇南地区涉及一区两县的各类规划编制工作，并开展了长达十余年的规划服务。

如何让我们生活的城市更安全？如何在灾害发生时尽可能保障人身安全？如何让人类和自然在相互作用的过程中寻找到良好的平衡关系？带着这样的思考，深规院在陇南规划的过程中，抓住了城市安全这一主线。

从宏观到微观，城市安全问题的规划应对

针对当地既有规划中多为微观工程性防灾措施,较少涉及城市生态安全防护系统、应急避难疏散系统、防灾综合管理系统等情况，援建规划团队从生态防护系统和避难疏散系统两方面入手，以地质条件评估和资源环境承载力评价为前提，进行经济与社会发展条件评估，形成空间发展潜力综合评价，进而提出城镇体系空间优化方案，从而搭建一个基于生态基础设施的防灾综合网络。在总体规划层面确定适于避灾、抗灾、救灾和防灾的城市结构布局与城市空间增长边界，在控制性详细规划和城市设计层面，针对植被较差是泥石流致灾主因的情况，将蓄水条件较好的山脚地划为生态恢复区复育植被，进行违建清退及建设用地严控，同时将避灾场地与城市公共空间一体化设计。深规院着重以“应急救灾与长远发展相结合，项目建设与整体规划相结合，近期行动与援建计划相结合”为指导思想，强化空间统筹、综合协调，提升和改善重要支撑系统，提出近期援建项目建议和指引。

在长达十余年在地化规划服务中，深规院对从规划编制与实施的角度保障城市安全有了深入的思考。

突出“以人为本、民生保障”。陇南可持续发展的核心目标应放在追求基本公共服务的均等化，而非经济发展水平的赶超。应以人民为中心，优先保障和重点提升教育、医疗等公共服务和市政基础设施供应，保障居民基本福利和权利的公平，努力创造美好幸福生活。

其次，遵循“尊重自然、安全第一”。以资源环境承载力与国土空间开发适宜性评价为前提，考虑地质灾害和潜在灾害威胁，科学确定不同区域的主体功能，优先保护生态，特别是自然保护区和水源保护地，调整优化城镇布局、人口分布、产业结构和生产力布局。陇南不应一味地强调做大做强中心城市，而应以区县为着力点，发挥各县在农业资源、历史文化、生态旅游等方面的特色优势，大力发展县域经济。在坚持生态优先的原则下，走适度工业化的道路。

再次，坚持“因地制宜、空间统筹”。多元化的地貌是陇南地区发展的基本自然本底，而由此带来的交通不便始终制约着地区经济的发展和城镇之间及对外的联系，致使社会经济发展滞后、城镇整体发展水平低下、空间结构松散。陇南市的人口与城镇发展应走就地城镇化和异地城镇化相结合的道路，通过下山入川和人口输转推动人口的适度集中和有机疏散。在此基础上，以武都、成县两大城镇密集区域为重心，匹配相适应的城镇形态和空间组织方式。同时，在强化对外连通外部经济圈核心城市的同时，差异化地改善内部互联互通，拓展中心城市的交通等时距离，辐射、带动和服务周边城镇地域。

基于以上考虑，结合陇南生态环境脆弱、地质灾害频发的特点，城镇发展建设必须走尊重自然、生态优先的发展道路，充分重视人口与资源环境之间的协调，把安全放在城镇化的首位。

在这些理念的指引下，加快推进陇南的灾后重建，重点针对城市安全的建设管理开展了四个方面的工作：一是加快推进应急避难场所的建设，包括按服务半径要求设置对应等级的避难场所，并分组团借助学校等设置固定避难场所，截至2019年已经全部落实到位；二是加强应急通道的建设。已完成东西向三条应急通道的整体布局，其中，国道212线已全线贯通、北长江大道、南长江大道完成70%左右。这三条道路的贯通对城市东西向的交通疏解以及纵横连接全部到位有着重要意义；三是加大滑坡、崩塌、泥石流等地质灾害点的防治。通过地质灾害评估，找出有隐患的灾害点，由相关部门治理；并在灾害影响评估的基础上，对重点高风险区域实施人口搬迁；四是针对水患问题采取了相应措施。加大白龙江等重大河流的河堤建设力度，并在河流两侧各留10~15米的缓冲带，平时作为市民公园。

十年后回访，人地关系的再探索

2019年，“5 · 12”地震援建规划的主要人员对陇南进行了回访，深刻体会到陇南已经呈现出全新的城市样貌。回首这十余年在陇南开展规划服务的历程，深深感受到规划不仅要谋划城市社会经济发展，更重要的是协调好人与自然、保护与发展的关系，营造出安全、健康、可持续的城市。陇南—深圳两地连结的情谊在持续十年的互动过程中不断加深。自援建规划获批以来，有力推动了各类项目的落地实施，积极有效地推进了陇南的城镇化进程。在规划的引导调控下，陇南全市特别是陇南市区、成县、文县等空间进一步拓展，基础设施进一步完善、人居环境进一步改善，城市面貌发生了前所未有的变化，获得本地人民的交口称赞。这些骄人的成绩，与深规院的无私援助和科学规划蓝图密切相关，也离不开当地管理人员大局意识与务实态度，深圳陇南建立了时空阻隔不了的深厚友谊。

在回访之际，陇南规划局李晨光副局长提道：“时隔十年的回访令人感动，这是一般设计院做不到的。双方再聚首，对陇南的城市发展问题、具体技术问题等，敞开心扉地交谈，体现了敬畏职业的严谨工作态度和责任感，是对职业操守的具体践行。万水千山总是情，空间上的距离不是问题，心理上的相互支持使人备受鼓舞，期待双方的再次携手和拥抱。”

为了城市安全，深圳援建与陇南当地都做了大量的工作，但是城市安全依然存在一定的隐忧。

首先，陇南市主城区的本底国土安全条件并不好。之前规划方案曾提出了整体外迁的方案，但是引起了基层民众的较大反对，方案被否定。然而，原生自然地质环境的脆弱性和灾害的发生机理、机制，很大程度上是不为人的意志所转移的；另外，科学技术不是万能的，想要将科学技术充分转化为高效的防灾对策所需的经济实力，即使在发达国家也常常是能力有限的。

其次，在此次回访中，深规院一方面慨叹这片空间和资源均极其有限的土地上高楼耸立，发生了翻天覆地的巨变；同时，也为十年来如此大规模高度开发建设对原本脆弱的基底条件的扰动影响捏一把汗。尽管在汶川地震后，随着建筑相关法规的修订，将各项建设工程的抗灾韧性提升到更高的标准。然而，即便是日本，在高度发展的工程技术和严苛的建筑抗震法规保障下，仍然不断寻求以轻质、低层建筑为主的模式，而尽可能地限制高层和超高层建设，陇南这样一个特殊的地区，如何平衡人与自然之间的关系？在严峻的灾害风险威胁下，如何做好充足的准备去应对和接受这种扰动可能会带来的损失，以及确认这种损失会是何种形式、多大程度？人无远虑，必有近忧。陇南未来如何更好地做到习近平总书记强调的“两个坚持”“三个转变”，更加清醒地认识和把握风险、减轻风险，全面提升综合防灾减灾救灾能力，实现以安全为重大基础的可持续健康发展，值得所有人不断思考。

2019年是联合国实施全球防灾减灾活动三十周年，回顾这三十年的发展历程，不得不首先面对一个客观事实：自联合国实施减灾活动三十年以来，全球灾害经济损失和各种自然灾害导致的死亡人数反而呈现上升趋势。

中国是世界上自然灾害最严重的国家之一，灾害种类多、发生频率高、分布地域广、造成损失大。汶川震后的十多年时间里，一方面，举全国之力，广大的受灾城镇地区快速重建，经济、人口、社会系统逐步恢复，充分体现了社会主义制度的优越性；但另一方面，我国正在经历城市化进程的转型期，快速建设过程使得许多城市在各种传统和新型灾害面前的暴露度和脆弱性显著加大，风险治理水平与城市发展需求不协调，安全风险不断增大。此外，传统以工程性防御体系为主的灾害防范应对体系也受到系统性、扩散型风险的严峻挑战。因此，未来的风险应对策略亟待走出以灾害预警、灾后救助和防御工程为核心的单一传统手段，系统性的综合风险防范势在必行。不仅需要政府从政策、法律法规和标准规范方面扎实推进，规划和相关专业领域从风险辨识、空间分析、模型预测、设施布局以及灾害预警等方面不断提升，还需要社会从金融及产业发展等方面，实现风险商业保险及相关技术的创新，以及个人、家庭和社区等基层诸多方面的共同努力。

新时期，面对国土大安全观下和谐人地关系重塑和城市安全发展新要求，我们要理智应对风险，充分发挥规划等各行业在提升人居环境韧性上的前瞻性和引导性，全面强化系统性风险的综合防范能力。在转变发展模式、推进国家治理能力现代化等方面，探索提高人类社会刚韧性能力建设的有效途径，是负责安全统筹管理的政府、负有安全规划和建造责任的规划、建筑和工程相关者，以及进行防灾技术开发、普及教育的科学和教育工作者，共同面临的紧迫课题。

城市安全，道阻且长，我们将一路前行。

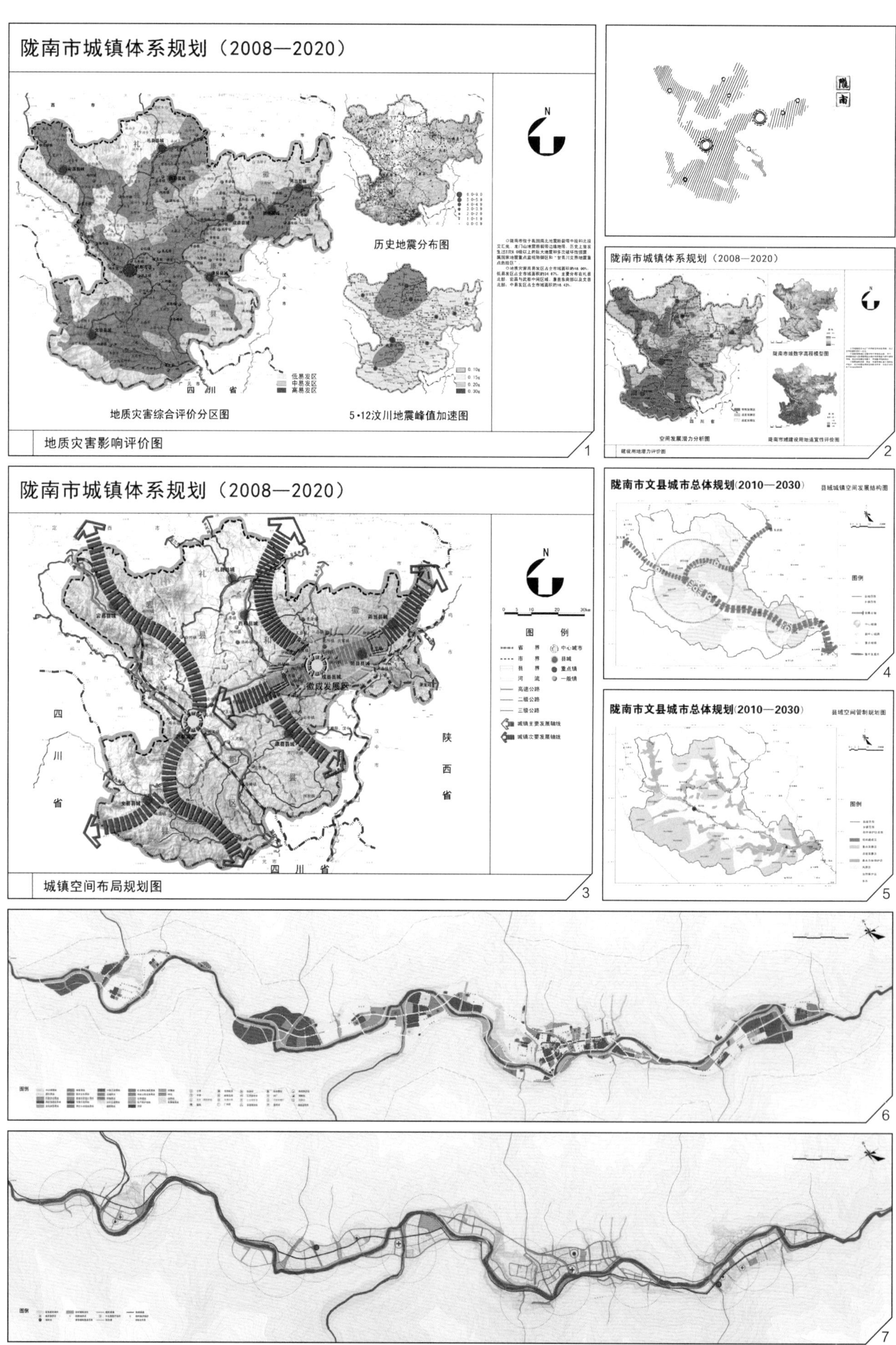

陇南市城镇体系规划（2008—2020）
历史地震分布图
低易发区
中易发区
高易发区
四川省
地质灾害综合评价分区图
5·12汶川地震峰值加速图
地质灾害影响评价图
1
陇南市城镇体系规划（2008—2020）
空间发展潜力分析图
2
陇南市城镇体系规划（2008—2020）
图例
省界
市界
县界
河流
高速公路
二级公路
三级公路
城镇主要发展轴线
城镇次要发展轴线
中心城市
县城
重点镇
一般镇
徽成发展区
四川省
陕西省
城镇空间布局规划图
3
陇南市文县城市总体规划(2010—2030)
县城城镇空间发展结构图
图例
4
陇南市文县城市总体规划(2010—2030)
县域空间管制规划图
图例
5
图例
6
图例
7

城墙历史文化博物馆
历史文化纪念广场
唐风文化广场
木笼大院
制盐坊
抛沙泥塑
草木堂
高山戏馆
洋场号子
德馨斋茶楼
牌楼
西关城楼
白马之驿
汉韵民俗博物馆
秦风民宿
木雕坊
造纸工艺坊
锣鼓广场
玉垒花灯展览馆
秦腔戏台
育英广场
乐活广场
民俗乐馆体验中心
毛山歌剧院
皮影戏院
百味广场
孙家泡馍馆
德发常饺子馆

8

1 /《陇南市城镇体系规划（2008—2020）》地质灾害影响评价图
2 /《陇南市城镇体系规划（2008—2020）》建设用地潜力评价图
3 /《陇南市城镇体系规划（2008—2020）》城镇空间布局规划图
4 /《陇南市文县城市总体规划（2010—2030）》县域城镇空间发展结构图
5 /《陇南市文县城市总体规划（2010—2030）》县域空间管制规划图
6 /《陇南市文县城市总体规划（2010—2030）》中心城区土地使用规划图
7 /《陇南市文县城市总体规划（2010—2030）》中心城区综合防灾工程规划图
8 /《陇南市武都区中山街城市设计》总平面图
9 /《陇南市武都区中山街城市设计》街道建筑立面设计图

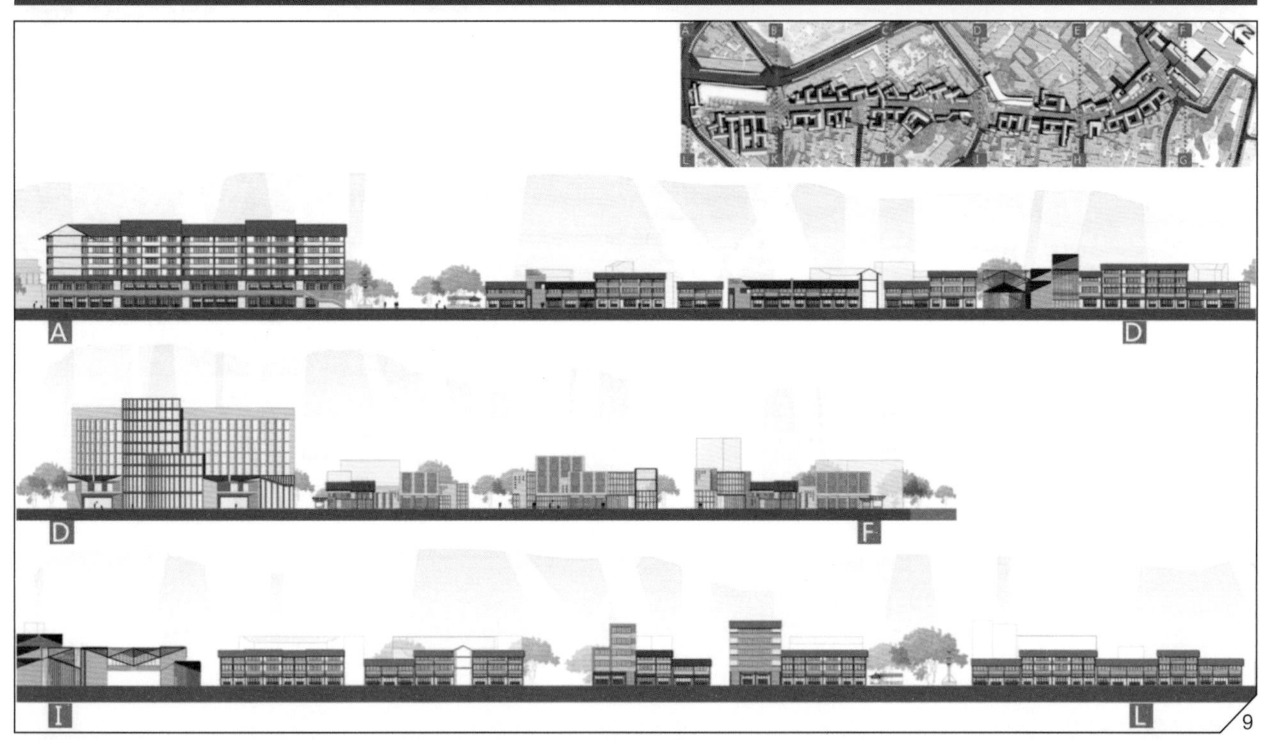

9

陇南成县城市设计意向图

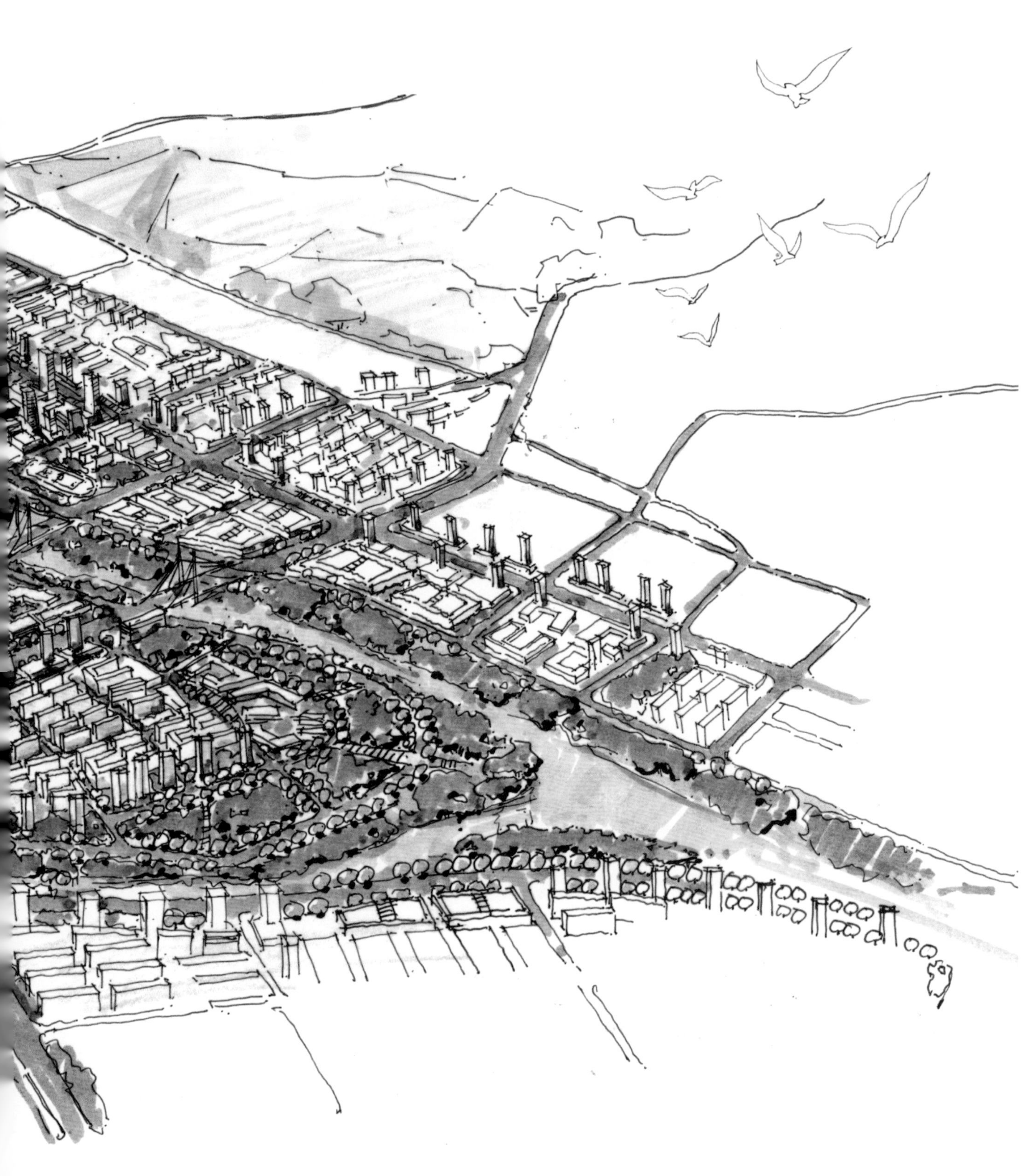

下篇

一个时代的序章

引言

改革开放再出发，社会主义现代化强国的城市范例

“改革开放只有进行时，没有完成时。”随着中国社会的主要矛盾已转化为人民日益增长的美好生活需要和不平衡不充分发展之间的矛盾，人们不仅向往更丰富的物质文化生活，对民主、法治、公平、正义、安全与环境品质等其他方面的需求也日渐提高。新课题面前，如何以更高质量的城市化来推动人的全面发展与社会全面进步，成为包括深规院人在内的所有规划人求索与实践的方向。

新经济形态变革城市化形式

高质量发展的新阶段，是经济结构从增量扩能转向调整存量与做优增量并举、发展动力从依靠资源和低成本劳动力等要素投入转向创新驱动的新阶段。生活在这个国度的人们，都能真切观察和体验到经济与城市发展的现象与逻辑在新时代所出现的新变化。

“互联网+”、大数据、人工智能等“新经济”蓬勃兴起，颠覆了人们的生活方式，也不断冲击着过往的生产、服务与管理体系。电子支付流行，现金几乎用不到；网购火了，零售实体店渐渐消亡。许多曾经在城市徘徊的农民工陆续返乡创业，一个个“电商村”如雨后春笋般在田间地头涌现。为了获得城市创新发展所必需的人才资源，多地掀起“抢人大战”。前十年的外向型经济明星城市，让位给杭州、成都、贵阳、乌镇这些“网红城市”。

各项资源和要素的“价值”得到全面的再评估，成为转型升级的重要推动力。“绿水青山就是金山银山”，让生态、文化等公共产品的价值得到释放。因为几张在社交媒体广为流传的照片，偏远的山村得以吸引人们前来“打卡”，城市的一隅可能成为让人心心念念的“IP”。越来越多的资本和消费，正借着信息高速公路和国家基础设施的东风，飞向那些“边缘”空间。也正是部分受益于“新经济”与“美丽生态”的结合，2013年以来，已有数千万人民群众摆脱贫困。

这些变化的背后，离不开中央推行的一系列发展和改革措施。为了使中国特色社会主义的各项事

业全面发展，中央统筹推进“五位一体”总体布局；为了解决经济发展的结构性难题，国家推进供给侧结构性改革，大力改善营商环境，增强微观主体活力，推动“大众创业、万众创新”；为了使发展成果更多惠及人民，各级政府落实以人民为中心的发展思想，着力打破城乡二元与城市内部二元结构，实施乡村振兴，全面推进以人为本的新型城镇化与城乡融合发展，不断增强老百姓的“获得感”。

中国特色社会主义走进了新时代，中国城市化走向了“下半场”。

全面推动国土空间与城市高质量发展

“全面深化改革的总目标是完善和发展中国特色社会主义制度，推进国家治理体系和治理能力现代化。”[1] 空间治理是国家治理的重要方面，城市治理是国家治理的重要单元。国土空间与城市的善治，在治国理政议程中得到前所未有的重视。多项重大顶层设计为国家治理理念下的国土空间与城市高质量发展立起四梁八柱。

美丽的国土空间，是不可替代的国家归属感与凝聚力载体。

2013年，中央城镇化工作会议明确要“按照促进生产空间集约高效、生活空间宜居适度、生态空间山清水秀的总体要求，形成生产、生活、生态空间的合理结构”。2014年，四部委开展主体功能区规划、城乡规划、土地利用规划等“多规合一”试点。此后，国家提出“一张蓝图干到底”“把每一寸土地都规划得清清楚楚”，并于2015年审议通过《生态文明体制改革总体方案》，筹划空间规划体系改革。2018年，新一轮党和国家机构改革组建自然资源部，统一行使全民所有自然资源资产所有者职责，统一行使所有国土空间用途管制和生态保护修复职责，迅疾着手建立统一的国土空间规划体系并加以监督实施，以之作为国家空间发展的指南、可持续发展的空间蓝图和各类开发保护建设活动的基本依据。

宜居的城市，是越来越多的人赖以生存的物质和精神家园。

2015年，中央城市工作会议指出：“城市是我国经济、政治、文化、社会等方面活动的中心，在党和国家工作全局中具有举足轻重的地位。”国家在转变城市发展方式、提高城市治理能力、提升城市

[1] 引自《中国共产党第十八届中央委员会第三次全体会议公报》。

品质和生活质量等方面也做出系列重要指示。为了治理环境污染、交通拥堵、房价高涨等日益突出的城市问题，中央城镇化工作会议提出“城市规划要由扩张性规划逐步转向限定城市边界、优化空间结构的规划”，推动城市发展由外延扩张式向内涵提升式转变。新一轮以2035年为规划目标年限的总体规划，尝试以城市用地规模“零增长”“负增长”实现没有“城市病”的城市；为了改善“千城一面”的城市风貌，中央高度重视城市设计工作，要求培育城市文化和地方特色，鼓励更多采用微改造这种“绣花功夫”开展精细化设计。“城市修补、生态修复”在全国推进，探索规划、设计、运营的全流程品质管控的“总设计师”制度在多个城市建立起来；为了使广大人民群众在家门口分享城市发展的成果，国家推动地方城市治理资源下沉，社区规划成为规划领域的显学。“15分钟生活圈”“责任规划师”等新方法、新制度的运用，提升了规划的公众参与水平，让规划专业与人民群众更紧密地联系在一起。信息化技术的快速发展和应用，也让智慧城市得以参与和助力改善城市问题。

2016年10月，联合国住房和城市可持续发展“人居Ⅲ”大会提出“城市为谁”这一核心命题。“人民城市为人民”，新时代的中国城市规划与治理实践，给出了最好的答案。

探索高质量城市化的中国城市范例

2019年，深圳的改革使命从“经济特区”升级为经济、法治、文明、民生与可持续等全方位的中国特色社会主义“先行示范区”。而在此前，深圳在创新发展、城市治理、空间品质等领域的经验，已经成为城市的名片。

深圳将城市创新空间上的集约集聚、技术与产业创新上的协同协作、海内外创新资源的整合集成、科技和生态文明建设的融合互动做到尽己之优。2019年7月，世界知识产权组织在其发布的“全球创新指数报告”中，将“深圳—香港”列为全球排名第二的科技创新集群，并将“工程和数字通信”标注为这一地区成为最重要的科技领域。这也为深圳在持续的信息技术浪潮中建设智慧城市提供了优越的土壤；2018年，《孤独星球》（*Lonely Planet*）将深圳列为2019年全球最佳旅行目的地第二名，让深圳脱颖而出的不是旅游资源，而是“凭借大量的新设计发布和技术创新，创意人士涌向深圳”。作为全国首个联合国教科文组织授予的“设计之都”“全球全民阅读典范城市”，深圳积极培育文创、设计生态圈，用创意的力量在世界的版图上为自己标记。

特区建设初期，政府也俨然一座建设“指挥部”，但由发展型向治理型成功过渡的深圳地方政府，已经从城市的“家长”化身为“守夜人”，以更精准的公共政策来明确政府和市场的边界。近年来，深圳政府的施政重心向公共效益与利益相关人关切不断倾斜，政策制订与实施更加注重程序正义。当有必要时，地方政府还将为规划制定特殊的法规及配套政策文件，让城市治理在显性规则的“阳光下”运行。相对发达的社群机制，也让这座年轻的城市培育了可观的非政府组织与志愿者群体，它们建立起以社会资本补充公共资源的良性渠道。在“儿童友好型城市”的愿景下，深圳的下一代也在积极参与城市治理，学习如何担当起城市的主人。

2012年，深圳的土地利用模式出现拐点，入市存量用地超过增量用地，城市空间发展进入存量时代。存量时代的深圳空间规划，在过往体系化探索与实践的基础上，继续瞄准“框定总量、限定容量、盘活存量、提高质量”的目标，以持续的城市功能和公共空间提升来不断改善城市品质。通过多元参与的更新整治，城中村和老旧工厂对城市可持续发展的价值日益突显，它们正在成为城市的创意街区和风尚社区；通过开放的设计组织，越来越多的工程设施、厌恶设施，被改造为滨水空间、公园绿道或科普场所，成为市民交往、休憩的功能载体和城市舞台；经历了光明滑坡、台风“山竹”的洗礼，深圳积极推动海绵城市、低碳生态、韧性防灾等工作，思考着高密度城市的可持续前景。生活这座城市中的人们却已经能够真切体会到，深圳的名片上不仅有“新”字，且已经打上了“好”的烙印。

存量时代的深圳，仍需要为增量发展谋划新空间。在空间紧约束条件下，深圳无法通过2000平方公里的有限土地解决所有的问题。城市终究是区域性的，寻找新的战略空间，寻求与区域其他城市的合作，一直是深圳的战略选项。2009年，深圳着手准备“前海计划”，谋划深港合作示范区与城市新中心；2016年，深圳提出积极的“东进战略”，在惠州、汕尾方向谋划战略腹地；2017年，广东省明确深汕特别合作区管理体制，“深汕”成为深圳的第十一个区；2018年，“全球海洋中心城市”进入深圳的战略视野。而随着广深港高铁等基础设施的开通运营和深中通道的谋划建设，深圳的区域腹地还将得到进一步拓展，城市能级还将得到进一步的提升。

深圳的经验不仅受到国内同行的关注，今天，越来越多的国家和地区提出要建设“白俄罗斯的深圳”“巴基斯坦的深圳”“柬埔寨的深圳”“坦桑尼亚的深圳”。2019年，联合国人居署执行主任谢里夫女士为《深圳故事》一书欣然作序——“深圳无疑是一个引人注目的成功故事，具发展经验值得全球其他新兴城市和经济特区借鉴”。

不负先行之望

“考察一个城市，首先看规划。规划的科学是最大的效益，规划的失误是最大的浪费，规划的折腾是最大的忌讳。”[1] 在城市化的“下半场”，规划的科学、合理、高效，无法用人海和热情轻易实现，因城因策的好规划不能脱离理念、技术和方法，整体创新和全套经验积累成为坚实的保障。

深圳仍然是深规院最大的实践基地，规划实践的空间层级深入到更多的行政区、功能区、园区与社区，项目甲方的身份由规划部门延伸到企业、非政府组织、学术机构与其他政府业务部门。为了适应更加复杂的工作场景，深规院的专业队伍也从城市规划设计扩展到市政、交通、景观、地理信息、土地、防灾乃至经济学、社会学、公共管理、计算机等领域，成为一支多学科、多专业，能打、善打专业硬仗的团队。正是这支团队，为留仙洞塑造创新空间，为深汕合作区制订发展与治理的总纲，为坪地低碳城绘就绿色愿景，为前海谋划深化开放的蓝图，为大冲和湖贝缔造多元共享的人文场所。越来越多从深规院走出去的成果，得到国家领导、学界同仁、国际同行和市场的检阅。

从深圳到全国，深规院已在近300座城市和地区完成了近6000个项目。近年来，国家持续统筹推进西部大开发、东北全面振兴、中部地区崛起和东部率先发展战略，推动长江经济带和黄河流域生态保护与高质量发展，相继提出京津冀协同发展、粤港澳大湾区建设、长三角区域一体化、成渝双城经济圈四大区域发展战略。一批先锋、标杆城市成为各地学习的目标和社交媒体热议的对象。深规院追随国家发展战略，以高质量的规划服务地方高质量发展，将深圳在高品质城市营造方面的经验引入其他城市，为深圳规划树立质量口碑。深规院人也不断迈出新的脚步，在实践中向扬州、杭州等一批具有深厚人文品质基底的城市学习，丰富深圳规划的人文内涵。

在热点区域、明星城市之外，一批曾经被发展浪潮所遗忘的城市正在吸引市场的目光，一批曾经辉煌与彷徨的城市也正在走上转型发展的轨道。随着特大城市地区与城市群协调发展进程下大城市的功能外溢与非核心功能疏解进程，位于核心地区外围的中小城市因承接大城市的产业转移而获得蓬勃的发展新动能。深规院跟随“走出去”的深企来到广安、盐城等地，帮助这些城市全套落地产业平台与城市发展互动的深圳经验。也因我国区域发展的“东西差距”现象逐步被“南北差距”所代替，新一轮区域协调发展和国家级新区政策向东北、华北地区倾斜，有关城市也通过与南方城市开展对口合作、成立新型试验区等途径，为城市培育新的活力。深规院在济南、哈尔滨等地快速、有效的规划技

[1] 引自2014年2月25日习近平总书记在北京考察工作时的重要讲话。

术支持工作，在短时间内获得了初步成效，为这些城市的再次起飞备上新的空间引擎。

在城市产业升级、动能转换的过程中，创新也在成为越来越多的城市渴望获取与积累的驱动力。深圳的土地政策与城市更新先行实践提供了在现有土地开发与使用制度下合理高效供给科技产业及创新空间、提高整体空间效益的系统方案。近年来，这些经验为成都等一批有着建设科技产业中心愿景的城市所重视，成为深规院推广有关深圳土地政策与存量规划经验的前站。

在国家深化对外开放格局下，新的发展题材通过跨境基础设施项目与自贸区政策降临至对外开放新前沿。深规院在西咸新区与洛阳自贸区的系列规划，让千年古都焕发新颜，将文化自信搭上“一带一路”的列车；在海南自由贸易港多个城镇的工作，则尝试了更加多元化的开放路径与规划对策，不断丰富各类“特区”在中国的实践内涵。

早于国土空间规划定型与铺开，深规院就已将深圳的空间规划与治理体系与技术应用于泉州、秦皇岛等地的“全域规划”“多规合一”等规划项目中，检验了深圳的增长边界、生态空间、管控单元等技术的可行性与适用性。这些工作使深规院人相信，深圳在空间规划与治理方面的经验，将在国土空间规划新形势下大有用武之地。这些成绩的取得，是深规院体系建设的水到渠成，是深规经验传承的厚积薄发。

所谓“匠人营国”者也，营建首都是中国规划师心目中一项具有历史传统的职业理想。2014年启动京津冀协同发展重大国家战略以来，作为北京市属机关的新办公地的北京城市副中心、“千年大计”雄安新区以及定位于“世界级原始创新战略高地”的北京怀柔科学城等重大计划陆续推出，它们承载了中华民族伟大复兴与伟大首都文明崛起的梦想。作为第一批受邀参加上述项目规划设计工作的少数几家国内规划设计机构之一，深规院代表深圳特区深度参与和服务多个首都地区重大项目，展现特区担当，贡献深圳智慧。

行程至此，我们的脚步却并不停歇。

今天的深规院虽已与深圳共同成长三十年，但不忘的是助力特区更好发展，营建美好城市的初心；今天的深圳虽已被舆论定格为人类城市建设史上的奇迹，但对于“奇迹”二字，人们却又常说，“那只是‘努力’的另一个名字”。

深规院和深规院人，仍将为更美好的城市而不懈努力。

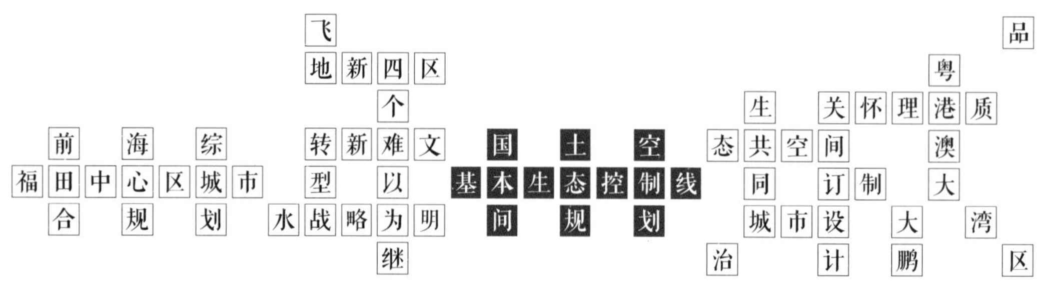
飞
地新四区
个
前 海 综 转新难文 国 土 空 态共空间 关怀理港质
福田中心区城市 型 以 基本生态控制线 同 订制 澳
合 规 划 水战略为明 间 规 划 城市设计 大 湾
继 治 生 粤 大 品
鹏 区

新的动力机制——以深圳为例

特殊经济区政策与市场经济机制如同火箭一级助推器，将深圳特区从改革开放的湍流中送入良性有序的城市发展轨道。而一座有生命力的城市终究是内生发展的空间据点与区域网络的中心节点。从要素引进到自主创新，从对外开放到与周边地区分工协作联动发展，动力切换让已然在全球城市赛道上奔跑的深圳不断迈向更高质量发展与更有竞争力的城市。

创新驱动，区域联动：模式进阶引领城市经济破局

深圳特区曾经受益于中国城市化的人口、资源、环境与成本红利，也同样面临要素驱动模式下的发展困境。这是演化经济运行至一定时期后，深圳必须解决的重大问题。

来自民间的危机意识，在舆论中最早发酵。2002年，《深圳，你被谁抛弃？》引爆了那时并不发达的互联网，把这座城市骨子里的自省摆在所有深圳人的面前。2004年，在深圳GDP年增幅仍然保持在15%左右水平的高速发展态势下，深圳市委主动自检，提出了深圳“土地、空间有限难以为继，能源、水资源短缺难以为继，人口不堪重负难以为继，环境承载力严重透支难以为继”的重大判断。要回答“四个难以为继”的历史命题，深圳唯有将不可持续的发展模式进行重构。此时，政府的引导开始发挥关键作用。

没有要素资源输入，只能依靠内生创新。2000年，深圳首次提出发展高新技术、现代物流、金融三大支柱产业。基于产业高新化的发展成果，2008年，深圳提出继续重点发展新一代信息技术、高端装备制造、绿色低碳、生物医药、数字经济、新材料等六大战略性新兴产业。到了2016年，深圳进一步瞄准生命健康、海洋、航空航天等未来产业并加以扶持。而除了土地、财税、人才、市场等方面的支持外，将老开发区模式升级为新兴产业平台也是一项重要的空间配置举措。2011年，深圳市

政府在《深圳市城市总体规划（2010—2020）》的产业空间格局基础上，提出建设12个战略性新型产业基地的空间计划，大沙河创新走廊，以及留仙洞总部基地、坝光生物谷、蛇口网谷等位列其中，深规院承担了其中五个产业基地的规划编制工作。2016年，这项计划拓展为全市16个重点区域。“后贸易摩擦”时期的深圳已没有技术输入的外部条件，深圳的未来，唯有合作与创新。

深圳已不再是未开垦的处女地，提升空间产出能级需要借由更多的空间利用规则来实现。深圳以改革探索的姿态，推动了M0新兴产业用地、创新型产业用房、工业楼宇转让等在全国具有创新意义的制度，促进工业用地承载创新研发活动、支持产业空间服务中小微企业。这些空间政策调整既响应了产业转型需求，也引领了产业转型方向。而“产业目标导向一空间优化配置一政策系统支撑”的产业升级空间响应体系，也实现了规划对产业发展由被动响应到开放引导的转变。

无人在前方领跑，只能自我引领、积极突围。一直以来，深圳都是珠江三角洲产业和人居体系的有机组成部分，但在历版珠三角城市群区域规划的框架下，关于深圳的发展定位始终留着暧昧的说辞，深圳自身也一直在寻找适于自身发展的区域空间尺度。面对愈发难以回避的区域问题，《深圳市城市总体规划（2010—2020）》用“发展轴”和“双中心”的概念重整全域的城市空间结构，对深圳区域形势用规划语言进行了刻画。五条发展轴指向粤东、粤中区域空间腹地，引导城市—区域重塑产业链空间关系；福田—前海双中心对接香港乃至全球市场，发展具有资源配置功能的高级生产者服务业。自2009年起，深圳联合东莞、惠州举办都市圈党政联席会议，该机制此后进一步扩大到河源、汕尾；在深—港双城倡议下，两地在口岸、环保等领域进行跨界合作，发挥各自优势，共建超级大都会。位于深港西部走廊“棋眼”位置上的前海，从“深港合作区”走向“自贸区”和“城市新中心”。

在粤港澳大湾区发展的新形势下，不息的“创新驱动”和“区域联动”，仍将是深圳肩负大湾区核心引擎功能所要依托的动能。

产业平台，以创新集群对接粤港澳大湾区

按工业产值计，深圳是中国最大的工业城市，迄今为止也通过用途管制、划定“工业区块线”等形式，保有了超过200平方公里的工业用地。高度集聚的生产空间，维持了深圳的产业生态，并且在工业4.0等产业新趋势下不断焕发新生机。

以高新园为典型的各类新型创新产业平台对深圳经济的重要性日显突出。在产业规划、空间规划的指引下，一些老园区就地更新升级，大项目在新兴产业基地与重点区域纷纷落地。而无论是新植入的还是依循原有路径演化的创新空间，都提升了与研发机构、高校的互动水平，将创新网络扩展至深圳全市域乃至周边城市。以高新园为中枢，沿着建设中的地铁13号线一路向北，留仙洞总部基地的设计与研发空间已初具雏形，光明科学城和东莞中子科学城的大科学装置基地正在建设中，松山湖已成为华为在深圳市域外最大的基地，它们将填补深圳在基础研究与原始创新上的空白；沿着珠江东岸继续进发，紧邻机场与国家会展中心的海洋新城已经完成规划设计工作，它将成为深圳建设全球海洋中心城市的海洋产业“母港”。2019年，中国海洋经济博览会落户深圳，成为继高交会、文博会后深圳的又一个国家级展会平台；在以可持续为目标的深圳东部，坪地低碳城、坝光生物谷已经虚位以待；深港边境，深港科技创新合作区与香港落马洲河套区隔深圳河相对，它们将成为香港高教资源与深圳转化能力深度融合的先导空间……创新产业平台撑起了广深港科技创新走廊的深圳段，它们中的大多数，均是由深规院作为技术统筹者来主持的。

产城融合的“新园区”不再以简单的土地划分和出让来兑现功能。在新建与改建项目并行、政府与市场共同运营的混合模式中，对规划的项目组织、技术统筹与持续服务能力提出了新的要求。以全过程技术服务、多专业技术统筹、实施和运营思维为特点的“总规划师”“总设计师”制正在让规划师的角色与技术供给方式发生重大的改变。深规院对此所展现的从容不迫，得益于组织轨迹中的先前积累，更得益于规划师在一线的敏锐应对。

自2011年至今，深规院主持了留仙洞总部基地从规划、开发到管理的全流程规划设计，“空间订制”的思路贯彻全程。为了摸清预期进驻的企业需要怎样的空间，规划师在工作前期对不同规模信息技术企业的土地和楼宇使用特征开展了大量的研究，认识到改变粗放的切分土地与企业自建模式、统筹空间供给与土地开发两个阶段的重要性。创新产业空间规划必须直面土地作价出资、政府投融资平台出资、中小企业联合建设、土地整备和城市更新等多样的产业地产开发模式。为此，规划师确定以街坊为单元，划出可供实践不同开发模式的次级区域，再由各开发主体根据其特定的土地开发模式参与单元内部的土地一级开发。这种街区式开发有利于构建空间协调的建筑群体，得以形成多层连续步行系统、地下空间及统一的整块街区绿地，同时也有利于街区内公共服务平台和技术服务平台的共建共享，对于空间资源的集约利用和企业交流互动具有促进作用。规划实施以来，创智云城、万科云设计公社、大疆天空之城等多个街区已具立体式创新城区的概貌，而深规院的规划师还在为多个街区的开发主体跟踪服务、持续打磨。

2012年，一场“中欧城镇化伙伴关系高层会议”让位于深莞惠交界处的坪地登上全球舞台，将这一产业结构落后、资源能源利用效率低下的“牛皮镇”推上绿色低碳发展新模式的试验场。但是深圳的能源资源利用转型之路并不只在当年才铺就。2010年，深圳市政府就与住建部签署了《共建国家低碳生态示范市合作框架协议》，成为部市共建的第一个国家低碳生态示范市。坪地作为“深圳国际低碳城”的选址，也一步步由学术研究、地方构想上升为国家意图和国际合作行动，代表国家探索城市发展新模式。面对全新的规划命题，深规院在主持编制深圳国际低碳城系列规划的过程中，强调以低碳生态建设策略的系统思维，通过协同土地集约节约利用和绿色交通出行体系两个空间策略支点，以及整合资源、能源、废弃物等支撑体系，推动城市空间紧凑发展和精明增长与资源循环利用，并带动节能、环保、新材料等新兴产业的内生发展。低碳城的空间框架分别对启动区、拓展区和城区整体给予针对性的项目投资计划、空间方案及规划管理文件，并将低碳技术导控作为重要维度纳入规划指引。今日的低碳城启动区已成为深圳国际低碳城论坛会址，经过治理的丁山河也已成为促进坪地持续更新的空间触媒。

凭借对创新产业空间发展需求与运行逻辑的独到见解，深规院被选中服务北京怀柔、合肥、深圳等综合性国家科学中心的有关项目，并投身于杭州、兰州、台州、温州、三亚等地的一大批科技城与科技创新产业园区规划中。创新型产业只选最合适的空间成长，创新型产业空间也待理解它的规划师来塑造。

十年前海，塑造开放新高地与城市新中心

许许多多个产业平台如众星拱月般托起的焦点，是以现代服务业为改革主攻方向的前海。

早在《深圳经济特区总体规划（1986—2000）》中，前海作为城市发展备用地画上了虚线轮廓，却一直沉寂了二十年。在“四个难以为继”的论断提出后，深圳希望用一片全新的空间，以较小的空间成本来布局深化改革的新试验田。这个希望，让15平方公里的前海——蛇口半岛西部的最后一块待开发填海用地成为目标之选。

前海诞生的过程有紧密的鼓点为伴。2005年，深规院的工作小组已提前介入“前海计划”的有关工作。《深圳市城市总体规划（2010—2020）》提出将前海地区作为未来深圳的城市主中心与区域性生产性服务中心的发展定位，为前海的“升格”做好了空间框架的准备。2009年，国务院批复《深圳市综合配套改革总体方案》，明确站在特区成立三十周年门槛上的深圳要在“深化改革、制

度设计、体制创新、深港合作”四个方面先行先试。2010年8月26日，就在特区成立三十周年生日的当天，国务院批复原则同意《前海深港现代服务业合作区总体发展规划》，要求前海的发展应以现代服务业的发展促进产业结构优化升级，为我国构建对外开放新格局、建立更加开放经济体系作出有益的探索。

前海的横空出世，成为当年轰动全球规划设计界的一件大事。2010年举办的前海地区概念规划国际竞赛大师云集，“前海水城”拔得头筹，但是这一景观都市主义的方案也面临景观都市主义自身理论的拷问——如何从实质上解决前海的水环境问题、基础设施空间切割与使用问题，并不是一纸图纸能够简单应对的。回答这道考题的任务落在了深规院的肩上。

规划师意识到，解决此类同步涉及城市发展各项重大问题的工作思路，在于改良以往前期研究与空间规划“背靠背”的工作方法，将规划对各条块问题的统筹环节前置，以系统综合思维，推进同一时间、同一平台上的多专业综合，引导多部门协同决策，给出高度统一的城市发展综合解决方案。“综合规划”编制新范式就这样应运而生。在前海综合规划编制启动初始，深规院统筹各技术参与单位制定《前海合作区综合规划工作的共同纲领》，形成有关规划总体指导思想、各专业领域工作目标和必须解决的实际问题、应对关键问题的方法和创新技术等方面的跨专业、跨团队、跨部门共识，并提前设定工程项目和各利益方的协调计划，从工作机制上保证了综合规划得以顺利推进。2013年，深圳市政府审议通过《前海深港现代服务业合作区综合规划》。此后，前海的产业引进、单元规划等工作在综合规划的统筹指导下渐次开展。“综合规划”不是简单地规划拼盘，它是对规划师、规划院多专业储备、项目组织能力和对城市理解能力的一次多方位自我加压。

应对了环境改善、工程可行、土地权属、管理权限等关键问题的前海，得以金融、财税、法制、人才、土地开发、城市建设及公共服务等领域突破改革瓶颈。其中在规划国土方面，前海创新实行五级土地开发模式和短期土地租赁制度，对近期不适宜或不进行开发建设的国有储备用地8~10年的短期租用，促进土地可持续使用与项目快速落地。此外，大量的科学发展新经验也在地下空间建设、水环境治理、城市风貌管控、城市与建筑数字化信息化管理等诸多方面不断积累。

2017年，前海与蛇口获批建立自由贸易试验区，自贸区综合规划批复实施；2018年，前海城市新中心系列规划开始指引一批重大文化设施与国际化公共服务设施的谋划建设。重建特区中的特区，重构新的城市中心，“继续总结一批可复制可推广的经验，将前海模式向全国推广”——从“改革试管”蛇口的肌体上长出来的前海，再一次成为新改革的原点。

共同城市的认识论，协商合作的方法论

创新、开放的城市发展机制让单枪匹马的英雄主义逐渐没落，又让协同共生的网络思维受到追捧。新时期的深圳实践因此重塑了深规院人的城市观。2015年深规院成立二十五周年之际，“共同城市”的城市观呼之欲出，代表了深规院对深圳、对城市的再理解。

正如创新源自多样性，在“共同城市”中，来自所有行业和阶层的市民都应成为城市的主体，参与城市的治理组织与治理活动。又因开放依托于连接度，“共同城市”必须与城市群或是更广泛区域中其他城市进行衔接与互动，发挥自身应有的影响力。“共同城市”通过横向的多学科合作方法，满足需求、资源与路径选择的多样性，还要以垂直的代际协同，实现发展战略上的可持续与兼容性。“共同城市”归根到底是价值观的协同。

认识并认同“共同城市”观，就是理解开放、创新型城市经济体的基础运行逻辑，理解城市人对城市空间与生活方式的多元需求。规划是附着于城市观之上的一系列技术方法的集成体现。“共同城市”观的建立，把深规院和深规院人引向了新的工作方式，更多的知识、学科、团队和技术工具加入规划设计咨询的各个环节，与之相伴的还有更多元的价值观。它将深规院在与深圳各类市场主体、社会组织与广大公众共事的经历中萌芽的协商精神和合作思维，导向为协商合作的规划设计模式和方法，甚至已在某些领域上升为一类城市治理规则，参与深圳的城市运行过程。

过往皆为序章。这种认识论和方法论的来源，仍与深规院常年的观察、实践与思考一脉相承。例如深圳城市更新制度的早期萌芽中，就有来自深规院人以协商合作破解闭门规划式旧改难题、促进城市自我更新的主张。在不断走向成熟的深圳城市更新规则下，政府、开发商、权利人和广大公众等利益相关方以城市更新为协商平台，按照有共识的程序，在多方博弈和协商中推进规划立项、审批和项目实施，而规划师与工作委托方、技术合作方之间的工作关系导向，也已从单一的经济理性走向多元的技术理性。随着这一价值观得到越来越广泛的阶段性认可，深规院也已将协商式城市更新的政策与技术带到义乌、成都、信阳以及东莞、中山等珠三角其他城市。作为通往城市未来的重要途径，包括城市更新在内的各类城市发展与规划政策与技术路径中都将融入更多的知识、工具和价值，实现更具包容性的协商治理。

深圳正在创新和开放中重新定义城市发展的标杆，深规院人也在用创新和开放为规划师这份职业写下新的注解。为深圳，为城市，我们可以做更多。

新的治理体系——以深圳为例

城市发展规模和质量的不断提升，对各项空间资源要素的组织安排提出了更高的要求。如何在资源环境紧约束下管好空间、用好空间，需要以空间政策与空间规划体系的不断完善与整合来实现。深圳在特区城市规划体系的基础上，率先改革并摸索了一套适应地情的空间规划与治理体系，在实践中有效应对了自然资源保护与开发利用的关系，积极促进了土地高效集约使用。规划师用全域空间治理织出有序而美丽的深圳。

规划融合与机构整合的深圳模式

资源环境紧约束下的空间治理，已无法如快速城市化阶段那般任意开辟新战场、扩展新足迹。空间的缜密使用必须以系统的升级整合，实现资源的再组织与治理的效力跃迁，使空间的重构不再必然带来空间足迹的任意摆动。这也是当下由国家推动的国土空间规划改革致力于实现的目标。

事实上，早在二十多年前，较早开始面对空间资源利用现实挑战的深圳就已经着手解决旧有城市规划编制与管理体系下阻碍全域空间高效实用的体制机制障碍，逐步改革、调整、完善，从实践中建立了一套地方版规土合一、多规协同、存量管理的“国土空间”规划与治理体系。

深圳是全国最早合并规划、国土机构的城市。自1986年土地管理职能由建设口析出、1988年明确土地有偿使用制度的法律地位后，作为城镇发展和建设“龙头”的各级规划部门以及以耕地、集体建设用地和国有建设用地指标管理为职责的各级国土部门在不同层面和事项上共同参与城市空间管理。地方层面，规划与国土在管理流程中上下游分治，以及各级政府与农村集体组织多头供地的状态，也影响到空间管理的秩序。为此，深圳市政府于1992年将规划、国土管理部门合并，成立城市规划和国土资源管理局，在全国范围内率先实现“规土合一”的城市内部规划国土三级垂直管理体制，为国土空间的统筹管理扫除了组织上的障碍（其间曾于2005年短暂分开，又于2009年合并为规划与国土资源委员会）。“规土合一”后，深圳的城市总体规划和土地利用总体规划实现了规划期和空间底数的统一，“规划”与“土地”的协同整合更为紧密。2002年，深规院开展《深圳市土地使用相容性研究》和《深圳经济特区密度分区制度研究》，对土地使用管控方式的影响持续至今。同年，深圳还被国土资源部确定为全国首批开展“国土规划”的两个试点城市之一，深规院承担的《深圳市国土规划2020》对土地资源与城市发展关系、水资源条件对城市发展的限制与对策、国土资源综合评价与开发、海域与岸线资源的保护与合理开发利用、自然灾害防治与防灾减灾策略等问题开展了先驱式的研究，且已探讨了国土空间分类管治的基本思想，后人仍能从当年的工作中看到今天“国土空间规划”的萌芽。

深圳是全国最早探索多部门规划协同的城市。深圳规划国土主管部门在《深圳市城市总体规划（1996—2010）》批准实施初期，为了提高城市总规对城市快速发展的实施效能，即启动研究如何编制近期建设规划，并与原计划部门主导编制的国民经济和社会发展五年计划相衔接。此后在近期建设规划的实践基础上，深圳又将规划口的总体规划实施、发改部门的年度项目以及国土口的年度用地计划进行整合，形成近期建设规划的年度实施计划，保障“空间布局—项目建设—资金供给—土地供应”相吻合，从实质上率先实现发展规划、城乡规划、土地利用规划的“多规协同”。而公共部门之间培养起的协作式行政文化，也为以“综合规划”为代表的局部“多规合一”奠定了组织基础。

深圳还是全国最早将存量管理纳入空间管理体系的城市。经过对建成区“密度分区”管控、旧城旧工业区改造策略和城市更新单元编制技术的数年探索，深圳在2009年和2012年相继出台《深圳市城市更新办法》与《深圳市城市更新办法实施细则》，并分别于2012年和2015年成立市土地整备局、城市更新局。二者在2019年进一步整合为市城市更新与土地整备局，存量空间管理纳入全套空间治理体系。目前，以城市更新专项规划、片区统筹规划、更新单元规划为代表的城市更新规划及其管控体系已经嵌入日常规划管理实践中。

优先自然资源，提升蓝绿空间

全域国土空间治理与传统城市规划管理体系在管控对象方面的最大不同，在于从城镇空间扩展到山林、农田、河湖、海洋等生态空间。对此，深圳通过基本生态控制线等创新制度探索，致力于同步推进建设空间高效利用与非建设空间提升支撑能力。

基本生态控制线奠定了深圳绿色空间的整体结构基础。当学术界还在讨论“城市增长边界”理论、纸谈海外经验时，深圳便开始将其真刀真枪付诸实践。2003年深规院编制的《深圳市近期建设规划（2003—2005）》首次提出了城市“基本生态控制线”的概念。2005年，深圳市政府将占全市总用地面积近50%的土地划入基本生态控制线并颁布实施《深圳市基本生态控制线管理规定》，禁止除重大基础设施等以外的项目在基本生态控制线范围内进行建设。2007年，深圳出台《关于执行〈深圳市基本生态控制线管理规定〉的实施意见》，为基本生态控制线管理提供进一步的依据与规范——放眼全球，这都属于倒逼城市发展方式转型的重磅举措。

第一次生态线划定是以“一刀切”方式进行的。从原理上说，生态线不仅仅是一条空间政策分区线，也关系到界内、界外地区发展权的调整和分配。生态线及其他各类城市增长边界的划定与调整，都将涉及专业判断、技术支撑、法定程序和协商沟通等空间治理过程。当粗放式划定的问题暴露后，深圳基本生态控制线管理逐步朝精细化方向改进。在保证全市线内用地总量不减的前提下，深圳于2013年全面优化调整生态线，同时尝试引入“保护性发展”的理念，制定社区统筹、土地整备、产业发展等配套政策，探索线内社区转型发展与生态用地保护协调共赢的模式。

划出生态线并不意味就能管好绿色空间，同样，治理好城市的水系也不同于简单的“画蓝线”。

亚热带季风气候下紧临大江大海的深圳却是个缺水的城市，大量用水需从市域外引入。而市域内以小河短溪为主组成脆弱水网本身，也并不能满足庞大的城市新陈代谢需求。以工程思维治水，面临巨大投入、有限回报、负面生态影响等多方面的难题。对于深圳的水污染治理的战略选择问题，市规划主管部门和市水务局曾分别提出“正本清源、截污限排、污水回用、生态补水”的规划布局方案和“大调污、大调水”的大截排方案，激烈交锋一时难断。为此，深规院受委托开展《深圳水战略》研究，给出了科学务实的水政管理思路，获得高级别专家组的认可，成果得到深圳市城市规划委员会的审议批准。

水战略的成功为深圳树立了新型城市治水理念，让“低影响开发”“绿色市政”等新思想源源不断地在城市中落地。当2013年“海绵城市”一词写入中央城镇化工作会议决议后，深规院的市政团队便凭借其在深圳的积累，参与海绵城市的国家级标准、规范与技术指南的制定工作，成为该领域的一支重要技术力量。从《深圳市海绵城市建设专项规划及实施方案》到《深圳市给水系统整合研究与规划》《深圳市海绵城市相关配套政策研究》等，深规院认识到，海绵城市建设是一项长期、综合的系统性工作，持续在各类咨询中积极努力推进政府部门职能分工、规划建设管控机制、市场激励机制等公共政策，加强海绵城市在城市更新规划和重点区域项目中的实施。

中水利用的福田河贯穿组团绿带、雨洪滞蓄的香蜜公园扮演城市绿肺……对科学治水的坚守为深圳贡献了特殊的公共空间。而在深圳建设全球海洋城市的目标之下，蓝色国土治理的战略意义又日益凸显。将海岸线规划等一批蕴含“海陆统筹”理念的特区规划实践进一步改进和发展，将是蓝绿空间治理的新“蓝海”。

美丽大鹏，在保护与发展间取衡

2005年的第一轮基本生态控制线划定工作，将生态资源丰富的深圳大鹏半岛悉数划入了生态线内。同年，《中国国家地理》杂志将大鹏评为“中国最美海岸线”之一。作为深圳“后花园”的东部地区，并不缺乏开发的动力。大鹏，这片超大型高密度城市，“临近闹市的一块荒野”，如何在发展与保护间求取平衡，是对空间治理体系成效的真实检验。

从大鹏半岛空间管治策略与行动的变化中，我们能够看到多方力量的涌动。就在那个具有标志意义的2005年，坝光精细化工园项目悄然选址。次年，东部燃煤电厂项目又提上议事日程，大鹏半岛的生态前景一度让人产生忧虑。与此同时，政府部门也尝试从体制机制角度落实生态空间的发展权调控。2007年开始，深圳对大鹏半岛户籍居民进行生态补偿，初步尝试了生态转移支付的管理模式。此后，深圳相继颁布实施《大鹏半岛保护与发展管理规定》，成立大鹏半岛市级自然保护区。2011年，作为深圳“生态特区”的大鹏新区成立，且至今保持着功能区的管理体制。此后，精细化工园、燃煤电厂等项目在民间的持续呼吁下陆续退出，大鹏半岛的生态保卫角力终告一段落。

达成空间治理目标的共识后，规划师要面对的难点，在于如何以生态优先为前提，使那些位于生态空间中的村镇、工业区实现综合发展。深规院长期跟踪大鹏半岛规划与实施策略研究工作，曾在2006年开展的《大鹏半岛保护与发展规划实施策略研究》就创新性提出了分级开发、生态补偿并兼顾当地原住民切身利益的基本思路。在此后尺度更加细微的项目中，深规院的规划师不断小心谨慎地呵护核心生态价值，以“文火”调控各项空间策略。例如在南澳墟镇综合提升规划中，规划团队建议综合考虑平衡其内三个社区的利益，避免后期开发建设有多个开发商介入造成改造效果、项目时序难以把控的情况；在大鹏旧工业区更新规划中，规划团队同时面向生态人文等底线目标与城景一体等高线目标，提出了由内陆到滨海的更新分区管控的措施，来整体统筹各片区的开发容量、公共配套和用地贡献。

随着生态空间对于人民美好生活的价值日益凸显，大鹏半岛的规划建设仍不断在文物与历史遗产保护、民宿与营地开发等新场景中推进。事实上，在“城市开发边界”与“生态保护红线”成为国土空间规划金科玉律的今天，回首深圳生态空间的管控实践，除了政策制定的学问之外，如何更好地保护和利用自然资源、让野生动植物得以栖息的同时，接纳自然游憩、科学研究等外溢的城市功能，深圳同样也还面临诸多实践难题和体制机制难点。对此，规划师仍然尝试通过优化地方保护区、郊野公园等政策工具，使之逐步完善。2019年，由深规院主持的《大鹏半岛自然保护区总体规划》获得批复，规划师对这项工作的探索不停歇。而一个从实践中发展的制度，也终究需要用制度的发展来更好地服务实践。

深汕合作区，空间治理与规划在飞地新区的全检阅

比做好自己更难的，是复制一个成功的自己。今天的深圳，正在100公里以外的深汕特别合作区推广和检验其空间治理模式，探索破解区域发展不平衡不充分矛盾的广东样本。

为了促进广东省内区域协调发展，缩小粤东西北腹地与珠三角的发展差距，广东省自2009年起推进“产业和劳动力双转移”，深圳—汕尾产业转移园于同年成立，并于2011年升格为“深汕特别合作区”，采取由深圳负责经济开发建设、汕尾负责征地拆迁和社会管理的合作共建模式。但是这项创新的顶层区域协调战略设计，在当时遭遇了管理权限、GDP和财政收入核算与分配等体制机制瓶颈和困难。直至2017年9月，新一轮体制机制改革确立了深圳全面主导、以深圳市一个经济功能区的标准和要求建设深汕合作区的格局。2018年12月，深汕合作区正式成为深圳市第“10+1”个区，并同步设立市规划和自然资源局深汕分局，实现了经济发展权和空间管理权的统一。

至此，深汕合作区不再仅仅是深圳的产业疏解地，而是兼具粤东振兴增长极与深圳城市增值空间的双重角色。深圳的全面主导也推动了市场导向的空间需求和要素资源的快速动态配置。这一切都似乎可与早年深圳特区的经济发展环境特征相映照，但同时，深汕合作区的开发建设又并非深圳特区空间治理经验的简单复制，而是为全套检阅深圳多年积累的全域空间规划与治理体系提供了试验、反思和超越的契机。

持续数年的深汕规划跟踪服务，已使深规院团队对这里的山水林田岛礁如数家珍，而三十年的深圳规划实践，又让深圳规划体系与规划经验在深汕的快速落地显得驾轻就熟。基于对山水生境和自然岸线的多维价值、对组团—单元结构的空间适应性，以及基本生态控制线和工业区块线等制度工具应

用效力的深刻理解，深规院在国土空间规划体系改革的新形势下承担编制了《深圳市深汕特别合作区总体规划（2020—2035年）纲要》（后文简称《纲要》）。《纲要》确立了深汕合作区作为粤港澳大湾区向东辐射重要节点、区域协调发展示范区、深圳自主创新拓展区、现代化国际性滨海智慧新城的战略目标，按照生态优先、城乡协调、陆海统筹、区域联动原则，构建山水林田湖草与城乡共生格局，框定环境底线、资源上限、生态红线和城镇开发边界，统筹涵盖海域、海岛在内的海洋与生态、农业、城镇主导功能分区，合理供给先进产业、公共住房和优质服务空间，建立综合安全和市政交通支撑体系。《纲要》因循地形地貌特点，确定了“一中心四组团”的空间发展格局，因地制宜推动“适度集中”和“有机分散”的网络组群式空间组织模式，以适应合作区快速建设的需求和空间精细化管控的要求。《纲要》相继获市政府常务会和市委常委会审议通过，已成为全面统筹指导深汕合作区空间保护与开发的重要依据和纲领性文件。

提供国土空间规划与绿色发展的深规智慧

2019年，在新一轮国家与地方机构改革中组建的深圳市规划和自然资源局成立。跟随国家顶层设计的步伐节奏，深圳全域空间治理进入自然资源统一管理与国土空间规划的新时期。回顾过去的探索历程与效果，深圳全域空间治理实质上实现了一种地方版的类国土空间规划体系，为今天深圳得以平稳过渡至《深圳市国土空间总体规划（2020—2035年）》的研究与编制工作提前竖立了“四梁八柱”。

基于深圳地方探索的全域空间规划与治理经验曾早于国家相关政策指示应用在秦皇岛、泉州等城市的“多规合一”规划、“生态连绵带”规划等项目中，协助这些城市建立起全域空间治理的基本架构，也进一步验证了将基本生态控制线等规划和治理政策工具在中国城市发展的普遍体制环境下进行适应性复制、推广的可能性。2019年以来，凭借多年来跟踪深圳全域空间治理体系建设的技术积淀，深规院应邀参与自然资源部《国土空间规划法》的起草工作，作为主要起草单位之一参与编制了《国土空间规划编制审批管理办法》，并随国土空间规划编制工作的全面铺开，获得深圳福田区、盐田区以及新疆塔城、新疆生产建设兵团第九师、浙江永康、湖南隆回、河南郑州上街等多个市县级国土空间规划项目的主持机遇。

同样伴随生态文明建设被提高到空前的历史高度和战略地位，国土空间与城市的生态修复与治理工作也被赋予重要使命。致力于研发与应用生态城市规划技术的深规院团队，以对城市发展与生态文明建设关系的实践体会和辩证思考，为生态型城市的发展和建设夯实治理基础，谋求持续动力，将城市绿色发展与蓝绿空间治理的解决方案应用于扬州、无锡、肇庆、东莞等地。在此基础上，深规院团队尝试延展市政、环境、生态等多学科、多专业交叉渗透的综合优势，建立以新型市政基础设施导向的可持续城市开发理念与技术方法，以海绵城市规划建设为突破口形成可复制的经验和样板，并在东莞、佛山、西安、湛江、三亚、中山、喀什等城市陆续推广，成为城市绿色发展实践领域中的一支令人瞩目的生力军。

深规院人受益于这片美丽的土地所给予的滋养，更愿倾囊分享在深圳特区大地上耕耘三十载所收获的国土空间治理经验与智慧。

新的空间配置——以深圳为例

美好、宜人、公平的理想城市是人心之所向，也是规划师、设计师的职业工作目标。在城市设计、城市更新整治以及各类主题式城市提升行动中，规划师用感性的另一半来调配理性思维，让空间肌理或舒朗有序，或致密丰富，以中微观层面的结构性优化，来尊重、接纳、反映与贴合不同人对美好城市空间、城市体验与城市生活的向往。在这走向先行示范区的深圳，城市之兴终将回归人本。

高质量城市空间生成逻辑之变

“品质”并非特区快速建设初期想当然的弃选项。袁庚麾下的蛇口瞄准的是“世界上最宜居的城区”，华侨城对标的也是以新加坡为蓝本的“国际花园城市”。这些新城新区所要营造的品质氛围，主要依托详细规划和建筑设计并通过专业技术对发展目标和项目投资的兑现来实现。此类涵盖了从城市整体到建筑群组各个尺度物质空间协调布局与环境营造的专业技术，被整合到改革开放以后全面引入的“城市设计”概念中。城市设计在深圳的城市发展环境下得以十分迅速地发展。

作为一项专业技术活动，深圳城市设计从城市规划的一门“工种”，不断走向体系化、专业化、精细化。深圳是全国最早开展总体城市设计的城市之一，《深圳经济特区总体规划（1986—2000）》《深圳市城市总体规划（1996—2010）》都开展了城市设计专题研究，体现了城市设计战略的思想。而在20世纪80年代末至90年代初的房地产热潮中，大量体制内设计师南下，让深圳在短时期内一跃成为勘察设计资源的高地，先锋的城市、建筑设计理念和设计文化一时间无出其右。1994年，深圳成立了中国城市规划管理部门中的第一个城市设计处，掌握了“制度拟订、项目编制、行政许可”等实际职能。随着前沿实践的不断引进和技术管理体系的初创建立，1998年颁布的《深圳市城市规划条例》明确了具有法律效力的城市设计通则规定。以设计专业见长的深规院，通过《深圳经济特区整体城市设计》《深圳市城市总体规划（2010—2020）密度分区与城市设计研究》《深圳市城市设计编制及管理规定》等项目，逐步协助主管部门完成了深圳城市设计的形态化、定量化与技术体系化工作。就这样，一项在规划学科内部始终未能解决内涵与外延争议的规划设计技术内容，在深圳迅速落实为规划管理的“常规动作”，完成了城市设计专业、行政管理与实施建设的闭环，为塑造有序的城市空间设立了一条“基准线”。

作为一个社会过程，深圳城市设计选择面向公众，不断以“事件”和“日常”丰富城市设计。城市设计的公众参与是一项新鲜而有趣的社会活动，为的是发挥“设计”的多元路径特点，将良好城市空间的构建与市民政治相结合，创造有趣、人性化的公共空间。在城市设计的公众参与领域，深圳一直走在全国的最前列。自2005年起，深圳开始举办全球唯一的以当代城市化为固定主题的设计展会“深港城市\建筑双城双年展”，它已经成长为两年一度的大型城市事件；2010年，深圳规划国土主管部门成立了一家下属机构：深圳市城市设计促进中心，这是全国第一家推广公众参与式城市设计的公共机构；2011年，深圳发起全国第一个创意分享型城市设计活动“趣城计划”，以开放的参与式设计推动城市设计视角由“宏大叙事”转向“日常生活”。在一个个事件的背后，一场场设计工作坊、专家研讨会与公众咨询活动也在不定期上演，吸纳并反馈社会与公众对城市设计的需求和观点。深圳城市设计已经从单纯的工程设计走向由多维城市社会系统中的一项程序，让更多有温度的设计、有温度的空间在此诞生。

作为一种空间关怀，深圳各类规划与设计工作在持续走向精准和订制化。人是最美的城市风景，高品质“设计产品”的输出终要面向更多元而具体的人群。而这个深刻的转变要求设计师不仅完成对空间本体的设计，也要提前设计好整个空间形成机制。只凭小清新的“爆改”无法让水围村人才公寓成为“网红”，项目的背后是将城中村以长租公寓的方式纳入人才住房管理体系的创举，是综合整治更新模式的体系保障，还有深圳对人才保障的一系列支持和鼓励政策。同样，只靠主题空间的提升也无法让深圳建成为一座“儿童友好型城市”，除了在图面中耕耘外，规划师也将智慧与热情倾注在了儿童友好型城市的治理体系设计上。自2016年以来，深规院的规划师们持续倡导并联合多方力量，陆续完成深圳建设儿童友好型城市的战略规划、行动计划，将儿童友好型城市建设纳入全市公共政策体系，并探索了儿童参与和公园、社区、学校等试点项目的精准结合。深规院人正在用更广义的“设计”，把城市对下一代的爱持续输出到城市的各个角落。

在福田中心区理解深圳城市设计当代史

在几乎是一片“白地”之上建起的福田中心区，奠定了深圳城市设计编制技术体系、运作制度与实施模式，也不断地自我修正和优化。对福田中心区城市设计及其空间影响的回顾与反思，值得写入当代城市设计的教科书。

和那个时代所有对于“现代化”的畅想一样，福田中心区的蓝图同样是对现代主义城市理性规划和功能至上思想的完整阐释。在莲花山下布局深圳的城市中心区，是自《深圳经济特区总体规划（1986—2000）》起就预留和谋划的重大空间计划。只是城市商务中心区的形成，有待于一定的城市规模与服务业发展水平来支撑，这在以发展加工业为主的特区初期尚为不可能完成的任务。90年代后，随着原特区内其他组团陆续开发填充完毕，福田中心区开启了高标准规划建设的帷幕。1994年，深规院受委托编制《福田中心区城市设计》，当时的设计方案已经集成了功能分区、立体交通、人车分流、巨构建筑等在当时看来最为先进的规划设计理念。这份初探以及从此后的国际咨询方案等一系列工作中提取的成果，最终纳入《深圳市城市总体规划（1996—2010）》，并落实到1997年由深规院编制的深圳市第一个法定图则——《福田中心区法定图则》中。在规划编制进行的同时，1996年深圳市规划和国土资源局在福田中心区设立副局级机构福田中心区开发建设办公室，负责中心区的规划管理实施工作。从深规院抽调的陈一新、黄伟文等骨干成为这个前线“指挥部”的第一批引领者。他们在落笔设计蓝图的过程中，也为深圳城市设计体系的建章立制提供了最一手的经验。

1998年之前的中心区城市设计重点集中在中心区的整体结构与形象特征。在城市设计实施的过程中，如何处理建筑界面、街道、广场等近人尺度城市要素，还要由街区层面的城市设计对地块开发控制方式进行探索和示范。1998年，美国SOM事务所在中心区22、23—1街坊城市设计中，提出了保障街区质量的解决途径。方案通过将各个地块的绿地率指标进行集中使用，形成由街区内部共享的整块绿地。紧邻重要街道和绿地的建筑一侧紧贴街面，用以塑造定义明确公共空间。设计师还为街区中的十三座建筑制定了从裙房至塔楼的形体规则，保障了统一而有变化的街区形态。“十三姐妹”作为当时中心区实施度最高的城市设计项目，为中心区形成先编街坊城市设计再出让土地的城市设计实施路径提供了示范样本，并后续演化为以“空间控制图则”将城市设计要求纳入土地出让环节的深圳城市设计实施模式，并在全市重点地区推广。

借助设计竞赛、国际咨询等开放、创新的咨询方式，福田中心区规划设计不断汲取来自全球专业智慧层层接力式的创意供给，探索出了“基础研究一国际咨询一系统深化一规划整合一详细设计”的设计咨询推动模式，将创造性的设计与理性的规划研究有效结合。“深圳设计竞赛”品牌使福田中心区和深圳成为全国最开放的设计市场，也让深圳文化中心、证交所、“两馆”等成为吸引全球设计媒介关注的旗舰项目。

然而也正如所有现代主义的城市中心区在建成后面临的情景相似，如何通过新的设计媒介去干预城市设计，引导空间的优化方向，培育城市活力，也是福田中心区在理论和实践层面需要回答的问题。以专业人士推动的大型事件和活动首先化身为空间触媒。在2009年和2011年，市民中心前的广场两次成为双年展主展场，曾经空旷的公共空间以非常态的形式进入公众视野。2019年，“深双”重返福田中心区，以“城市之眼”和“城市升维”探讨城市“流空间”与信息及智慧城市的关系。从市民中心到福田高铁站，深圳正在通过公众参与下的设计事件来“修正”城市公共空间一次分配中产生的不平衡问题，并试图激发未来城市更多可能性和创造力。

如今，福田中心区的空间气质不仅表现在深圳“首善之区”的标签上，它是联接莲花山到深圳湾畔最有活力的公共“大走廊”，是街头艺人、志愿者和孩子们的舞台，也在灯光秀、无人机群演等新型公共媒介中向着日常“空间叙事”发展，变身多层次的空间场景和线上线下共通的社交场所，向城市生活加速回归。无论当代设计师如何将这部浓缩的福田中心区城市设计当代史续写，这场出乎理性规划之外的社会行动，已经为城市留下了一长串活力脚步与温情印记。

从大冲到湖贝，纵看城中村更新改造的积极探索与实践

从专业技术、社会过程到空间关怀，对于更高质量城市空间的呼唤，让规划和设计不断更新着自身的目标属性与工作逻辑。

新陈代谢、吐故纳新是城市运转之所需。但是，青春期的深圳无法及时消化因超常规城市化与局部非正规空间管理而埋藏下的诸多经济、社会与文化争议。城中村的更新改造，便浓缩了几乎所有的焦点议题。在最高峰的年岁里，深圳几乎以平均每周消失一个旧村的速度烫平它的过去。不仅历史特色与地方文化在城市改造中快速消失，许多原本可以成为城市品质要素的内容也正在消失，例如活力、生机、记忆、交融……也会看到原本并未出现、却因更新改造而影响了城市品质的问题，例如功能、交通、配套、风貌……

在深南大道两端的大冲村和湖贝村是深圳城中村改造的身影。参与两村改造工作的深规院老、中、青规划师们，前赴后继地完成历版规划直至建设实施，把对城市更新的思考刻在了铁打的年轮上。

深圳的旧村改造早期以渔农村为典型，也曾以“政府主导、市场运作、村民合作”的模式进行。1998年，大冲村纳入南山区城中村改造计划后，深规院就着手编制了第一版大冲规划。2005年又紧接着

完成了第二版基于利益平衡的拆除重建规划，并于2007年纳入片区法定图则。湖贝更是早在1992年就已启动改造筹备工作，先后有十多家发展商带着蓝图与村集体股份公司洽谈，但均因难度太大而夭折。2006年，深规院历时六年完成的中兴路法定图则获批通过，明确了湖贝地区旧城改造的基本框架。但是，这些努力付出的政府规划均未得到及时实施。伴随2009年《深圳市城市更新办法》的出台，由市场委托、以实施为导向的城市更新单元规划，成为统筹土地、规划和建筑专业的技术平台，也成为平衡政府、业主和开发商利益的博弈平台。编完的法定图则立刻面临推倒重来，城市更新规划所要解决的问题则前所未有地增加。

首先是快速城市发展遗留下来的土地问题。大冲是幸运的，2003年市政府以一纸用地审定，解决了困扰许多城中村未征未转的历史用地难题，另一边的湖贝则坎坷得多，对于这个涉及深圳所有七类用地、违法建筑无处不在的旧村而言，土地确权工作十分艰难。而与土地问题相伴的，是村民为了争取更高的拆迁赔偿而从未消停过的违建、抢建风潮。在发展商和村民、政府之间一次又一次沟通、协商、博弈与平衡中，大冲更新规划修改设计四十多次，湖贝更新规划更是调整方案一百多回。

在村民要价、签约比率等规则边界的约束中，试探、坚持、妥协与退让不断往复。大冲和湖贝村民们不仅按规定获得了合法面积的充分补偿，所有属于历史遗留问题的违法建筑也都按1:1的标准得到相应补偿。容积率的升高成为必然结果，也引发规划师对空间品质的隐忧。尤其对于湖贝而言，随着拥有500年历史的南坊旧村更新得到学术界和媒体的广泛关注，更新规划附加了经济以外的多重意义。发展商、村民和政府的三方博弈关系又因“湖贝古村120城市公共计划”的发起而出现第四方诉求。大冲模式下基于利益主体多方沟通、共同协商的“小开门”规划，变成了一场超越利益主体的社会共议、业界共讨的“大开门”规划。幸而在多方共同努力下，湖贝古村将成为展示深圳历史与文化的“城市客厅”。而经过多轮方案博弈的大冲，也已成为深圳商业综合体中新的流量“IP”。

从立项到审批，深规院团队服务大冲14年，陪伴湖贝28年。大冲与湖贝的更新改造历程，暴露出存量时期攸关城市空间权力的更新模式和更新制度中存在的问题，也一步步倒逼出公平、合理的城市更新制度程序与技术准则。从拆除重建到有机更新，从详细蓝图到精细化设计，从开门规划到社会共识，深规院摸索出多方沟通、共同协商的工作方式，努力在多方利益的协调中致力于解决快速城市化遗留下来的土地问题，并致力于践行适应存量时代发展特征的活化利用、营造保护的更新模式。

规划师在实践中创建了深圳城市更新规划及制度，但是规划师在制度化实践中需要摒弃的，恰恰是对自己写就的政策与技术标准的僵化套用。完成前者，需要规划师对公共利益的坚守，到达后者，更需规划师付出打破困局的勇气。有幸的是，有这样一批深规院人，将坚守与勇气贯通。他们让时间在城市更新结出合理满意的结果，他们用城市更新把深圳在公众视域下的历史由四十年扩展到更长的维度。

这座永远面向未来的城市正在重新发现改革开放之初的根基和脉络。时间与规律面前，城市没有“例外”。

深圳市基本生态控制线范围图

东莞

惠州

珠江口

南山区

福田区

深圳湾

香港特别行政区

内伶仃岛

深圳市基本生态控制线及管理规定由深圳市政府四届九次常务会议审议通过，自2005年11月1日起施行。

图例：基本生态控制线　基本生态控制范围　行政界线

备注

1、本图中基本生态控制线由多个控制点连续组成，其具体范围可于深圳市规划网（www.szplan.gov.cn）查询。

2、本图中界定的基本生态控制线范围由基本生态控制线围成或由基本生态控制线与市域行政边界线所组成，基本生态控制线范围内的土地面积为974平方公里。

3、本图绘制的深圳市行政区域界线以广东省人民政府民政部门编制的行政区域界线详图为准。

1

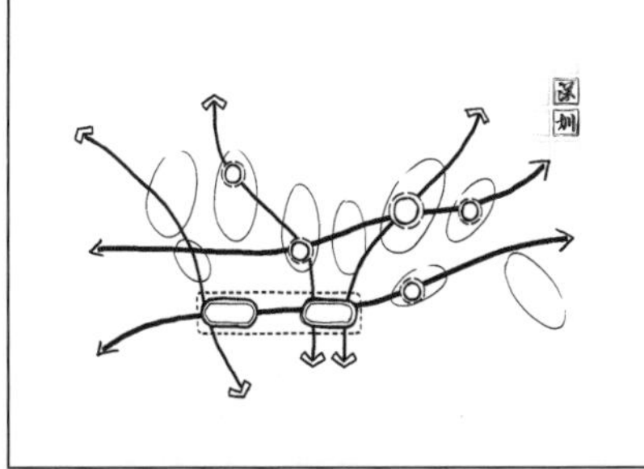

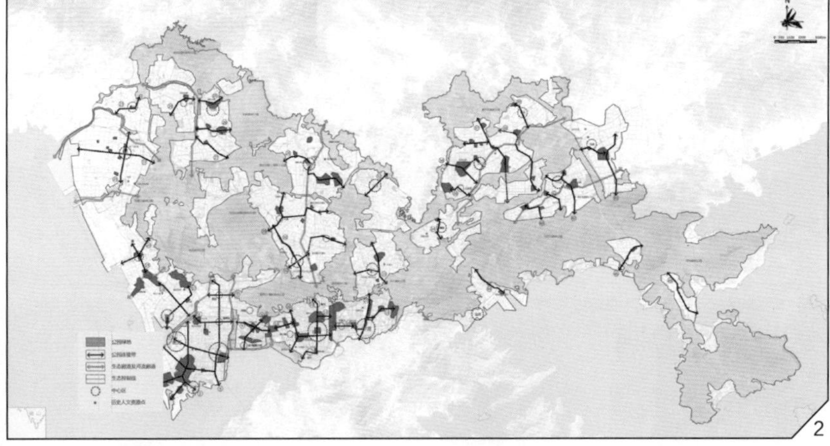

2

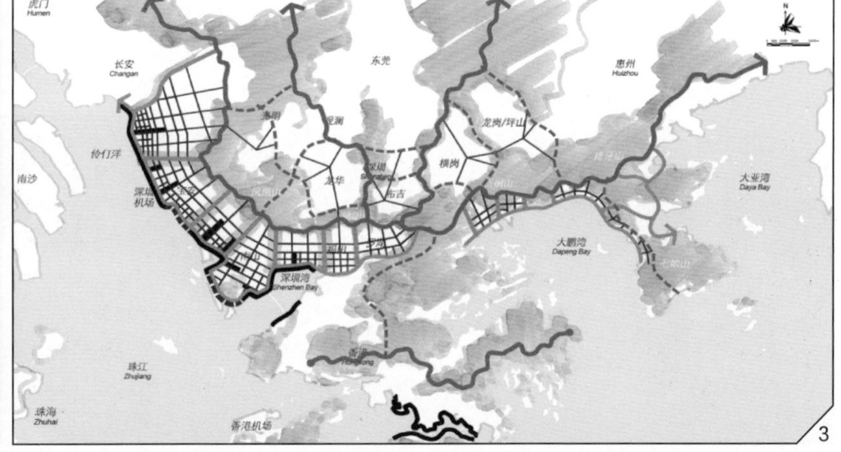

3

1 / 深圳市基本生态控制线范围图

2 /《深圳总体城市设计和特色风貌保护策略研究》城市公园带示意图

3 /《深圳总体城市设计和特色风貌保护策略研究》公共空间结构示意图

深圳市福田区整体城市设计

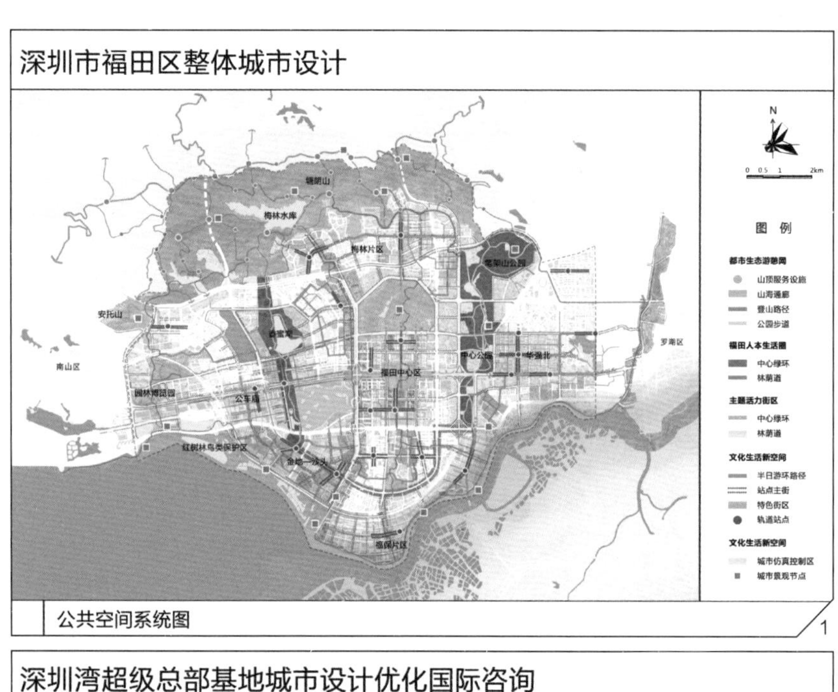

公共空间系统图

1

2

深圳市坪山区整体城市设计

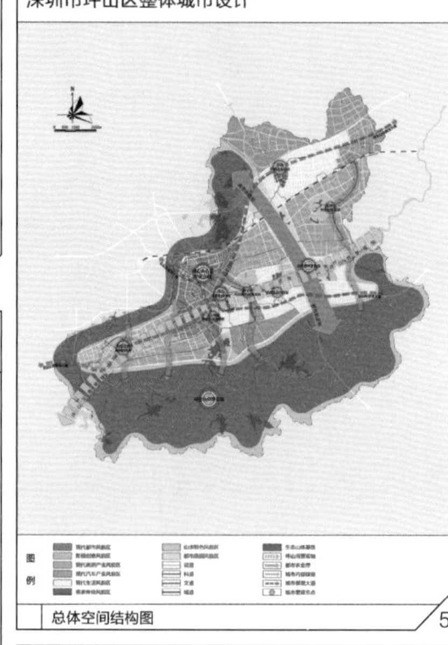

总体空间结构图

5

深圳湾超级总部基地城市设计优化国际咨询

总平面图

3

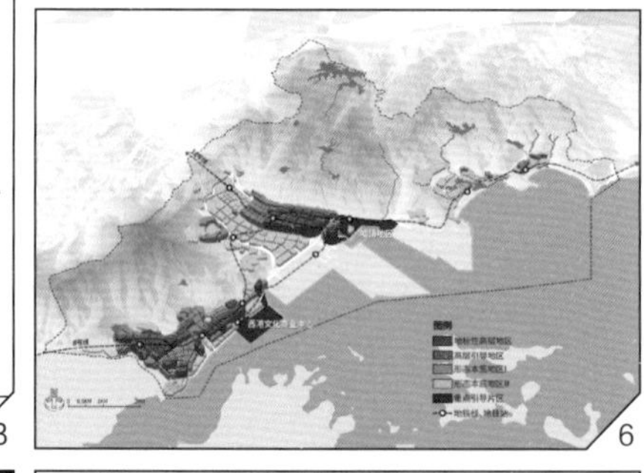

6

4

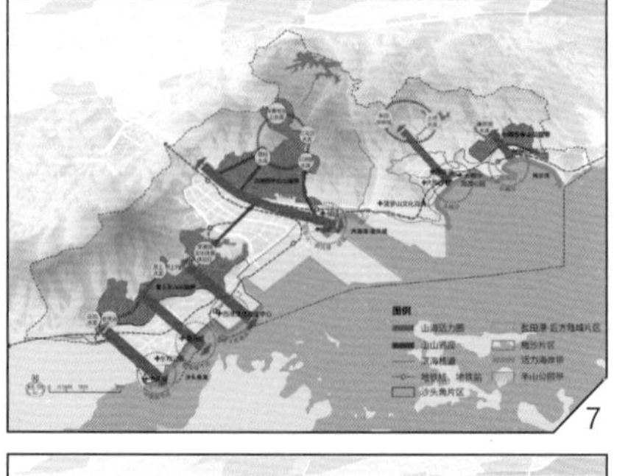

7

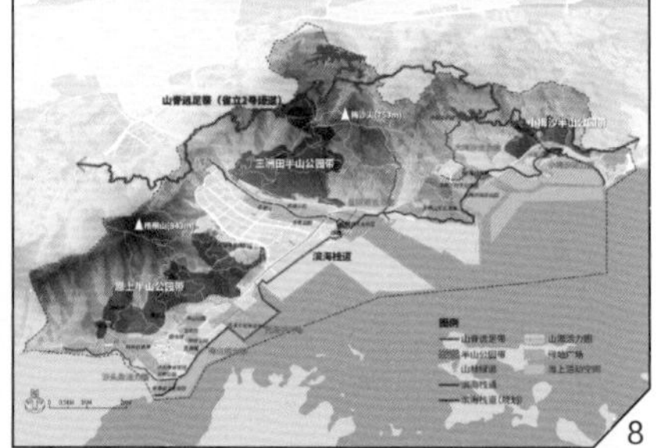

8

深圳市海洋新城城市设计国际咨询成果整合设计

图例

总平面图

9

1 /《深圳市福田区整体城市设计》公共空间系统图
2 /《深圳市福田区整体城市设计》整体城市设计全景图
3 /《深圳湾超级总部基地城市设计优化国际咨询》总平面图
4 /《深圳湾超级总部基地城市设计优化国际咨询》城市空间意向图
5 /《深圳市坪山区整体城市设计》总体空间结构图
6 /《深圳市盐田区整体城市设计及设计导则》空间形态图
7 /《深圳市盐田区整体城市设计及设计导则》特色风貌结构图
8 /《深圳市盐田区整体城市设计及设计导则》公共空间体系图
9 /《深圳市海洋新城城市设计国际咨询成果整合设计》总平面图
10 /《深圳市海洋新城城市设计国际咨询成果整合设计》城市空间意向图

10

前海深港现代服务业合作区综合规划

总平面图 1

前海深港现代服务业合作区综合规划

土地利用规划图 2

1 /《前海深港现代服务业合作区综合规划》总平面图

2 /《前海深港现代服务业合作区综合规划》土地利用规划图

3 /《前海深港现代服务业合作区综合规划》城市空间意向图

4 /《留仙洞总部基地城市设计》总平面示意图

5 /《留仙洞总部基地城市设计》城市空间意向图

6 /《坝光片区法定图则及城市设计》土地利用规划图

7 /《坝光片区法定图则及城市设计》总平面图

3

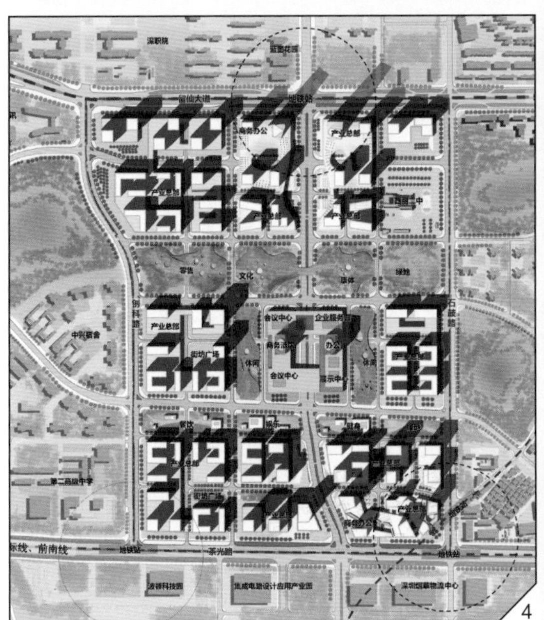
深职院
留仙大道
地铁站
商务办公
产业总部
文化
绿地
会议中心
企业服务
商务酒店
办公
街坊广场
休闲
展示中心
中兴宿舍
第二高级中学
茶光路
集成电路设计应用产业园
深圳国际物流中心
4

5

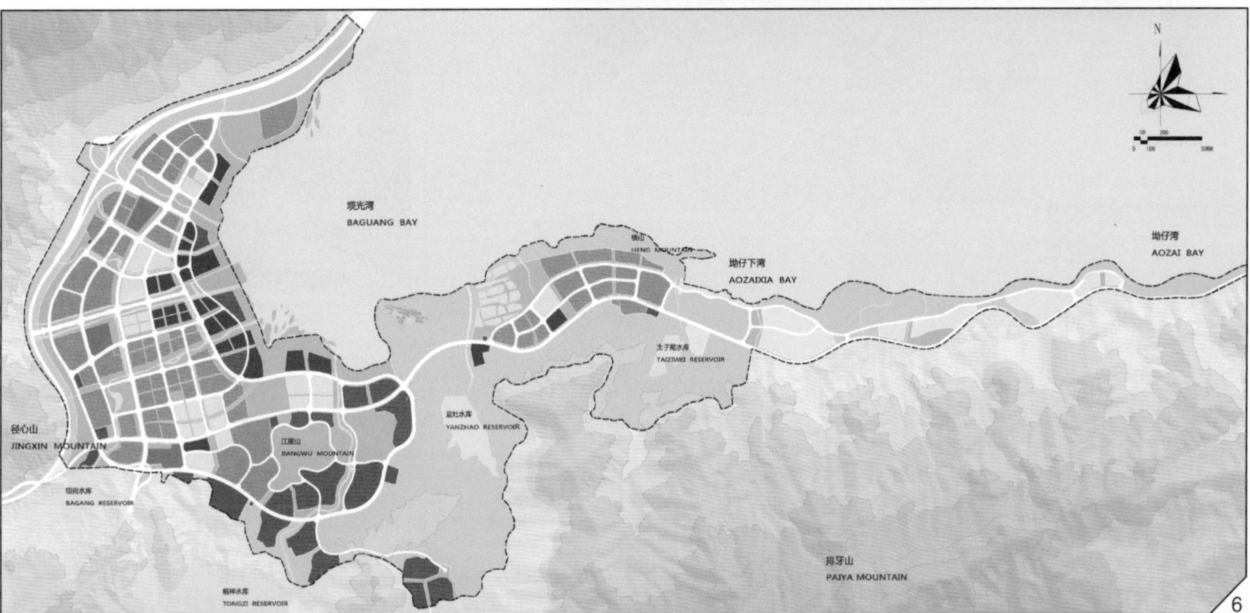
N
坝光湾
BAGUANG BAY
横山
HENG MOUNTAIN
坳仔下湾
AOZAIXIA BAY
坳仔湾
AOZAI BAY
太子尾水库
TAIZIWEI RESERVOIR
盐灶水库
YANZHAO RESERVOIR
径心山
JINGXIN MOUNTAIN
江屋山
JIANGWU MOUNTAIN
坝岗水库
BAGANG RESERVOIR
桐梓水库
TONGZI RESERVOIR
排牙山
PAIYA MOUNTAIN
6

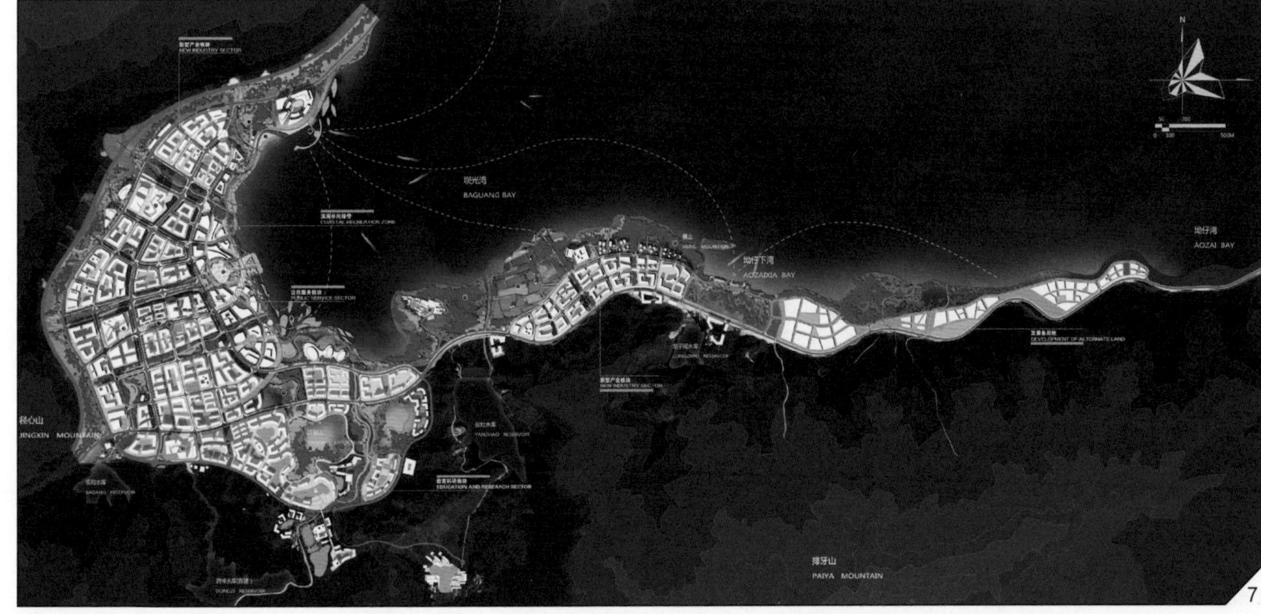
N
坝光湾
BAGUANG BAY
坳仔下湾
AOZAIXIA BAY
坳仔湾
AOZAI BAY
径心山
JINGXIN MOUNTAIN
排牙山
PAIYA MOUNTAIN
7

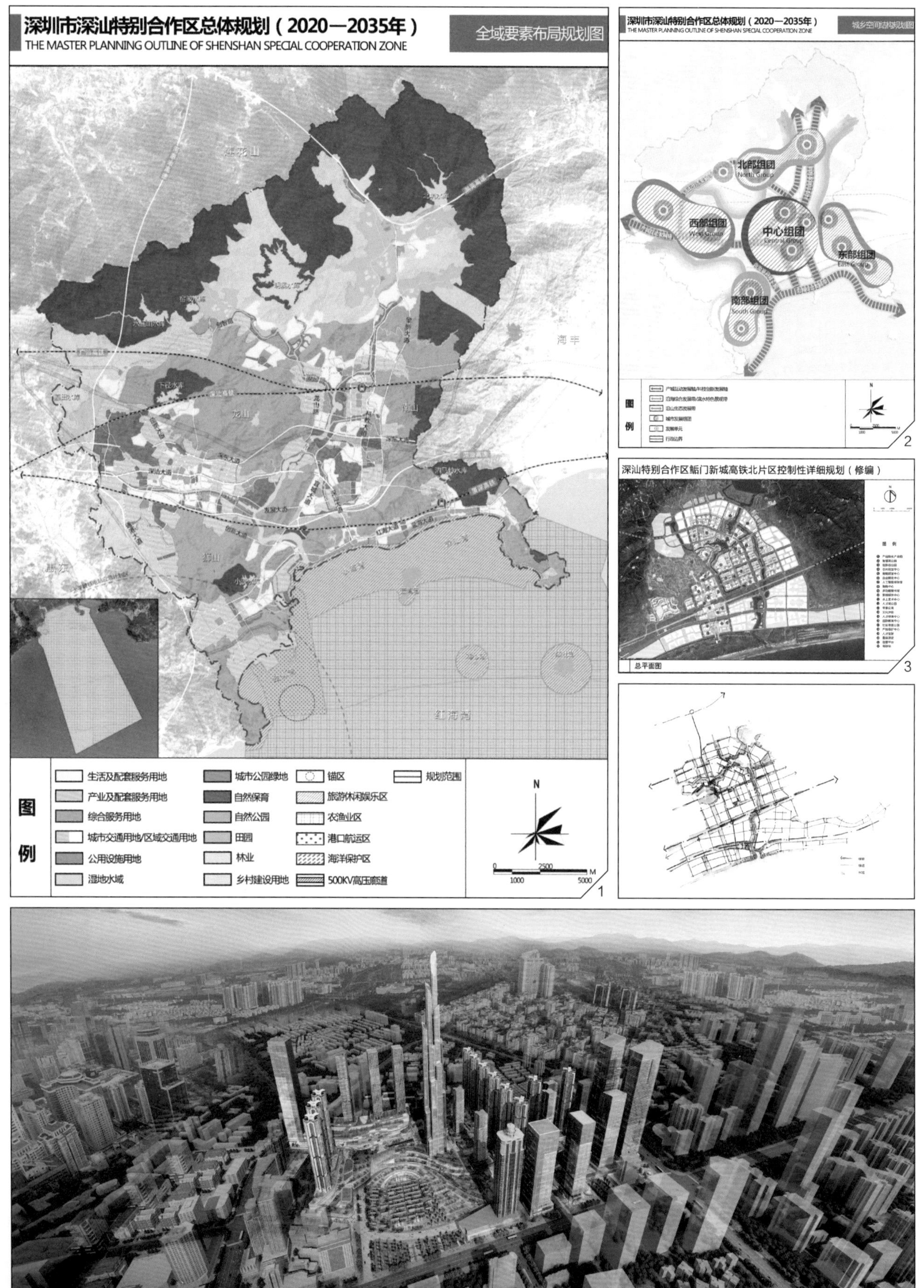
深圳市深汕特别合作区总体规划（2020—2035年）
THE MASTER PLANNING OUTLINE OF SHENSHAN SPECIAL COOPERATION ZONE
全域要素布局规划图
莲花山
海丰
龙山
南山
红海湾
图例
生活及配套服务用地
产业及配套服务用地
综合服务用地
城市交通用地/区域交通用地
公用设施用地
湿地水域
城市公园绿地
自然保育
自然公园
田园
林业
乡村建设用地
锚区
旅游休闲娱乐区
交渔业区
港口航运区
海洋保护区
500KV高压廊道
规划范围
N
1
深圳市深汕特别合作区总体规划（2020—2035年）
THE MASTER PLANNING OUTLINE OF SHENSHAN SPECIAL COOPERATION ZONE
城乡空间结构规划图
北部组团
North Group
西部组团
West Group
中心组团
Central Group
东部组团
East Group
南部组团
South Group
图例
2
深汕特别合作区鲘门新城高铁北片区控制性详细规划（修编）
总平面图
3
4

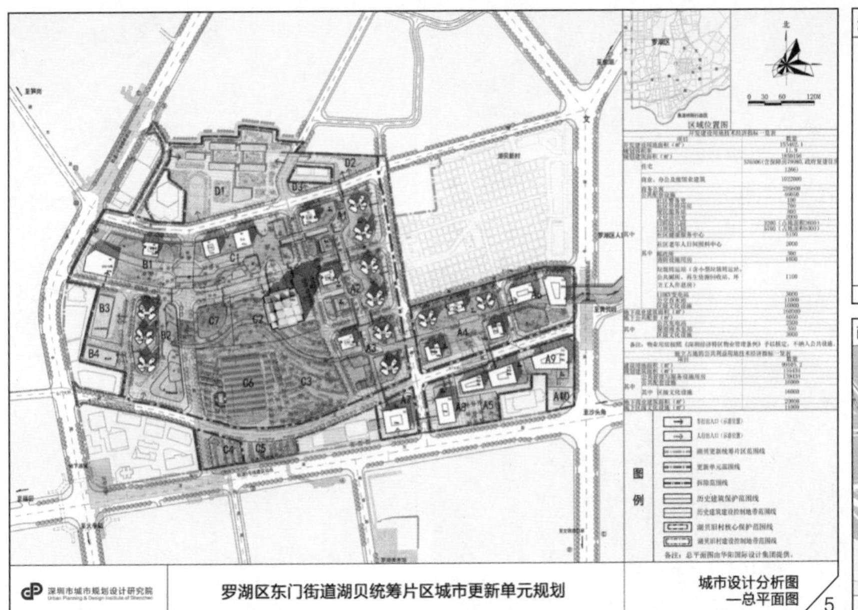

5

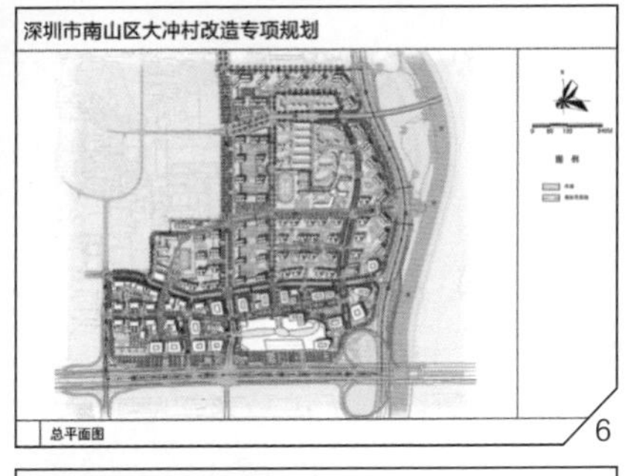

6

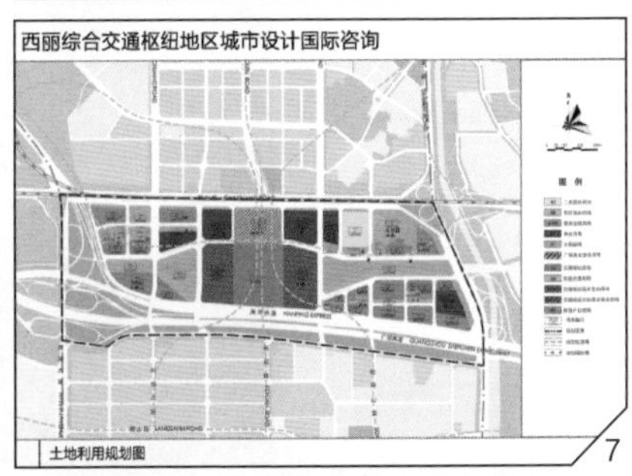

7

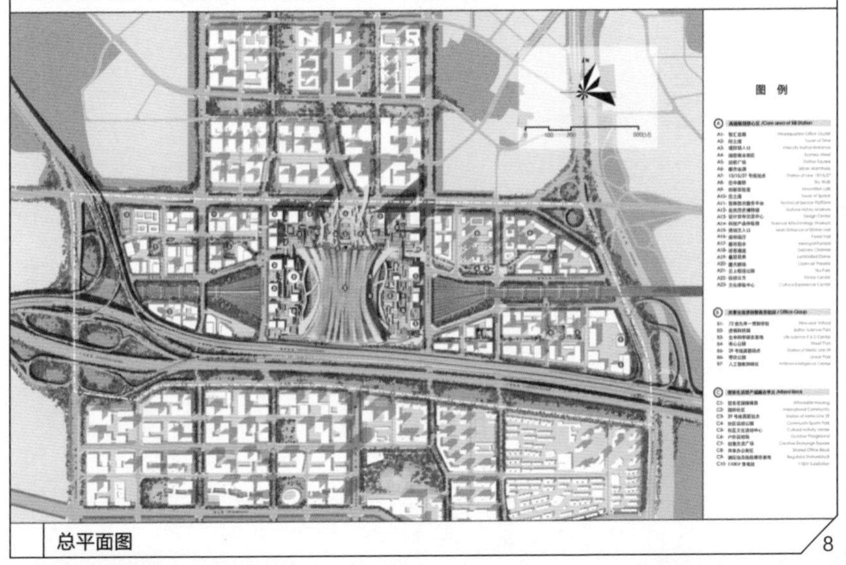

8

1 /《深圳市深汕特别合作区总体规划（2020—2035年）纲要》全域要素布局规划图
2 /《深圳市深汕特别合作区总体规划（2020—2035年）纲要》城乡空间结构规划图
3 /《深汕特别合作区鲘门新城高铁北片区控制性详细规划（修编）》总平面图
4 /《罗湖区东门街道湖贝统筹片区城市更新单元规划》城市空间意向图
5 /《罗湖区东门街道湖贝统筹片区城市更新单元规划》总平面图
6 /《深圳市南山区大冲村改造专项规划》总平面图
7 /《西丽综合交通枢纽地区城市设计国际咨询》土地利用规划图
8 /《西丽综合交通枢纽地区城市设计国际咨询》总平面图
9 /《西丽综合交通枢纽地区城市设计国际咨询》城市空间意向图

9

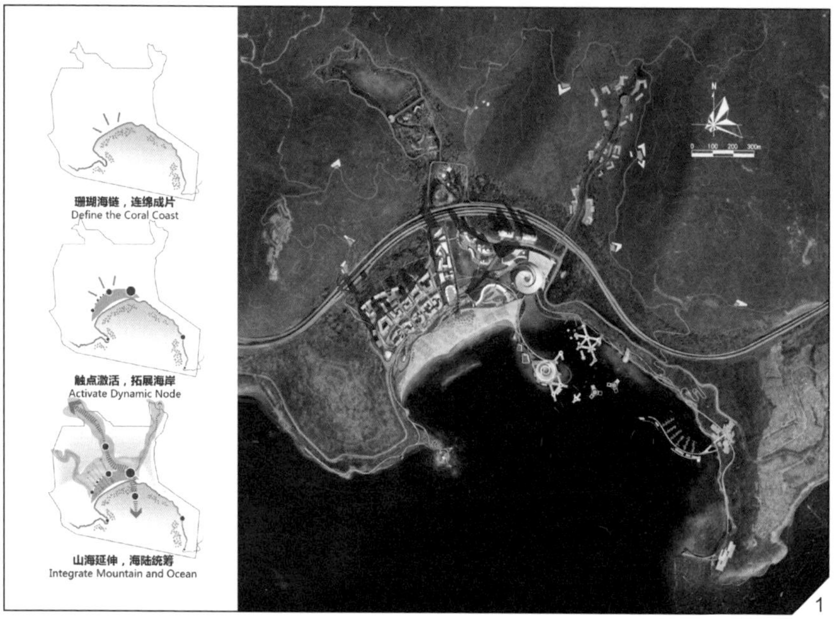

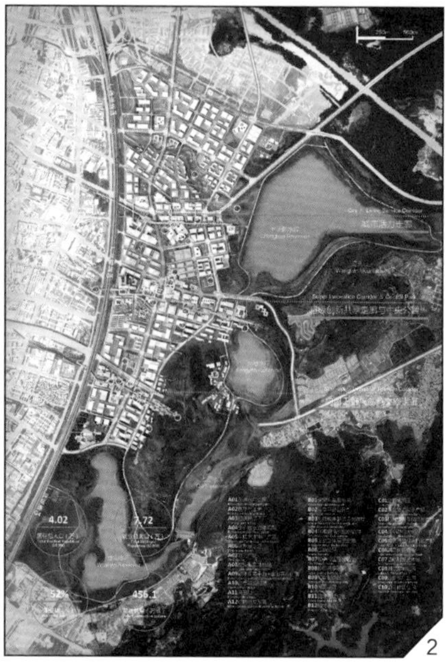

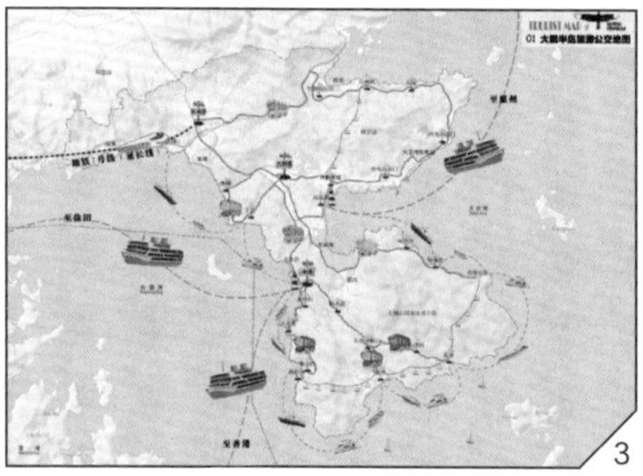

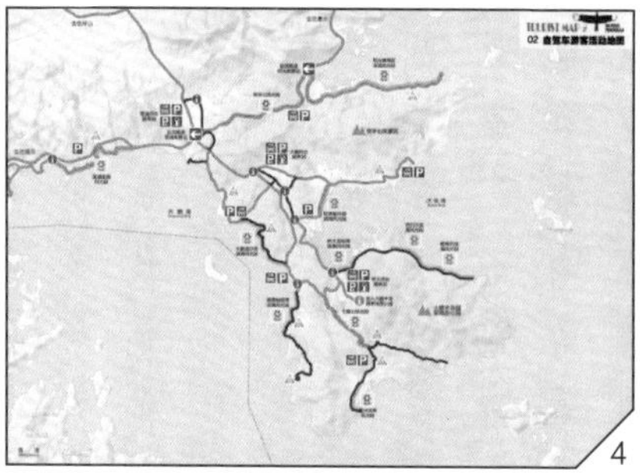

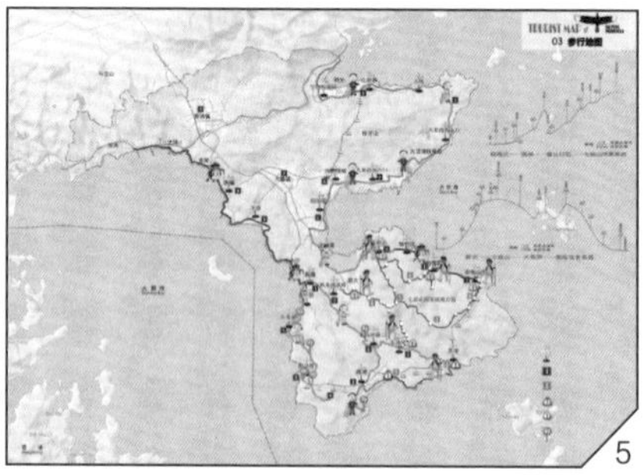

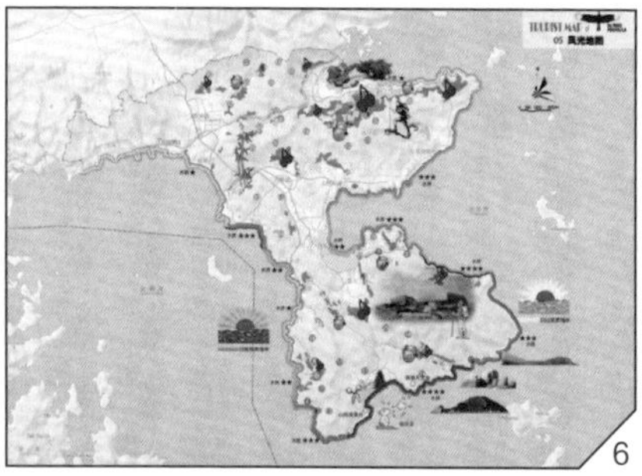

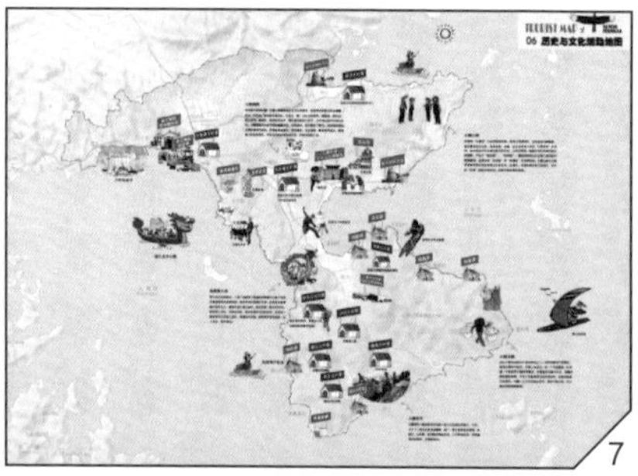

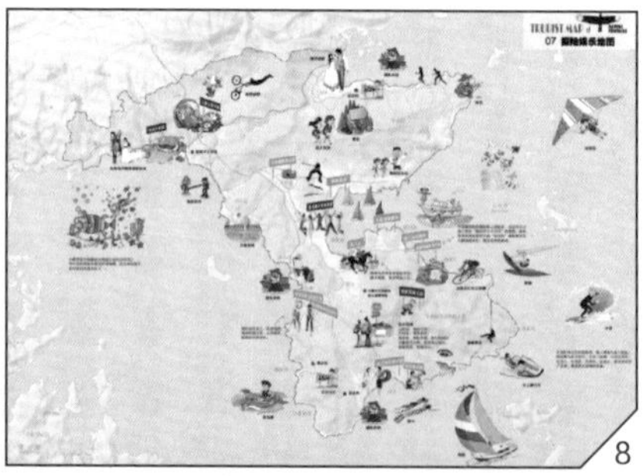

珊瑚海链，连绵成片
Define the Coral Coast

触点激活，拓展海岸
Activate Dynamic Node

山海延伸，海陆统筹
Integrate Mountain and Ocean

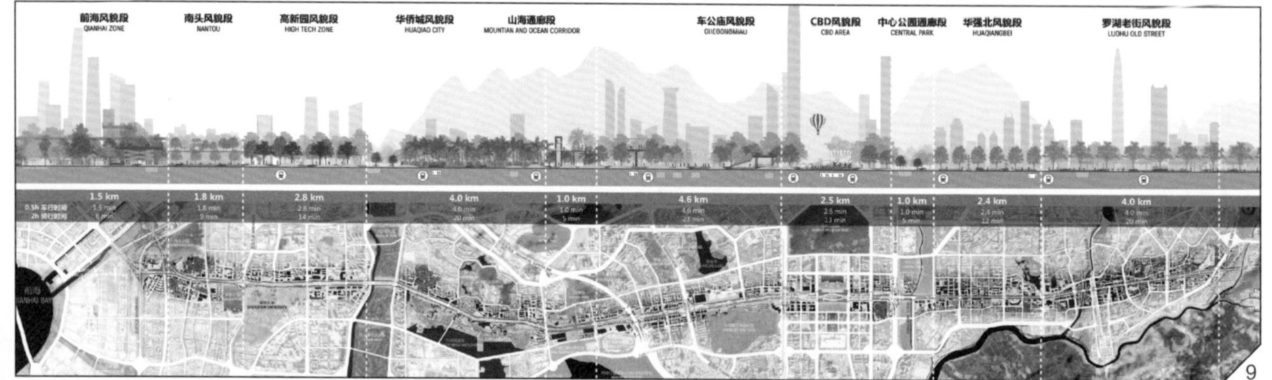

1 /《小梅沙海岸带详细规划国际咨询》总平面图
2 /《深圳市新桥东片区重点城市更新单元城市设计国际咨询》总平面图
3 /《大鹏新区全域旅游发展规划》大鹏半岛旅游公交地图
4 /《大鹏新区全域旅游发展规划》自驾车游客活动地图
5 /《大鹏新区全域旅游发展规划》步行地图
6 /《大鹏新区全域旅游发展规划》风光地图
7 /《大鹏新区全域旅游发展规划》历史与文化活动地图
8 /《大鹏新区全域旅游发展规划》探险娱乐地图
9 /《深南大道景观设计暨空间规划概念设计国际竞赛》总平面图

扬州特
文化名城活力营
意象色
永
恒城市经
典
灵秀精致
造细
小镇综控合
制
公共开
生态科技新城规
放空间
广
系
划
陵新城
公
园城市
转型与成长
城
风貌
统
市
设
计
特
色
管
控

扬州

古、文、水、绿、秀，精致扬州的质量发展

扬州是一座拥有2500年历史的文化名城。作为一座通史式城市，扬州创造了兴盛于汉、鼎盛于唐、繁盛于清的三次辉煌，扬州的城市特色融合人文、生态、精致、秀美、宁静、和谐等方面，并以其独特的“古、文、水、绿、秀”诠释着城市的魅力。在过去的十年中，从“三个扬州”到“永恒城市经典”，扬州实现了在城市人居环境建设、城市风貌特色营造、历史文化传承、城市产业提升、生态环境治理以及城市空间建设管理等方面的全面提升，走出一条契合扬州城市特质的高质量发展之路。

千古名城的公共开放空间规划与营造

1949年以来，在明清古城的基础上，扬州的城市空间向外发展，长江沿岸地区成为主要的发展方向。20世纪90年代，扬州的城市发展方向是“西进南下”，在保护古城的基础上，向西延伸建设新市区，向南建立经济开发区，跳跃开发沿江港口工业区。21世纪初，扬州提出“东联西优南拓”，以历史城区为核心，构成“一核两轴三区”的空间结构。2011年，江都撤市建区，城市发展方向调整为东西聚合、南拓北优，构成“两廊三轴五区”的整体结构和“绿水楔入、有机分隔”的组团式城市形态。

在城市快速发展和扩张的过程中，扬州与很多城市一样，面临诸如建筑风貌不和谐、城市特色缺失、人性化空间缺失等城市建设的通病和问题。与此同时，城市竞争日益激烈，高品质城市环境逐渐成为吸引投资者和人才的关键要素之一，也成为城市营销的重要手段。同年，“三个扬州”发展战略的提出标志着扬州市政府更加重视城市空间品质和居民生活质量的提升，更加关注城市空间品质和城市特色风貌建设，也意味着扬州城市规划管控将从土地管控走向空间管控。

2013年4月，扬州市开展了《扬州市公共开放空间系统规划》，深规院承担编制。规划以公共开放空间体系构建和活力营造切入，为扬州构筑“片区—廊道—斑块”相结合的可持续发展的城市结构体

系。构建城环相扣、一轴两带、公共中心体系、林荫大道的城市公共空间系统，强化灵秀精致的扬州意象。面向近期实施、落实到控规单元，保证容量充足、结构合理，因地制宜提出分区改善策略，最终形成“一张图”式参考。在蓝图基础上导入指标控制，建立独立占地控制标准、非独立占地控制标准，以及配置标准、分类配置汇总，针对区级、街道、社区级建设提出建设指引，完善了扬州城市规划管理与建设机制。

在公共空间格局奠定的基础上，为进一步强化扬州历史人文、自然景观与现代都市风貌和谐共生的城市意象特色，引导活力、多样的空间建设，解决规划与建筑设计管理编制标准化、规范化等问题，2013年12月，深规院承担了《扬州市区城市设计导则》编制。《扬州市区城市设计导则》通过认知扬州各阶段城市意象以及现状整体风貌评价，深刻发掘扬州地域性空间特色，提炼并建立“最具扬州空间特色”的要素库。在总体控制层面，建立整体意象结构和风貌，确定管控要点及规则。分则控制层面，从街区控制、地块与建筑控制、道路交通控制、公共开放空间控制以及《建筑设计意向图集》等方面落实扬州空间特色要素库。成果制定菜单式管理条文，为扬州的城市精细化管理提供有效的技术支持，是基于城市风貌特色塑造特征下的城市设计管控重要实践。

《扬州市公共开放空间系统规划》《扬州市区城市设计导则》为扬州推进城市高质量建设奠定了总体格局和重要标准。从2014年开始，扬州市打破传统城市以商业中心区作为市民活动中心的惯例，同时注重对一些荒滩、垃圾场和城市洼地的修复及开发，建设了以宋夹城体育休闲公园、七里河公园等为代表的公园约350个，形成由大型综合公园、社区公园和口袋公园的构成的公共空间体系，实现公共空间“10分钟可达”，为广大市民创造宽敞、无障碍、全天候的公共活动空间，推动扬州从“园林城市”到“公园城市”的转变，最终实现“园在城中，城在园中，城园一体”的空间格局。这种围绕公共空间营城的特色化、差异化的路径，也潜移默化提升了扬州对于人才的吸引力和产业集聚性，促进城市二次增长，增强扬州的区域竞争力。

深圳经验助力扬州打造永恒城市经典

随着2011年江都撤市建区、纳入扬州中心城区，江广融合地区从城市边缘地区变为城市的中心节点。2013年，江苏全省苏中发展工作会议对扬州提出跨江融合发展的要求，将江广融合地带建设成扬州融入苏南、融入长三角核心区域的先导区和核心区，积极承接苏南地区各类创新资源。同年11月，扬州市委、市政府作出重大决策——在未来城市中心的江广融合地带建设一座81平方公里的新城。扬州生态科技新城应运而生，扬州开始探索全新的绿色发展模式。随着扬州城市向东扩张，发展重心东移，新扬州的城市格局开始形成。

从城市边缘到城市中心，江广融合地带成为新一轮发展中扬州城市建设、产业创新的主战场和主阵地，扬州生态科技新城无疑是重中之重，承载着在更高水平上建设“三个扬州”和世界名城的重任。在面向控制实施层面的《扬州市生态科技新城综合规划》中，深规院团队基于前海综合规划多学科多团队协同经验，开展了新型城镇化、产业发展、区域规划、城市设计、水环境、低碳生态、综合交通、旅游发展、城镇更新等多个专题研究，以综合规划这样创新的工作方法和技术路径解决城市核心战略地区的复合型城市问题，并同步结合了城市设计与控制性详细规划的编制。

控制性详细规划通过弹性规划、综合发展用地等充分考虑了市委市政府、管委会以及产业开发商多方诉求，提出了应对未来发展不确定性的策略，并简化管理程序。城市设计则为未来城市管理者提供了更为便捷的城市设计与建筑的管理与导控模式，保证不同规划之间的刚性与弹性、法定与引导、二维与三维之间的协调。

考虑到扬州市生态科技新城所在的“七河八岛”区域自然资源丰富，湿地功能强大，为凸显新城生态特色，综合规划以生态环境保护与生境营造为原则，构建以生长边界和生态连接骨架构成的生态基础设施。其中，以现状水系、生态环境为基础，确定基地生长边界，结合生物综合敏感性以及现状要素分析，识别并构建基地的生态斑块并串联形成廊道结构，作为基地生态连接骨架。为扬州生态科技新城建设奠定水绿融合的生态网络基础，形成一个自然与城市生活相融合的绿色生态的宜居城市。

针对新城独有的水体和丰富的岸线资源，通过从邵伯湖引淮河水系进入基地，勾连韩万河，形成清水入城，提升水质。韩万河雨洪调蓄公园则形成生态调蓄区，实现生态海绵的理念。同时，在新城东侧芒稻河岸构建集防洪、生态、景观、休闲等功能于一体的48公里“LOOP”生态环，将防洪生态等限制条件转化为有益于城市发展的积极空间，通过简单、经济、快速的建设，创造容纳城市事件与公共活动的绿色基础设施，形成扬州生态科技新城的城市名片。

基于绿色框架，核心区城市建设用地被生态廊道划分成七个易于管理的坊，即商务坊、创智坊、科技坊、安居坊、水岸坊、乐活坊及自在岛，每个坊秉持社区与职居比平衡的理念，打造生态、生活、生产共享的社区模板。

在扬州生态科技新城建设的背景下，扬州市生态科技新城南侧的杭集镇城市设计专题也同步开启。杭集镇是中心城区的卫星镇，镇域综合经济实力位于扬州市十强乡镇之首，产业基础雄厚，但也面临着城市化发展中建成度高、土地增量空间有限、空间环境品质持续恶化、城市服务多元性不足等困境。《扬州市生态科技新城综合规划——杭集片区城市设计》针对杭集镇区发展特征，摒弃以往大拆大建的规划思想，在城镇环境修复、城市更新、空间再生等角度，运用全面的、"针灸式"的城市设计方法去应对小镇多元发展的诉求，营造一个可持续发展的小镇。规划保留部分镇区庄台，优化环境，延续杭集产业发展的雏形与基石庄台经济"产—居作坊"的小微产业活力特色，打造产城融合的魅力示范性城镇。镇区位于生态廊道的交界处，水网密布，但因长期的制造业发展和水环境监管滞后，导致镇区河道被污染和侵占。针对这一问题通过清水活水、联通河道等手段，改善现状水系环境，修复三条特色水廊道空间，融入多样的生活功能，与社区发展连为一体，重塑镇区特色空间和环境品质。基于城市设计的精确把脉，杭集镇通过后续几年持续的空间治理，小镇建设取得丰硕成果。2017年8月，杭集镇作为扬州的首个代表成功入选全国第二批特色小镇名单，成为江苏省特色小镇的典范。

而位于生态科技新城西侧的广陵新城，虽然曾先后编制河东分区广陵新城城市设计、中央商务区城市设计、京杭大运河沿岸城市设计等项目，但在近年来的规划设计建设中，呈现出缺乏对整体空间秩序的把控、空间资源特征不清晰等问题。广陵新城处于江广融合一体化大区域经济腹地的中心地带，可发展为扬州未来行政、经济、文化的新中心。为有效整合已有规划及项目、确保各项城市设计意图能够在后续项目加以贯彻落实、改善从城市设计方案到规划设计要点的传导缺失等问题，2014年6月，扬州市规划局委托深规院启动《广陵新城重点区域城市设计导则》（后文简称《导则》）编制工作。

该《导则》结合对该片区现有城市设计的评估，通过反思总结与继承优化，强化空间资源特征，重塑城市空间形态意象，整理优化系统结构，提出城市设计优化方案，并形成以街坊为单元的导则进行精细控制。其中，土地使用图明确用地性质、用地面积、容积率、绿地率、配建车位、配套设施等；空间控制图则明确建筑退线、建筑贴线、建筑高度、街墙界面、公共空间、公共通道、车行出入口、人行主入口等。规划成果兼顾刚性与弹性，采用条文、模式图与图则相结合的方式表达，满足规划目标落实与开发实施的双重需求。《导则》结合多年来深规院在城市重点地区城市设计导则的实践与探索，体现从关注建筑形态转向关注公共空间、从重视地上空间转向地上地下一体化、从刚性控制转向刚柔并济、从重视设计方案转向贴合管理实施的四个思考转变。

2018年，扬州提出了"三个名城"战略——美丽宜居的公园城市、独具魅力的国际文化旅游名城、充满活力的新兴科创名城，开辟扬州高质量发展的新境界。2019年2月，扬州市领导调研江广融合区和三湾片区，提出学习雄安新区，对标世界一流城市，打造永恒的城市经典。8月，在上一轮《扬州市生态科技新城综合规划》完成后的第三年，按照扬州市委“以最高标准打造永恒的城市经典”的目标，对生态科技新城核心区的整体城市形象和城市风貌提出了新的更高的要求，未来的新城须为扬州塑造一个具有国际先进标准与优美空间形象的城市新中心、一个科技创新功能集聚和多元合作交流的高质量发展示范区。

基于此，扬州生态科技新城管委会重新组织《扬州生态科技新城高铁片区城市设计国际竞赛》，深规院方案传承扬州与水交融的城市生长逻辑，在“大扬州中心、新扬州示范”的整体定位下，提出扬州“中心水城”发展愿景。方案提取水城基因，为新城营造一个体现未来城市价值的框架，即弹性生长的城市与丰富的水绿环境。以水岸和绿色公共空间作为城市水城边界并划定适宜的开发单元，在单元中布置活力中心和便捷的换乘码头，以水路和慢行系统优先组织交通，鼓励多种业态混合开发，通过环境塑造实现每个单元的价值最大化开发，形成扬州特色的弹性开发单元，以适应新城的分期开发建设。

自2013年以来，深规院先后参与扬州市域十余项规划设计及咨询服务工作。紧扣扬州高质量发展的城市发展战略，通过一系列顶层规划设计以及中微观城市设计实践项目推动规划思路的延续和落实，见证了扬州的转型与成长。当前，一幅现代化新扬州的发展蓝图正在绘就，随着格局的日趋清晰，坚持以高质量发展作为发展战略的扬州，将以更加精致、优雅的姿态成为世界最具魅力的“江南明珠”。

1 /《扬州生态科技新城核心区城市设计国际竞赛》土地利用规划图
2 /《扬州生态科技新城核心区城市设计国际竞赛》总平面图
3 /《扬州市公共开放空间系统规划》公共开放空间规划图
4 /《扬州市公共开放空间系统规划》公共开放空间系统结构图
5 /《扬州市区城市设计导则》高度控制图
6 /《扬州市区城市设计导则》总体风貌控制图
7 /《广陵新城重点区域城市设计导则》建筑控制图
8 /《广陵新城重点区域城市设计导则》总平面图
9 /《广陵新城重点区域城市设计导则》城市空间意向图

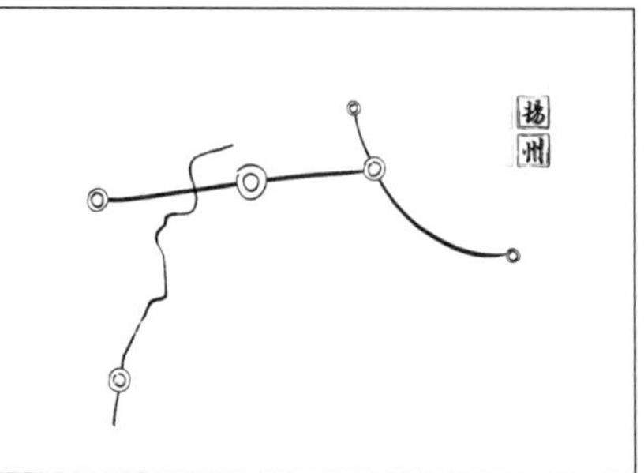

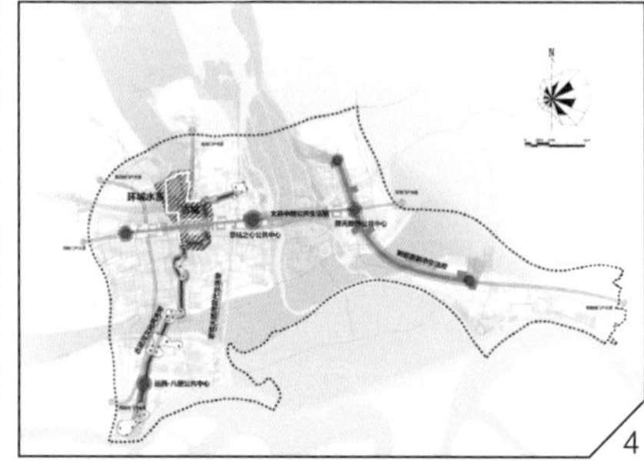

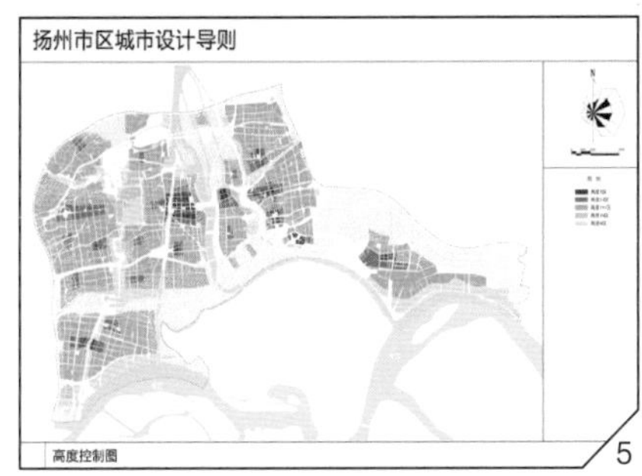
扬州市区城市设计导则
高度控制图
5

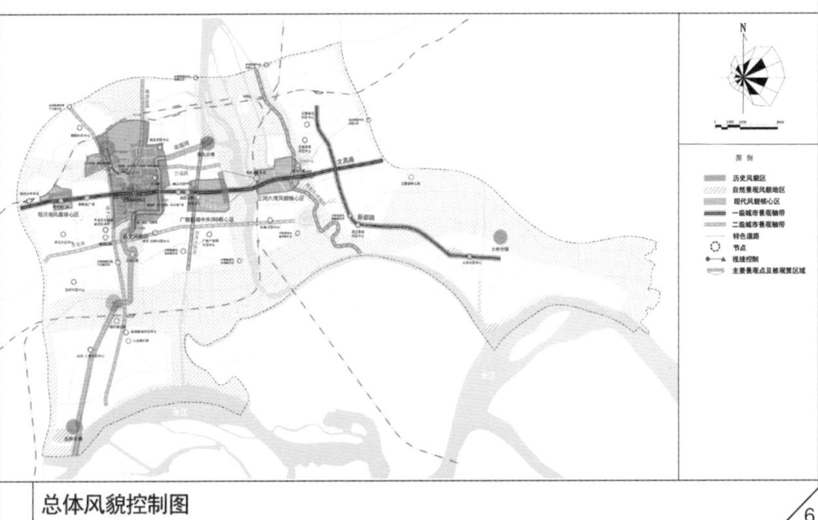
扬州市区城市设计导则
总体风貌控制图
6

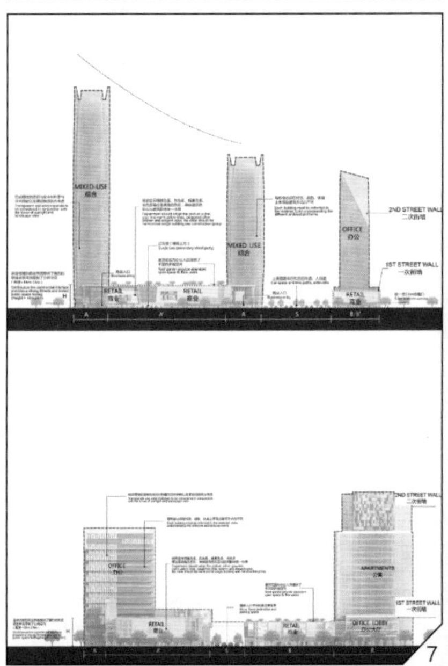
MIXED-USE
综合
OFFICE
办公
2ND STREET WALL
二次街墙
1ST STREET WALL
一次街墙
RETAIL
商业
APARTMENTS
公寓
OFFICE LOBBY
7

8

9

《扬州生态科技新城高铁片区城市设计国际竞赛》城市空间意向图

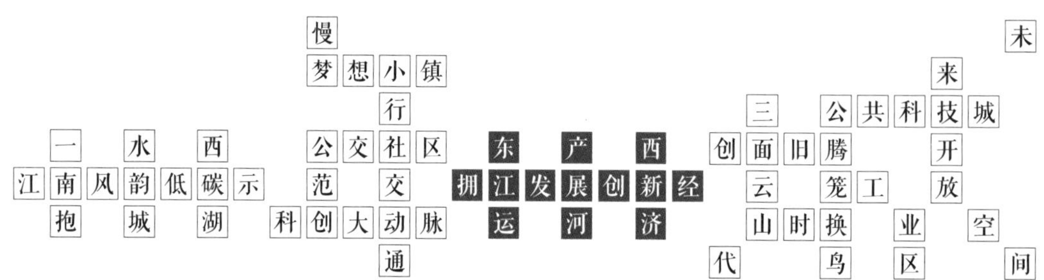
江南风韵低碳示
一水西湖
抱城
水城
西湖
慢梦想小镇
公交社区
科创大动脉
行
交通
范
拥江发展创新经
东运
产河
西济
创面旧腾
三云山时代
公共科技城
腾笼换鸟
工业区
来技开放
空间
未来
城

杭州
人文精神与创新跨越的规划实践

杭州，一座具有2200多年历史的“人间天堂”，坐拥西湖，三面云山、一水抱城的山水秀色声名远扬。从历史上的吴越、南宋都城到如今的环杭州湾大湾区核心城市、国际电子商务中心、创新中心和闻名的旅游城市，杭州凝聚世代匠心，依托优厚的文化本底和生态环境，不断探索产业创新与宜居空间的结合。杭州依托强大的内生动力、开放的人文环境、丰富的文化底蕴、弹性网络的城市空间、包容的政府治理等，形成人文与创新并重，既有江南风韵，又具开拓精神的“杭州气质”。

人间天堂的城市公共空间规划与设计

杭州近代的城市发展离不开西湖。伴随西湖十景重修，杭州围绕西湖推动城区建设，对环西湖周边，如武林广场、老火车站、南山路等地标建筑和景观环境的打造，老城区从人本、品质、便利等角度，极大地提升了大众对杭州的认知和体验。

深规院基于深圳先行探索的经验，自2005年开始，在杭州率先开启了公共开放空间体系规划探索。在《杭州市公共开放空间系统规划》，力图使杭州回归开放的街道与河道生活，构建以连续的滨水空间为骨架、大小结合总量充足、满足多种公共活动需求的公共开放空间系统。同时，深规院以人为本，着力改善慢行系统和绿道、绿地系统的规划设计细节，提升体验感。例如，《杭州市武林地区慢行交通系统规划》提出为市民提供一个安全、便捷、舒适、优美的出行环境，实现“和谐武林、活力武林、健康武林、魅力武林”的提升目标；《杭州市公交社区规划研究》小汽车导向开发模式引发城市问题的反思，探寻适合杭州的、以公共交通为引导的社区发展模式；《杭州市上城区低碳示范区规划研究》借助杭州申报国家低碳试点城市契机，寻找杭州“六位一体”“低碳城市”的新路径。

河坊街保护、运河历史保护、河道治理、五水共治、遗存改造、旅游提升等系列行动，将杭州引入“运河时代”。2008年前后的拥江发展大战略，以钱塘江为发展轴带，拉开以钱江新城、钱江世纪城和奥体博览城为中心的中心城区东扩提升建设。杭州的中心城区发展亦从西湖拓展到运河，并最终迈入钱江时代。尤其是钱江新城作为国内第一代商务中心区，它的高标准和整体性规划建设，成为实现杭州现代化国际性大都市的重要路径。

外围空间的均衡拓展，从腾笼换鸟到新城网络

在国家产业转型和动力换档的过渡时期，随着国家产业提升背景下的城市增量扩张，杭州中心城区中曾经辉煌的大厂大院和旧区，面临持续外迁和二次发展的黄金机遇。“腾笼换鸟”产生的商业商务、创新创业平台，为城市的产业转型提供了充足的空间平台。在当届政府强力推动下自2008年开始，杭州学习迪拜，创建20座新城和100个城市综合体。随着绕城快速的开通，构建网络化大都市提上日程，杭州拉开了郊区新城和大型居住区的蓬勃发展的序幕。此间深规院承担了杭州重机厂、杭州热电厂、杭氧杭锅、杭州大河造船厂等一系列旧工业区的改造规划。尤其在《创新创业新天地（原杭州重型机械厂）城市设计》的规划过程中，通过创新（旧工业区的更新与转型）与创业（商贸中心的策划与营建），将工业遗产的传承和都市活力空间的重塑充分融合，开展综合性的空间设计。尤其是基于实施，前瞻性地探索从规划—设计—落地的全流程综合性技术统筹方法，不仅保证了项目实施的空间品质，也为后续类似的工作积累了扎实的经验。

紧随而来的杭州拥江发展战略，推动杭州城市骨架的快速扩张，两翼的余杭、萧山和城北为主的外围城区快速成长。在坚持“城市东扩、旅游西进，沿江开发、跨江发展”的空间策略基础上，杭州提出“一主三副、六组团、六条生态带”的空间结构，加快城市行政边界的调整，东部片区成立钱江新区，使江东持续获得发展动力；西部临安、富阳并入杭州，强化城西青山湖科技城与未来科技城的融合一体。同时，加强对纵横南北的大运河及其二通道沿线的空间梳理与整合，提出运河新城。在强力推动“东西锚固+南北联动”的市区一体发展基础上，从山峦叠嶂到一马平川，杭州步入“主城扩容、能级提升、中央赋能”的大都市扩容新时代。杭州在保护“三面云山一面城”的城区历史空间格局基础上，强化外围城乡适度分散的发展格局，提升外围山水融合地区独特江南韵味。小城镇、乡村及生态地区的创意场所，外围职住相对均衡的自我完善组团，构成杭州多点均衡、非单一强中心的独特网络化大都市新空间格局。

内优外拓，配合城市骨架的快速扩张，深规院2010年前后在杭州余杭区、富阳区、临平新城、临安区、丁桥田园片区等新城新区开展了一系列规划设计。《临平2049区域空间协同发展研究》借助

临平运河二通道及临许合作区空间整体融合的深度思考，实现区域一体的城市共同体和复合城区进行深度探讨。《青山湖科技城核心区融杭一体化发展战略研究及概念规划》在如何做好青山湖科技城与未来科技城南湖新城等协同发展的基础上，按照西部反磁力城区的定位，力求实现区域消费与服务中心、区域产学研智造集群、环境友好型滨河城区的目标。《杭州市余杭区大径山地区发展战略规划》从区域融合的一体化发展思考出发，构建了山水交融、斑块镶嵌的精明格局和“大山水小城镇”的生态思路。

新经济引领下的城市空间新格局

随着杭州城市空间迅速的拓展和重组，城市的治理体系和权力配置也发生着巨大的演变。全市多平台、板块化的发展，对各个分片区的发展带来了较大的促动，但整体看却对城市合力的聚集产生了一些冲击。杭州的区域辐射力很强，但主城辐射力却相对弱，呈现典型的跨区域辐射特点。由于历史基础不同，教育、医疗、文化领域的社会优质资源大量集中在中心城市区，外围公共服务和社会资源分布相对不均衡。如何聚焦，如何突破？向东，在中国制造2025等一系列国家以实体经济为导向的工业发展措施推动下，杭州依托国家级萧山经济技术开发区的雄厚基础，从江东工业区到省级重点的大江东产业集聚区，再到江东新区，拉开了大江东新城的开发序幕；向西，与2008年大江东同时期启动的杭州城西，依托雄厚的民营经济实力和浙大等高校的人才资源，不断凝聚创新活力。在省、市区不同层级的强力动力驱动下，余杭创新基地、浙江省高层次人才创新园，以及新杭师大、浙大城西校区，城西科创省级产业积聚区（联合青山湖）等产业创新平台不断涌现。

在“东产西创”的差异突围战略下，杭州在有限的城市公共资源基础上，集中力量，探索“资本+模式+技术+空间”的创新突破。借助新经济对城市发展的强劲驱动力，实现了城市发展格局的差异平衡和区域协同，像深圳及其他创新地区一样，成为中国城市发展创新思路的代表。

在大江东新城的开发中，深规院2009年参与了《大江东新城发展战略规划》。通过不断升级开放，大东江新城成为拥有“国家高新区、国家自主创新示范区核心区、国家产城融合示范区、国家循环化改造重点支持园区”等多个期望的热土。自成立到2015年，大江东的GDP和财政总收入增速长期位居杭州第一。但从2016年开始，受国际出口形势和各方面因素影响，大江东的GDP和财政收入依托的传统制造业，逐步减速甚至是负增长。受此影响，城市东部的空间和配套发展也逐步减缓。如何将有限的城市公共资源聚焦创新，实现城市经济增长和空间发展的突破，成为杭州这一时期面临的重要挑战。

拉开杭州大城西创新发展引领序幕的重要标志性事件是于2011年正式挂牌成立的杭州未来科技城（海创园）。期间，深规院承担了《浙江杭州科技城发展战略规划研究》及《杭州未来科技城概念性总体规划》，提出了依托众多的创新型企业在未来科技城的集聚，提升高附加值的技术研发、设计、服务业比重。由单个园区扩展到城市和区域，大学园、城市边缘、专业镇、产业园的布局及内涵的注入。结合开放型的园区、社区和校区的建设，融合产业空间与开放空间，推动功能向综合性城区转变。同时，规划在重点关注创新创业人群的工作、生活、交往需求的基础上，通过对未来科技城空间选择、布局模式、演化形式及提升机制的前瞻性探讨，研究科技型城区创新空间布局由弹性到韧性的转型，将未来科技城打造为一个功能交织、空间交错的复合型科技创新城区。

未来科技城、大城西引领全省产业转型，杭州正式进入创新驱动时代。尤其2011—2018年阿里巴巴总部落位未来科技城后，企业营收从203亿元上升至4997亿元，税收从11.7亿元上升至285亿元，一举超越大江东成为全市第一。

同时杭州向西发展，由大生产、大生活、大生态的传统发展模式。向以小空间大集聚、小平台大产业、小载体大创新、小生态大人文为特征的特色小镇模式进行转型。深规院编制的《梦想小镇概念方案设计》，依托年轻创业群体和良好的创业环境，为年轻人的双创需求提供了一条“三生融合”+“四区叠加”的新路径。立足于未来科技城、阿里总部、海创院、梦想小镇、达摩院等创新平台，杭州也在谋划宏观层面的中国创新“硅谷计划”。深规院编制的《浙北互联网经济走廊规划研究》，基于互联网时代区域对产业、创新、服务、教育、生活、交通发展内涵的转变，提出了具有战略意义和前瞻性的计划和思路，提高了杭州在生态文明时代城市创新的样本价值。而在《杭州城西科创大走廊及未来科技城应对策略》中，提出空间创新，打破界限促进创新要素流动、转移、共享，构筑红色TOD、蓝色创智、棕色制造、绿色众创四个融合链条。规划提出两年多来，大走廊各类要素快速汇聚，专利数量激增，产业技术服务增加值连破千亿大关。浙江大学、阿里巴巴、之江实验室、阿里达摩院、西湖大学、湖畔大学、云计算产业园、梦想小镇、青山湖微纳智造小镇、互联网金融小镇、人工智能小镇等大批创业创新平台围绕这条“科创大动脉”落地生根、开枝散叶，为资源集聚和技术创新提供了强力支撑，成为国家创业创新激情迸发的未来之地。

未来，杭州都市圈将达到与浙江省面积相当的9.366万平方公里的规模。杭州将通过区域合作，廊道链接强化联盟城市；通过构建创新空间圈和创新产业链，建设创新城市；通过推动“生态+”、文化、“乡村+”塑造魅力城市；通过实体与虚拟平台的建设，建设全球平台城市，从而实现规模化的工业经济向知识创新时代的城市发展转型。随着G20峰会、亚运会的召开以及世界互联网大会、人工智能大会等的持续推介，杭州不断向世界展示其“江南韵味、中国气质、世界眼光、创新经济”的中国精神、中国力量。作为文化名城和创新之都，杭州以面向世界的宽广视野当之无愧成为美丽中国建设的样板。

一部杭州城市发展史展现了实现中国梦的有机过程。深规院在杭州的持续规划和实践，不断以空间创新响应和助推城市新经济和人文的提升。未来，世界格局将发生深刻的变化，杭州不仅要有全面引领浙江步入新时代的担当，更要有世界一流城市的站位。杭州将通过区域性、系统性、全局性、前瞻性的规划建设，继续引领新时代中国城市的发展。

杭州未来科技城发展战略规划及概念性总体规划

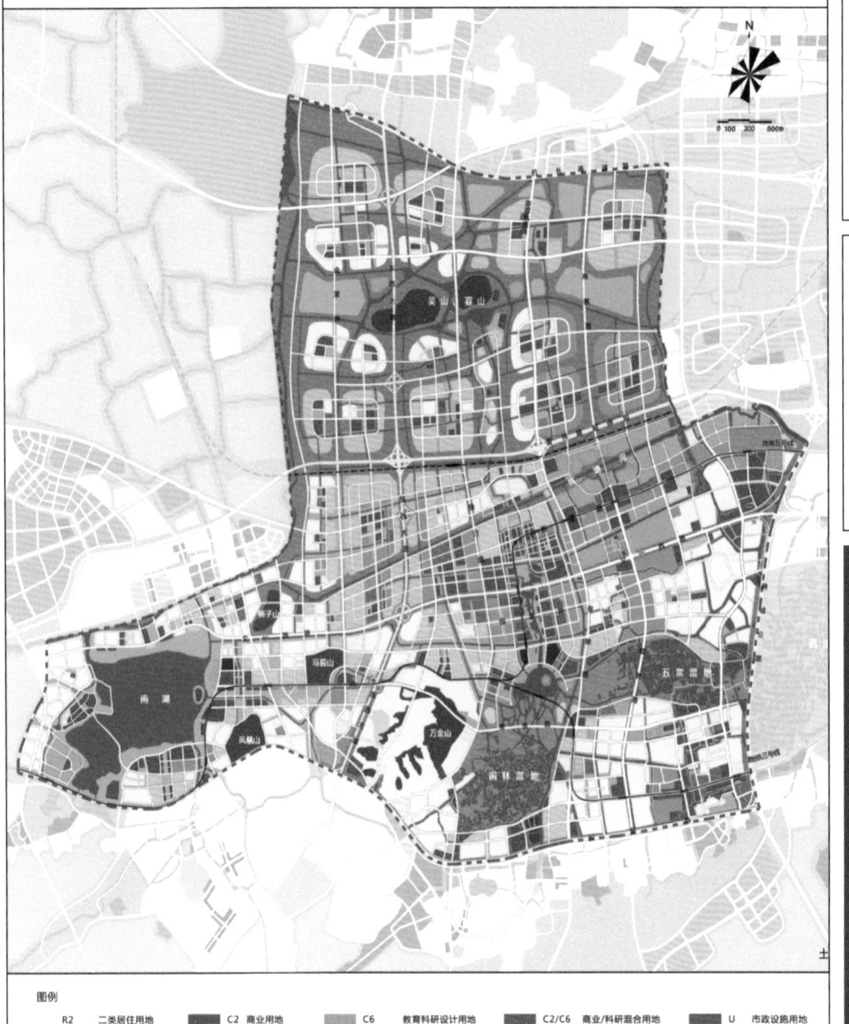

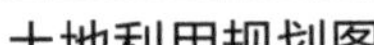

土地利用规划图

1

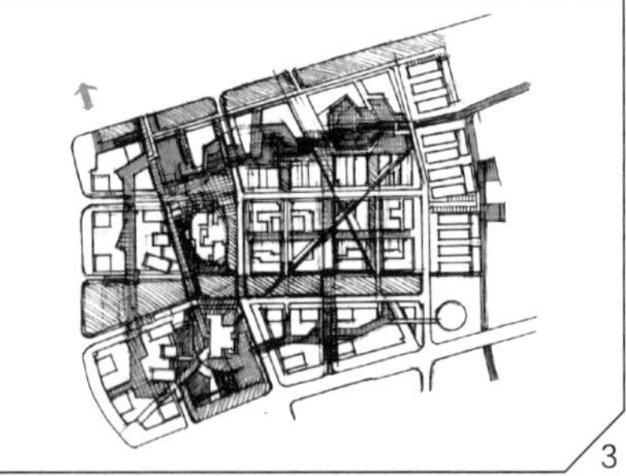

3

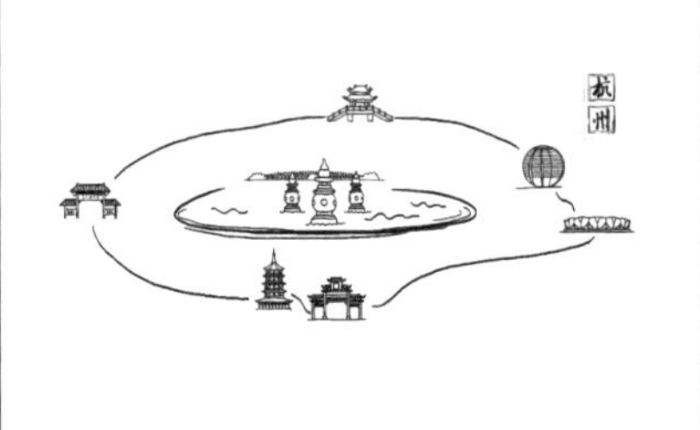

1 /《杭州未来科技城发展战略规划及概念性总体规划》土地利用规划图

2 /《杭州未来科技城发展战略规划及概念性总体规划》城市空间意向图

3 /《创新创业新天地（原杭州重型机械厂）城市设计》手绘方案图

4 /《创新创业新天地（原杭州重型机械厂）城市设计》总平面图

5 /《杭州市公共开放空间系统规划》现状公共开放空间分布图

6 /《杭州市公共开放空间系统规划》规划公共开放空间和可达范围分布图

7 /《杭州大江东新城核心区概念规划及城市设计》土地利用规划图

8 /《杭州大江东新城核心区概念规划及城市设计》总平面图

9 /《杭州梦想小镇概念性详细规划》城市空间意向图

2

创新创业新天地（原杭州重型机械厂）城市设计

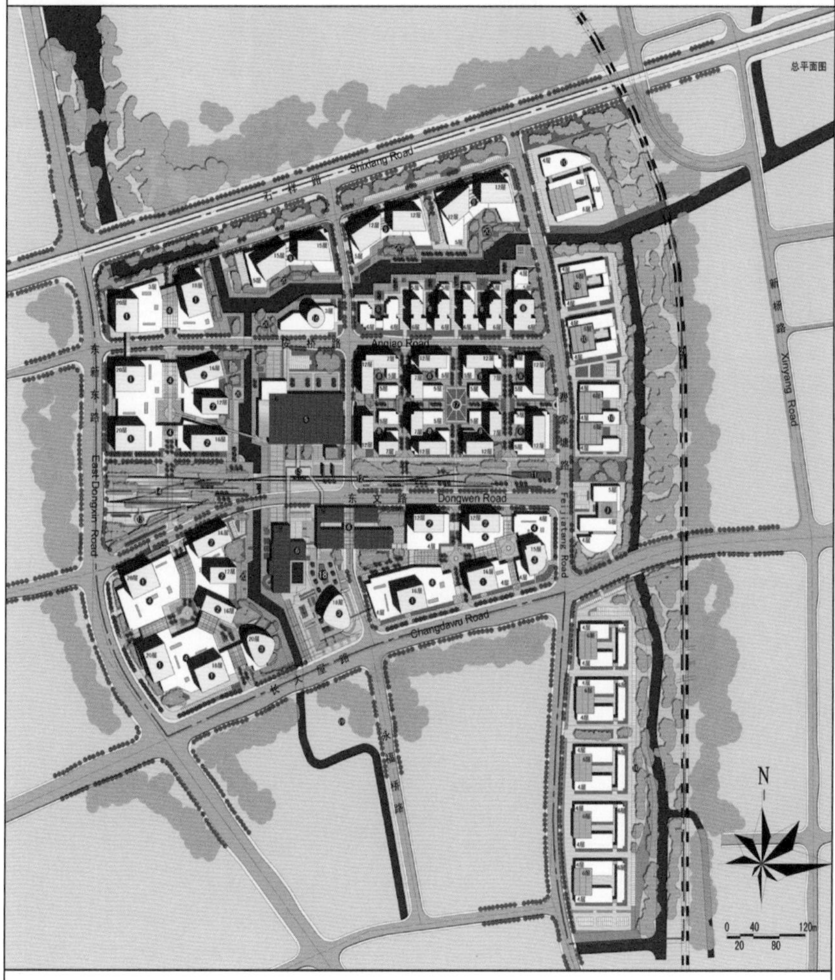

图例

1.商务办公　5.运动休闲综合体　9.科技研发办公楼　13.标志塔　17.中心绿地　21.杭宣铁路
2.酒店式公寓　6.文化娱乐综合体　10.都市工业　14.入口天棚　18.下沉广场
3.酒店　7.科技培训服务用房　11.火车餐厅　15.二层平台　19.公交始末站
4.大型购物中心　8.商业零售/SOHO办公　12.都市工业公园　16.社区图书馆　20.滨水步道

总平面图

4

杭州市公共开放空间系统规划

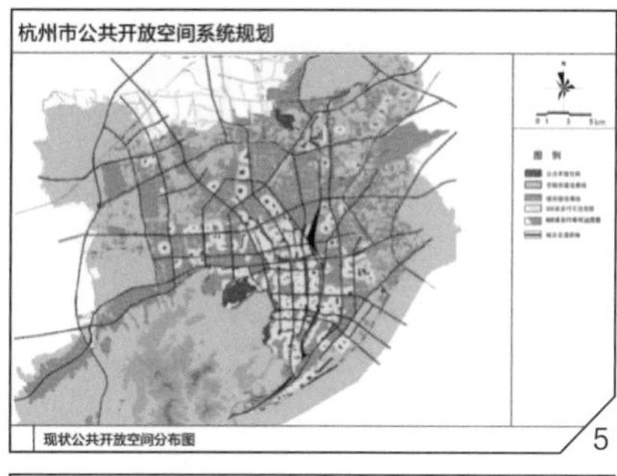

现状公共开放空间分布图

5

杭州市公共开放空间系统规划

规划公共开放空间和可达范围分布图

6

杭州大江东新城核心区概念规划及城市设计

土地利用规划图

7

杭州大江东新城核心区概念规划及城市设计

总平面图

8

9

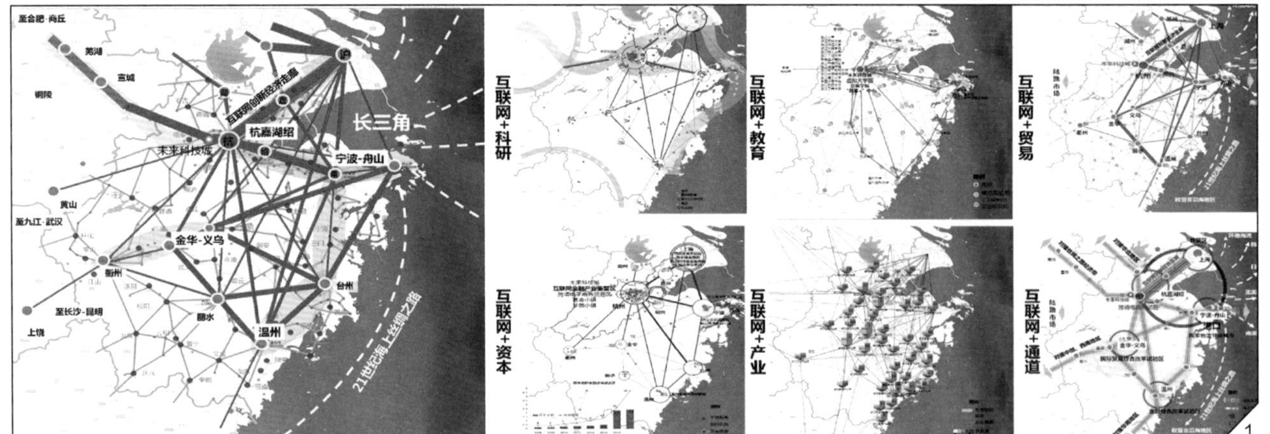

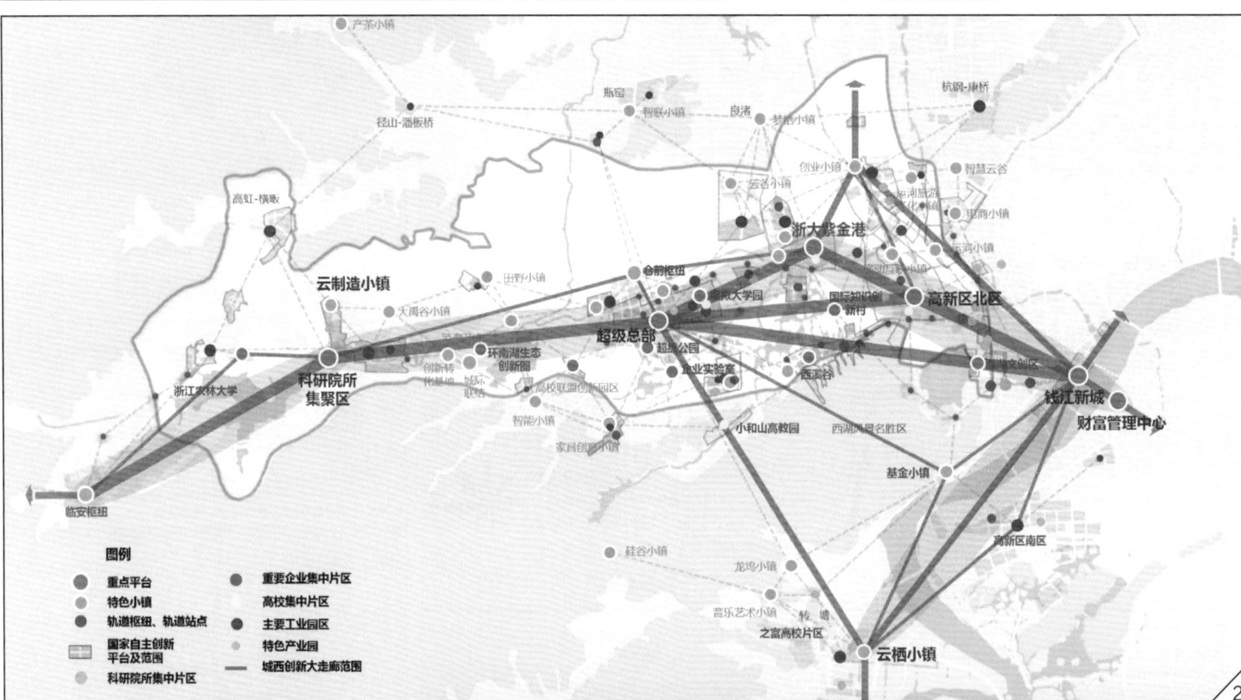

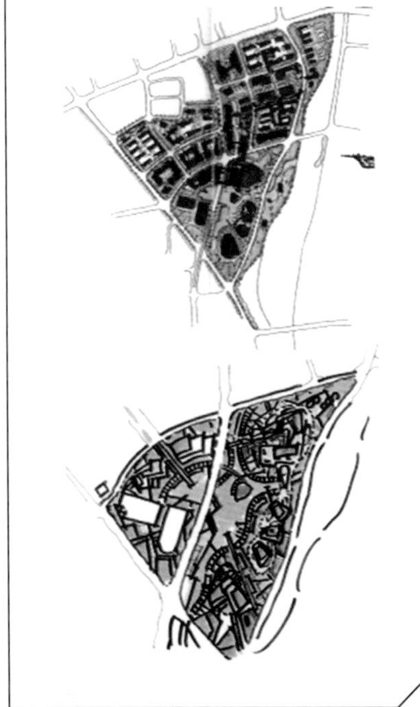

1 /《浙北互联网经济走廊规划研究》大走廊"互联网+"策略体系图

2 /《杭州城西科创大走廊实施方案》城西大走廊空间结构体系图

3 /《杭州杭氧杭锅区块城市设计》手绘草图

4 /《杭州杭氧杭锅区块城市设计》城市空间意向图

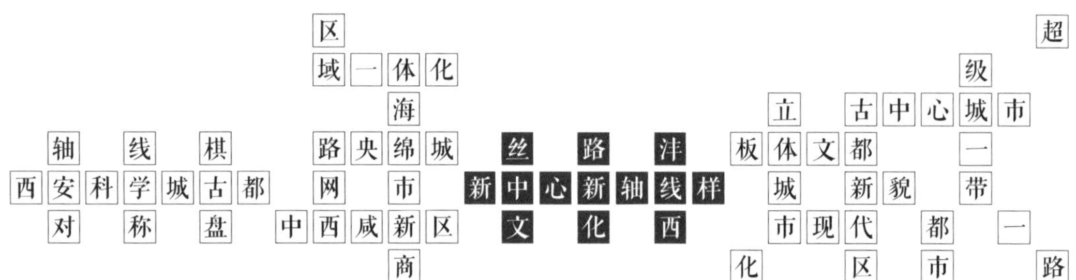
区 超
域一体化 级
海 立 古中心城市
轴 线 棋 路央绵城 丝 路 沣 板体文都 一
西安科学城古都 网 市 新中心新轴线样 城 新貌 带
对 称 盘 中西咸新区 文 化 西 市现代 都 一
商 化 区 市 路

西安
三千古城焕新颜，“一带一路”续新篇

西安拥有3100年建城史和1100年建都史，千百年间，先后有13个王朝在这里建都。恢弘壮丽的长安城见证了汉唐两朝的无限辉煌，万国来朝的繁华景象曾盛极一时。唐长安城是我国古代规模最大的都城，源自《周礼·考工记》的皇城建设规则，唐长安城呈严整的九宫格式布局，城廓方正，街巷纵横，街坊整齐划一，展现了我国古代城市营造的最高标准。城市形态风貌是对城市文化积淀最直观的写照，三千年来的朝代更替、时空叠合造就了古都西安棋盘路网、轴线对称的基础形态。

1949年后，西安进行了大规模的发展建设，进行了四次城市总体规划编制。第一次，《1953—1972年西安市总体规划》确定了沿袭古城轴线对称的空间布局模式，并初步确定了西安的城市功能分区；第二次，《1980—2000年西安市总体规划》进一步明确了大遗址保护的布局理念；第三次，《西安市城市总体规划（1995—2010年）》确立了“中心集团，外围组团，轴向布点，带状发展”的空间布局模式；第四次，《西安市城市总体规划（2008—2020年）》明确了“九宫格局，棋盘路网，轴线突出，一城多心”的城市空间布局模式。经历四次城市总体规划，西安城市内部空间结构由单核演化向多核演化发展；外部空间演化由星状化结构、点式演化，沿着“点—轴”发展模式向串珠放射状、网络化结构均匀伸展，逐步趋向区域一体化。

新区新城，拉开西安国际化大都市的新篇章

2009年6月，国务院批准了《关中—天水经济区发展规划》，加快推进西（安）咸（阳）一体化建设，着力打造西安国际化大都市，把西安市建设成国家重要的科技研发中心、区域性商贸物流会展中心、区域性金融中心、国际一流旅游目的地以及全国重要的高新技术产业和先进制造业基地。

2010年12月《国家主体功能区规划》明确要求“推进西安、咸阳一体化进程和西咸新区建

设”，这标志着西咸新区建设已提升到国家战略层面。在此契机下，西咸新区的各项规划编制工作快速推进。2012年7月，西咸新区开发建设管理委员会启动《西咸新区现代田园城市总体城市设计专项规划》项目，深规院承担编制工作。

西咸新区泾渭沣河川流而过，山林田野掩映城郭，文化积淀深厚。规划在对西咸新区各种特色资源要素分析、保护的基础之上，确定水网绿脉等生态基底，科学组织城市总体结构，将城市建设斑块有机分布在广袤的绿水田园之中，呈现出大开大合、韵律起伏之势，让城市组团与自然环境更好地融合，探索一种更加生态化的城市建设发展方式。从西咸新区的特点出发，规划从开敞空间、景观塑造、公共交通导向开发、慢行系统、高度密度分区、城市色彩、第五立面、城市夜景“八大要素”入手开展研究，为城市发展设计总体空间框架。并将“八大要素”设计要求通过单元导则向相关规划中传递，与法定规划共同发力，作为引导城市开发的有力工具。

2014年1月6日，国务院正式批复陕西设立西咸新区。西咸新区位于《关中—天水经济区发展规划》确定的西咸国际化大都市的核心区域，是经国务院批准设立的首个以创新城市发展方式为主题的国家级新区。西咸新区沿承西安国际化大都市的空间结构，形成“一河两带四轴五组团”的空间结构，涵盖空港新城、沣东新城、秦汉新城、沣西新城和泾河新城五大组团。

沣东新城作为西咸新区的重要组成部分，肩负着统筹科技资源和建设新西安新中心核心承载区的历史使命。为贯彻落实经济区发展和西安建设国际化大都市的要求，沣东新城管委会启动《中国 · 西安科学城——统筹科技资源改革示范基地控制性详细规划》，深规院承担了编制工作，从探索国家科技统筹资源新路径的角度切入，研究统筹科技资源的空间模式，对于类似科技资源丰富地区的园区建设提供借鉴与示范。

《中国 · 西安科学城——统筹科技资源改革示范基地控制性详细规划》从市域层面分析科研所、高校、军工企业、开发区的资源优势，提出建立七个科技服务平台，强化产学研一体化进程，并建立公共孵化基地、知识与技术创新谷及示范产业加速园，加速科研转化进程，进而向周边产业区移植、推广。规划将科技文化、历史文化、都市文化三者融合，形成具有西安科学城特色、体现西安气质的活力人文城，通过建设高度参与的公共开发空间，使科学城成为西安科技文化一站式体验基地。规划还建立了面向实施，弹性、可控的规划控制体系，为适应未来建设条件的变化，划分管理单元，制定具体的开发强度管理及用地性质调整规定，并以管理单元图则形式加以导控。

在《中国·西安科学城——统筹科技资源改革示范基地控制性详细规划》指导下，西安统筹科技资源改革示范基地不断完善“科技孵化、研发与中试、科技交易、科技体验”四大产业环节，依托“一平台（陕西省创新驱动共同体联盟）、一中心（国际离岸科技资源统筹中心）、一生态（科技创新生态环境）”，率先发展成为国家级开发区通过离岸创新模式“走出去”的典范。

沣西新城是西咸新区五大新城之一，是国家在海绵城市、创新创业、清洁能源、供配电改革、气候适应性城市等方面的试点地区。深规院自2013年参与沣西新城规划建设，将深圳经验输出到沣西，并结合沣西自身发展特点，进行了集成和再创新。规划总体以公共价值和创新集成为导向，以生态、文化和创新作为新型公共产品，构建了“丝路城”“科学城”“公园城”和“智慧城”四大建设目标，向世界传递出新丝路新梦想，展现大西安新的城市文化、城市化模式和精神面貌。

在丝路创新谷起步区开发规划中，借鉴深圳留仙洞总部基地和中国西部科技创新港综合开发经验，超前采用“总设计师团队”全流程规划统筹模式，建立起新型城镇化发展导向下的创新园区高质量规划建设新模式。

《西安丝路创新谷起步区综合规划》采用大集群设计模式，构建整体创新目标，协调建筑、景观、道路工程、CIM等十几个团队，细化各专业工作目标及实施细则，自上而下保障从规划设计到建设实施全过程统筹。规划探索建立新型功能单元，实现小密路网、职居均衡、绿色低碳、绿色建筑、清洁能源等新理念和新技术集成；创新海绵城市新模式，建立明沟排水与全域海绵体系；形成控制性详细规划、城市设计和多个专项的“1+1+8”管理导则，作为项目土地出让的附加条件，保证规划意图落实，实现高品质的开发建设。

目前，沣西新城已经落户西安交大中国西部科技创新港、西工大翱翔小镇和西北农林未来农业研究院、西部云谷硬科技小镇、九部委数据备灾中心等重量级产业和创新平台；近年来成功举办了“2017科学城发展高峰论坛”“2018年海绵城市建设国际研讨会”“2018中国—亚太市政能源研讨会”“2018气候适应型城市试点建设国际研讨会”等多个国际性会议，已形成高质量发展的“沣西样本”。

随着西咸一体化的深入，大西安“多轴线多中心”的城市新格局正在逐步形成，其中，南北纵贯西咸新区的科技创新引领轴，将与其他城市发展轴错位互补，汇聚人才、资金、技术、文化等多元化要素，全力打造“西部开发开放创新发展示范区”和“一带一路”国际交流合作重要节点。在此背景下，2017年西咸新区规划建设局开展《大西安新中心新轴线综合规划》和《大西安新中心新轴线城市设计深化方案》的编制工作。规划以城市设计为平台，邀请在各专业规划建设领域拥有丰富规划水平和卓越建设经验的综合技术团队，围绕同一目标、同一平台，采取综合规划的工作方式，各专业协同互动、各部门联合审批、同步推进的全新工作方式，从而搭建一个一张图式的规划设计体系，以实现宏观层面呼应发展战略、中观层面无缝衔接各专项规划要点、对下指导各区块开发建设管理。规划基于“建轴线即建城市”的理念，把轴线的打造与城市的创新发展有机结合起来，对轴线及其周边辐射片区一体化考虑，以轴线作为带动片区发展的核心驱动力。

规划的实施，有效指导了南北区启动区、金湾滨水区、昆明池启动区等板块的建设，落实了片区路网、主导功能、空间控制等内容，形成轴线建设的先行示范区；落实了周文化博物馆、昆明池南北湖等公共服务和市政工程建设项目；有效指导沣泾大道地上地下一体化开发示范段的建设。未来，新轴线将以“现代、时尚、生态、文化、科技、活力”为主要理念，展示时尚与科技的结合、文化与生态交融的现代都市气质，成为一个带状的超级中心城市，成为西安面向未来的城市遗产。

“一带一路”，在古丝绸之路的起点展开新丝绸之路的画卷

作为古丝绸之路的起点，西安历来是世界各国经贸往来、政治交往、文化交流的中心。随着2013年“一带一路”倡议的提出，西安承东启西、连接南北的重要战略地位进一步巩固。2014年年初，西咸新区开始建设打造国内唯一发展航空城的临空经济区——空港新城；2015年3月28日，国家发改委、外交部、商务部联合发布《推动共建丝绸之路经济带和21世纪海上丝绸之路的愿景与行动》，明确指出西安作为“内陆型改革开放新高地”，承担起引领国家向西开放战略的重要责任；2017年3月15日，国务院公布了《中国（陕西）自由贸易试验区总体方案》，提出陕西自贸区将建设成为“一带一路”经济合作和人文交流重要支点。

西安文化商务区（CCBD）位于西安市古都文化传承轴南端的门户区，向南朝对秦岭山脉终南山之巅，向北遥望西安钟楼，具有极高的文化价值。2018年11月《西安文化商务区（CCBD）总体概念规划》获得西安市委领导的高度认可，为贯彻落实规划的先进理念与城市意象，推动项目早落地、早开工，由西安市曲江新区CCBD管委会、曲江新区规划局组织，委托深规院于2019年4月开展《西安文化商务区控制性详细规划》编制工作。

CCBD北起天坛路，南至曲江新区边界，西起长安南路，东至汇新路—翠华南路—雁塔南路，总

面积约288.2公顷。规划以“开放、绿色、传承、创新”为理念，重点研究CCBD如何将西安的丝路文化与未来文化有机融合，如何成为集国际化的设计标准和理念于一体的先进城市，如何通过核心区的城市设计体现古都新貌等。

以打造面向21世纪可持续发展世界城市、人文之都为目标，规划提出绿色激活、慢行城市、开放街区、标志形态和互联互通五大策略。以丝路中央公园为核心，打造独一无二的“绿宝石”空间，激活五大城市公园打通南北绿廊，将绿色渗透到城市的每个角落；通过土地用途和开发模式的多方案比选，建立适宜的街道网格，划分12个功能混合的管控单元，通过街区组织城市生活，塑造不同类型的开放式活力街区；建设“一带一路”上的立体城市典范，依托城市轨道站点，高标准统筹建设地铁系统、环隧系统、地下停车系统、交通枢纽系统、市政管网系统和地下公共服务系统。随着规划和建设的深入推进，未来CCBD将汇聚文化、人才、资金、技术等多元化要素，聚焦现代化、国际化服务功能，传承历史，创新未来。

海绵城市，打造西北地区新型城镇化的绿色标杆

西安是一座历史文化名城，也正在努力建设国际文化名城。2011年西安世界园艺博览会的举办有力推动了西安城市的发展。西安世园会向世界展示了西安现代、绿色、时尚、美丽的新形象。在“后世园会时代”，传承绿色、低碳、环保理念，成为西安城市文化的一个新开始。

2015年，西咸新区代表陕西省成功申报成为首批16个国家海绵城市建设试点城市，同时也是西北地区唯一一个试点城市,肩负着示范引领西北地区及其他半干旱区域海绵城市建设及城市发展新转型的重任。海绵城市建设作为西咸新区创新城市发展方式的重要切入点，其常态化的推进需要以完善的规划体系、技术规范、相关政策和保障机制为依托。在此背景下，深规院受西咸新区委托开展了《西咸新区推进国家海绵试点城市建设规划研究》，实际推动海绵城市建设在整个新区的全面实施，打造引领整个西北地区新型城镇化的绿色样板。

西咸新区推进国家海绵试点城市建设规划包含四大层级：以海绵城市总体规划为总体纲领，制定西咸新区总体层面海绵城市控制指标要求，划分五类海绵城市管控分区，统筹协调各类规划的海绵城市落实；以海绵城市详细规划为技术依据，落实分解海绵城市建设指标至地块层面，为控制性详细规划和“两证一书”的海绵地块指标提供依据；以海绵城市专业规划为横向支撑，进一步丰富和细化海绵城市建设的要求，提升各项城市要素中的海绵要求；以海绵城市运行管理为机制保障，完善优化规

划审批流程，形成常态化的管理制度和运行效果监测体系。

这是国内首次针对西北地区海绵城市建设的技术和标准进行探索和实践的规划，建立了覆盖海绵城市规划一管理一实施一运行的全过程规划体系，形成的可复制、可推广的经验和样板。在规划引领下，西咸新区多个海绵城市技术标准、管理制度等文件，目前均已发布并实施，保障西咸新区海绵城市建设的规范化、常态化的发展。海绵城市建设成效明显，获得国内外的关注，取得良好的社会效益。2015年巴黎气候大会上，西咸新区海绵城市成为中国政府专题片《应对气候变化——中国在行动》中海绵城市建设样本。2016年7月30日，西咸新区海绵试点成功抵御7月24日强降雨侵袭，被中央电视台新闻频道特别关注。

从周秦到汉唐，千百年来奔放、强劲、开放、包容的内在精神和坊间巷尾的时空交错感造就了西安这座千年古都的独特魅力。步入新时代，古老的西安城也在深沉厚重的外表下绽放出了朝气蓬勃的活力。发展的视野不止于眼前，更在于未来。在国家中心城市建设和“一带一路”倡议的带动下，西安这座独具魅力的十三朝古都，将迎来更广阔的发展空间。

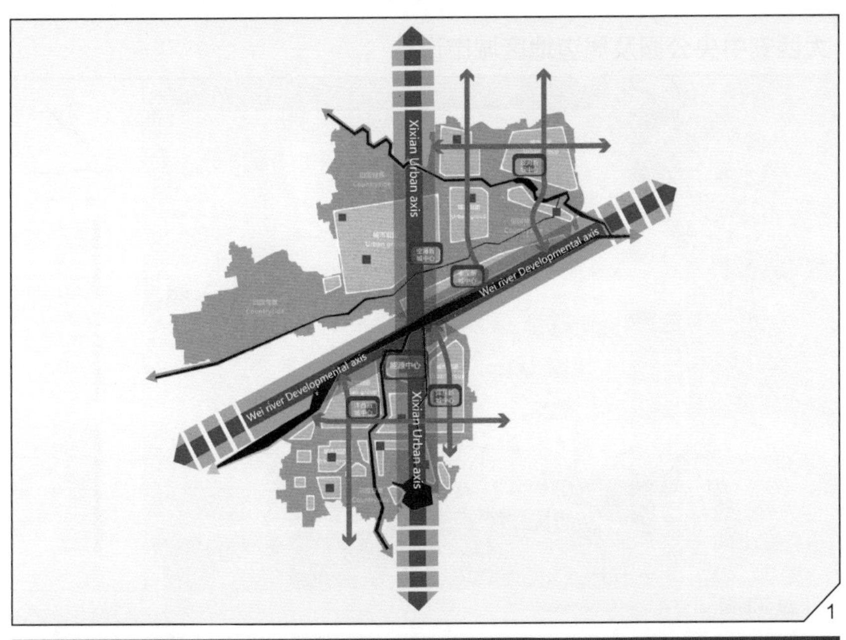

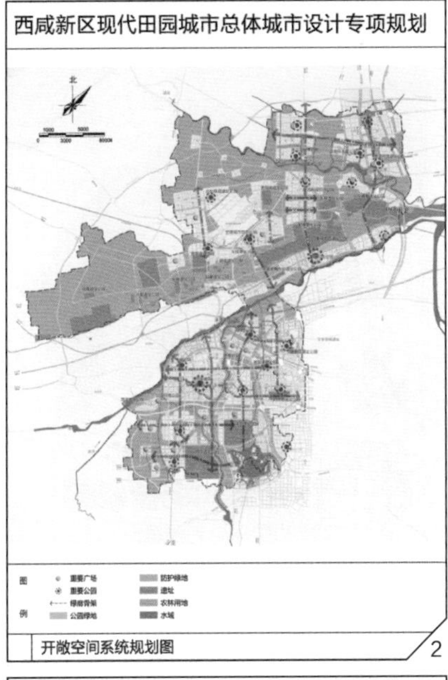

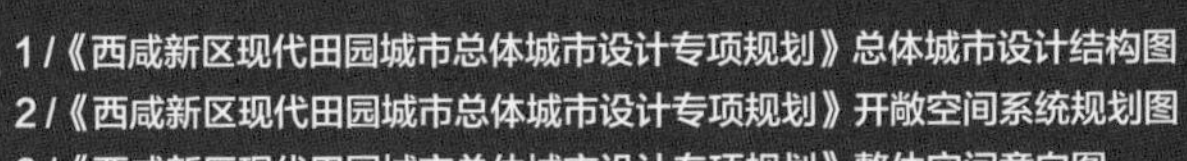

1 /《西咸新区现代田园城市总体城市设计专项规划》总体城市设计结构图
2 /《西咸新区现代田园城市总体城市设计专项规划》开敞空间系统规划图
3 /《西咸新区现代田园城市总体城市设计专项规划》整体空间意向图
4 /《西咸新区现代田园城市总体城市设计专项规划》城市景观系统规划图
5 /《西咸新区现代田园城市总体城市设计专项规划》沣西新城核心区空间意向图

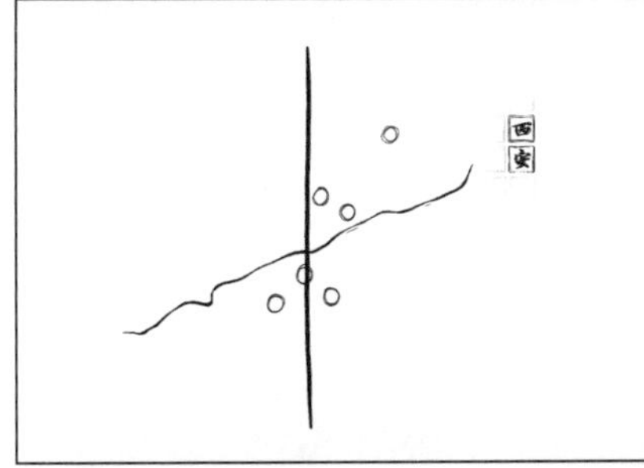

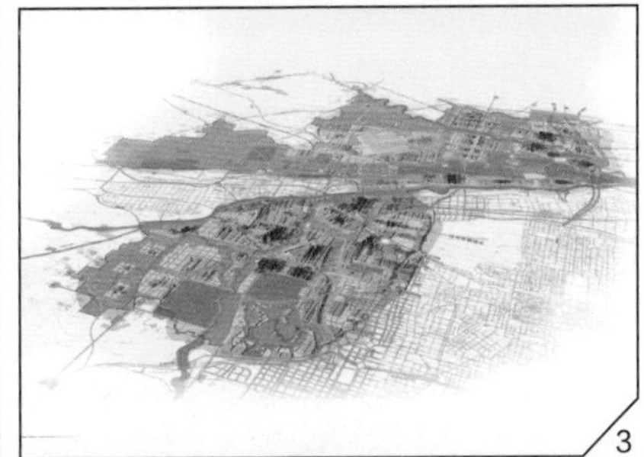

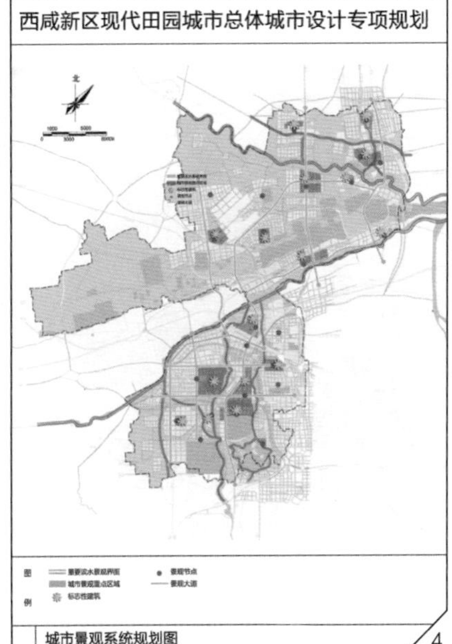

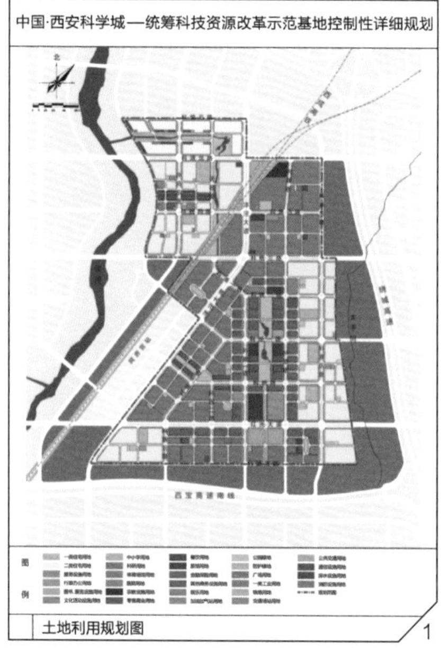

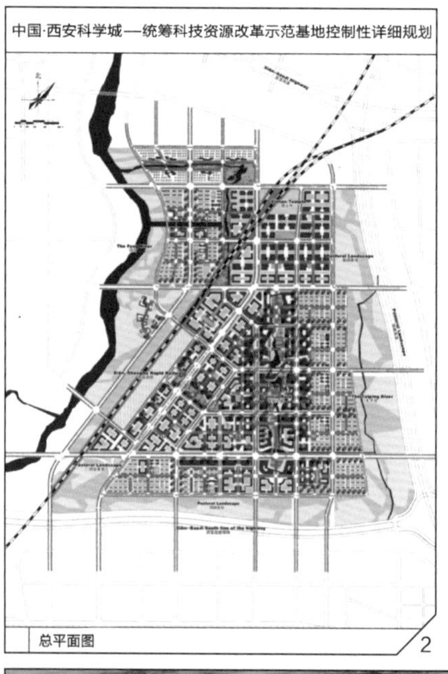

1 /《中国 · 西安科学城—统筹科技资源改革示范基地控制性详细规划》土地利用规划图
2 /《中国 · 西安科学城—统筹科技资源改革示范基地控制性详细规划》总平面图
3 /《大西安中央公园及周边地区城市设计》总平面图
4 /《大西安中央公园及周边地区城市设计》城市空间意向图（一）
5 /《大西安中央公园及周边地区城市设计》城市空间意向图（二）
6 /《西咸新区海绵城市建设专项规划》西咸新区海绵建设分区图
7 /《西咸新区海绵城市建设专项规划》西咸新区区域水生态系统图
8 /《大西安新中心新轴线综合规划》整体规划图
9 /《大西安新中心新轴线综合规划》轴线空间意向图

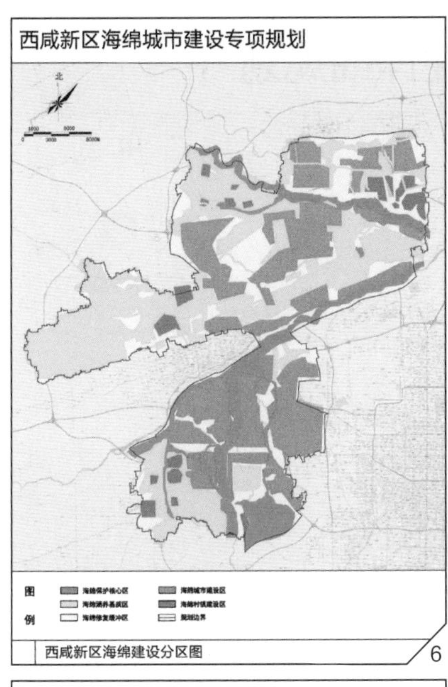

西咸新区海绵建设分区图 6

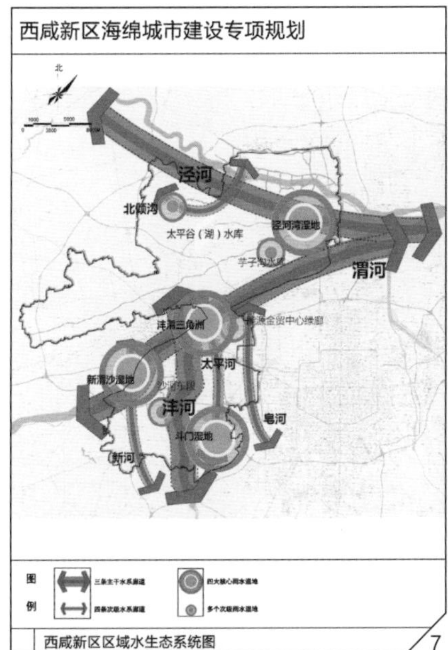

西咸新区区域水生态系统图 7

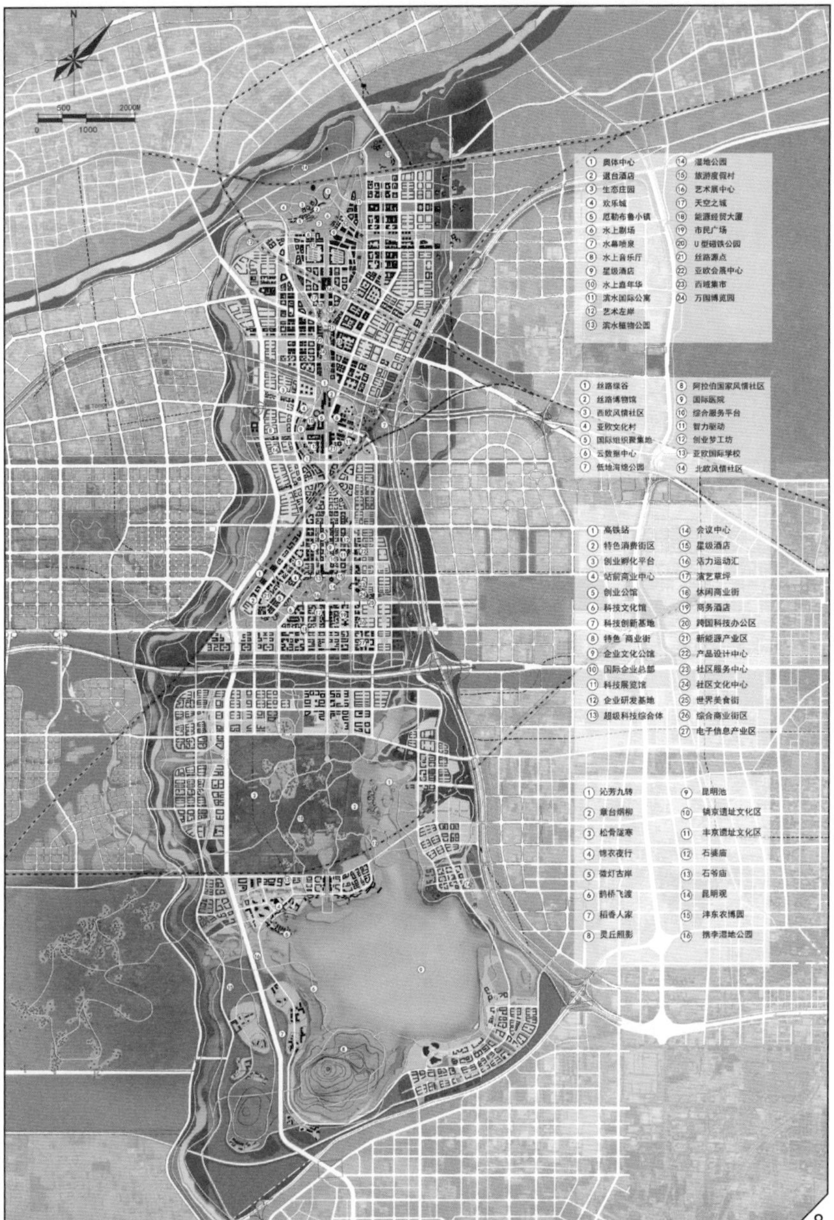

N
500 2000m
0 1000

① 奥体中心
② 退台酒店
③ 生态庄园
④ 欢乐城
⑤ 厄勒布鲁小镇
⑥ 水上剧场
⑦ 水幕喷泉
⑧ 水上音乐厅
⑨ 星级酒店
⑩ 水上嘉年华
⑪ 滨水国际公寓
⑫ 艺术左岸
⑬ 滨水植物公园
⑭ 湿地公园
⑮ 旅游度假村
⑯ 艺术展中心
⑰ 天空之城
⑱ 能源经贸大厦
⑲ 市民广场
⑳ U型磁铁公园
㉑ 丝路源点
㉒ 亚欧会展中心
㉓ 西域集市
㉔ 万国博览园

① 丝路绿谷
② 丝路博物馆
③ 西欧风情社区
④ 亚欧文化村
⑤ 国际组织聚集地
⑥ 云数据中心
⑦ 低地海绵公园
⑧ 阿拉伯国家风情社区
⑨ 国际医院
⑩ 综合服务平台
⑪ 智力驱动
⑫ 创业梦工坊
⑬ 亚欧国际学校
⑭ 北欧风情社区

① 高铁站
② 特色消费街区
③ 创业孵化平台
④ 站前商业中心
⑤ 创业公馆
⑥ 科技文化馆
⑦ 科技创新基地
⑧ 特色 商业街
⑨ 企业文化公馆
⑩ 国际企业总部
⑪ 科技展览馆
⑫ 企业研发基地
⑬ 超级科技综合体
⑭ 会议中心
⑮ 星级酒店
⑯ 活力运动汇
⑰ 演艺草坪
⑱ 休闲商业街
⑲ 商务酒店
⑳ 跨国科技办公区
㉑ 新能源产业区
㉒ 产品设计中心
㉓ 社区服务中心
㉔ 社区文化中心
㉕ 世界美食街
㉖ 综合商业街区
㉗ 电子信息产业区

① 沁芳九转
② 章台烟柳
③ 松骨陇寒
④ 锦衣夜行
⑤ 微灯古岸
⑥ 鹊桥飞渡
⑦ 稻香人家
⑧ 灵丘照影
⑨ 昆明池
⑩ 镐京遗址文化区
⑪ 丰京遗址文化区
⑫ 石婆庙
⑬ 石爷庙
⑭ 昆明观
⑮ 沣东农博园
⑯ 携李湿地公园

8

9

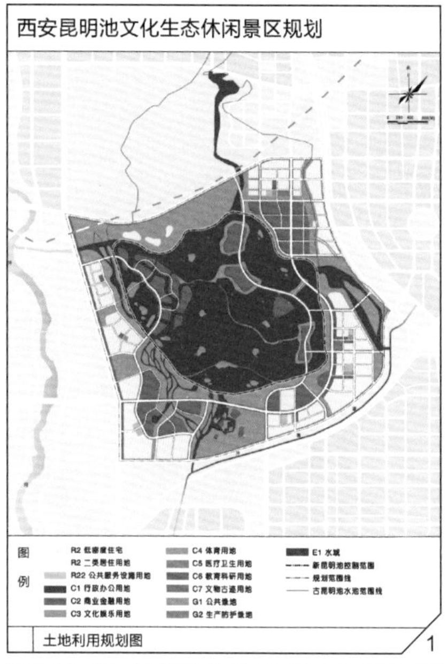

西安文化商务区控制性详细规划

N
0 150 300 450M

图例

西安之门
丝路公园
国际文化商业中心
中央商区
欧亚国际文化交流中心
特色博物馆
特色图书馆
特色剧场
立体枢纽下沉广场
总部经济区
立体花园
国际人才社区
国际医院
国际社区
完全中学
小学
九年一贯制学校
社区花园
安置社区
天坛遗址公园
杨武庄祠堂
交通南苑
部队家属院

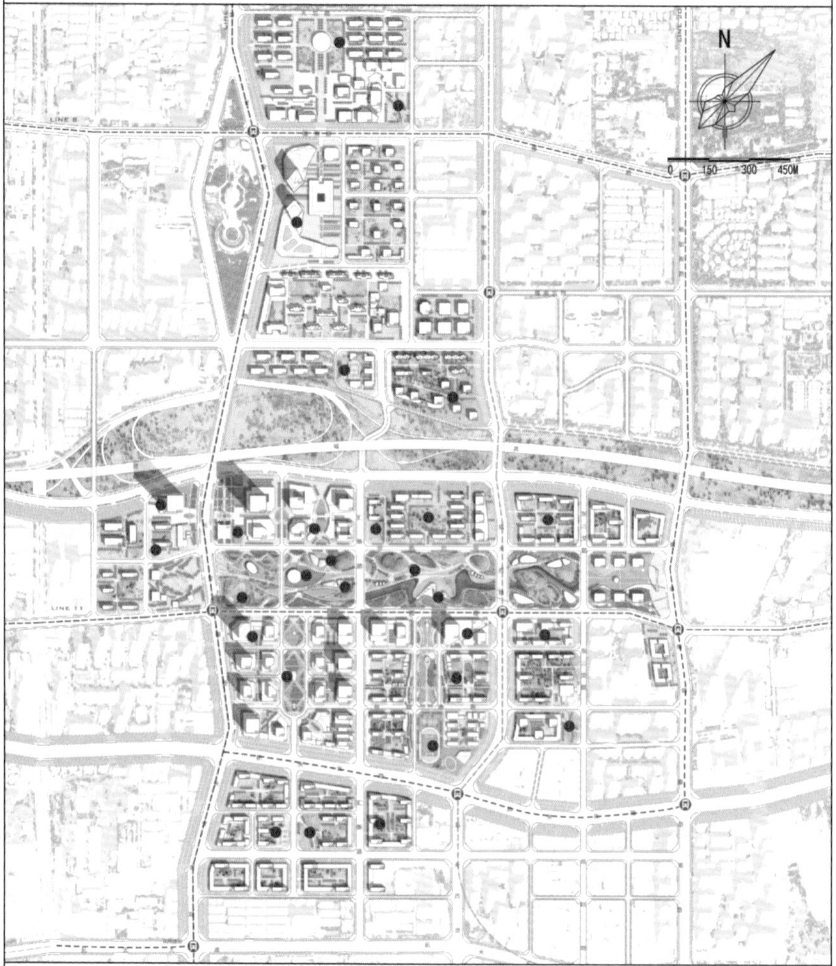

城市设计总平面图

3

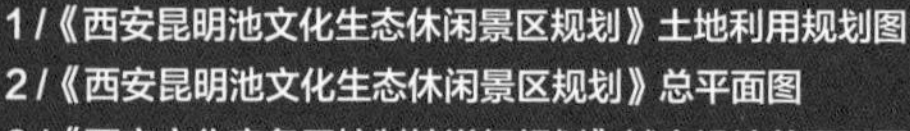

1 /《西安昆明池文化生态休闲景区规划》土地利用规划图
2 /《西安昆明池文化生态休闲景区规划》总平面图
3 /《西安文化商务区控制性详细规划》城市设计总平面图
4 /《西安丝路创新谷起步区综合规划》总平面图
5 /《西安丝路创新谷起步区综合规划》城市空间意向图

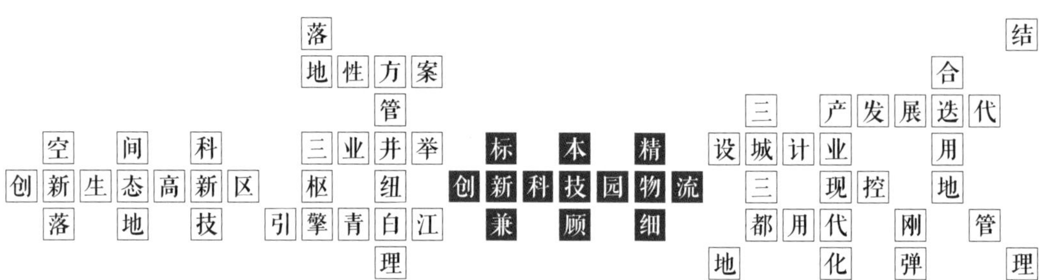
创新生态高新区
空间科
落地技
引擎青白江
落地性方案
三业并举
枢纽
管理
创新科技园物流
标本精
兼顾细
设城计业
三产发展迭代
三都用代
现控
化弹
刚
合用地
结管理
地

成都
国家高新区的迭代发展与规划应对

成都位于我国西部与中部的交汇地带，通过宝成、成昆、成渝三条铁路干线构筑了与华东、西北、西南的经济发展通道，是我国西部地区铁路运输的主枢纽。早在汉唐时期，成都便是中国南、北丝绸之路的重要枢纽，我国西南地区的政治经济重镇。近几十年来，随着国家关于西部发展系列措施的颁布，成都一次次被推上国家发展版图前沿，被赋予了“国家重要的高新技术产业基地”“国际内陆立体综合交通枢纽”等定位，从成都国家高新区的迭代发展和物流业的不断壮大两个视角，展现了国家全域经济发展升级，联通世界的大格局。

国家高新区的发展迭代与严峻挑战

在成都，沿着城市中轴线天府大道一路向南，便到达成都的高新技术产业中心——成都高新区。成都高新区筹建于1988年，获批于1991年，是国务院批准的首批国家高新技术产业开发区，也是西部地区首个国家自主创新示范区、四川全面创新改革试验区和自贸试验区的核心区域。

自1988年5月我国第一个国家高新区北京市新技术产业开发试验区（北京中关村科技园区前身）获批建设起，我国国家高新区经历了从集聚生产要素园区式规模生产（1988—2000年）、以技术创新为驱动促进产业价值链升级（2001—2010年）向营建“创新经济生态”（2011年至今）三个阶段的跨越。经过三十年的建设发展，国家高新区已经成为践行国家创新驱动发展战略的主力军和主阵地，不断培育创新主体和引领我国产业高质量发展的核心引擎。其中，成都高新区充分把握高新区政策利好，吸引生产要素集聚发展，2018年实现地区生产总值1877.8亿元，实现固定资产投资812.3亿元；进出口总额首次突破3000亿元，达到3378.2亿元，综合实力稳居国家级高新区第一方阵（2017年在全国156个国家级高新区中综合实力排名第七名）。目前，成都高新区实际托管总面积613平方公里，形成了包括空港新城、高新南区、高新西区、天府国际生物城在内的“一区四园”整体布局。

然而，在成都高新区快速发展过程中，规划管理体制和用地管理政策的推陈出新严重滞后于快速更迭的城市发展需求，产生了土地资源难以为继、人才供需矛盾突出、创新能力总体偏低等一系列问题，制约了新兴产业的培育与园区创新转型发展。具体表现为：高新区土地成本日渐高涨，要素成本压力提高了企业入驻门槛，单纯依靠土地财政支撑园区运营的发展模式难以为继；城市服务水平难以满足高素质人才生活需求，园区人才储备难以为继；专业化分工协作和成熟的产业集群网络尚在培育之中。

标本兼顾的土地、规划、建设一揽子解决方案

为实现由工业化向产业现代化、再到“创新生态”的平稳转型，成都高新区以供给侧结构性改革为核心，积极探索产业功能区和产业生态圈的创新路径的突破，希望通过调整产业引进、产业培育、产业服务，增强供给能力，优化供给结构，完善供给环境，引导高新区实现产业转型、城市转型和环境再造。在此背景下，处于成都高新区南部园区核心位置、占地10.34平方公里的新川创新科技园，被划定成为成都高新区产业升级转型、科技创新、科技研发的重点区域，肩负先行先试、推动高新区平稳转型的示范引领重担。

新川创新科技园是新加坡和四川省合作的首个综合型城镇发展项目，按照新加坡式“园中之城”理念精心规划设计，通过产城融合、以城促产的园区运营模式，规划目标是成为成都市开放、交流、融合、创新的极核和引擎。2017年，《成都市“中优”规划优化方案》从城市空间形态、提高产业层次、提升城市品质等方面对新川所在的成都核心功能区进行了优化提升。相继出台的《成都市城市规划管理技术规定（2017）》与《关于公布成都市中心城区土地级别与基准地价编制成果的通知》，明确成都市居住、商业等用地容积率上限标准，同时上调商业用地基准地价近200%。规划、国土政策的“双调整”使新川创新发展面临着用地与管理上成本提高等多重问题。此外，由于成都高新区的用地管理政策主要集中在常规的工业用地，而介于办公与工业之间的新型产业从招商引资、土地供应、规划建设、后续监管等方面出现了一系列与现行政策的不适，导致了企业引入不规范、土地供应弹性不足、规划建设被钻空子、后续监管形式化等问题。

由于上述制约，2017年后，新川土地开发建设进度缓慢、土地开发限制与企业诉求产生矛盾、土地效益低下、产业用房房地产化等问题日益凸显。新川尚未出让的产业用地占比高达80%，如果按照现行管理方式，将会使新川园区的发展要么受制于高门槛止步不前，要么偏离产业集群创新发展的定位与要求。因此，2019年2月，成都高新区管委会委托深规院开展《制定成都高新区新川创新科技园M0政策及更新成都高新区新川创新科技园城市设计服务》工作，希望通过“规划设计+政策研究”两方面

发展，强化用地管理机制与优化空间设计双手段，实现产业土地空间供给侧改革，以支持产业发展。

作为成都高新区探索创新转型的重要平台，新川面临的政策体系、管理机制问题也是国内多地高新区所存在的普遍问题。在新的政策背景和条件下，如何在吸引产业、做强产业的同时，解决一系列规划用地管理政策问题，成为高新区政府的当务之急。针对此类“并发症式”的地区发展阶段性难题，单线蓝图式的空间思维难以给出让新川走出发展窘境的综合性方案。

不同惯常的空间规划设计，亦区别于纯粹的土地政策研究，新川城市设计更新项目结合深圳、杭州等地区的先行经验，提出了贯穿“用地一建设一运营”发展全流程、联动“招商一国土一规划一发改”管理全链条、标本兼顾的一揽子落地性方案。方案聚焦“用地管理”“规划管理”“建设运营”三大策略，整合规划设计与土地政策工作内容，交织规划、政策两条并行技术线，探索“综合规划”统筹工作新模式。

用地管理以扶持产业发展为原则，优化土地资源配置机制。在成都“中优”政策调整及居住、商业用地容积率双下降的政策背景下，兼顾新川宝贵的经营性用地建设总量不减少，那势必需要调整原规划所设定的物业功能配比，尤其是其中的产业用地。同时，考虑到产业用地提容发展的潜在必然性，大地块、低容积率的供地模式将不再持续。新川城市设计更新通过“小地块+适当容积率”的精明集约供地模式，满足企业建筑空间发展需求；并响应潜在的市场多元化发展诉求，预留适量大、中规模用地以承载孵化器、综合运营商等特色化平台。由于现有土地政策无法保障新川新型产业发展的需求，导致了地价成本高、产业用地房地产化、土地开发建设缓慢等一系列问题。因此，在土地政策方面，以构建新型产业用地全生命周期管理链条为目标，完善和强化了新型产业用地在内涵界定、规划引导、土地供应、用地监管的调控要素。从支持新型产业发展和降低政府用地管理风险两个角度，明确新川新型产业用地分类，寻找用地供应的平衡点，指导形成产业用地管理办法，作为新川用地管理的政策依据。

规划管理，以适配企业需求为基础，精细设计城市空间方案。虽然政府主管部门对于城市用地的管理已经得心应手，但往往对于建筑空间管理感到乏力。这是我国现行规划体系重平面、轻空间的法定化路径导致的必然结果。面对自下而上对楼宇三维空间实现精细化管理的迫切需求，新川城市设计更新融入成都发展的新热点——TOD发展、公园城市建设、以人为本等，抓取其核心理念，辅以分析市场创新载体空间吸纳水平，实现从公共空间结构、建筑高强度分布、建筑空间组合布局形式和建筑空间形态四个维度的精准控制。同时，在土地政策配套方面，设定新型产业用地容积率的上、下限，确定规划兼容具体比例和用途，明确新型产业用地建筑形态应与产业类型、业态、周边景观相匹配，并规定每个单元的套内建筑面积。通过最小分割面积、配套用房的配置形式等政策明示条款落实设计条件，对于政策未能量化体现部分，预留城市设计政策入口，将城市设计纳入政策指导附件进行空间落地管控。

建设运营，以市场经济开发为原则，制定规划管理和全生命周期的用地监管方案。通过全链条的城市运营管理计划为规划、国土、招商、发改等相关主管部门厘清了运营管理核心要义与监管手段。在规划管理层面，制定了“地块+街坊”的弹性空间管理文件，以街坊总量控制预留内部指标调整窗口，以地块刚量控制划定开发边界。刚弹结合的管控模式既满足国土监管的硬性指标要求，也为未来的产业谋划与招商工作留下充分的发挥空间。在用地政策层面，构建“招商环节—土地供应—用地监管—处置手段”的全链条用地监管、多部门联动、综合机制保障的模式，调动发改、招商门户参与土地供应前端与后端环节，形成两头紧、中间松的监管制度，包括产业准入、“土地出让合同+产业用地履约监管合同”双合同约束机制、达产验收机制等。

成都新川片区规划与土地“标本兼顾”解决方案的实质是改变以往工业园区土地“一次性”刚性出让，导致土地使用与迅速变化的产业空间与创新需求难以匹配的弊端。将“土地经济”进化为“空间经济”，用更多样性、差异化的空间供给模式，全周期为企业的入驻及拓展提供适合的“空间供给”，提升土地与空间的利用效率。当前，成都新川片区规划设计与土地政策的联动已经呈现了积极的效果，并将对成都高新园区转型发展的相关研究形成借鉴意义。

2019年，成都市动能转换提质加速，深入实施新经济企业梯度培育计划和“双百工程”，年末共有高新技术企业4149家，比上年新增1036家，增长33.3%；实现高新技术产业营业收入9471.8亿元，增长10.8%；新兴服务业蓬勃发展，规模以上互联网和相关服务、研究与实验发展、科技推广和应用服务业营业收入分别增长32.7%。可以预见的是，随着存量发展的推进，如何更有效地联动规划、土地、产业政策推动高新产业园区高质量发展，将成为后续产业园区转型的重要抓手。2020年，成渝地区双城经济圈建设的东风已起，未来，高新技术产业不断发展壮大的成都，也将以丰富的内涵开启高质量发展的新篇章。

物流枢纽：青白江物流园区和双流空港地区的壮大

2007年成都全市实现地区生产总值3324.4亿元，比上年增长15.3%，在成都经济全面高速发展、对外联系不断增强的背景下，成都铁路枢纽成为全国最大的六个铁路枢纽之一，按照成都现代物流发展框架，成都市进一步加快铁路基础设施建设，提高货运能力，构建成都连接沿海港口、沿边贸易城市、中心城市的铁路货运快速通道，积极探索“内陆自由港”的发展模式，实现构建“西部香港”的发展愿景。

四川省委于2008年年初，提出建设“西部物流枢纽项目”，成都青白江散货物流园区是该项目“两站两园区一中心”（成都铁路集装箱中心站、成都铁路局大弯货站、成都国际集装箱物流园区、成都青白江散货物流园区、物流商务和行政服务中心）中的子项目之一，同时，成都青白江散货物流园区也被列为2008年四川省50个重大项目中的30个重点支持项目之一。

成都青白江散货物流园区的建设，将大幅度缩短作为内陆腹心地的成都与沿海港口的时空距离，拓宽四川经济发展空间，对整个四川省乃至西部地区的经济发展起到积极的促进作用，特别是对新青工业组团、成都—德阳—绵阳—乐山经济带的产业聚集、经济发展将会起到巨大的助推作用；对进一步拓展成都市的发展空间、优化城市产业结构、承接全国产业转移、引进并形成产业新基地起到重要作用；更将对成都市，特别是青白江区的产业结构调整、生态立区、工业强区、构建北部新城、推进城乡一体化进程产生重大而深远的影响。

在此背景下，受成都国际集装箱物流园区管理委员会委托，深规院与德国弗劳恩霍夫（Fraunhofer IML）物流研究院联手共同编制成都青白江散货物流园区综合规划，力求结合实际，站在成都市现代物流业发展的角度，为成都青白江散货物流园区的开发建设提供具有可操作性的规划指导，同时也为规划管理部门提供技术支撑，保障园区合理、有序、良性发展。规划制定的规模目标包括：2020年，青白江散货物流园区物流吞吐量达到2500万吨以上，发展成为创造丰厚物流供应链价值的综合型物流园区。

之后十年，青白江依托成都强大的制造业、农产品制造基础，抓住国家“一带一路”倡议的重大国家战略时机，逐步建设成为成都国际铁路港贸易区，总体规划面积扩大至55平方公里，包括现代物流区、新型贸易区、临港工业区，2016年，成都国际铁路港实现集装箱吞吐量60万标箱，预计2020年实现120万标箱。

天府新区，是国家批复的第11个国家级新区。2011年10月26日，《四川省成都天府新区总体规划》通过了省政府第93次常务会议审定，2012年，深规院中标《四川省成都天府新区东升分区总体城市设计》。东升分区由东升组团、西岗西航港组团、空港国际枢纽组团以及牧马山黄甲镇组团构成，以期通过总体城市设计的分析和研究，准确反映城市功能定位，空间形态，生态环境建设等方面的设想，为指导下一层面的规划设计提供依据。

方案通过空间要素的整体设计，加速促成世界级先进发展要素在东升的聚集生长，使其作为天府新区的强劲引擎之一，支撑全域成都发展建设，从而进一步确立成都世界级现代化城市的国际地位。

2017年3月31日，国务院印发《中国（四川）自由贸易试验区总体方案的通知》。自贸试验区实施范围119.99平方公里，其中成都天府新区片区90.32平方公里。2017年5月14日，指导成都现代物流业未来五年发展的重要依据和行动纲领《成都市现代物流业发展“十三五”规划》印发。《规划》提出，“十三五”期间，成都显著提升国际国内互联互通水平，大力改善物流发展环境，充分发挥现代物流业在产业体系中的基础性、先导性和战略性作用，加快建成国际区域物流中心，打造“蓉欧+”战略先行示范区、成都内陆自贸区核心极和国家门户城市重要支撑极，实现物流、贸易、工业“三业并举”，为加快建设全面体现新发展理念的国家中心城市提供坚实的物流、商贸支撑。

离成都40公里处，就是20世纪最伟大的考古发现之一——三星堆，它证明天府之国自夏商前后就是中华文明重要的文化中心，当代的成都依然是中华现代文明的重要贡献者，既包含从历史继承而来“物华天宝”的地理优势，又有“务实与灵活”的治理传统，更有国家新时代历史使命的责任与担当。2019年，成都市全年GDP达到17012.65亿元，现代创新产业升级、城乡协同发展、公园城市加快建设、历史文化发扬光大、人民安居乐业，“三城三都”（三城：世界文创名城、世界旅游名城、世界赛事名城；三都：美食之都、音乐之都、会展之都）目标明确而深远。

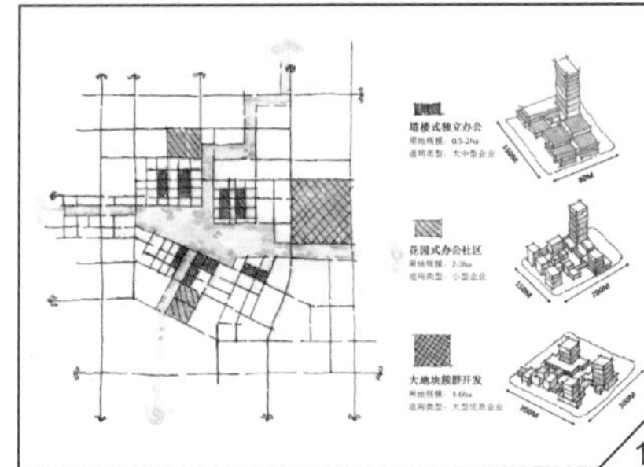

1

1 /《成都市高新区新川创新科技园城市设计》适应企业全生命周期的用地划分示意图

2 /《成都市高新区新川创新科技园城市设计》土地利用规划图

3 /《成都青白江散货物流园区综合规划》城市空间意向图

成都市高新区新川创新科技园城市设计

0 250m 500m 1000m

图例

规划范围	住宅用地	新型产业用地	城市轨道交通用地
公共服务设施用地	服务设施用地	加油加气站用地	公交场站用地
文化设施用地	商住用地	水域	公用设施用地
中小学用地	商业服务设施用地	公园用地	2019以前出让宗地
医院用地	人才宿舍	防护用地	2019出让宗地
社会福利用地	商业用地	区域公用设施用地	已签协议

土地利用规划图

2

3

四川省成都天府新区正兴南片区城市设计及控制性详细规划

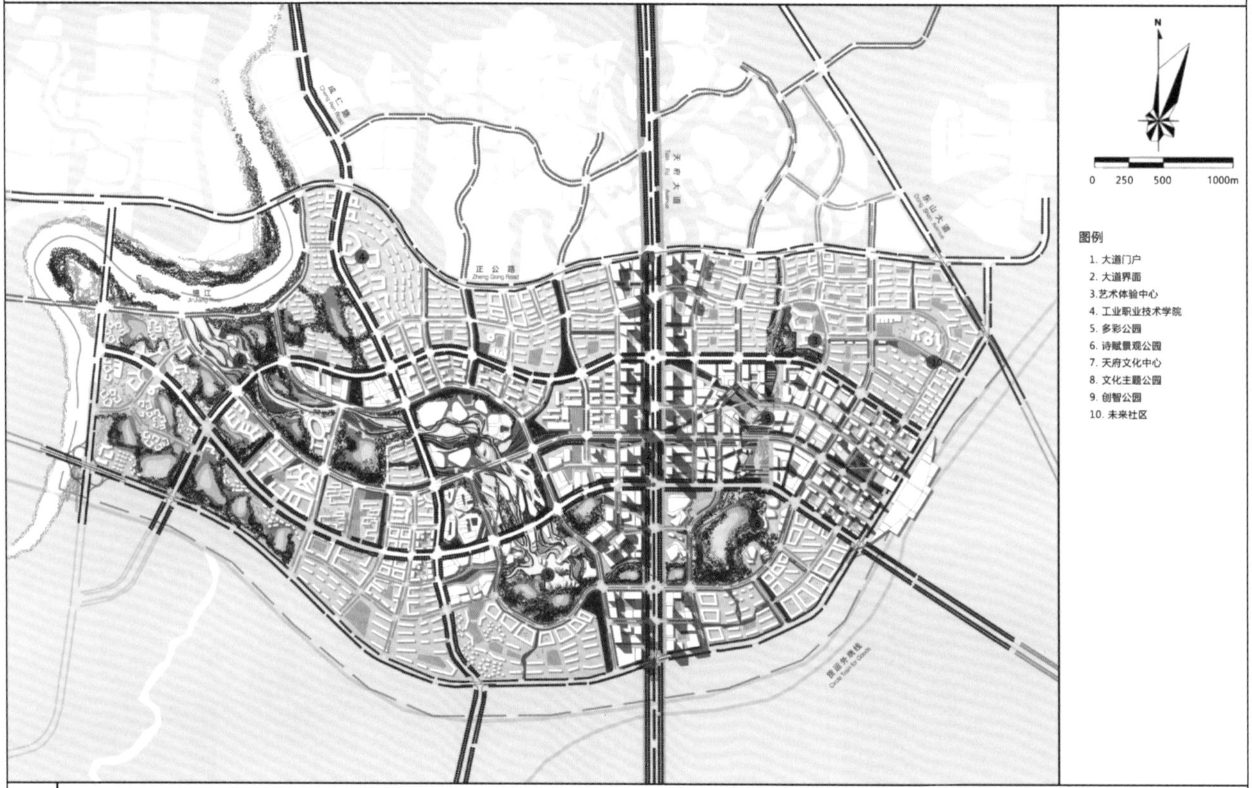

N
0 250 500 1000m
图例
1. 大道门户
2. 大道界面
3. 艺术体验中心
4. 工业职业技术学院
5. 多彩公园
6. 诗赋景观公园
7. 天府文化中心
8. 文化主题公园
9. 创智公园
10. 未来社区
正公路
天府大道

总平面图

1

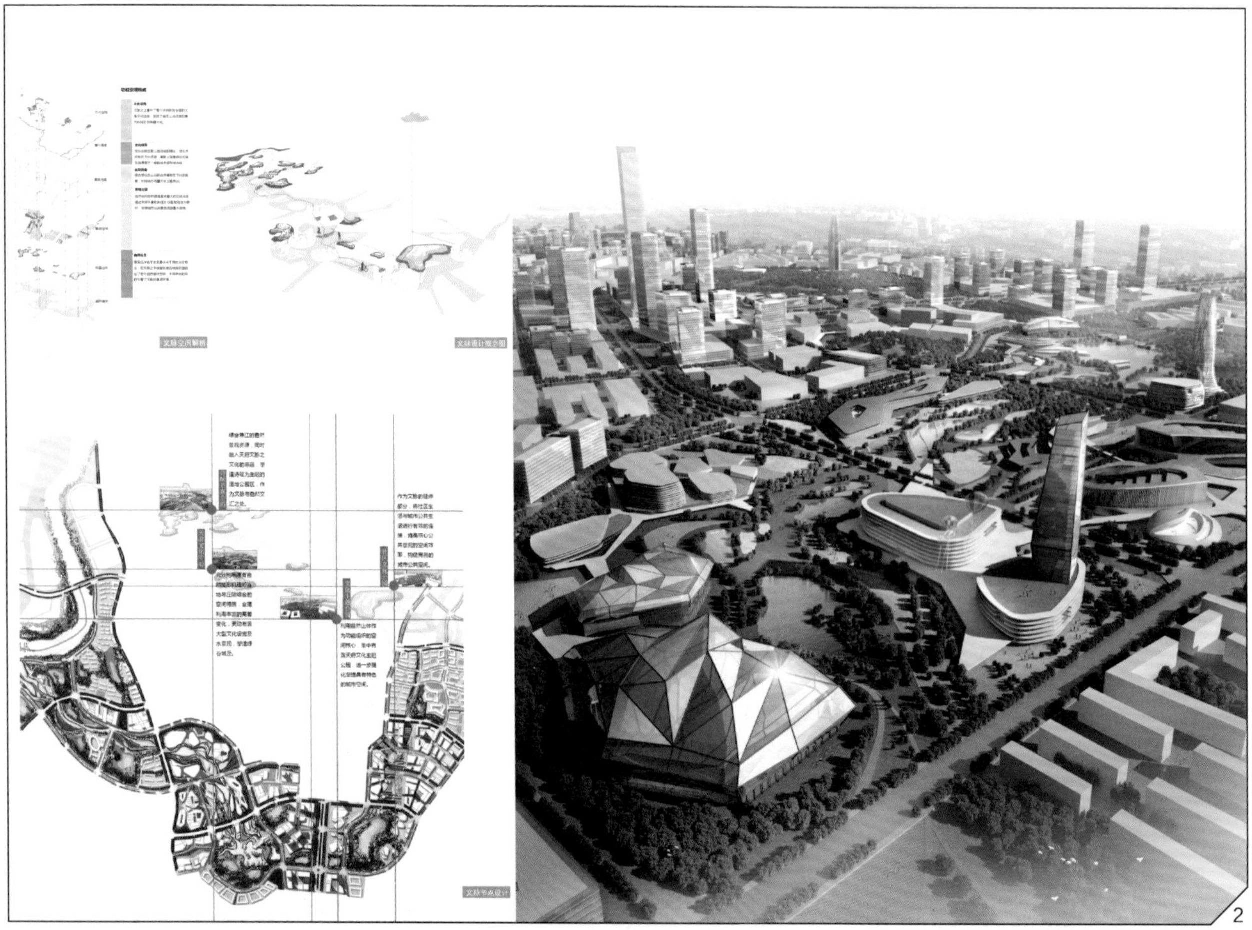

2

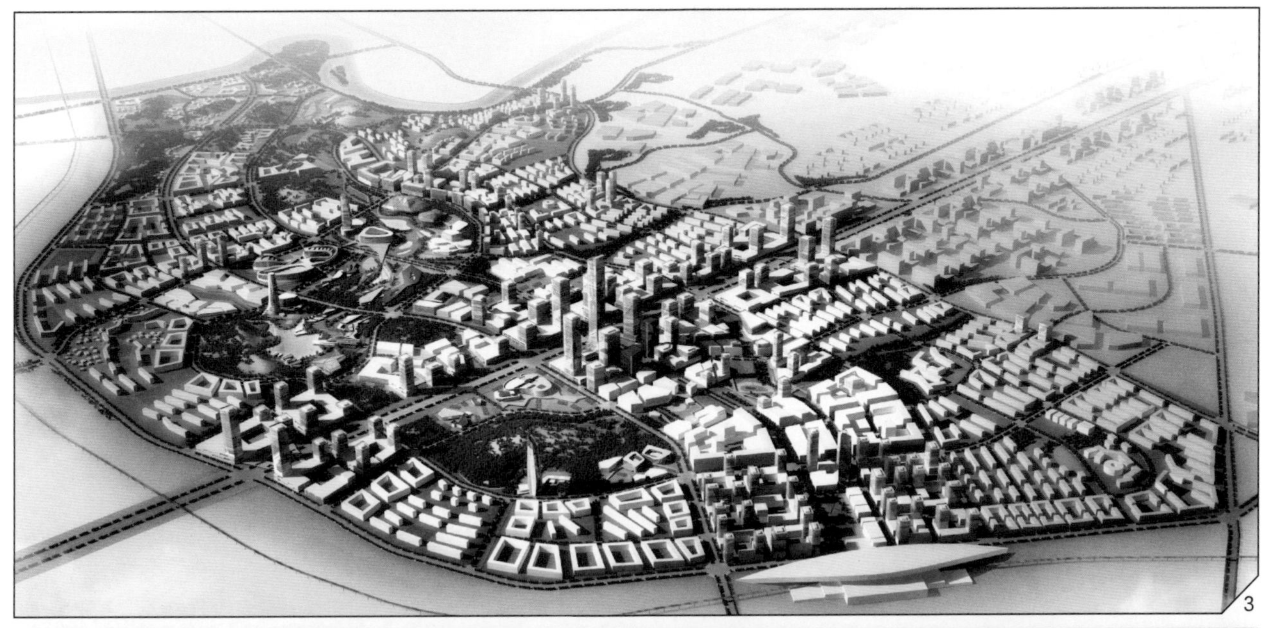

1 /《四川省成都天府新区正兴南片区城市设计及控制性详细规划》总平面图
2 /《四川省成都天府新区正兴南片区城市设计及控制性详细规划》节点设计示意图
3 /《四川省成都天府新区正兴南片区城市设计及控制性详细规划》城市空间意向图
4 /《四川省成都天府新区东升分区总体城市设计》用地布局规划图
5 /《四川省成都天府新区东升分区总体城市设计》总平面图

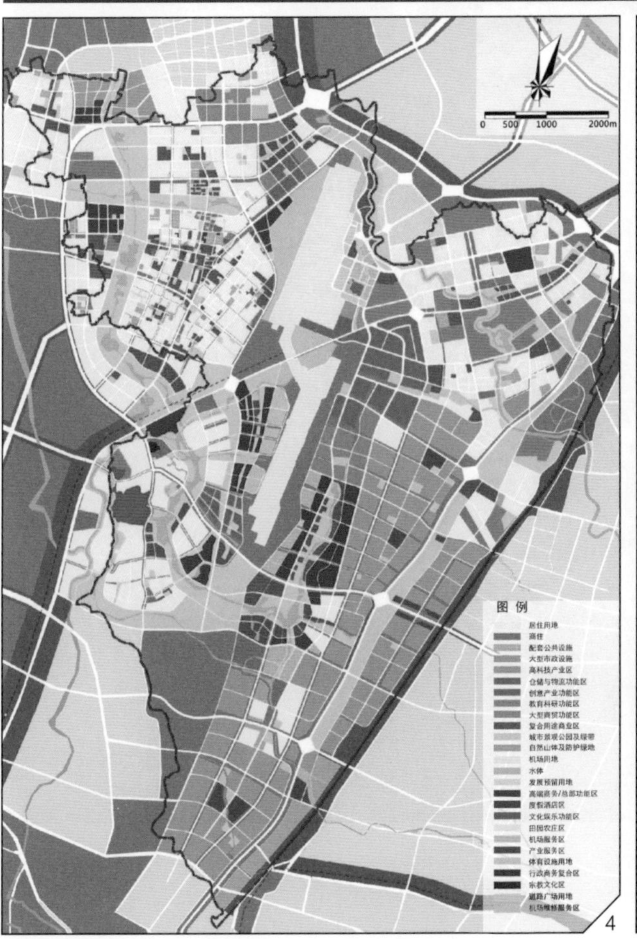

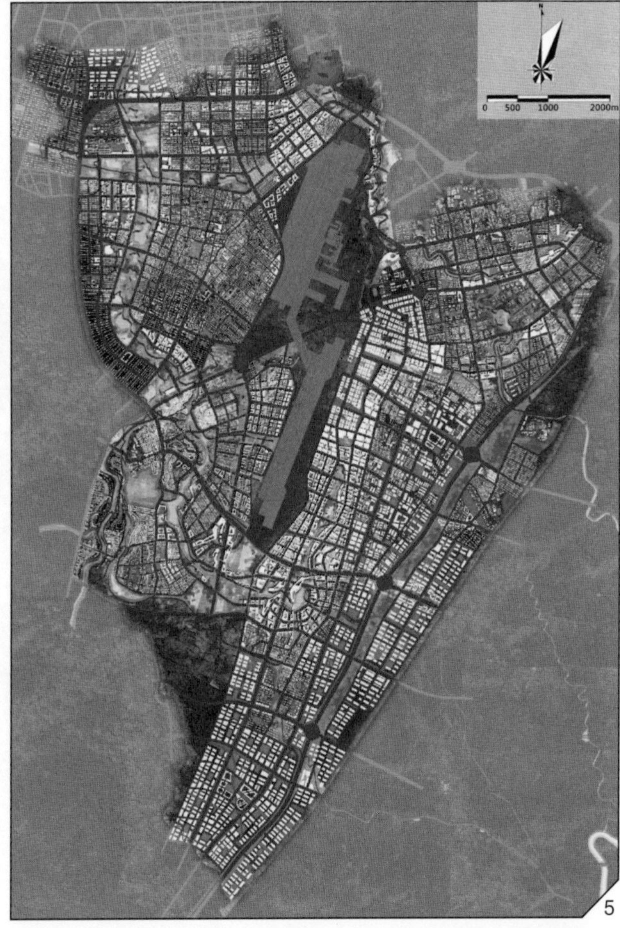

《四川省成都天府新区东升分区总体城市设计》城市空间意向图

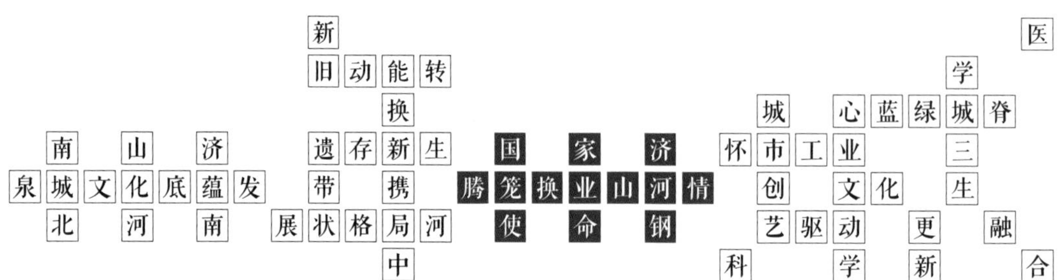
新 医
旧动能转 学
换 城 心蓝绿城脊
南 山 济 遗存新生 国 家 济 怀市工业 三
泉城文化底蕴发 带 携 腾笼换业山河情 创 文化 生
北 河 南 展状格局河 使 命 钢 艺驱动 更 融
中 科 学 新 合

济南
背负着新旧动能转换重任的历史文化名城

济南，因位于古济水之南而得名，自古便是齐鲁文化交融荟萃之地，是我国国家级历史文化名城。济南北临黄河，南倚泰山，因其境内泉水众多而享有“泉城”之赞誉。优越的自然禀赋成就了济南以大明湖为中心，七十二名泉相掩映，融“山、泉、湖、河、城”于一体的城市风貌。在深厚的文化底蕴与优美的自然风光之下，身为经济大省山东省省会的济南，从环渤海地区南翼的中心城市，到国家新旧动能转换综合试验区的先行者，始终承载着打造山东省发展高地的重大使命。

转型之难亦是使命之重

早在清末新政时期，济南于古城以西自开商埠，创造了内陆城市开放的先河。津浦铁路泺口黄河铁路桥的通车使济南成为北上京、津，南下沪、宁的交通枢纽，济南逐渐由一个封闭的传统城市转变为开放的近代城市，成为中国北方主要的商业和交通中心。

改革开放后，尤其是20世纪90年代以来改革步伐加快，我国经历了社会、经济、政治的全方位转型。济南城市建设开始起步，进入城市化发展阶段。2010年前后，随着国家产业结构调整，济南经济飞速发展，城区范围同步快速扩张，济南踏上了城市化发展的快速道。在快速的城市化进程中，需要规划作为工具规范城市的无序扩张，引导城市健康发展。在规划管理对控制性详细规划全覆盖的要求下，深规院在济南出色地完成了王舍人片区控制性详细规划、英雄山七里山片区控制性详细规划、千佛山片区控制性详细规划等法定规划，为政府引导和控制城市土地开发提供了最直接的工具，使济南的城市建设有理可依，有据可循，对为推进济南城市管理的规范化起到了重要作用。

城市的高速发展在提升城市综合竞争力、改善城市环境质量、提高居民生活质量的同时，却也不可避免地导致了一系列城市问题——老城拥挤、交通压力大、城市边缘用地开发失控等。尤其是经济进入新常态后，依靠劳动力、土地、资源等要素带动的传统动能模式已经难以为继，为突破这一难题，济南需要做好发展动力的转换，以创新和改革驱动发展。

然而，新旧动能转换对于此时的济南并非易事。东西狭长的带状格局长期制约了济南的发展，城内土地空间资源紧张。“不大不小、不高不低、不好不坏、不快不慢、不强不弱”是对济南城市转型发展之难的客观写照，但这也更凸显其新旧动能转换的示范价值，更彰显了济南创建国家中心城市、建设美丽宜居泉城的决心。2017年两会期间，李克强总理在山东代表团参加审议时提道：“希望山东在新旧动能转换中继续打头阵。”2018年1月，国务院批复了《山东新旧动能转换综合试验区建设总体方案》，济南市肩负着引领全国新旧动能转换的国家使命。从高新区的腾笼换业，到工业遗存的价值重塑，再到大济南中心的复兴，深规院广泛参与其中，始终以产业发展为纲，以创新发展为魂，积极探索济南转型发展路径。

增量崛起与存量变革并举

1991年，在举国设立高新技术产业开发区的浪潮下，济南着手建设国家高新技术产业开发区，砥砺奋进三十载，高新区现已拥有齐鲁软件园发展中心、智能装备产业发展中心、创新谷发展中心等12个产业园区，享有国家新型工业化产业示范基地等称号，对济南整体经济发展的贡献率也逐年提升。高新区的建设可以被视为当时城市增量型蔓延扩张的一个缩影，新开发用地的大规模扩展为城市带来了新的动力和经济增长极，但也导致了城市交通拥堵、空气污染等一系列城市问题，使原来“一城山色半城湖”的济南陷入了“一城雾霾半城堵”的困局。

产业升级、城市提质刻不容缓，2016年，济南高新区开始实施“腾笼换业”工程，并组织编制了《济南高新技术产业开发区中心区腾笼换业工作组中心区城市更新规划研究及城市设计》，为了实现高新区的再起航，深规院的规划方案突破传统发展模式，基于“大众创业、万众创新”的“双创”产业发展理念，“创新+更新”的“双新”空间支撑，“产业+商务”“双核驱动”的功能构想，搭建创新要素网络。结合现有发展条件与土地资源情况，探索创新要素在空间上的组合构建模式，全方位诠释高新区中心区“产智、创智、城智、人智”的发展理念。在经济发展方面从软硬环境诸多方面增强高新区中心区对企业、人才的吸引力，在城市设计方面营造生产、生活、生态“三生融合”的城市空间，在城市更新方面建立基于单元划分的管控体系与利益平衡机制，为总体规划目标的实现提供了有力保障。

创艺驱动下的遗存新生

济南东部一度是济南重工业基地，济南钢铁厂、济钢炼油厂等高污染企业都落户在济南高新区，给当地居民带来极大的困扰。2017年，在国家持续深化供给侧改革和山东先行示范全国新旧动能转换的时代要求下，配合山钢产能调整布局的战略推进，济钢启动厂址搬迁工作，并于年内停产。作为“两高一剩”行业转型代表，济钢片区未来将承接周边外溢创新需求，吸引产研分离优势产业，再次肩负起拓展济南创新版图、引领泛济青烟地区新旧动能转换、推进实现济南四个中心建设的重要使命。深规院在《济南市济钢片区城市设计国际咨询》中，基于对国内外钢厂更新改造路径的研究和济钢自身发展模式的探索，提出以创艺生境和创艺城区为载体的创艺驱动产业发展体系。在此基础上，通过搭建复合韧性的公共活力骨架、综合体引领的高效功能供给、“工业遗产+”视角下的建筑激活来实现工业遗存的再利用，并从空间和经济的角度探索污染土地的治理方法。在实施层面，提出单元开发模式，创建一个既可健康生长、又有无限可能的运营与管理平台。深规院以实施为导向创建的济钢模式，将示范城市锈带污染合作治理、国际化城区营建、单元开发模式下的合作运营，成为中国城市工业文化更新的又一典范。

从城市边缘到城市中心

高新区引领了济南东部的拓展与腾飞，而依托京沪高铁的西部新城则代表了“西进”战略的实施。20世纪初，胶济铁路开启了济南城市近代化之旅，一百年后，京沪高铁引领济南二次开埠。2017年，随着济南国际医学科学中心正式落户济南西部新城，西客站地区进一步利用京沪高铁拉近济南与两大经济中心的时空距离，导入优势资源，引导“交通枢纽”向“经济枢纽”转变。同时作为济南的西部门户地区，其在延续中心城区发展动力、带动西部组团发展方面将发挥最为直接的跳板作用。

济南国际医学科学中心由山东省政府主导、济南市具体实施，被外界视为济南市乃至山东省新旧动能转换的破题之举。2018年，深规院有幸承担了《济南国际医学科学中心城市设计》的编制任务，为支撑济南国际医学科学中心的高质量建设，秉持“不是建园，不是建院，而是建城”这一初衷，旨在创建一个能够给人们提供全流程健康管理的健康城区。城市设计在总规已批，且产业、市政、综合交通专项规划基本编制完成的背景下展开。深规院在规划统筹中以求同存异为原则，协调落实总体规划、各专项规划内容，并遵循“医学科学产业自身的发展、弹性的城市生长与运营、以人为本的空间供给、富有济南特质的生态价值”四大逻辑，从医学科学中心自身的特质出发，提出打造“‘最济南’的康心水城”这一理念。希望通过发掘当地的自然与医疗资源优势，创建一种健康的生活方式、创建一个新的产业增长极。目前，济南国际医学科学中心已注册48个中外医生集团，入驻25个世界高端人才团队。与李兰娟院士和郑树森院士合作建设的全国第二家“超级医院”——树兰（济南）医院、与眼科教育排名世界第一的美国太平洋大学合作建设的眼科与视光医学院和国际眼科医院等高端特色医学项目纷纷落地。

城市的“东拓”“西进”在一定程度上反映了“南山北河”特殊地理环境下济南的无奈，随着城市的扩张及南控力度的加大，济南逐渐迎来了带状格局下的发展瓶颈。2016年，济南市明确提出“要跨过黄河去、‘解放’全济南，让济南从‘大明湖时代’走向‘黄河时代’”。2018年3月，《济南新旧动能转换先行区总体规划（2018—2035）》草案向社会公示，开启济南新旧动能转换先行区建设“元年”。先行区划定在黄河两岸，总面积1030平方公里，自此，济南跳出了千百年来的传统发展轴，全面走向了“北跨黄河、携河发展”的新时代，黄河南岸区域也由城市边缘转变为城市中心。

先行区总体规划草案向世人展示了雄心勃勃的图景，在“携河发展、两岸同辉”的大背景下，黄河南岸区域作为衔接老城中心区与先行区中心区的转承节点，在延续中心城区发展动力、带动黄河以北新旧动能转换先行区发展方面将发挥最为直接的跳板作用。2018年7月，深规院开始编制《黄河南岸区域概念城市设计与重点地区城市设计》，致力于站在黄河时代大济南格局下，为黄河南岸地区的高质量发展提供一套具体实施方案，以开放交往激发高素质发展，以公园城市落实高品质生活，以有机更新促进高质量重塑。《黄河南岸区域概念城市设计与重点地区城市设计》提出“生态先行、产业立城、文化兴城、服务为本”四大发展策略，以有机更新为抓手，逐步改善城市边缘地区曾经失落、割裂、低效的面貌，实现由“锈带”向“秀带”的蝶变。在城市风貌方面，通过以水为脉、山水视廊等各种主题，紧扣济南传统城市风貌，依托黄河、小清河为济南打造的“蓝绿城脊”，将成为新时代济南山河情怀与携河北跨的交点。

建设全国新旧动能转换先行区是济南承担的重大国家使命，也是这座山水诗意的千年古城又一次自我革新。“大道通南北，大河贯东西”的泉城济南也将在新旧动能转换内核的引领下，迈入高质量发展的新时代。

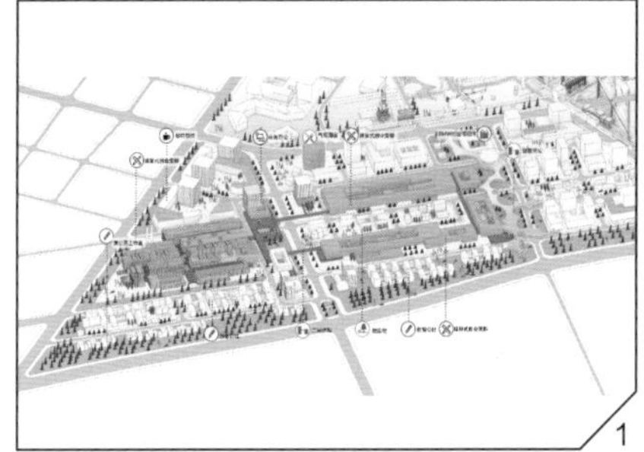

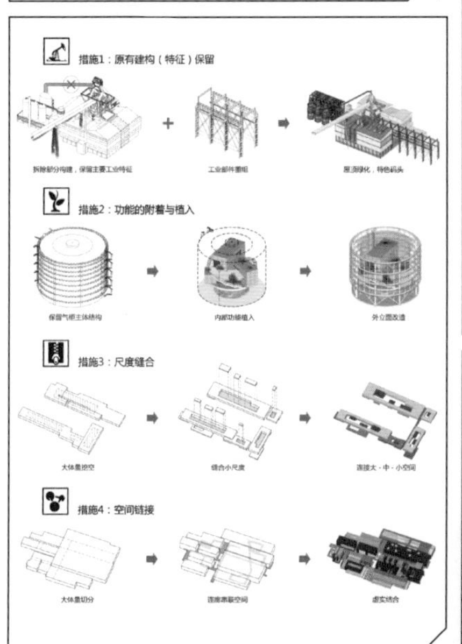

济南市济钢片区城市设计国际咨询

核心区详细城市设计平面图

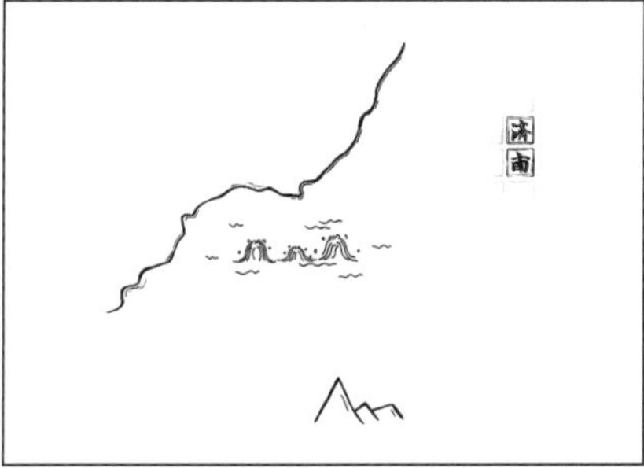

1 /《济南市济钢片区城市设计国际咨询》核心区创新集群轴测图

2 /《济南市济钢片区城市设计国际咨询》工业遗存改造策略

3 /《济南市济钢片区城市设计国际咨询》核心区详细城市设计平面图

4 /《济南市济钢片区城市设计国际咨询》城市空间意向图

5 /《济南市济钢片区城市设计国际咨询》核心区沿河空间意向图

黄河南岸区域概念城市设计与重点地区城市设计

建筑布局平面图 1

济南市历城区王舍人片区控制性规划

规划功能结构图 3

济南市历城区王舍人片区控制性规划

土地利用规划图 4

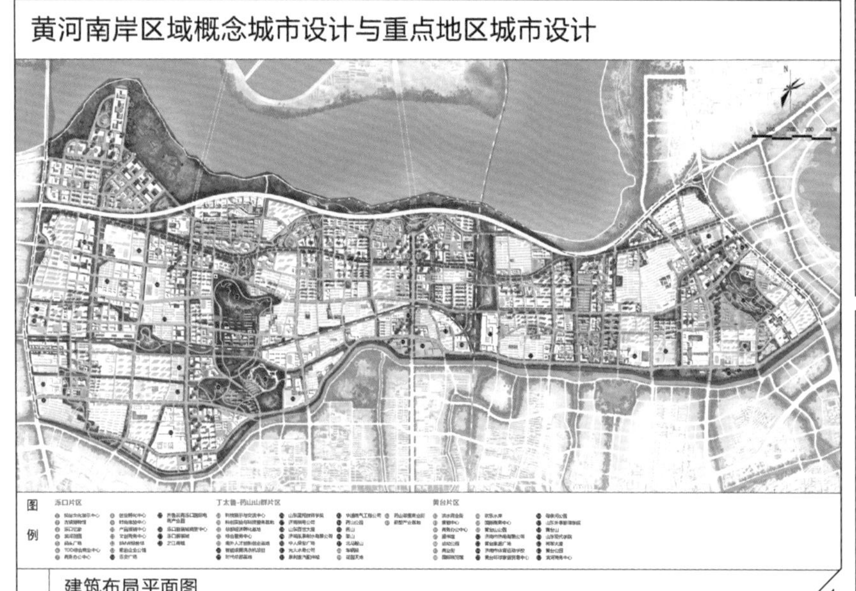

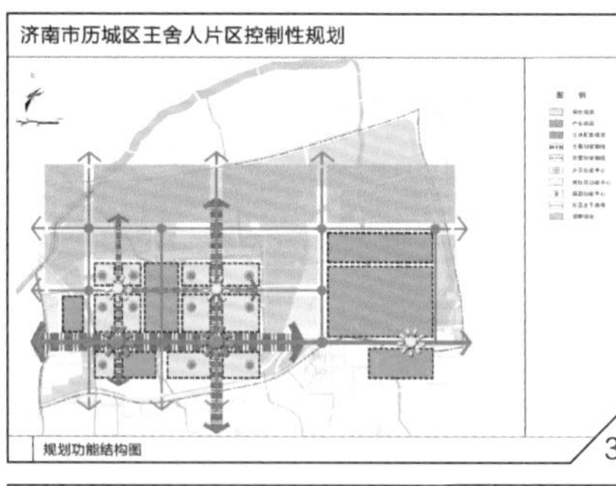

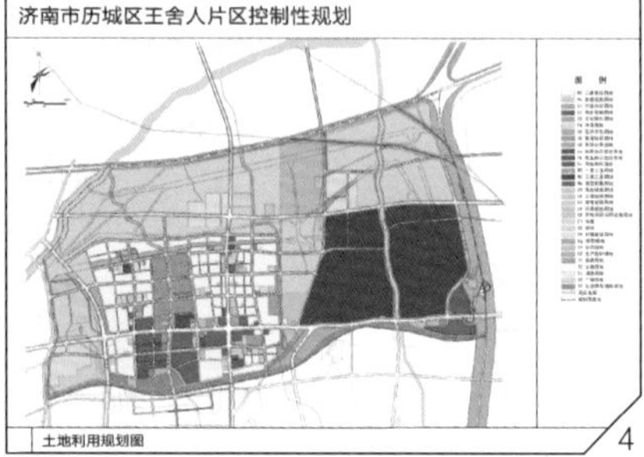

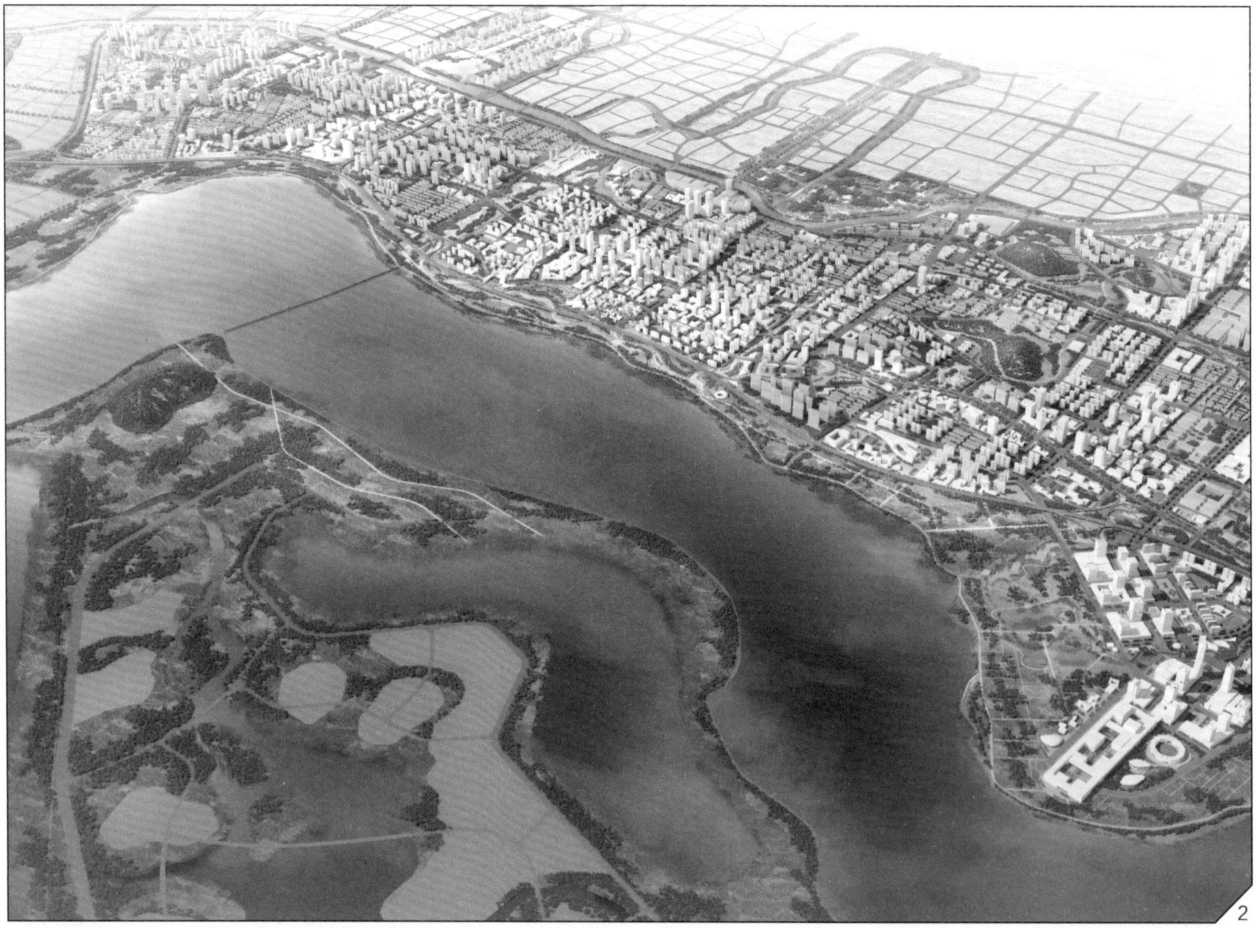

2

1 /《黄河南岸区域概念城市设计与重点地区城市设计》建筑布局平面图
2 /《黄河南岸区域概念城市设计与重点地区城市设计》城市空间意向图
3 /《济南市历城区王舍人片区控制性规划》规划功能结构图
4 /《济南市历城区王舍人片区控制性规划》土地利用规划图
5 /《济南市千佛山片区控制性规划》土地利用规划图
6 /《济南市英雄山与七里山片区控制性规划》土地使用规划图
7 /《济南国际医学科学中心城市设计》建筑布局平面图
8 /《济南国际医学科学中心城市设计》生命科技创新产业区城市空间意向图

济南市千佛山片区控制性规划

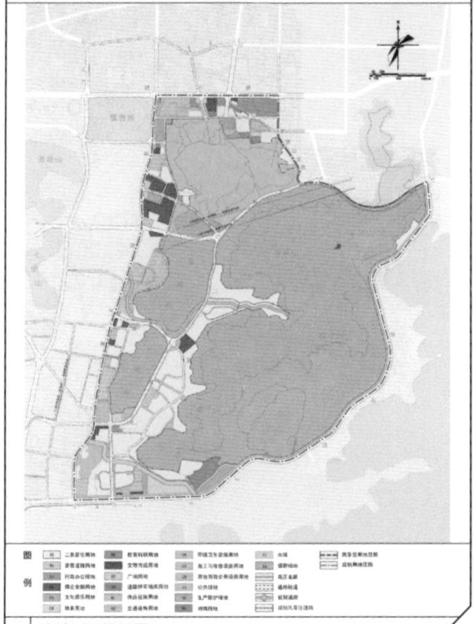

土地利用规划图

5

济南市英雄山与七里山片区控制性规划

土地使用规划图

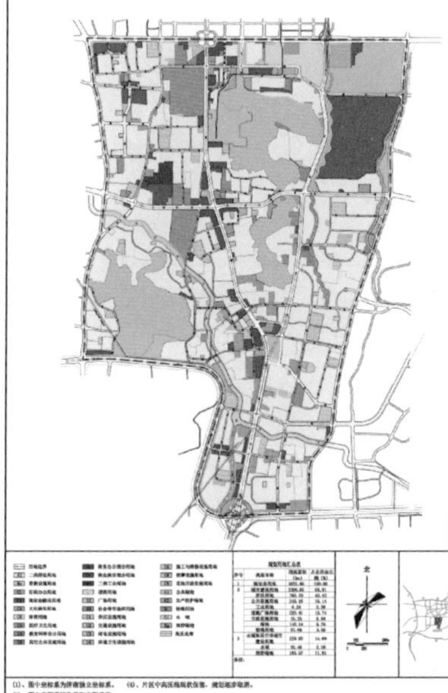

6

济南国际医学科学中心城市设计

建筑布局平面图

图例

生命科技创新产业区

科创阳台
文化宫
体育公园
图书馆
商务办公中心
BMW综合体
冷热电三联供能源站
安置三区
健康医疗大数据存储中心
医疗技术培训基地
医学科创企业集群
医药科技创新产业园
生命科技大数据产业园
医疗器械产业园

国际酒店
社会福利院
健康之窗
医学展览与社区文化服务中心
滨水商业街
金融中心
疗养医院
安置二区
安置一区
美堂花园
R1轨道场站及上盖物业
国际服务基地
康养中心

医疗硅谷

医疗综合体
健康天街
医疗创新共享中心
杏林公园
文化活动中心
质子治疗中心
安置六区
孵化中心
安置五区
热源厂
山东第一医科大学
M1&M3轨道场站及上盖物业
健康之环

玉清水厂
R2轨道场站及上盖物业
第二动车运用所
山东送变电工程公司生产基地
综合加工厂区

7

8

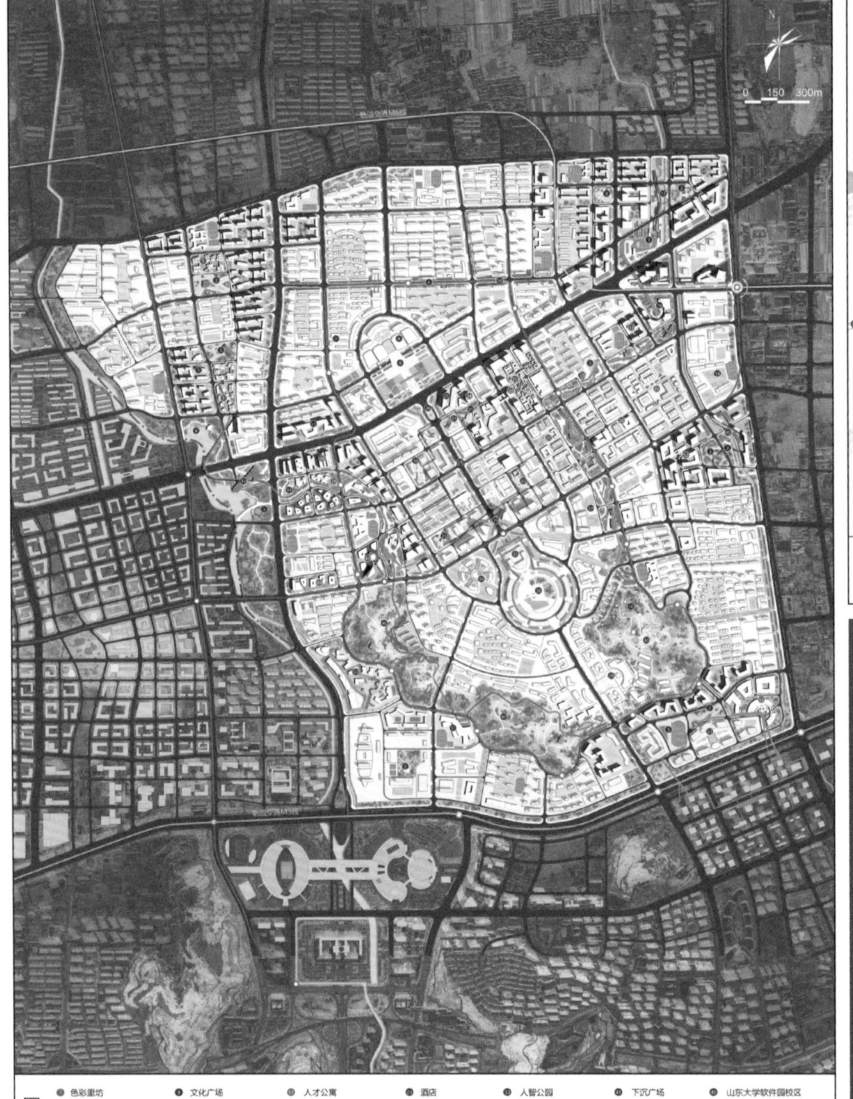

1 /《济南高新技术产业开发区中心区腾笼换业工作组中心区城市更新规划研究及城市设计》总平面图

2 /《济南高新技术产业开发区中心区腾笼换业工作组中心区城市更新规划研究及城市设计》土地利用规划图

3 /《济南高新技术产业开发区中心区腾笼换业工作组中心区城市更新规划研究及城市设计》城市空间意向图

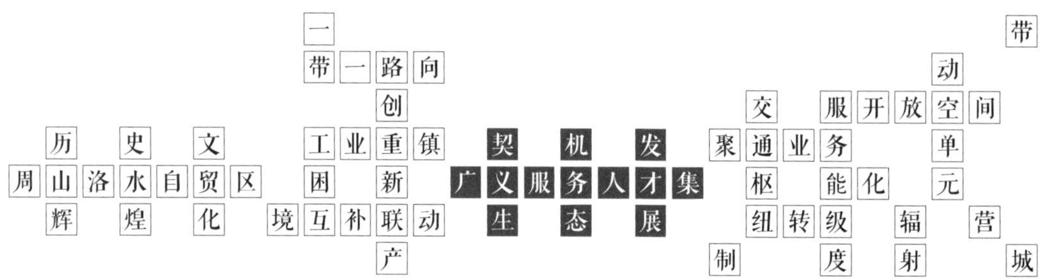
一
带一路向
创
历 史 文 工业重镇 契 机 发 聚通业务 单
周山洛水自贸区 困 新 广义服务人才集 枢 能化 元
辉 煌 化 境互补联动 生 态 展 纽转级 辐 营
产
交 服开放空间
动
带
制 度 射 城

洛阳

过往的辉煌，时代的梦想

2017年3月，国务院发布《关于印发中国（河南）自由贸易试验区总体方案的通知》（后文简称《通知》），自贸区分为三片，洛阳居其一。外地人可能无法理解《通知》印发后洛阳人的感慨万千。不过，如果翻开历史，就会知道这里是华夏文明的发祥地之一，中国唯一女皇帝武则天曾在此执政，令洛阳纸贵的《三都赋》也诞生于此。当我们把时光倒退回20世纪50年代，苏联援建的“156项”重点工程中有7个布局在洛阳，全国工业看“两阳”（洛阳和沈阳）的说法深深地留在了一代人的记忆中。如果再回溯至一千年前，洛阳曾是中华大地上十多个政权的都城，五千多年文明史、一千五百多年建都史，洛阳传承华夏文明留下了众多印记。

二十多年前洛阳获批具有战略意义的平台——国家级高新技术产业开发区。那时，举国上下正在学习具有划时代意义的“南方谈话”。如今，历史辉煌逐渐淡去，东边的郑州变成中原城市群的核心城市，西边的西安在丝绸之路再出发，骄傲到骨子里的洛阳人该何去何从？中国（河南）自由贸易试验区，也许是漫长等待中那颗走向新时代的种子。

“一带一路”上的城市对话

从2013年9月中国（上海）自由贸易试验区到2017年3月中国（河南）自由贸易试验区（后文简称“洛阳自贸区”），短短三年半时间共有11个自贸区获得批复，国家在全球化受到挑战的大背景下，进一步加快了扩大开放的步伐，自贸区被赋予更大的改革自主权。

对洛阳而言，虽然几经沉浮，但依然有着毋庸置疑的优势。且不说五千年文明史，就改革开放以来，洛阳制造业基础不断夯实，机器人、智能装备、新材料全省领先，是河南省唯一的机器人及智能装备产业基地和国家新材料高技术产业基地。作为共和国初期的工业重镇，洛阳工业的基础雄厚，仅军工资源方面就拥有7家重点监测军工企业、23家规模较大的军品配套企业以及38家军工资质企业。随着军民融合的大力推进，军工科技转为民用的契机已到来。同时，洛阳地处陇海线与焦柳线的交汇处，东西、南北的两纵两横的铁路网络交汇于此，贯通南北、连接东西，是全国性交通枢纽城市。洛阳北郊机场是豫西北唯一机场，距离自贸区洛阳片区七公里，由机场、铁路、城际、高速路和口岸构成的良好综合交通基础奠定了服务贸易与产品输出的通道基础。

丝绸之路上的强大基础优势与洛阳自贸区的战略契机合为一体，为洛阳重现辉煌带来了希望。洛阳市政府快速开始了取经之旅，并将目光瞄准了上海和深圳这两个自贸区建设走在国家前列的城市。深圳作为海上丝绸之路的重要节点城市，在广东自贸区前海蛇口片区的建设中累积了系统的建设经验。2017年，深规院正式受邀开展《中国（河南）自由贸易试验区（洛阳片区）综合规划》的编制工作。经过广泛的调研后，深规院项目组与自贸区管委会共同形成了自贸区建设的核心战略定位：自贸区是洛阳再次腾飞的历史性机遇，要在对外开放和国际合作中发挥重要作用，成为丝绸之路经济带的战略节点，不仅要在引进新的产业类型下功夫，更要充分发挥科技优势创造产业链条环节持续升级的良好载体；不仅要自身做大做强，更要体现发展引擎的作用，并充分发挥生态、文化方面的底蕴，形成以人为本的高品质环境，成为洛阳中心城市引领、带动中原城市群发展的重要平台之一。最重要的是自贸区不能局限于经济发展，要在制度创新、高质量发展上取得突破，成为中原地区营商环境最好、开放意识最强的高质量发展标杆。

纵横捭阖，重启开放合作之路

作为“一带一路”上的重要支点，洛阳自贸区通过丝绸之路经济带，建构开放合作大平台，扩大产能合作，做强服务贸易，提升辐射和交流能力，是洛阳自贸区的必由之路。因此，在《中国（河南）自由贸易试验区（洛阳片区）综合规划》中提出了构建开放合作大格局的三个关键词：强枢纽、聚科技、塑引擎。

首先，沿着丝绸之路经济带向西，中亚、东欧产品需求与洛阳产业优势契合度高。洛阳市以先进装备制造业、新材料、电子信息等产业等为主，而中亚、东欧产品需求以机械器具及零件、电器设备制造等产品为主。同时陇海线上的郑欧班列货运量占全国班列的40%，班列数量占全国的30%，为洛阳及周边腹地奠定了产品输出的通道。所谓强枢纽，就是要进一步强化自贸区与这条国际经济大通道的紧密联系。规划通过调整优化铁路支线、升级南北两大枢纽以及物流通道，建设综合保税区，实现与陇海线的无缝衔接。并依托高速公路、高铁（城际）网络以及洛阳北郊机场扩建的契机，构建快速交通网络，实现自贸区高铁一小时覆盖豫西、高速两小时覆盖豫西和30分钟人流、物流交通圈。“强枢纽”的意义不仅仅为自贸区服务，而是基于洛阳自贸区与豫西地区产业梯度合作的巨大潜力。洛阳自贸区作为中原城市群与关中城市群之间开放层次最高的特色政策区，叠加上“强枢纽”的优势，必然会将成为广大豫西地区企业、产品走出去以及技术、人才引进来的核心平台，真正实现开发合作与国际交往的大格局。

科技创新是产业转型升级的关键所在。规划提出的“聚科技”，就是希望充分发挥洛阳军工科技、国家大学科技园等为代表的科技优势。仅就军工科技和军民融合产业而言，洛阳自贸区就拥有巨大的发展潜力。大多数的科技机构和军民融合产业都集中在洛阳自贸区内，相对焦柳沿线北部的其他工业重镇，都具有较为明显的优势，依托洛阳自贸试验区的机制体制创新优势，突破军民融合发展的限制条件，有望带动焦柳沿线周边地区军民融合产业快速发展，推动科技成果的转化和应用，将科技资源优势转化为生产力、将军工资源优势转化为产业动力，形成区域产业科技的高地。

所谓“做引擎”，则是希望进一步放大洛阳自贸区在区域中的独特性，形成聚焦和吸引力。为此，规划建议在自贸区加快建设综合保税区。综合保税区作为目前我国开放度的政策特区之一，叠合自贸区优势，将成为本地区在产能输出、国际合作和服务贸易上的强大引擎，可以极大整合广大腹地的产业链条，形成产品、技术、人才、资金的高频率交互。同时，规划战略性的提出了在洛水之北、周山之东建设洛阳的自贸中心，与洛南的城市中心形成“双核”结构，构建“区域产业服务中心+城市综合服务中心”的功能体系，以强化自贸区的服务能级，让自贸区承担起作为区域产业与科技服务、国际交往与贸易服务的职能，与洛南中心互补联动，共同促进洛阳国家区域中心城市的建设。

周山洛水，重塑洛阳人心中的家园

洛阳科技人才密度高于全国、全省水平，创新创业活跃，是全国重要的科技资源密集区。洛阳研发与试验发展人员近三万人，洛阳R&D经费支出占GDP比重超过郑州、开封，专利申请数逐年稳步增长，专利授权数在2012年和2014年一度超过郑州。但不容忽视的是人才流失，据相关人士介绍，某大型企业近几年每年引进大学生100名左右，但60%的人工作不满一年就离职。为此，提供最好的生活、最好的服务和最好的环境是自贸区亟待解决的问题。

自贸区位于周山洛水之间，具有生态环境和文化底蕴的双重特征，在不到30平方公里的范围内，拥有全国重点文物保护单位——西苑遗址，省级重点文物保护单位——东马沟遗址、周灵王陵、周三王陵，还有牡丹文化、河洛文化、宗教文化等特色文化品牌和周山森林公园。于是，规划师们意图将生态禀赋与人文环境相结合，打造具有归属感和文化个性的生活场景。规划提出以绿为核，集中布局公共服务，形成活力共享的广义公共空间，将直接面向各类人群的服务空间融于洛阳山水之中。广义公共空间网络结合洛阳自贸区的区位和空间形态，集成了公共服务设施、公共开敞空间、科研与商业服务空间，并通过周山洛水的生态绿廊系统和城市绿道慢行系统等有机串联，形成优美的山水生态格局和文化体验网络，以期吸引更多的人才留在洛阳，也希望远在他乡的工程师们能在这里找到“熟悉的味道”和创业就业的空间。时任河南省委常委、洛阳市委书记的李亚将洛阳自贸区定义为“周山洛水边，生态自贸区”。

亲近洛水、融入周山，打造生态自贸区，成为洛阳自贸区的核心目标之一。结合周山保护提升及“四河同治，三渠联动”工程，围绕周山国家森林公园打造一个生态绿核；沿洛河公园、秦岭渠公园打造两条滨水公园带，营造“一核两带、多点多廊”的生态格局。结合各类山水通廊打造的13条线性公共空间，以若干文化典故场所为节点，将科技馆、商业广场、学校、邻里中心等各类公共设施串联起来，形成了一条22公里长的文化漫步（慢跑）道。以文化空间为线索，规划布局了百公里城市绿道，以绿道串联文化，以文化定“IP”，以“IP”活产业，形成“一个周山文化环、两条滨水文化带、二十个核心文化主题节点”的文化空间网络。周山文化活力环依托周山生态文化品牌，主打生态休闲、洛阳文化展示、传统艺术等主题功能；滨水文化活力带依托洛河、秦岭渠滨水特色，体现洛水书画、科技文明、体育运动等主题。

产城融合，促进单元式滚动发展

为了增加对支柱产业具有引领带动的先导产业以及战略性机会产业的适应性，规划强化五大核心产业布局，实现服务贸易与空间的最佳匹配，并以“广义服务、单元营城”为指导原则，在构建广义公共空间网络体系的同时，结合产业功能主题，形成四类17个单元。每个单元在2~3平方公里，根据不同版块与主导功能，划分为商务贸易、科技智造、宜居生活、特殊功能等多个类型，并围绕单元服务中心集中布局公共服务与基础设施，建设多样化创新服务平台和公共服务平台。它的划定以公共产品供给、产业功能主题、绿色出行可达为主要标准，打破行政边界，促进产城融合。比如在商务贸易、科技智造等主导产业单元，一方面在同一空间兼容前端研发、设计环节，后端销售贸易环节，创造复合式产业链条的合理空间；另一方面强调职住平衡，增加自然生态产品、文化特征要素和满足创新交流需求的公共产品供给，为创新型高品质的城市建设奠定良好的空间格局。再比如，规划将周山森林公园中作为一个生态单元，一方面加强刚性管控，留住生态与文化；另一方面，通过公共产品植入来满足可进入性、活动性和多样化的健康需求。上述各单元均具有主题明确、功能复合、服务集成、可快速建成的基本特征，无论哪个单元以新建或旧改、政府或市场的方式去推动，我们希望能在2~3年的时间内形成一定的氛围和质量，即一个单元一座“城市”。

制度创新，破解持续发展瓶颈

洛阳自贸区选址于洛阳国家级高新技术产业开发区和洛阳涧西区老工业基地，是高度建成的工业区、城镇、乡村、历史文保单位糅杂在一起，这样的地区去承担国家重要使命、探索新的发展路径无疑是十分困难的。规划全面应对战略重点地区的多元发展诉求与复杂现状问题，不仅仅设定发展战略和规划蓝图，更强调通过多专业融合，为自贸区发展中面临的问题提供综合的解决路径，围绕投资管理、贸易便利、海关特殊监管、科技金融、文化旅游服务业开放、土地供应与规划管理等九大领域推动制度创新，从主动复制、积极取经到自主创新，落实117项制度创新重点，构建“投资监管、产业准入、土地供应、建设管理”四位一体的制度创新体系。如在规划领域，我们提出了土地二次开发、规划二级管控以及适应产业升级和科技创新的用地复合使用新模式，为在存量地区推动有机更新创造了良好的制度基础。

在一个老城市，尤其是在一个高度建成的地区，去大幅度推动产业升级和体制机制创新无疑是非常困难的。在规划编制过程中，我们看到并深刻理解了当地居民的诉求与抱怨，原有企业主的困惑与期待，各方投资商的疑虑与希望，地方政府的激情与焦虑……然而最终，他们都选择了前进，只为一个共同的目标和难得的机遇。我们相信，洛阳将怀着心中的骄傲一路向前，这份骄傲既是过往的荣光，更是时代的梦想！

中国（河南）自由贸易试验区（洛阳片区）综合规划

周山森林公园
洛河
西工区
老城区
涧西区
洛龙区
图 例
R2 居住用地
R2+B 商住用地
A1 行政办公用地
A2 文化设施用地
A3 教育科研用地
A4 体育用地
A5 医疗卫生用地
A7 文物古迹用地
B1 商业设施用地
B2 商务设施用地
B1+B2 商业商务设施用地
M0 创新型产业用地
遗址保护范围
M1 一类工业用地
W1 一类物流仓储用地
S1 城市道路用地
S3 交通枢纽用地
E2/G1 周山森林公园
G1 公园用地
G2 防护用地
H4 特殊用地
E1 水域
村庄建设用地
轨道交通
规划范围
管理范围

土地利用规划图

1

科技孵化创新板块
周山绿核
综合服务板块
科技转化创新板块
保税区板块
洛河景观展示带

2

洛
陽

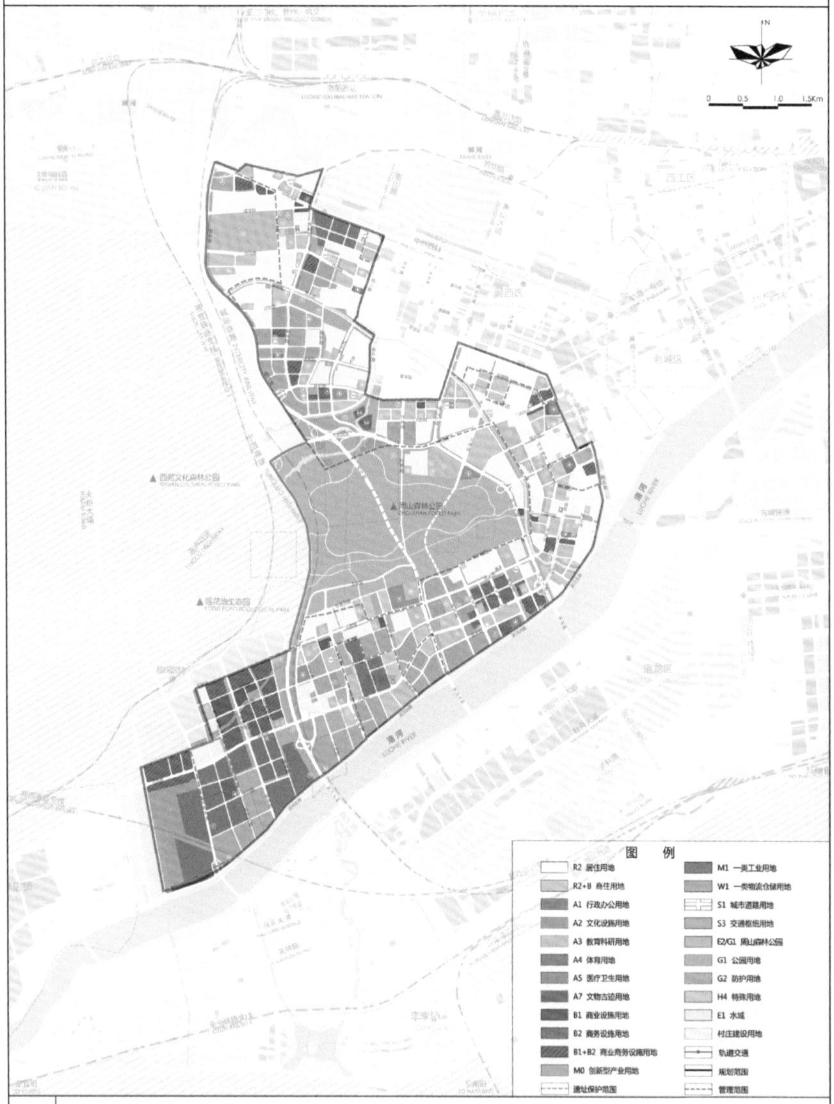

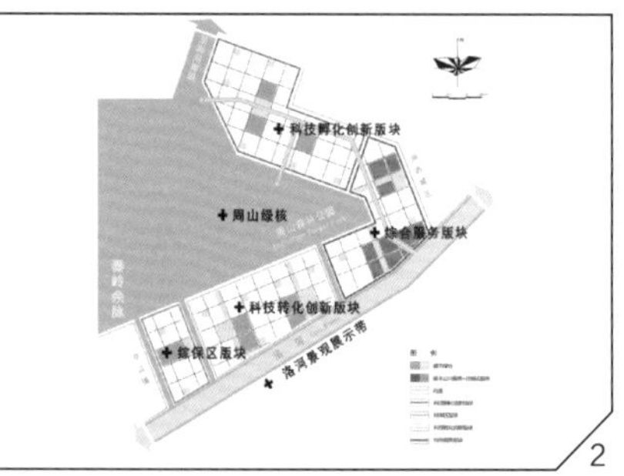

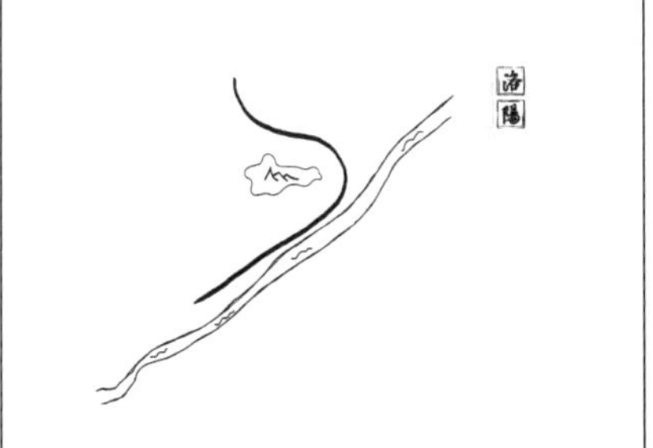

1 /《中国（河南）自由贸易试验区（洛阳片区）综合规划》土地利用规划图
2 /《中国（河南）自由贸易试验区（洛阳片区）综合规划》功能结构规划图
3 /《中国（河南）自由贸易试验区（洛阳片区）综合规划》核心功能单元分析图
4 /《中国（河南）自由贸易试验区（洛阳片区）综合规划》广义公共空间规划图
5 /《中国（河南）自由贸易试验区（洛阳片区）综合规划》空间结构手绘草图
6 /《中国（河南）自由贸易试验区（洛阳片区）综合规划》用地布局手绘草图
7 /《中国（河南）自由贸易试验区（洛阳片区）综合规划》城市空间意向图

苗湾公园
河洛路
河洛文化广场
瀍洲大桥
洛河艺术画廊
滨河北路
文化服务
综合楼
公交环线
公交快线

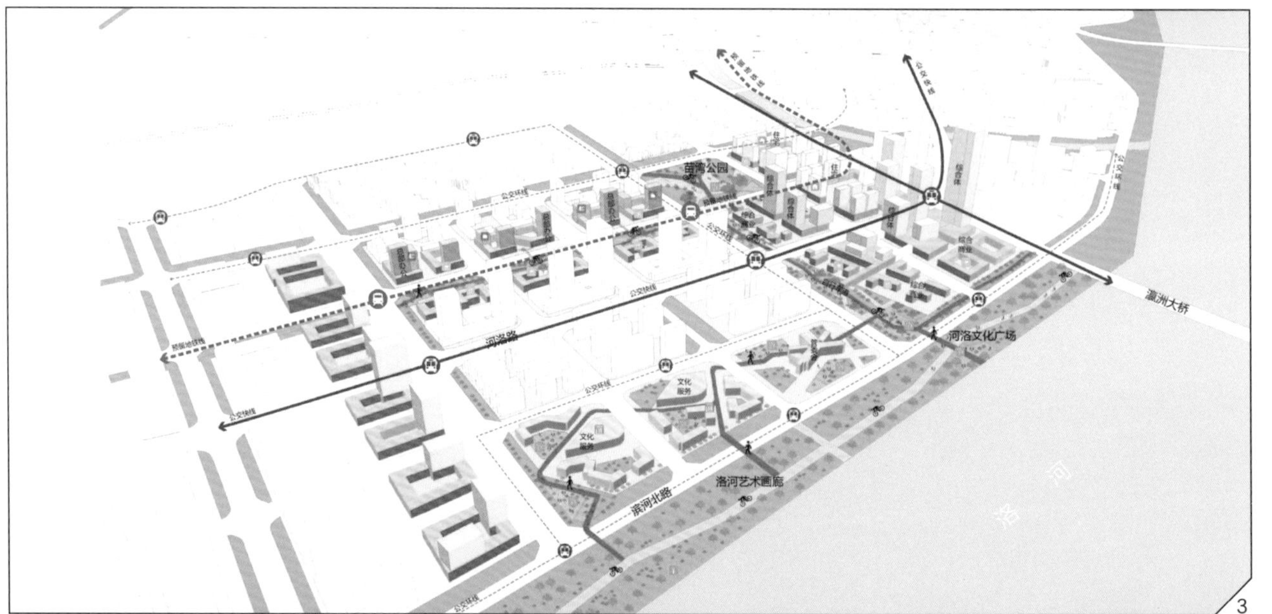

3

中国（河南）自由贸易试验区（洛阳片区）综合规划

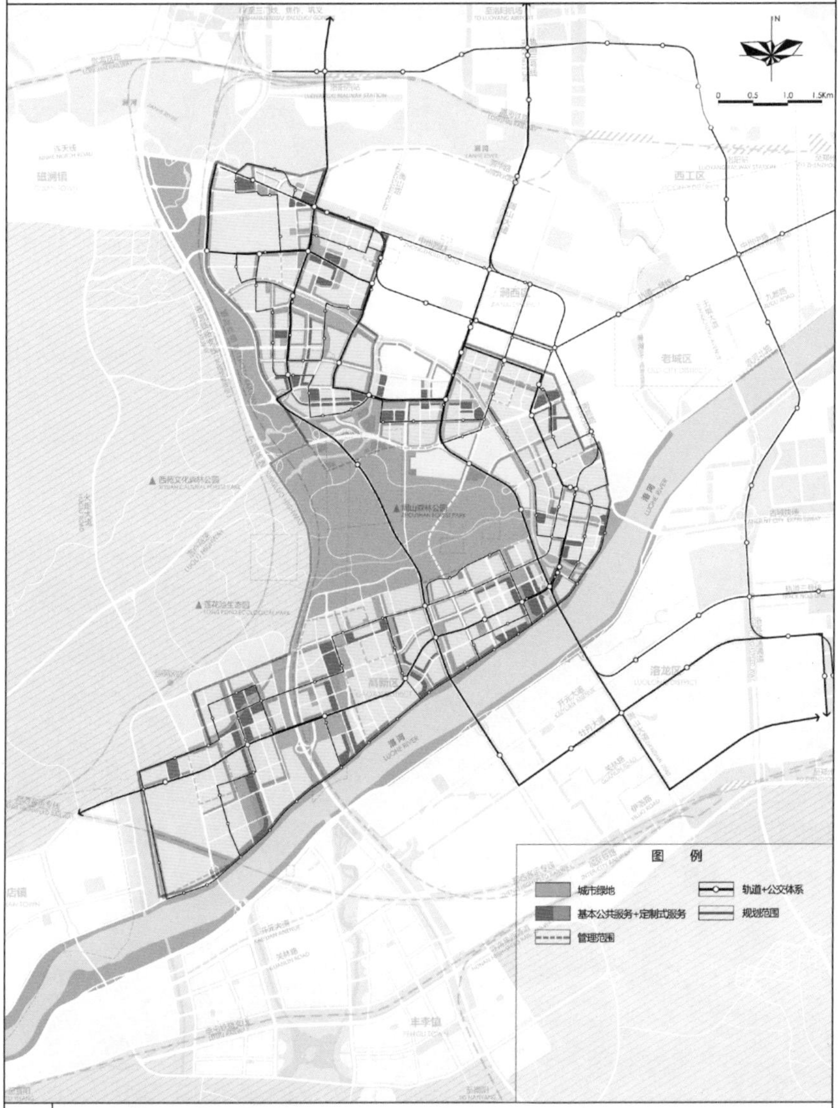

图 例
城市绿地
基本公共服务+定制式服务
管理范围
轨道+公交体系
规划范围
西工区
老城区
洛龙区
丰李镇

广义公共空间规划图

4

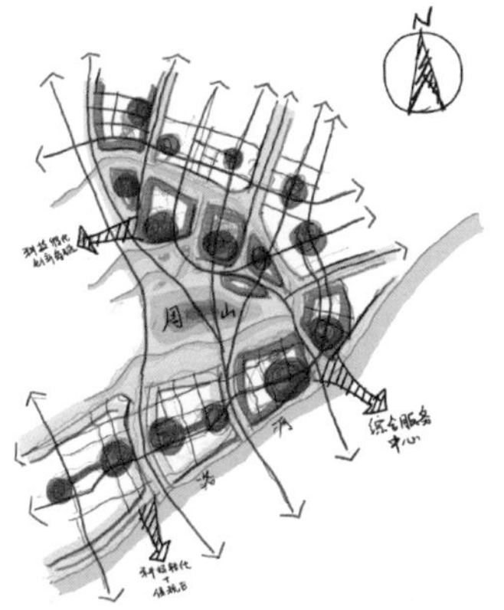

综合服务中心

5

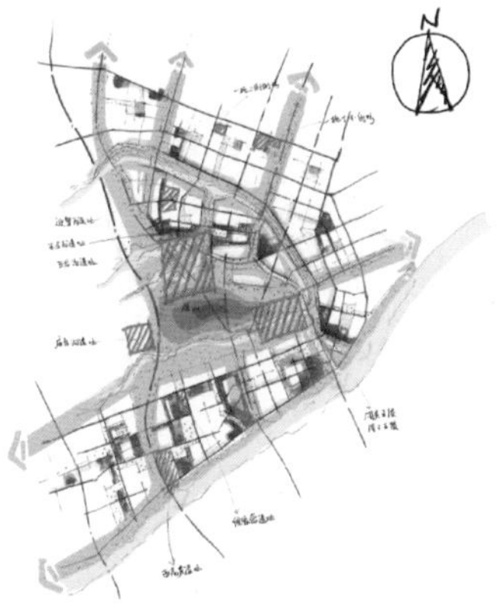

6

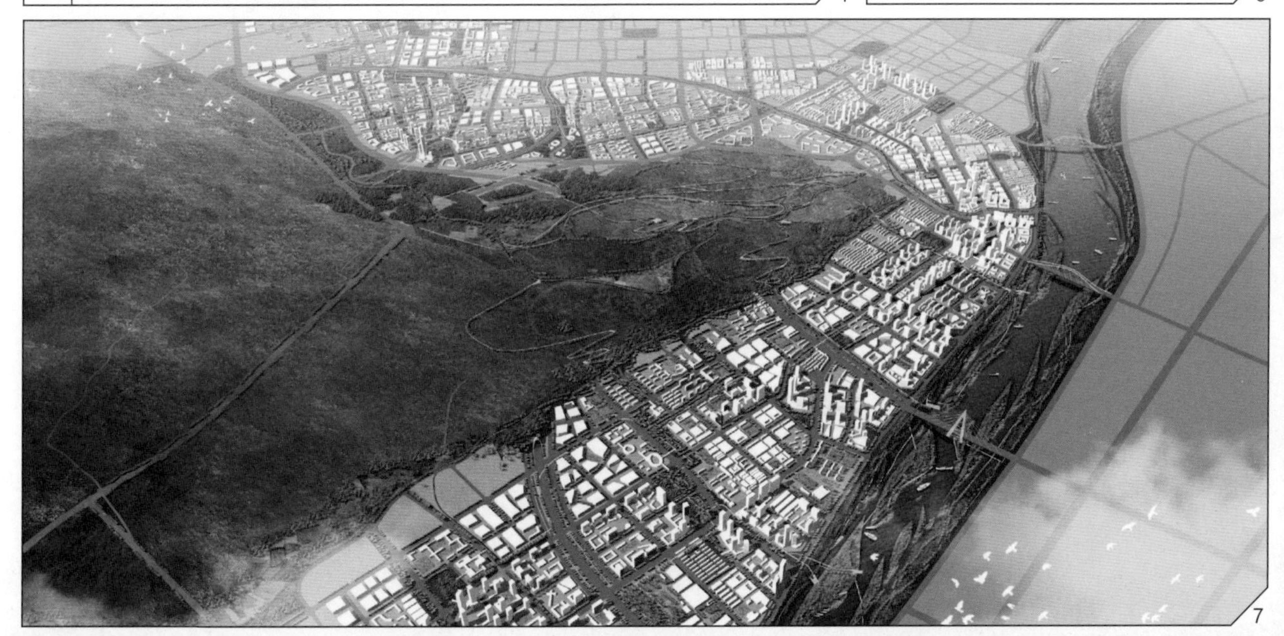

7

《中国（河南）自由贸易试验区（洛阳片区）综合规划》城市空间意向图

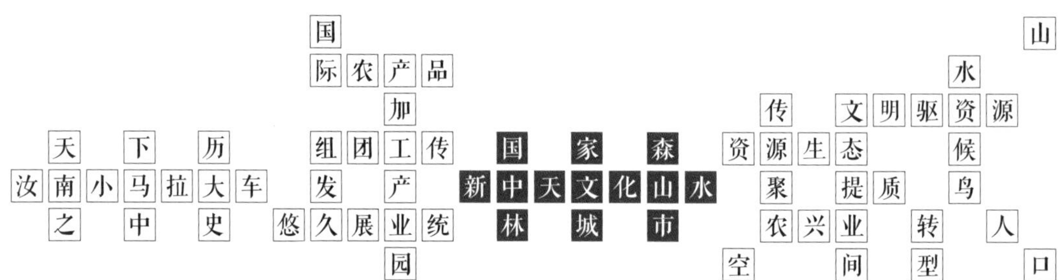

国 山
际农产品 水
加 传 文明驱资源
天 下 历 组团工传 国 家 森 资源生态 候
汝南小马拉大车 发 产 新中天文化山水 聚 提质 鸟
之 中 史 悠久展业统 林 城 市 农兴业 转 人
园 空 间 型 口

驻马店

传统“农区城市”的新型城镇化创新探索与实践

中国传统农区的很多城市，都有着悠久的历史。这些城市大多基于古老的农业经济、农业地理形成经济中心。其中，驻马店又更为特殊。驻马店地处中国南北地理过渡带，气候适宜、土地肥沃，古称“汝南”，一个从汉代就鼎鼎大名的城市，素有“天下之中”的美名。在农业文明中曾经无比辉煌，是盘古创世纪之地、嫘祖故乡、伏羲画卦之地、战国兵器制造中心、西周蔡国故城、梁祝故里，是中原地区重要的经济和文化中心。

工业时代的到来，重构了城市发展要素，近现代城市的辉煌均有赖于工业文明、后工业文明的支撑。而即便在改革开放后相当长的时间里，驻马店仍呈现出传统农区城市的发展惯性。伴随着农业人口基数大、中心集聚度低、工业化基础薄弱、人才流失等问题的暴露，城市延续千年的繁华逐渐褪去，存在感也逐渐减弱。当代城市发展尴尬面对辉煌的历史，这也是中国传统农区很多类似城市面临的共同问题。

回头来看，彼时的驻马店，正肩负着带领市域800多万人口迈向现代化，探索不以牺牲粮食安全、生态环境为代价的“三化”协调科学发展之路的重要使命。相比之前的温和发展，近十多年间的城市发展突然进入加速期，颠覆性的变化无疑推动驻马店进入了转型发展的快车道，取得了新型城镇化的重大突破。可以说，这段时期已成为驻马店城市发展史上的一段重要里程。深规院很荣幸能够在这关键的十多年间，深度参与驻马店城市规划建设的方方面面，包括区域发展战略、城市总体规划、核心地段城市设计、风道与景观视廊等前沿课题研究……持续助力驻马店全面转型提质发展。这段发展历程背后诸多不懈的探索与实践，这种探索对以驻马店为代表的河南乃至更大区域而言，或许值得更深度的思考与总结。

借力、聚能、塑形、提质，破解发展瓶颈

20世纪初，东南沿海城市已经借由90年代的产业转移浪潮，夯实了工业化基础，并开始走向电

子信息、互联网、高端制造等新一轮产业转型，中西部发展差距进一步扩大。在此背景下，从2006年起，国务院提出促进中部地区崛起，地处中部、经济常年落后的驻马店，开始收获产业转移的红利。2010年，国务院印发《全国主体功能区规划》，其中驻马店被明确为重要的农产品主产区（限制开发区域）。在同一年，《驻马店市城市总体规划（2011—2030）》启动编制，当时仍是“农业大市、经济小市”的驻马店，正面临着我国传统农区城市新型城镇化的共性困局。

驻马店整体工业化水平较低，虽然基础性资源（土地、劳动力）的配置相对充裕，但“结构性”的缺陷又导致生产要素的有效供应不足、产业的可持续发展缺乏后劲。尽管从人均GDP、三次产业结构比等数据来看，驻马店早已进入工业化初期阶段，但从单位面积的投入产出效率、工业增加值等来看，工业生产粗放、规模化和专业化不足等现象较为突出。

由于经济基础薄弱，工业化水平低，作为人口稠密的传统农区，驻马店无法容纳大量的就业人口，也造就了候鸟人口大市。据《驻马店统计年鉴（2010）》，2010年驻马店全市农村劳动力人数为402万，占总人口比例接近50%，其中外出劳动力达210.9万，占农村劳动力总数的38.9%。外出的大多是青壮年劳动力，其中包含大量优质人才。

此外，与豫、鄂、皖三省城市相比较，驻马店市人口总量较大，但中心城区建成区面积较小，人口较少，很难发挥规模效应以撬动区域经济实现跨越式发展。2010年，中心城区城镇人口仅占市域城镇人口的14.2%，辐射影响力有限，呈现“小马拉大车”的发展格局。另一方面，城市处于低水平均衡、均质发展状态，后续发展动力不足。

驻马店是一个极具代表性的城市发展样本。基于2009年在《驻马店市城市空间发展战略规划》的深入思考与后续跟踪关注，深规院团队有幸在《驻马店市城市总体规划（2011—2030）》中对于驻马店城市发展的系列问题进行了全方面深入的研究。2011版总体规划提出了借力、聚能、塑形、提质四大方向。

借力，顺应大势，聚焦三大发展动力。传统的城镇发展动力与模式中，城市与经济的发展是一个受到内、外部因素和发展环境综合作用的结果。从改革开放以来的苏南模式、温州模式和珠江模式来看，可以说就是地方政府主导、民间资本主导、优惠政策与外来资本相结合的三类模式。相比之下，驻马店自然要素在区域范围内的比较优势并不明显，在发展动力的获取上，仅仅着眼于自身及周边的发展远远不够，更重要的是如何寻找外部资源、引入外部动力。其发展需要“内力与外力”与“自下而上与自上而下”相结合，通过返乡经济、招商经济及城乡互动的“多轮驱动”，形成城市持续增长的三大核心动力，将“政府投资”“民间资本”和“外来资本”作为驻马店城市未来发展的三驾马车。

聚能，按照“有机集中”的思路，集中力量打造“强有力”的发展极核。尤其要提高中心城区的城市规模，进而提高城市发展能级，增强集聚效应和对周边城镇的辐射作用。以此为出发点，整合优势资源，组合中心城镇，构建“中心城市组团式发展区”的空间框架。借鉴霍华德的田园城市结构和东京、兰斯塔德等都市区的多中心结构，以驻马店中心城区为中心，最大限度地整合发展要素和优势资源，联合遂平、确山发展的同时，东联汝南，使“中心城市组团式发展区”互相依托、协同发展，打造组团式发展区的先行启动极核。对于驻马店来说，建设“面向未来最终形成既分工又相互紧密合作的都市区”可以优化“短期一长期”利益，预留保护性开发的区域；也可以优化“城市一乡村”结构，凝聚城市化动力；更可以优化“居住一就业”关系，提升城市发展效率与质量。

塑形，把握城市结构趋势，奠定组团式空间格局。长久以来，跟大多数城市一样，驻马店中心城区的城市发展都是依托主要的交通设施走廊形成商贸中心并向周边延展城市功能。老城中心空间局促、承载力已达极限。2011版城市总体规划编制伊始，正是驻马店中心城区人口爆发性增长的开始，把握城市结构，引导城市发展秩序，避免大城市病，成为急迫任务。由此，规划一方面预见性提出，城区空间结构的发展将从交通设施走廊为导向，转变为以生态景观资源为导向，故而结构性中心布局与城区的主要水系、公共空间节点紧密结合；另一方面，提出预控生态廊道，引导原来的蔓延式发展趋势转向组团式发展格局，并通过产城组团关系的深入研究，划定了八个特色功能组团，引导城区组团发展，避免连绵成片。

提质，优美的人居环境是公众对宜居最基本的要求，完备的“硬环境”以及和谐的“软环境”建设也是建设宜居城市的关键因素。“山得水而活，水得山而壮，城得山水而媚”，驻马店山水资源丰富，城市最大的特色就在于其“山一城一湖一田”的景观格局。在这一前提下，景观体系的营造就成为塑造驻马店营造人居环境最好的切入点，也是形成城市特色最重要的基础。规划在现状城乡空间格局的基础上，利用周边的自然空间要素，由西至东创造出“生态宜居带”，与南北向的城市、产业发展带形成对照。“生态宜居带”强调的是城乡居住空间的理想分布，与自然生态环境和谐相融的理想状态，以及引导城市空间可持续发展的一种趋势。

2011版城市总体规划是地方主政者和城市上下的发展共识。驻马店城市发展的幸运在于，地方主政者有强烈的发展意志，坚定不移地推动共识转变为蓝图。不只是依靠城建推动，更包括产业引进、生态宜居、品牌建设等多方面行动。随之，城镇化的雄心和成就振奋了多年感受不到城市变化的驻马店人：城市经济增长率连续多年居省内前列、中心城区集聚能力大幅增强、2014—2018年各类回流人才数量超过20万……时至今日，驻马店中心城区的发展基本上按照当初的规划，正逐步变成为现实。可以说，2011版总规奠定了城市的中心结构和组团式发展格局，成为一份在驻马店历史上具有战略意义的总体规划。

生态文明下的城市品质

生态宜居的环境品质与鲜明的城市特色作为一种无形资产，无疑是增强城市吸引力、利于资源要素集聚、提高城市综合竞争力的一剂良方。继2011版城市总体规划之后，深规院参与编制了从中心城区到重点片区的一系列城市设计、修建性详细规划和专项规划等，助力驻马店城市风貌逐步发生蜕变。

驻马店历史悠久、文化积淀深厚，同时有着丰富的生态资源和山水景观，素有“豫州之腹地，天下之最中”的美誉。但驻马店总体城市风貌则缺乏对山水优势的挖掘和地方文化特色的演绎，城市形象趋于“千城一面”。《驻马店市中心城区总体设计》给出方案，构建了“新天中”特色的城市意象，使驻马店既有北方城市的雄浑大气，又有南方城市的灵秀雅致；既有现代城市的紧凑繁华，又有山水田园的疏朗自然；既有中原传统的沉稳端庄，又有文化汇聚的多元浪漫；既有千年天中的文化古韵，又有时尚都市的乐活氛围。同时，总体设计从中心城市组团集群视角，通过便利交通网络和视线廊道构建，搭建起城市亲近山水的自然格局，并充分发挥主城区三河穿城的特点，将汝河、连江河、小清河作为城市核心景观骨架，塑造中原地区极其少见的水绿融合之城。

《驻马店市中心城区总体设计》为城市整体风貌格局奠定了基本框架，描绘了美丽的愿景，对驻马店城市的未来空间形象产生较大影响。继城市总体设计之后，编制了高铁站前商务中心的修建性详细规划、小清河片区城市设计等，树立了城市核心地段的特色风貌意象。时至今日，驻马店西站商务中心已基本成形，乘坐京广线，经过驻马店西站时，即可看到代表驻马店新形象的亮丽风景。

依托山水林田湖格局，驻马店大力推进生态文明建设。除了将总体规划确定的绿地规划目标、空间布局、近期建设规划予以进一步的落实，驻马店还相继启动了西部山区总体规划、城市绿地系统专项规划、绿道网专项规划、城市风道及景观视廊专项规划等。一方面，从区域生态功能完整性角度，构建山水自然格局；另一方面，更结合城市功能、形态布局与绿地系统进行有机耦合。使生态文明建设不仅发挥更好的生态价值，也更好地为人所用，激发对生态资源更多元化的使用方式。2012年，驻马店被评为“国家园林城市”，2017年成为“全国文明城市”，2018年荣膺“国家森林城市”。

新农业与新农业城市

近年来，随着驻马店市域城镇化率超过50%的重要节点，城市迎来系列发展机遇。特别是农业部批复的“中国国际农产品加工产业园”的落户，为驻马店城市发展迎来千载难逢的重大机遇。

国际农产品加工产业园的建设，有赖于总体层面规划的支持。恰逢总体规划与国土空间规划的使命交接期，于是诞生了2018版驻马店城市总体规划。结合国际农产品加工产业园的选址论证，驻马店市同步启动总体规划、遂平县城市总体规划和中国（驻马店）国际农产品加工产业园总体（空间）规划三个规划的编制，深规院有幸参与其中。

2018版的驻马店市城市总体规划是河南省历史上最后一份通过审查的总体规划。这次规划的特殊使命在于把握城市发展的重大机遇，但规划师们的思考远不止于此。

国际农产品加工产业园的合作建设，直接推动了驻遂一体化发展趋势。以此为契机，将遂平的嵖岈山旅游休闲组团，作为中心城市组团集群的特色功能补充，将进一步建立空间布局合理、辐射带动能力强的增长极核,同时还将带动各组团优势特色差异化发展。据此，规划中提出一系列关于空间供给、交通格局、产城配套等系列措施，提前谋划，从总体资源配置规划层面，为城市更好地发展保驾护航。同时，以党的十八大以来一系列中央会议、文件提出的构建全域空间规划体系为指导，对驻马店全域空间要素进行了系统梳理，初步提出了国土空间分区及管控策略。

粮食安全于国家而言是战略，于驻马店为代表的河南而言，则是责任，更是巨量农田和农业人口在空间上的投影。国际农产品加工产业园建设极具针对性和示范性，其承载的是更能代表中原农区农业产业转型升级和新型城镇化的重要使命。中国（驻马店）国际农产品加工产业园的系列规划，坚持了“聚农兴业”思路，关注高起点、高标准和先进性，关注从田间到餐桌的全产业链，更关注切实、可落地的发展路径，全面推动驻马店做大做强农业品牌。

目前，国际农产品加工产业园的一期工程已进入实质建设阶段，为中国农产品加工业投资贸易洽谈会而筹建的国际会展中心顺利完工验收，海关大楼、检验检疫中心等重点项目正在建设过程中。在园区建设过程中，境内外一流的农产品加工企业纷纷抢滩园区，招商引资工作正在顺利开展。

从38万人到99万人，从41平方公里到108平方公里，从2011版城市总体规划开始，深规院与驻马店开展了长达十几年的持续合作，陆续服务数十个项目，一路伴随城市推动空间格局日益完善、环境品质的提升、产业园区的发展壮大，也见证了一座传统农区城市，践行新型城镇化的探索与奋斗历程。期待下一站，新时代、新思想、新理念下的驻马店实现“新天中文化”品牌的复兴，成为现代化制造业名城、生态旅游名市、中原地区富有特色的区域发展引领者。

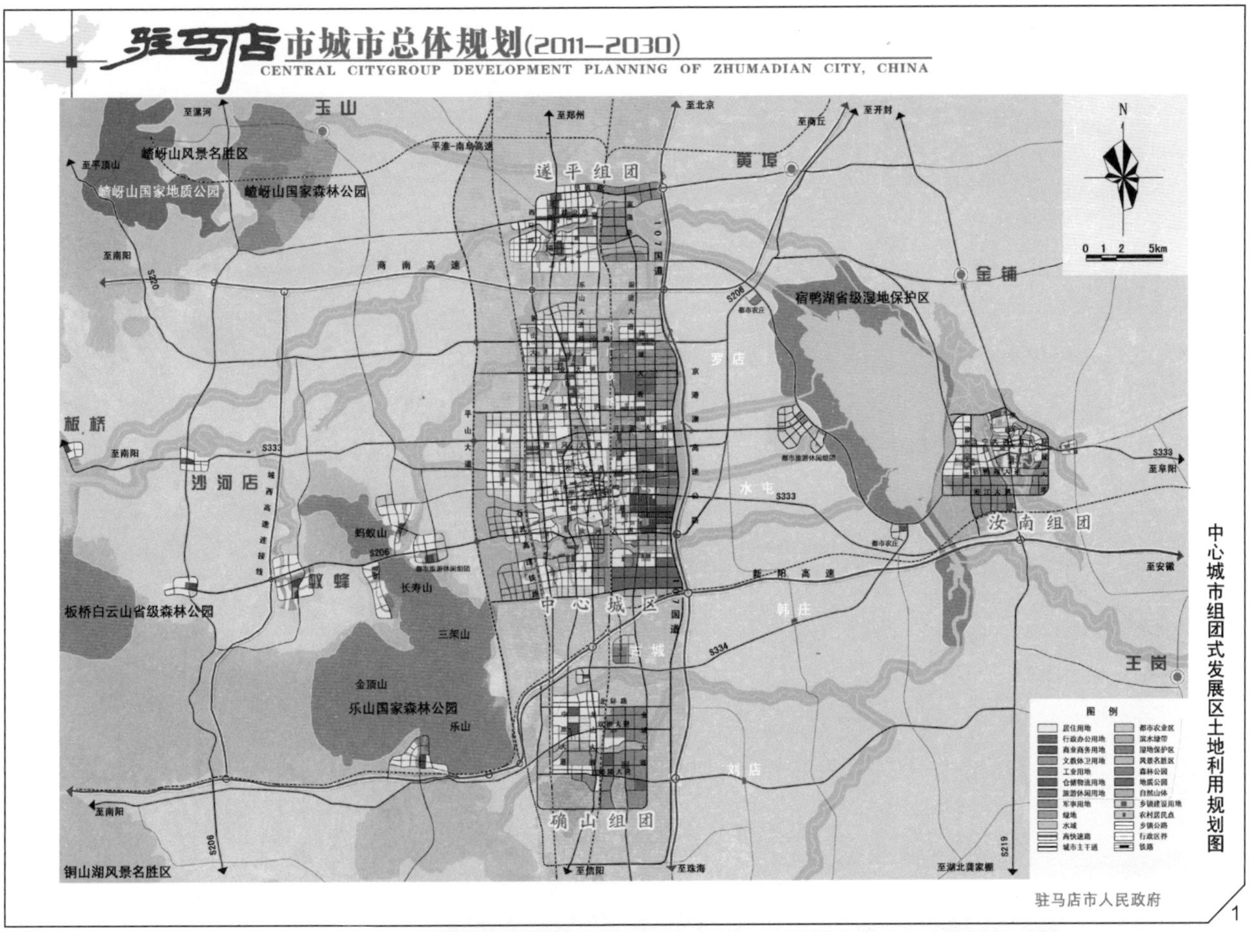

中心城市组团式发展区土地利用规划图

驻马店市人民政府

1

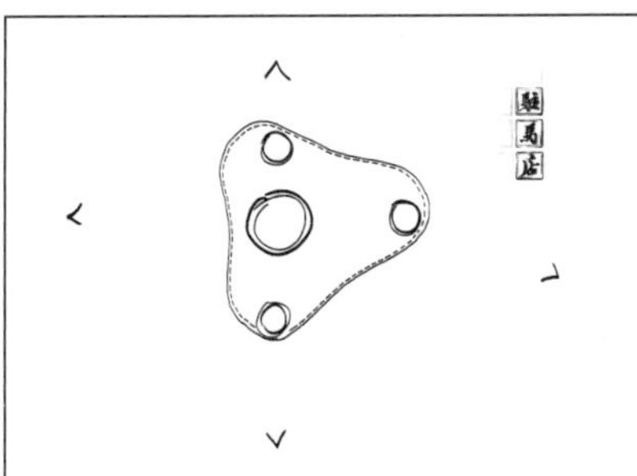

1 /《驻马店市城市总体规划（2011—2030）》中心城市组团式发展区土地利用规划图

2 /《驻马店市城市总体规划（2011—2030）》中心城区土地利用规划图

3 /《驻马店市城市总体规划（2011—2030）》市域城镇等级与空间布局规划图

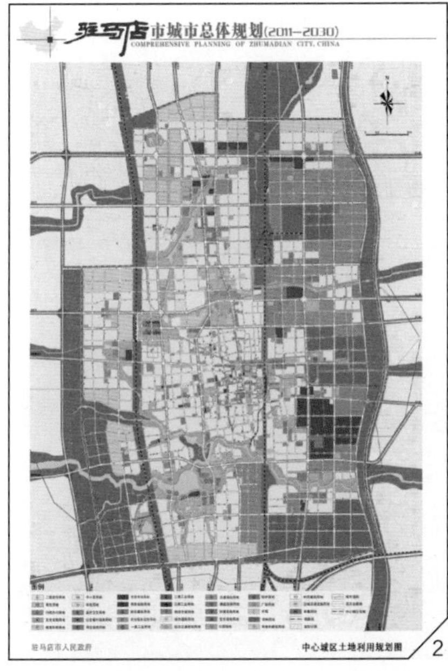

2

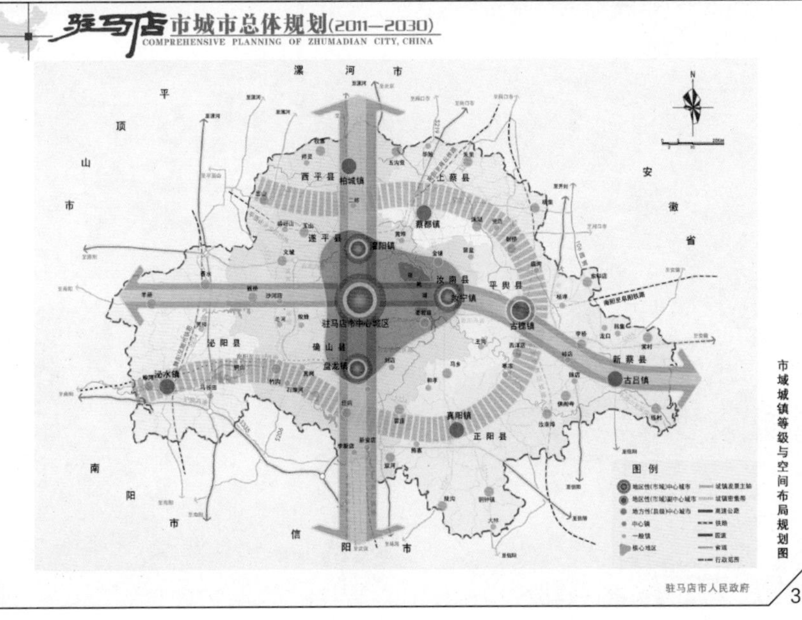

市域城镇等级与空间布局规划图

3

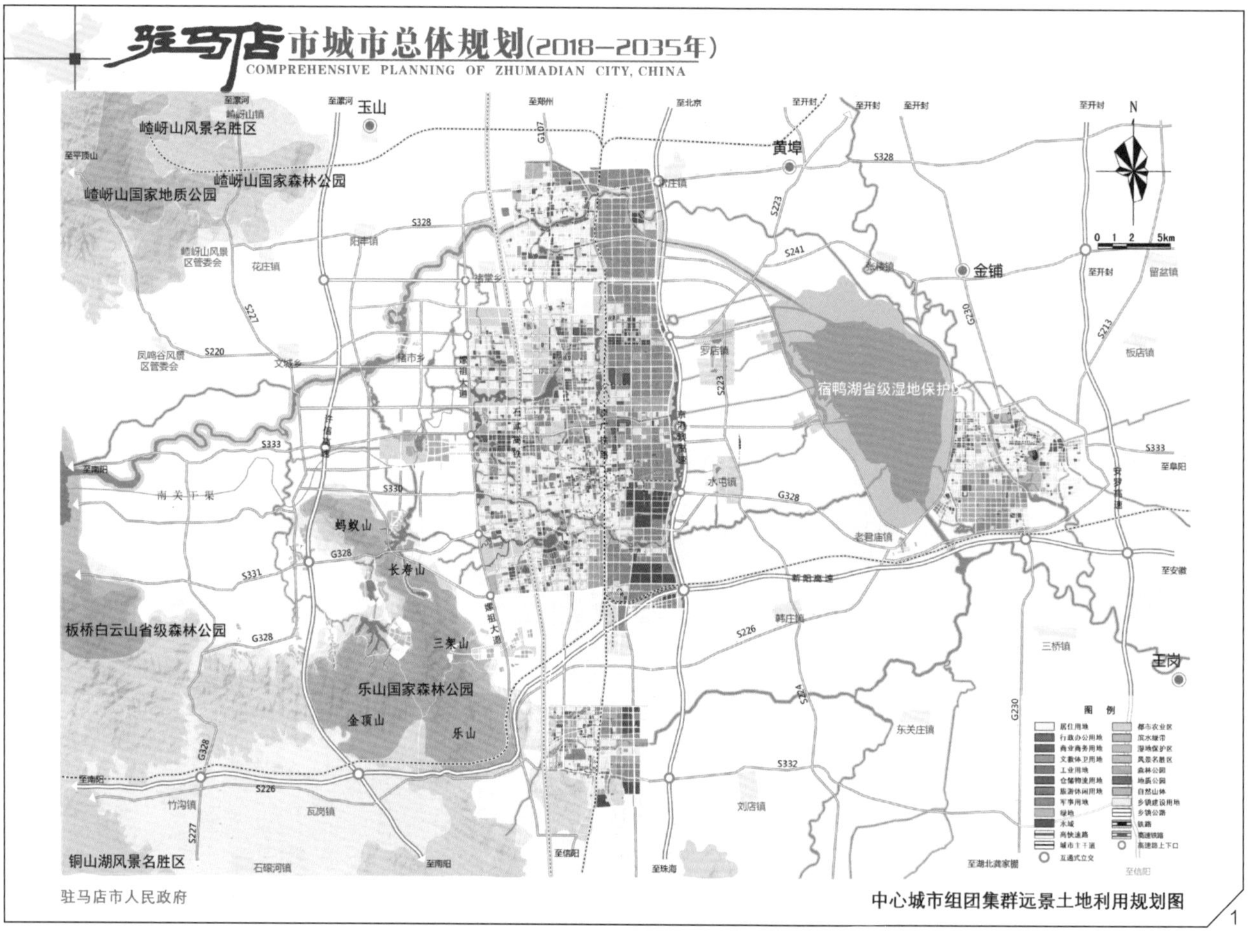

驻马店市城市总体规划(2018—2035年)
COMPREHENSIVE PLANNING OF ZHUMADIAN CITY, CHINA

驻马店市人民政府

中心城市组团集群远景土地利用规划图

1

1 /《驻马店市城市总体规划（2018—2035年）》中心城市组团集群远景土地利用规划图（专家评审稿）
2 /《石武高铁驻马店客运站站前区修建性详细规划》总平面图
3 /《石武高铁驻马店客运站站前区修建性详细规划》城市空间意向图
4 /《驻马店市中心城区总体设计》总平面图
5 /《中国（驻马店）国际农产品加工产业园总体（空间）规划（2018—2035）》空间结构规划图
6 /《中国（驻马店）国际农产品加工产业园总体（空间）规划（2018—2035）》土地利用规划图
7 /《中国（驻马店）国际农产品加工产业园总体（空间）规划（2018—2035）》启动区城市空间意向图

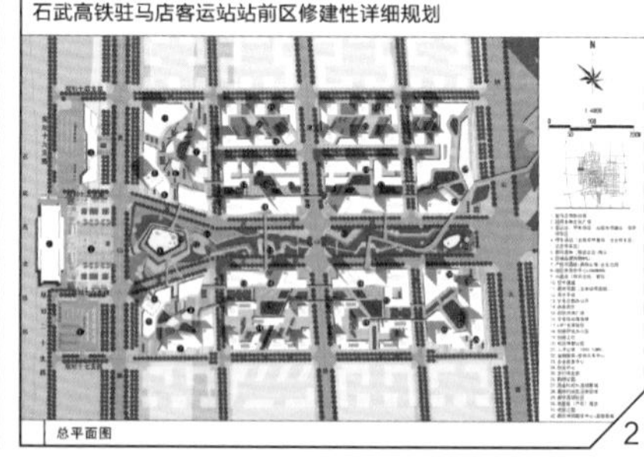

2

3

驻马店市中心城区总体设计

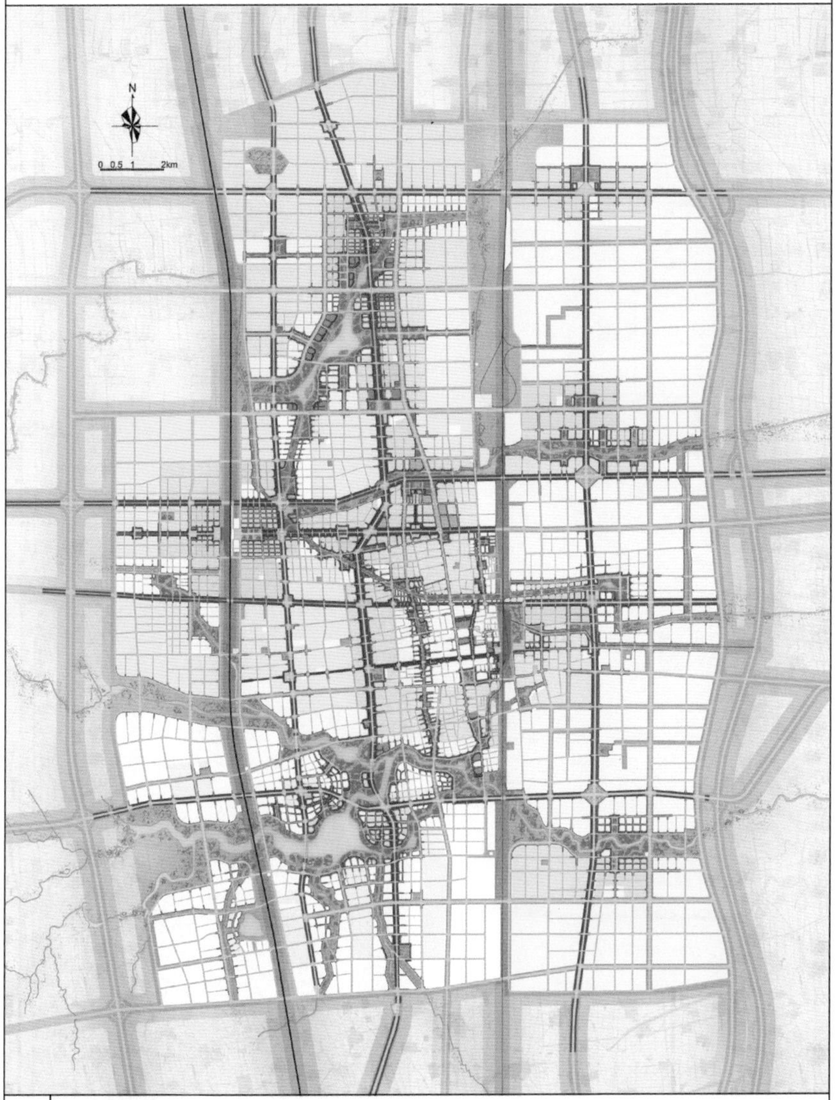

总平面图

4

中国（驻马店）国际农产品加工产业园总体（空间）规划（2018—2035）

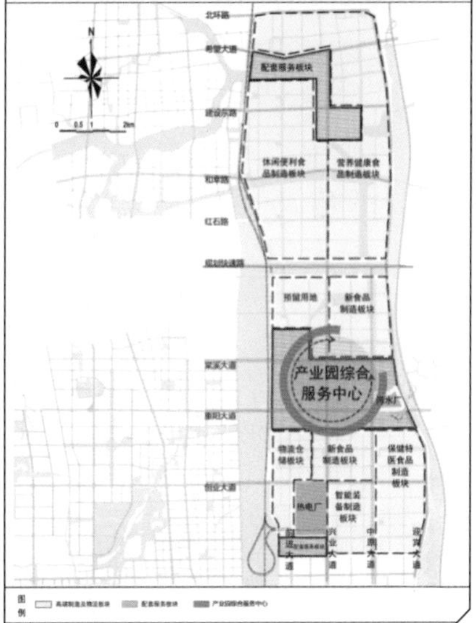

空间结构规划图

5

中国（驻马店）国际农产品加工产业园总体（空间）规划（2018—2035）

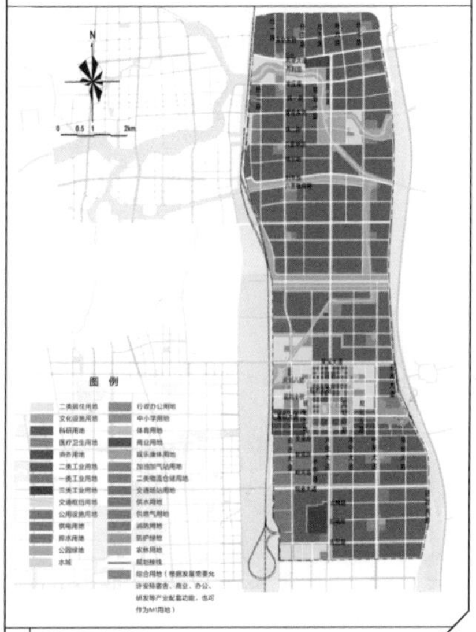

土地利用规划图

6

7

小清河西片区重点区域详细城市设计

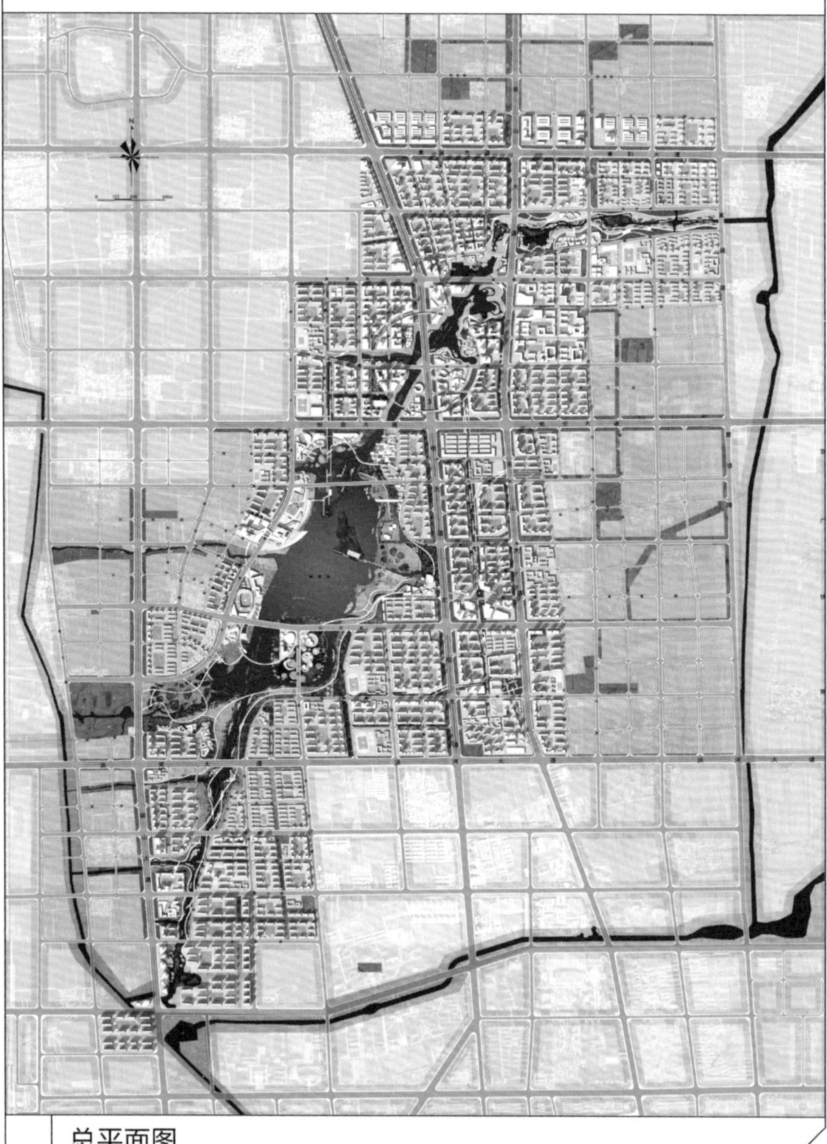

总平面图

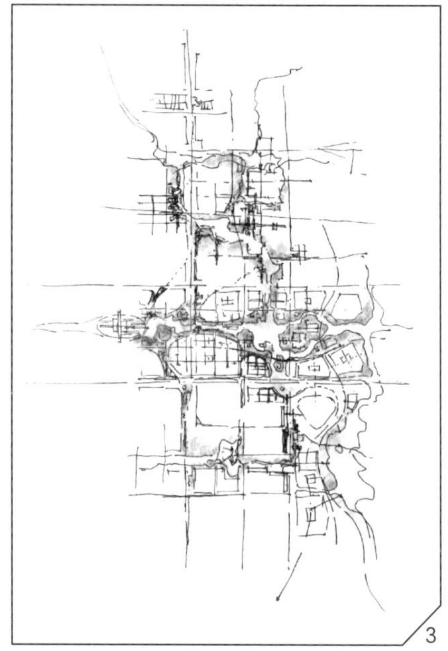

1 /《小清河西片区重点区域详细城市设计》总平面图

2 /《小清河西片区重点区域详细城市设计》城市空间意向图

3 / 铁西片区城市设计初步方案阶段水绿关系手绘草图

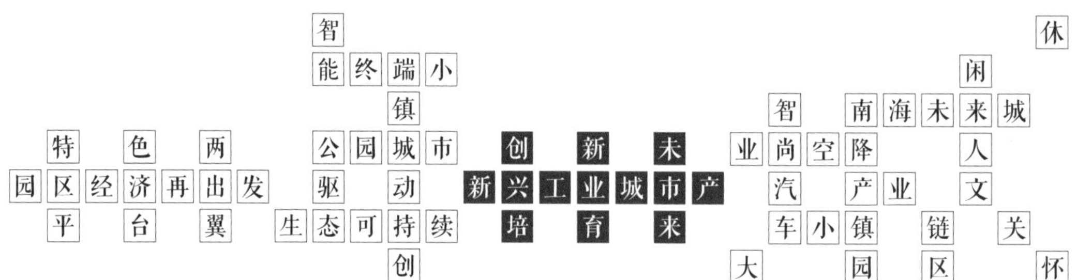
智 休
能终端小 闲
镇 智 南海未来城
特 色 两 公园城市 创 新 未 业尚空降 人
园区经济再出发 驱 动 新兴工业城市产 汽 产业 文
平 台 翼 生态可持续 培 育 来 车小镇 链 关
创 大 园 区 怀

盐城
一产兴一城，园区经济的迭代与新生

盐城，顾名思义，是产盐的名城，以“环城皆盐场”而得名，迄今已有2100多年历史。但是，直到1983年建市之后，这里的工业经济才逐渐得到了重视和发展。建市四十年不到，盐城已然从一座偏僻小城，逐步发展成为一座以园区经济为典型的新兴工业城市。近年来，全国产业经济进入了新的路径探索期。盐城也在积极尝试推动园区经济再出发，积累了一些可借鉴、可推广的经验。

园区经济再出发

盐城邻近苏南地区，虽然发展时机相对苏锡常滞后，但产业特征并无显著差别。随着交通条件的不断改善以及苏南地区产业转移需求的迸发，土地与劳动力红利尚存的苏北成为了承接苏南地区传统产业转移的先头阵地，盐城进入了园区经济的快速发展期，形成了稳定的产业发展格局。城区东西两翼分别是盐城国家级经济开发区和盐城国家级高新技术产业开发区，整体形成了“城在中央、两翼驱动”的城市格局。

盐城的经济开发区得益于东方悦达起亚的落户，形成了以传统汽车产业为主导的产业集群；高新区依托基础，瞄准高新技术产业，形成了以机械制造、风电产业为主导的产业集群。东西两翼园区经济支撑着这座城市的磅礴发展，在全国城市GDP排名中，盐城从2005年的第51名上升到2018年的第36名。

然而，随着全球经济变革，中国经济从高速增长的“黄金期”走入低速微利的“新常态”，中国面临巨大的制造业转型压力，产业竞争力日趋下降、传统制造业增长乏力，创新能力和动力不足。在这种情况下，以规模化发展为特征的园区经济所受冲击尤为明显，并且呈现出“船大难掉头”的僵局，盐城的园区经济迎来了产业发展新诉求下的转型期。深规院正是在这个关键时期进入了盐城市场。

彼时，全国各地都在积极探索产业发展的新路径，浙江省率先破局，提出了特色小镇发展模式，并取得了斐然的成绩，各地掀起了学习热潮。在详细研究江浙两地经济特征的差异以及特色小镇的特点后，深规院认为盐城经济转型并不是复制他人经验，而是因地制宜地合理借鉴，基于自身产业格局和园区经济特征，探索出与时俱进的园区经济发展模式。

特色小镇的本质是破解地方产业发展困境、提升有效供给的重要抓手，盐城应抓住浙江特色小镇精准投入、有效供给的特点，从园区经济的实际情况出发，从激活产业发展出发。园区经济产业基础雄厚，且产业园区以生产导向优先，制造业基础较好，但人文氛围欠缺、创新不足。因此，以园区经济为典型特征的盐城面临整合资源、园区经济升级的需求，以黏合产业、人才、创新为特征的小而精平台将有机会成为园区再开发的抓手，承担园区经济驱动平台和产城融合载体的角色，构建“特色平台+大园区”的新空间模式。

在盐城产业发展中，特色平台是产业创新集聚中心、产业服务供给高地、产业人口个性生活家园，这些平台承载着推动盐城园区经济发展，适应未来产业空间需求的重大使命。基于这样的认识和判断，深规院分别在盐城的三个项目中，探讨了三种因项目特质而异的转型之路。

智尚汽车小镇——成熟产业的再激活

汽车产业一直是盐城支柱产业，汽车制造业更是经济技术开发区GDP贡献大户，占比近九成。然而随着“互联网+”日渐兴起，汽车行业的发展中心也逐渐由“车”转变到“人”，资本更多地涌入汽车后市场，汽车金融服务、售后服务、汽车消费等服务行业发展空间广阔。汽车制造也跳脱出原本的纯工业制造领域，新能源汽车、智能汽车成为新的风向，也是未来汽车产业发展的必然趋势。

过去盐城的汽车产业支柱是悦达起亚，是整车生产引领下的完善制造产业链。但是，如果把汽车产业新趋势的引领完全寄托给一个企业，这显然难以为继。规划回归到特色小镇建设的本质上，认为“智尚汽车小镇”的角色是推动经济开发区汽车产业创新转型、激发汽车产业更多新的发展方向和经济增长点的平台，小镇应在汽车创新、汽车服务、汽车消费以及汽车文化等方面有所突破，以此激发盐城在汽车服务和消费领域的发展，同时，为现有汽车相关企业谋求新的发展空间。

因此，秉承汽车产业再出发的需求，在智尚汽车小镇策划了三个主要的产业功能区：汽车文化主题公园、汽车后服务产业区和智慧科创产业区。

汽车文化主题公园以休闲产业为主题，打造汽车之窗、汽车智谷、汽车博物馆、汽车科技馆等项目，整体形成集汽车互联网与金融创新平台，汽车文化体验、展览展示及休闲娱乐等功能于一体的滨湖公园，塑造经济开发区汽车产业文化地标。

汽车后服务产业区以汽车后市场消费服务为核心，聚焦汽车专业人士和汽车发烧友的市场需求，提供汽车改造设计、二手汽车交易、汽车售后服务等，以此牵动经济开发区汽车产业在后服务环节的发展。

智慧科创产业区以现有汽车制造业为依托，以智慧化、跨界融合发展为方向，打造汽车研发应用中心、众创中心、总部商务办公空间等，实现科创要素高度集聚，推动经济开发区汽车制造业面向未来需求，创新转型发展。

未来，汽车不单是一个交通工具，而是人与自然和谐相处的绿色出行方式，是人与互联网连接的终端产品……汽车产业所面临的变革需求和机遇接踵而至，智尚汽车小镇将肩负起驱动经济开发区汽车产业转型发展的任务，实现盐城打造汽车整车、零部件、服务业“三个千亿”产业集群的目标。

智能终端小镇——空降产业的新出发

盐城虽邻近长三角核心区，但由于区域性对外交通不便，在相当长的时间内都制约了盐城的发展。凡益之道，与时偕行，随着高铁建设越来越快，机场航线密度不断提高，盐城的对外联系与合作也日渐频繁。2015年，盐城与深圳手机行业协会建立战略合作关系，盐城高新区成为深圳手机行业协会会员企业向外转移的重点地区，而此前，盐城高新区乃至整个盐城市并没有智能终端产业基础。

在智能终端小镇的规划中，面临的首要问题是：作为一个空降型产业，要实现千亿级产业目标，其路径是什么。从深圳和郑州的经验来看，两者都经历了起步、集聚到创新三个阶段，由此可以看出，盐城要实现产业壮大和可持续发展，完善制造环节和培育创新能力是两大关键。而对于小镇而言，角色至关重要。首先，小镇要承担的是实现盐城在智能终端产业链上的占位，其次是产业链的拓展和创新能力的培育。

基于对智能终端小镇的角色认知，规划提出了“植入转移+创新培育”的发展路径，一方面通过持续承接转移完善生产环节；另一方面通过小镇建设，引领产业创新升级，从制造环节提升与研发培育并行，到不断强化研发能力，推动产业链上游环节发展，到最后构建研发—制造—展销的全产业生态链。按照产业发展路径，小镇需要承载两大类产业空间：企业孵化空间和创新培育空间。

企业孵化空间主要服务于转移型企业。为了加速其落户和迅速投产，企业孵化空间以街区式布局，由政府主导建设多层标准化厂房，以租赁的方式提供给企业，方便企业拎包入住，支撑高新区实现智能终端产业链占位。

考虑到空降型产业在创新培育方面的发展周期相对较长，小镇的创新培育空间分为两大部分，分期建设。首期的总部研发区以产业服务和孵化培育为主，提供产业起步所需的服务和初期创新培育空间；中后期的综合服务区则趋向于多样性、规模化的研发办公空间，满足智能终端产业进入创新集聚阶段的发展需求。

除了拟合产业发展路径提供对应的产业空间外，小镇也是园区工作人群生活、交往的载体。因此，规划在小镇内打造设施完善的生活配套区，并响应租售并举政策，提供人才公寓、市场化住宅等多元居住产品。其中人才公寓由政府主导建设，以租赁的方式提供给园区企业和员工，空间上采用“街道—院落”的布局方式，引导居民之间活跃的互动交流，创造更具活力的小镇氛围。

高新区为了响应企业快速入驻和产业起步需求，在两年时间内建成和在建多层标准厂房130多万平方米，累计签约入驻项目66个，产品涵盖智能手机、智能穿戴、智能视听、智能安防、智能家居等多个领域。智能终端产业在小镇的快速起步也带动了整个智能终端产业园的发展，吸引不少大中型企业入驻小镇外围的园区空间，其中全球柔性板行业排名前五的上市公司苏州东山精密制造股份有限公司，更是近年来高新区单体规模的最大龙头项目，项目总投资130亿元，固定资产投资超100亿元，目前一期已投产，二期正在建设中。

创新培育方面，总部研发区已基本建成，清华大学盐城智能技术联合研究院、吉林大学盐城智能终端产业研究院、南京理工大学国家技术转移中心等一批创新载体相继落户，省智能终端产品质检中心也已获批建设。随着5G商用时代的来临，未来，智能终端产业的发展将迎来更多的机遇，更高层次的跨界融合，智能终端小镇也将继续推动盐城智能终端产业走向高端化、智能化、数字化发展。

南海未来城——未来产业的先谋划

不同于园区内的特色小镇，南海未来城是盐城城区往南发展的新空间，是盐城面向国际化、现代化的发展目标所打造的新城，承载了盐城对未来发展的梦想，也是对盐城未来产业平台的提前谋划。

畅想未来之前先回顾过往，盐城城区从北向南发展，城市中心也随之南移，中心职能也出现了分化。如同深圳从罗湖的商业中心到福田的行政文化中心，再到南山的科技创新中心的发展演变，盐城也已历经从老城的商业中心到聚龙湖的行政文化中心，而南海未来城将是盐城的第三代城市中心。因此，南海未来城肩负着创新城市空间模式的使命，不仅要建立高标准的城市空间格局和设施建设，还需要对标国际，注重人文环境和服务品质，通过城市空间环境和服务水平的提升，增强城市对人才和企业的吸引力。因此，南海未来城规划的关键是创造生态可持续、人文关怀的城市空间环境，为城市提供持续的创新发展动力。

在深规院提出的方案中，南海未来城建立在规模化田园与森林之上，是一个公园里的新城。相比聚龙湖这种集中的超大型公园，项目组结合基地现状，选择拓宽水系引入线性绿廊，结合中央绿轴形成连续无阻断的公园网，为居民提供触手可及的自然。在这里，公园成为联系市民的家和工作地点的直接纽带，也是城市的活力和生态绿廊；人们可以方便地进入公园运动健身、看孩子们嬉戏玩耍、与陌生人交流互动，体验交往共享的社会活力；公园是构建海绵、森林城市的骨架，汇集雨水进行滞蓄和净化，形成风廊道将清新、凉爽的空气送入城市。

南海未来城除了是一个满足未来居民人文需求和可持续发展的生态城以外，还是一座承载盐城未来高端产业的创新城。虽然未来产业发展存在较大的不确定性，但是从城市经济的发展规律来看，南海未来城作为第三代城市中心，应紧扣科技创新、高端服务、城市品牌等主题，成为未来城市新经济发展的增长极、承接疏解、吸纳高端功能的新平台、城市品牌与形象的集中展示区。因此，基于绿色框架，项目组在南海未来城的中心地区规划了“中部四坊”核心功能区，作为城市未来产业发展的平台。

以科技创新为主题的总部峡谷是企业总部区和科技研发中心。基于科技型企业及高层次人才的需求，规划构建多元复合的企业社区和花园式的办公环境，以多元混合的方式组织企业总部、商务办公、公寓等功能，营造舒适的工作和休闲环境。

高端服务功能集聚的都市蓝湾是盐城的滨水活力区。补充既有的城市服务的欠缺，注重未来发展对城市服务品质的要求，规划建设标志性建筑群，通过地下、地面、空中连廊多层次的立体城市空间设计，以及多样化的滨水岸线和景观设计，创造展示国际化滨水城市形象的中央活力中心，集聚金融商务、文化展览、信息服务、会议酒店等高端业态，服务于创新企业商务人士。

以文化、创意、旅游为主题的栖塘水城和文创社区是文创休闲目的地。栖塘水城建设一站式滨水体验商业中心和地域特色的文化公园，打造景区化的都市休闲娱乐中心；文创社区则突出新潮、时尚，对接前沿艺术，形成低密度、里坊院落式的文创空间，这里既是火花四溅的创意摇篮，也是游客感受现代艺术、体验文创产品的景点。

随着产业的转型升级和科技创新的加速发展，南海未来城将实现与产业园区相辅相成、联动共赢，推动和引领盐城的园区经济走向更具竞争力的发展道路，共同支撑起盐城的美好未来。

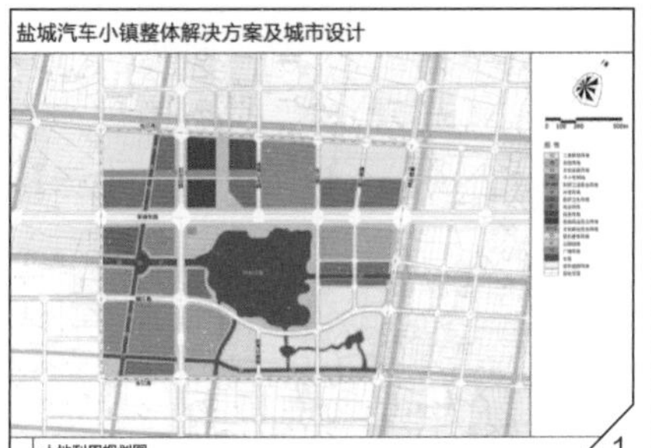

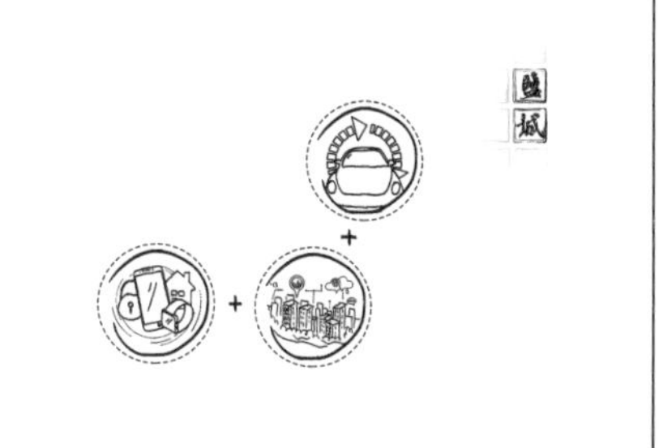

1 /《盐城汽车小镇整体解决方案及城市设计》土地利用规划图

2 /《盐城汽车小镇整体解决方案及城市设计》城市空间意向图（一）

3 /《盐城汽车小镇整体解决方案及城市设计》总平面图

4 /《盐城汽车小镇整体解决方案及城市设计》城市空间意向图（二）

4

盐城南海未来城概念规划及城市设计

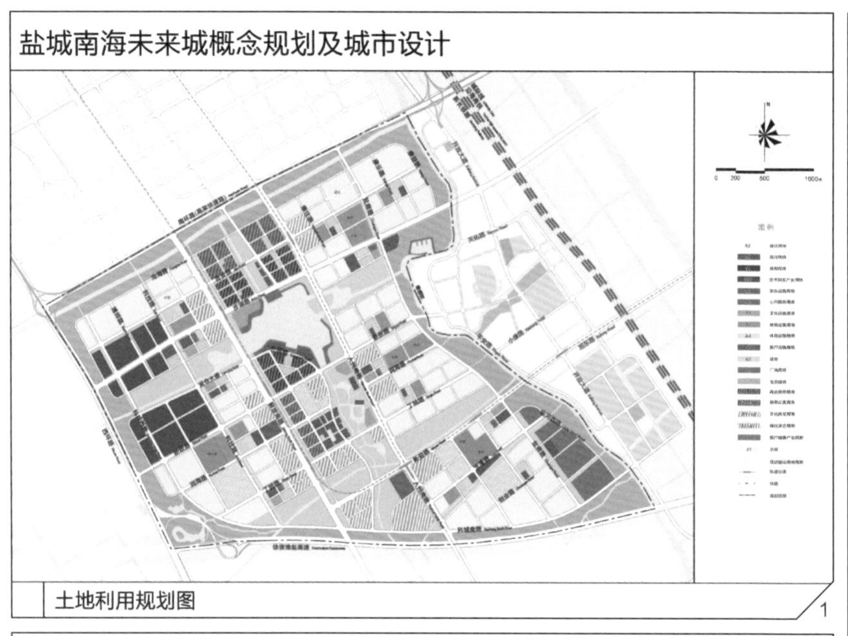

土地利用规划图 1

盐城南海未来城概念规划及城市设计

总平面图 2

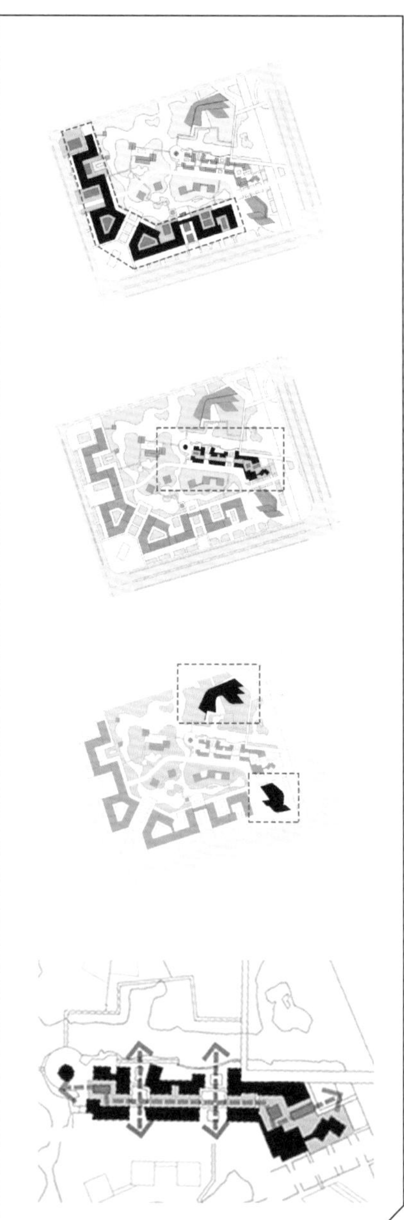

3

4

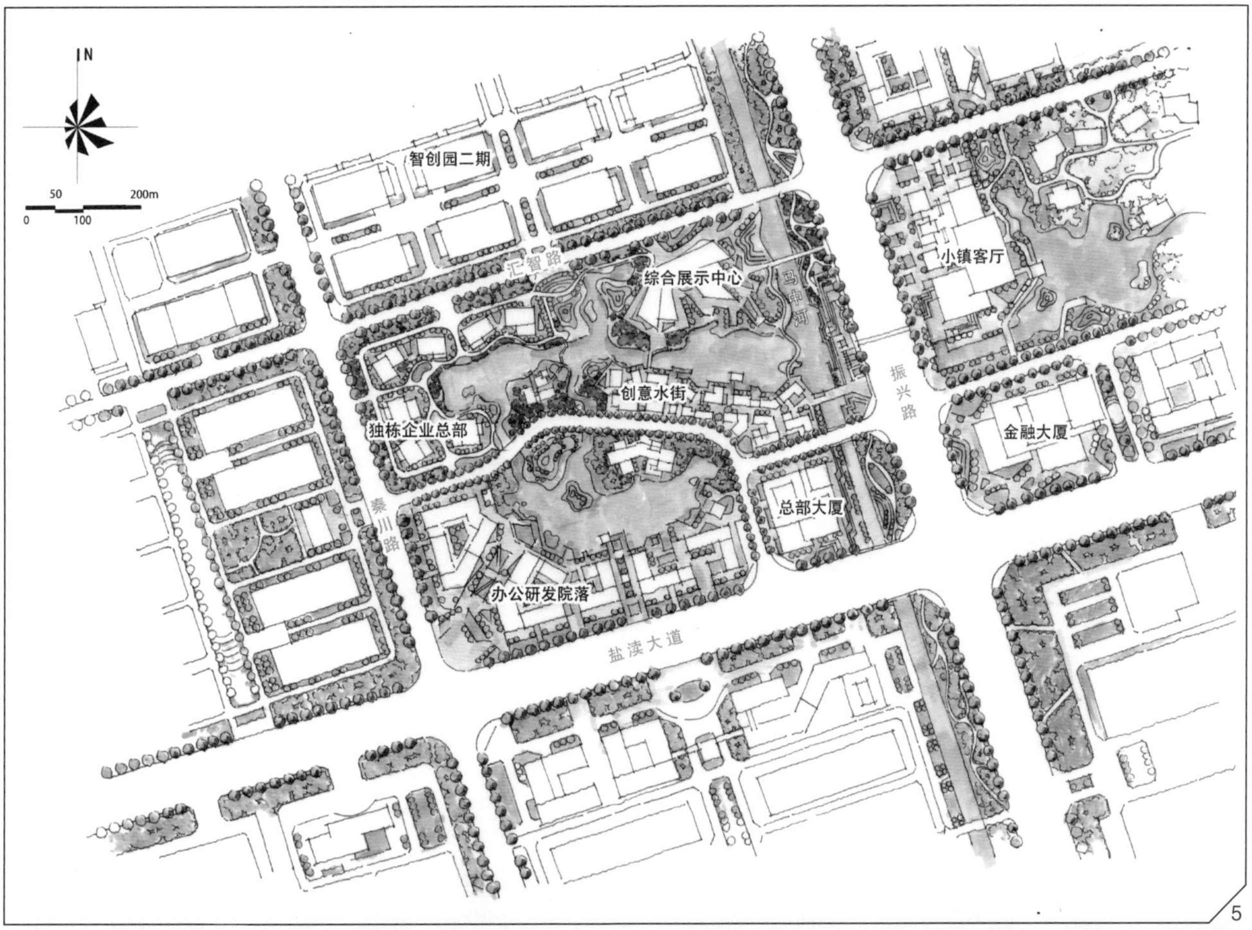

N
50 200m
0 100
智创园二期
汇智路
综合展示中心
小镇客厅
振兴路
创意水街
独栋企业总部
金融大厦
秦川路
总部大厦
办公研发院落
盐渎大道

5

1 /《盐城南海未来城概念规划及城市设计》土地利用规划图
2 /《盐城南海未来城概念规划及城市设计》总平面图
3 /《盐城高新区智创小镇全流程综合规划》总部研发区空间分析图
4 /《盐城高新区智创小镇全流程综合规划》城市空间意向图
5 /《盐城高新区智创小镇全流程综合规划》总部研发区平面图
6 /《盐城高新区智创小镇全流程综合规划》总部研发区实景照片

6

《盐城南海未来城概念规划及城市设计》城市空间意向图

产 产
业园跨度 业
越 转 跨越式发展
饮 水 滨 过程式负 深 圳 质 对口支援 帮
小平故里足迹之 城 发 全流程综合规划 伟 小平 扶
思 源 江 两岸拥展责 速 度 量 人精神 思 模
江 发 展 想 式

广安
一位伟人，两座城市

“地阔为广，和谐即安，广土安辑，是为广安。”这是千百年来人们对广安的诠释和期许。这里资源富足，得天独厚，从嘉陵江到渠江，从大巴山到华蓥山，富饶的土地孕育了勤劳团结的城市品格。这里遗存丰厚，民俗多姿，从宝箴塞到石头城，从岳池灯戏到下里巴人，多姿的文化带来持续的活力与生机。这里曾有着良好的产业基础，人们自给自足，怡然自得，不争名逐利，不患得患失。

广安历史悠久，名人辈出。从三国蜀将王平、明代户部尚书王德完，到近代四川保路运动领袖蒲殿俊、黄花岗七十二烈士中的秦炳，一代代广安儿女在中国历史上各领风骚，名扬四海，其中最著名的，当属世纪伟人邓小平。

改革开放初期，经济快速发展，成渝两市的西南中心之争也逐渐拉开了序幕。广安位于川东北的成渝交界之处，距离成都市区约240公里，距离重庆市区直线距离不足70公里。正是这样一个不远不近的“尴尬”距离，使其经济发展滞后，6个区市县都属于贫困县。

近年来，成渝两市从竞争走向合作。曾经的边缘城市，摇身一变，成了四川省唯一的“川渝合作示范市”，也是重庆“24+1”战略中唯一的四川省城市。此外，广安处于达广渝发展带和嘉陵江流域发展带交汇处，是川东北区域与成渝经济带发展对接的桥头堡。曾经被人诟病的边缘劣势正逐步转化为地缘优势，广安面临着无限的可能与希望。

饮水思源，深圳人来到广安

1986年，邓小平语重心长地嘱咐广安县委代表：“一定要把广安建设好。”

2015年，深圳人来到广安，开启了广安振兴计划之路——由深规院承接《广安市中心城区滨江两岸城市设计》。伴随中国经济的快速发展，广安在做大做强、建设区域性中心城市的同时，明确提出建设世界级旅游目的地的宏伟目标，并因势利导提出了滨江两岸的建设计划。广安，应该是一个肩负有政治意义、时代意义和伟人精神的独特城市，也应反映伟人影响下的中国城市发展历程。立足缝合历史遗存、保护时代特征，规划以“足迹之城”作为核心理念，并依托广安自身的资源禀赋，让滨江两岸地区成为有自身文化品位和空间特色的地区，让整个城市成为体现伟人精神的“最完整纪念碑”。

广安中心城区扩展的方向、速度等受到了自然、交通、社会经济等因素的影响。从西岸小尺度街巷肌理尚存的老城（第一台地），到改革开放后90年代趋向西溪河地形较高的网格型街区（第二台地），再到21世纪初向西南方向发展的城南新区（第三台地），直到近十年间顺流而下跨越渠江东岸面向未来的格局拓展（第四台地）。规划通过“自然足迹”强化台地特征，尊重台地特色，强化立体化的绿色廊道，善待小山小溪。使滨江两岸的四大特征板块与自然台地相吻合，保存下完好的时代肌理和风貌特征，宛如一篇历史的编年册。

邓小平的改革开放思想，不仅影响了中国的过去四十年，更将影响中国的现在和未来。“伟人足迹”既反映在城市片区的时代特征，也反映在具有历史脉络的人文场所。规划保留台地片区的时代特色，同时大力发掘、整合、提升和强化历史节点。通过见证历史的奎阁塔、伟人就读的广安中学、渠江与西溪河畔、穿梭老城的台阶巷道、走向世界的东门码头等，构筑过去与现代、自然与人文之间的桥梁。利用滨江平台整合文化遗产，打造广安历史文化记忆场所，展示伟人足迹与邓小平思想。

在新时代广安滨江两岸的城市建设计划的指引下，中心城区已经形成渠江穿庭而过、东西两岸地区逐渐平衡的状态，城市从“滨江发展”走向“拥江发展”，而渠江也从“城市边缘”逐渐转变为“城市中心”。

对口支援，深圳速度与深圳质量

“东西部扶贫协作和对口支援，必须长期坚持下去，在完善省级接力关系的基础上，实施携手奔小康行动。”2016年习近平总书记在银川主持召开东西部扶贫协作座谈会，中央颁布了《关于进一步加强东西部扶贫协作工作的指导意见》，将东西部扶贫协作定义为国家的“大战略”“大布局”“大举措”。同年9月，《合作共建广安（深圳）产业园协议》签署，标志着项目的正式落地和两市的全面携手。

“体现帮扶”是深圳、广安两市合作共建产业园的重要出发点。以帮扶模式确定政策、资金与考核，坚持市场化原则，鼓励社会共同参与，实现政府合作、政企合作、企业合作三个层次的合作关系。广安（深圳）产业园自成立以来，始终遵循“政府支持、市场引导、企业运作”的原则，深规院组织开展的《广安（深圳）产业园全流程综合规划》，以规划为中心统筹协调多个专业，推动实现深圳产业的有序转移。

在产业转移中，通过对广、深、成、渝四地地缘机遇、优势潜力、产业特征等内容的总体发展研判，制定产业发展框架，依托二三产联动构建产业平台，重点引入占据产业链条关键环节的企业，进而激发周边产城功能依附平台自发生长，形成上下游产业集聚的产城单元，形成跨区域产业链条垂直转移。这也促进形成了广安市“一县一主业”的发展态势，在市域层面实现了以广安（深圳）产业园为核心，周边县市为补充的“1+N”产业协同格局。真正实现了从政府意识“输血式”扶贫到共同参与“造血式”产业共赢。

在工作组织中，秉持着“一张蓝图”的理念，针对东西部产业合作的实施路径进行创新，采用“全流程”的分层管制体系以及项目化的设计方法。纵向提供衔接项目前期策划、规划编制、建设实施的全流程过程服务，横向提供囊括总体发展、产业规划、控制性详细规划与城市设计、市政交通、市场运营等内容的综合性解决方案。同时，针对近期启动区项目，进一步深入工作到概念建筑设计、项目可研与经济测算层面，并在后续实施过程的关键节点提供专业技术支持，确保规划构想准确落地。全流程综合规划作为深广两市利益协调平台和多团队技术交流平台，更好地推进企业开发运营，既是促成东西部协作的技术支持，又是落实协作成果的核心载体，实现从“成果负责”向“过程负责”的理念转变。

在产业园的建设中，立足城市发展，以营城思路造园。通过“大格局”描绘全景生活，从“产业—城市—休闲”的视角出发，构建综合型、孵化型、休闲型三类社区，实现“游、业、居”交相融合；通过“大景观”提升城市品质，围绕渠江从公园联盟的构建、滨江界面的塑造、桥头门户的刻画、海绵技术的应用等方面展开，助力广安创建国家公园城市；并以“园中园”组织产业社区，通过弹性的用地划分、便捷的“隔墙配套”、混合的功能布局、定制化的厂房设计，实现产业与空间的高度耦合，为企业的入驻提供便捷的条件。

时不我待，只争朝夕。“深圳速度”“深圳品质”“深圳质量”在这里得到了完美的诠释。截至2019年年初的短短两年时间里，园区签约项目20家，其中深圳项目8家，达成意向合作项目27家，签约投资379亿元，带动就业上万人。首期“深广·渠江云谷”已落成，并部分投入运营。比亚迪云轨西南生产基地已建成投产，总投资20亿元，预计年产值100亿元。此外，深圳市华为、深能源、希尔顿酒店集团、中信重工等知名企业也均与产业园签约或达成意向协议。园区现已成为广安投资建设的重要战场，并被确定为四川省重大项目、四川省“走出去”开放前沿区、广安市“一号重点工程”，直接使当地工业总产值提升15%、固定资产投资提升16%、地方收入提升59.5%，短时间内为广安市乃至川东北的产业格局带来巨大的改变，从根本扭转广安滞后的发展现状。

从古到今，两江水养育的一代代广安人，用勤劳和智慧创造了悠久的历史和灿烂的文化，使这里地灵人杰，遗存丰厚。城市的发展应始终坚持顺应历史，要以敢为人先的姿态探寻制度创新、科技创新与管理创新。固本培元，规划先行，曾经的后发地区，正依托“一张蓝图”逐步实现跨越式发展，成为东西部扶贫协作的样本。

广安（深圳）产业园全流程综合规划

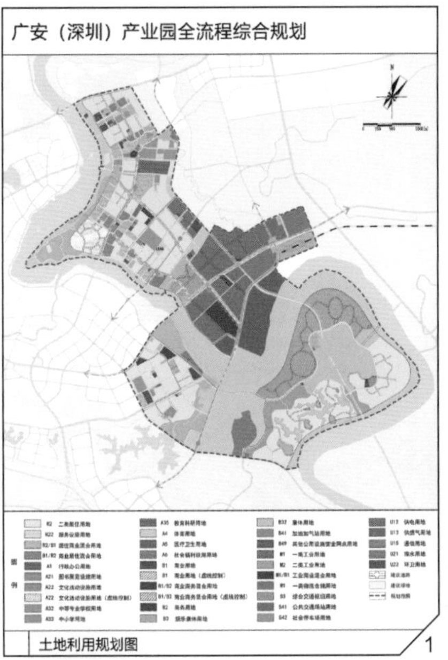

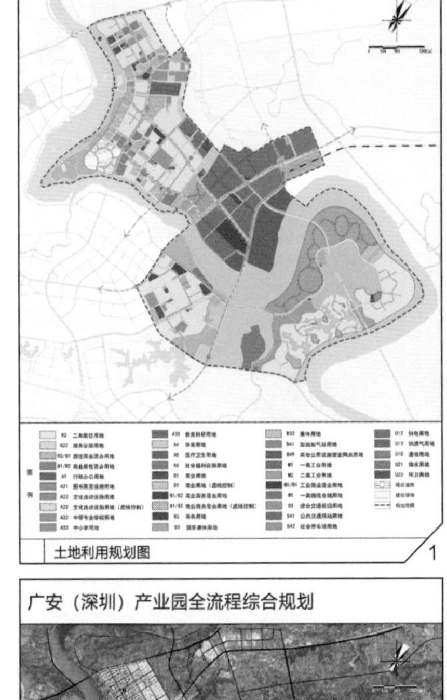

土地利用规划图 1

广安（深圳）产业园全流程综合规划

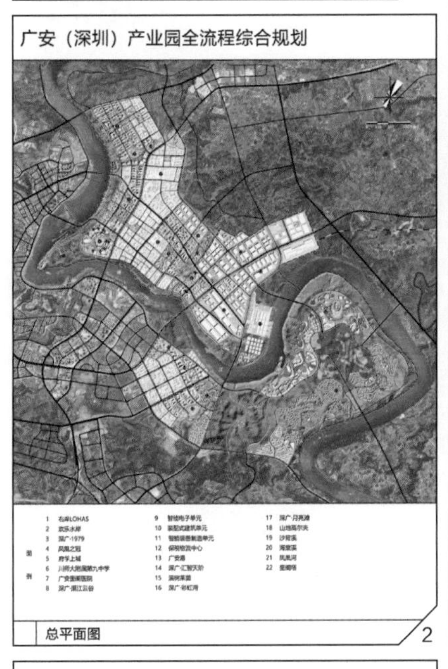

总平面图 2

广安市中心城区滨江两岸城市设计

图例

1 虎啸山社区
2 欢乐水岸
3 海棠公园
4 雕塑公园
5 未来之心
6 奎阁公园
7 都市公寓
8 石滩公园
9 渠江云谷
10 水榭石壁
11 总部社区
12 海绵梯田
13 酒店
14 职业技术学校
15 白塔公园
16 西溪河公园
17 广安中学
18 思源广场
19 兴国寺
20 文庙
21 翠屏山公园
22 创意工坊
23 东门码头
24 水巷子
25 北辰花园广场
26 北辰湖公园
27 水上田园
28 北辰生态广场
29 邓家码头
30 杨森花园
31 老广安中学

总平面图 3

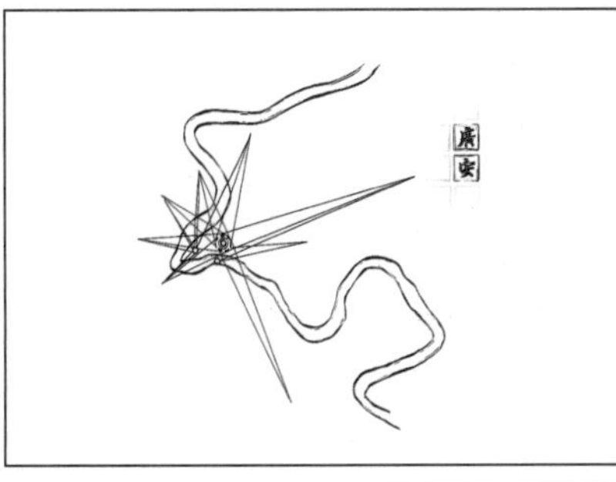

1 /《广安（深圳）产业园全流程综合规划》土地利用规划图
2 /《广安（深圳）产业园全流程综合规划》总平面图
3 /《广安市中心城区滨江两岸城市设计》总平面图
4 /《广安市中心城区滨江两岸城市设计》功能分区示意图
5 /《广安市中心城区滨江两岸城市设计》城市空间意向图

4

5

广安（深圳）产业园渠江云谷项目规划与建成效果对比（来源：业主提供）

深广展览馆
金融中心

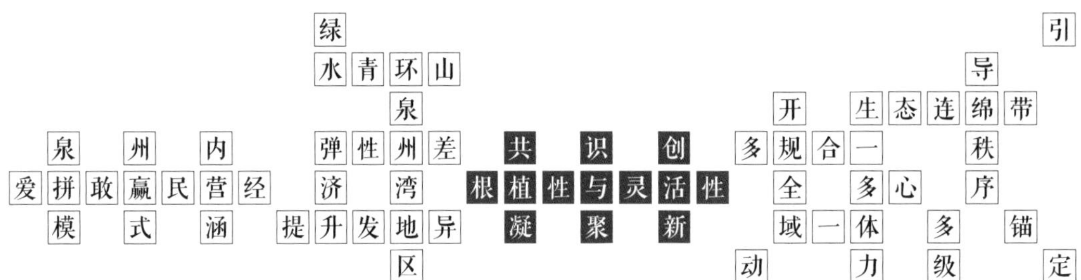
绿
水青环山
泉
泉州内
爱拼敢赢民营经
模式涵
弹性州差
济湾
提升发地异
区
共识创
根植性与灵活性
凝聚新
开
多规合一
全
域一
动
生态连绵带
一
多心
体
力
引
导
秩
序
多
级
锚
定

泉州

“泉州模式”的空间响应

相较于省会福州和特区厦门，泉州一直是个低调的存在。但是走近泉州，就会发现在这种低调背后，其实隐藏了太多丰富与璀璨。历史上的泉州，是马可·波罗笔下的东方第一港、海上光明城，承载着“国家历史文化名城”“东亚文化之都”的美誉，还在向世人昭示曾经闪耀世界的璀璨光芒；而今日的泉州，则又凭借爱拼敢赢、不断进取的“泉州模式”，焕发着“海西中心城市”“中国品牌之都”的现代活力。截至2019年年底，泉州的地区生产总值已经连续21年领跑福建，成为国内实体经济健康发展的典范地区。

“泉州模式”的快速崛起：灵活、自由环境催生的强劲活力

如果说“海上丝路”代表着古泉州的辉煌，那么“泉州模式”无疑象征新泉州的繁荣。“泉州模式”诞生于改革开放之初，彼时的泉州因为地处对台海防前沿，地少人多、交通闭塞，还是一个连温饱问题都难以解决的贫困县市。改革开放后，在海外侨胞的资金支持下，凭着“爱拼敢赢”的奋斗基因，泉州人依托“三资”企业起步，继而通过模仿、创新发展出大批本地民营企业，迅速实现了以镇村经济为主体的工业崛起。得益于闽南文化对亲缘、地缘关系的重视，泉州的民营企业表现出较强的根植性；而长期坚持市场导向和政府放权，又使得泉州的民营经济能够拥有充分的灵活性。根植性与灵活性为泉州民营经济带来强劲的内生动力和快速的演进能力，成为“泉州模式”最具竞争力并有别于“苏南模式”“温州模式”“广东模式”等其他几类地方经济发展模式的核心特征。

“泉州模式”的发展隐忧：各自为政造成的空间失序与低效

经济与空间向来密不可分，空间支撑着经济的发展，而经济又影响着空间的演变。“泉州模式”下，伴随着经济增长而来的是泉州城乡地景的快速变迁。发达的民营经济催生了“离土不离乡”城

镇化状态，推动泉州的城镇发展从以市区、县城为核心的中心集聚，走向以村镇建设为主体的连绵发展，重塑泉州湾畔近3000平方公里的城乡形态。而深规院与泉州的规划结缘，也正是源于“泉州模式”进入新时期后，在继续进行自发改良过程中对突破空间瓶颈的现实需求。

2014年，“泉州模式”在带来经济总量持续领先的同时，也开始在城乡空间方面面临掣肘——强根植性带来的以村镇为主体的就地城镇化，城乡建设水平难以得到有效保证；高度灵活性则造成开发活动不受控制，建设空间低效蔓延、生态空间侵蚀严重。此时的泉州民营经济已经进入品牌价值提升和走向国际市场的升级、提质阶段，企业对空间的需求也从最初的依赖村镇低成本劳动力和土地的加工车间，转变为展现企业现代形象与技术实力的总部楼宇与生产基地的需求。一方面，成长壮大的泉州企业对高质量城市空间的需求日益增长，而找地难、环境差、缺配套却是摆在面前的客观瓶颈；另一方面，受“自下而上”的经济模式影响，泉州的行政管理架构也呈现出向下放权的特征，各自为政、缺少协同的短板显著，导致泉州在面对与厦门、福州等城市的竞争时，无法充分发挥内部整体的集团军优势而处于不利位置。即便有亲缘与地缘情节的影响，面对企业成长的客观需求，彼时恒安集团等知名泉州企业仍将总部外迁厦门，成了政府与市民不愿谈及的隐痛。

锐意进取的泉州人已然察觉到“泉州模式”面临的空间困境，当地政府随即未雨绸缪，以加强区域空间资源配置统筹、提高空间资源利用效率为目的，编制《环泉州湾城乡一体化规划》正式提上日程。2014年3月，《环泉州湾城乡一体化规划》竞赛评审结束，深规院作为中标单位，由此开启与泉州的长久规划之缘，并继续参与以服务生态文明建设、引领环境品质提升为导向的其他多类型的规划项目，为“泉州模式”不同阶段改良需求提供规划支持。

“泉州模式”的破茧尝试：规划引领下的战略凝聚与空间增效

环泉州湾地区指的是《泉州市城市总体规划（2008—2030）》确定的城市规划区范围，包含泉州中心城区、晋江市、石狮市等五区四县（市），总面积3243平方公里，是全市人口最为密集、经济最具活力的地区，“泉州模式”面临的挑战在环泉州湾地区更典型也更突出。此前“重数量、要增长”的价值导向已然造成生态环境破坏严重、空间资源约束加剧、公共服务供给失衡、基础设施缺乏协调等诸多问题；“重协同、提质量”的生态环境联合保育、空间资源配置统筹、公共配套多级联动、基础设施共建共享的发展理念开始成为发展共识。基于以上判断，《环泉州湾城乡一体化规划》给出了“凝聚战略共识—锚固空间秩序—负面清单管控”的空间资源供给优化路径，旨在通过共识凝聚形成发展合力，通过秩序锚定确保格局完整，并希冀借助负面清单实现约束与自由的平衡兼顾。

其中，凝聚战略共识是通过上下博弈，引导环泉州湾地区内的各个行政主体就城市发展规模、空间发展方向、生态本底保育、战略平台建设等重点战略目标达成一致意见，确保后续各自在制定空间规划及政策时能够方向统一、形成合力。

锚固空间秩序则是提出要引导环泉州湾地区空间组织模式实现五个转变：一是由“一核集中”向“多心多级”的网络空间格局的转变，实现整体区域簇群化、核心簇群网络化、边缘簇群特色化的弹性化功能与空间关系；二是由“城乡分隔”向“全域一体”的用地管理方式转变，强调以全域思维引导建设用地弹性布局和土地制度逐步创新；三是由“保护控制”向“创新动力”的资源利用观点转变，推动生态红线保育化、生态边缘效益化、古城资源活力化、创新平台多元化；四是由“系统支撑”向“引导开发”的基础设施供给模式转变，遵循市场动力，促进新区建设开发与人口集聚；五是由“同质对待”向“弹性差异”的分片区开发指引转变，针对城乡建成区，优先推动更新；针对发展导向明确地区，重点打造精品；针对战略储备地区，加强底线管控；针对跨行政区划地区，注重相互协调。

负面清单管控主要是充分考虑事权下放的现实影响，以保障区域公共利益、各个主体均能认同为原则，借鉴产业经济领域中的“负面清单”制度，通过界定核心导控要素、优化空间传导体系、明确“负面清单”式管控要点，确保区域空间秩序共识能够得到下级县市政府的认可与执行。

《环泉州湾城乡一体化规划》获批实施后，正式成为市委市政府统筹环湾区域城乡空间资源配置的决策依据，承担着指导环湾地区城乡建设活动实施推进的重要作用——对“一环十廊”生态格局的共同维护、对池店—西滨片区的战略预控、对环湾新城东海片区的聚力打造、对沿海大通道的加速推进等举措，已然可以看到为了支持“泉州模式”实现跨越的空间供给新变化。

然而同其他城市一样，由于国民经济和社会发展规划、城乡规划、土地利用规划以及生态环境保护规划等重大规划分属不同部门，存在着编制管理差异大、技术标准不统一、规划期限不一致等问题，导致泉州在开展城市建设工作时，也常常面临空间矛盾重重造成的落地难、审批环节过多带来的效率低等问题，不仅不利于企业、项目的实施推进，也极大地影响了《环泉州湾城乡一体化规划》的整体实施效果，开展“多规合一”工作，为项目落地和规划实施提供更加精准的空间底图迫在眉睫。

2016年，深规院联合泉州市城乡规划设计研究院共同承担《泉州市“多规合一”规划》的编制工作。《泉州市“多规合一”规划》通过更为细致的空间数据分析和事权机制设定，将生态保护红线、基本生态控制线、城镇开发边界等空间布局精细化，并在此基础上完善各类涉及事权冲突、利益冲突的图斑调整机制，为《环泉州湾地区城乡一体化规划》的实施铺设好一张信息完整、导控精准的空间底图。

《环泉州湾城乡一体化规划》与《泉州市“多规合一”规划》旨在通过优化空间资源配置效率，满足“泉州模式”跃迁升级的空间需求，服务“泉州模式”的“二次创业”，引导其迈向内涵更加科学和丰富的新阶段，继而让城市保有更加持久的竞争力。在以上两个规划编制完成之后，泉州市政府又及时出台了《泉州市市辖区外中心城区实行规划审批结果报备制度》等文件，较之以往，加强对市辖区外围区域的规划与建设管控，以确保重要的空间资源能够得到更加高效地利用。

“泉州模式”的持续蝶变：回归绿水青山与以人为本的初心

福建是习近平总书记生态文明思想的重要孕育地，也是践行这一重要思想的先行省份。2014年4月，国务院印发《关于支持福建省深入实施生态省战略加快生态文明先行示范区建设的若干意见》，福建成为十八大以来全国首个生态文明先行示范区。2017年6月，泉州以贯彻生态文明建设理念为目标，提出依托原有三大山脉、两大水系、泉州海湾等生态本底基础，构建以保育生态红线安全、提升生态服务效益、满足人民生态需求为导向的“生态连绵带”构想，并启动了《泉州市“生态连绵带”统筹实施规划》的编制工作。

《环泉州湾城乡一体化规划》《泉州市“多规合一”规划》中对生态空间的相关构想，在《泉州市“生态连绵带”统筹实施规划》中得到进一步的传导、深化，并走向实施。《泉州市“生态连绵带”统筹实施规划》建构“生态屏障—生态廊道—生态体验区”三个空间层次的全维度生态连绵带总体框架。其中“生态屏障”是指城镇集中建设区周边的山体背景地区，通过策划多类型的郊野公园生态产品，以用促管，满足居民“一月一次”的度假休闲需求；“生态廊道”是指城镇集中建设区内的山海通廊地区，通过策划一系列连续、特色、可持续、可推广的主题性公园产品，满足居民“一周一次”的游憩体验需求；“生态体验区”是指城镇开发边界内通过绿道及其他绿化空间串联历史人文资源形成的开敞空间，布局上强调“300米见绿、500米见园”，满足居民“一天一次”的日常休憩需求。

为了确保这项民生工程能够真正普惠大众，而不仅仅是集中在财力相对富裕的中心城区，规划还提出“市级统筹、县区分工”的连绵带建设组织与督导机制。组织架构上，建立了以市委书记为组长的专门化管理小组和多技术团队合作的技术统筹小组；督导机制上，建立监督评级机制与财政资金、经营管理等保障机制，并确保生态连绵带工作保质保量完成。

此外，依照规划，泉州八个县（市、区）已分别建成以“台商区百琦湖工程”“泉州山线绿道工程”“泉州滨江北水线绿道工程”“石狮蚶江湿地公园”“石狮石窟公园”等为样板的一批精品示范项目，受到当地居民及游客的高度赞赏。

2017年10月，党的十九大作出“中国特色社会主义进入新时代”的重大判断，“我国社会主要矛盾转化为人民日益增长的美好生活需要和不平衡不充分的发展之间的矛盾”。于所有城市而言，仅仅提供面向生产和生活基本需求的城市空间，已经满足不了人民的需要，在绿水青山的自然生态之外，人民对更具品质、更有特色、更加魅力的“精品城市空间”的需求也在明显提升；于泉州而言，对比往昔“刺桐城”“光明城”的光辉形象，今日的泉州人，更是对提升城市建设形象有着诸多期待。“泉州模式”在空间层面上的需求也开始转向以高品质城市空间吸引人才的“营城、引人、聚产”方向上。

2019年4月，以创造人民满意的城市空间、吸引经济发展需要的各类人才为目的，深规院联合深圳市建筑设计研究总院有限公司共同参与编制《泉州市中心城区城市形象提升规划》，旨在通过规划设计，充分显现泉州的“山水田园名城、海丝文化之都、宜居侨乡家园”城市形象，推动泉州成为国际知名、国内驰名的魅力典范城市。通过对标借鉴横滨、高雄、青岛等国内外魅力城市的形象建设经验，结合泉州自身的形象特质和核心问题，遵循“完形”“显象”的理念，从山水格局、建筑风貌、魅力夜景、特色街道、城市客厅、精品地标等六个方面提出了泉州城市形象提升的具体标准，并结合空间落位制定了以西福片区更新改造为代表的工程项目。目前，根据《泉州市中心城区城市形象提升规划》的总体设想，泉州市已经着手启动了西福片区的拆迁安置工作、晋江南岸沿江区域的综合整治工作等具体工程。

从2014年《环泉州湾城乡一体化规划》的成功叩门，此后的五年多时间内，伴随着“泉州模式”在不同演进阶段中所遇到的问题与需求，深规院的规划服务工作先后经历了以《环泉州湾城乡一体化规划》《泉州市“多规合一”规划》为代表的战略凝聚与空间增效阶段；以《泉州市“生态连绵带”统筹实施规划》《泉州市中心城区城市形象提升规划》为代表的底线坚持与内涵提升阶段，目前已进入纵向延展、面向实施阶段。何其幸运，通过跟踪服务泉州这座城市，跟进回应“泉州模式”演进的空间需求，我们见证和参与了时代精神通过规划转译后的地方发展实践。时间的车轮马不停蹄，人民对城市寄予的诉求与期望也日新月异，但希望城市经济更繁荣、城市环境更美丽、城市生活更幸福的主题则恒久不变。也许“泉州模式”未来还将面临其他挑战，但相信无论形势如何变化，泉州都能凭着持续的探索创新和敢闯敢拼的城市基因，让问题迎刃而解，在新时代继续闪耀光芒。

环泉州湾城乡一体化规划（2015—2030）

北翼板块
西部板块
战略提升带
滨海发展带
战略辐射带
特色城镇发展环
南安次中心
NANAN SUBCENTER
惠安次中心
泉州主中心
台商副中心
晋江副中心
南翼板块
石狮副中心
安水次中心

图 例

城市主中心
城市副中心
城市次中心
城镇组团中心
新市镇/专业中心

城乡空间结构规划图 1

环泉州湾城乡一体化规划（2015—2030）

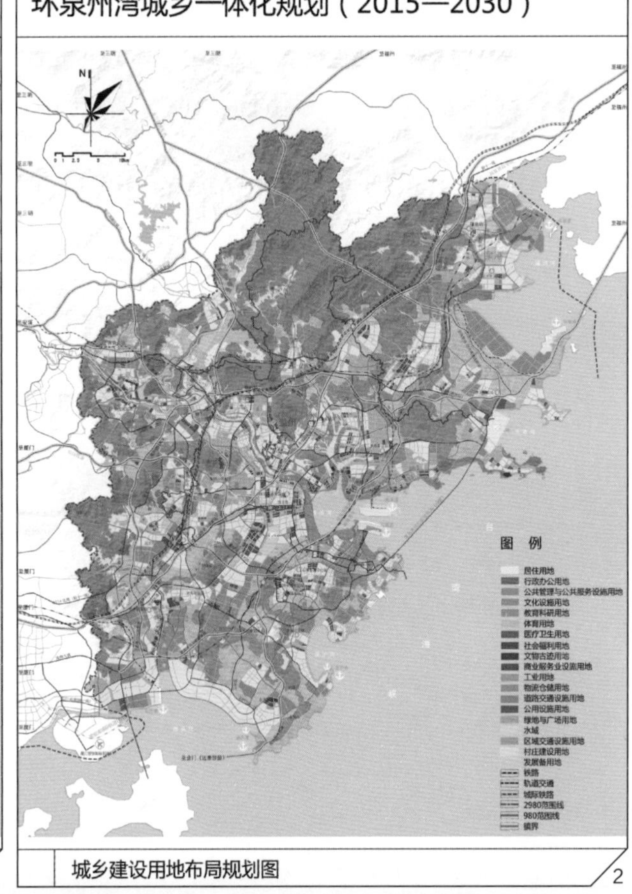

城乡建设用地布局规划图 2

1 /《环泉州湾城乡一体化规划（2015—2030）》城乡空间结构规划图
2 /《环泉州湾城乡一体化规划（2015—2030）》城乡建设用地布局规划图
3 /《环泉州湾城乡一体化规划（2015—2030）》城乡关系与中心体系手绘图
4 /《环泉州湾城乡一体化规划（2015—2030）》发展分区手绘图
5 /《环泉州湾城乡一体化规划（2015—2030）》生态空间手绘图

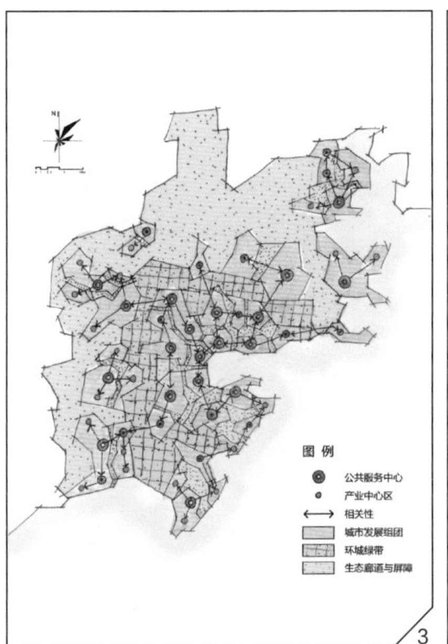

3

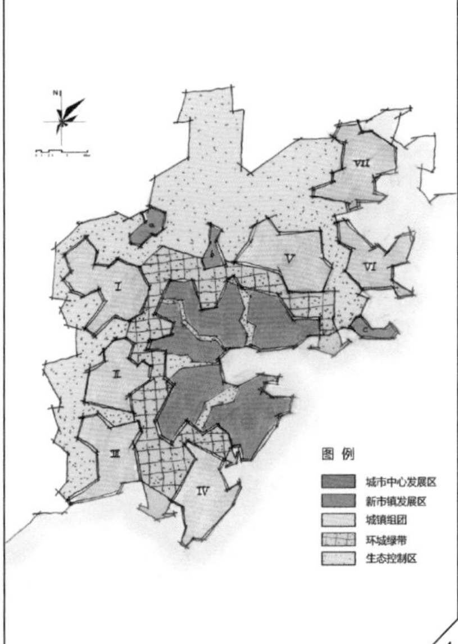

4

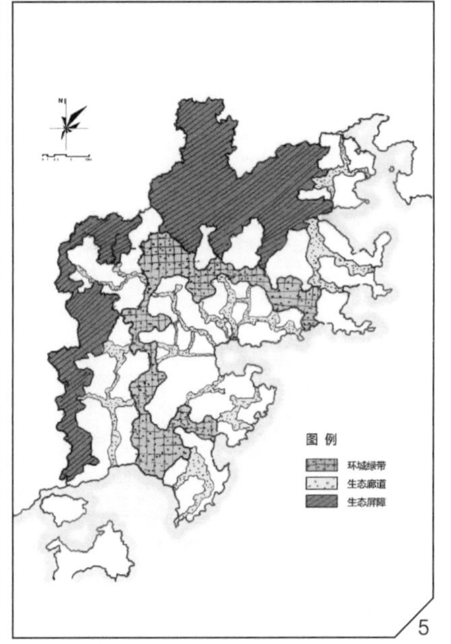

5

泉州市中心城区城市形象提升规划

■ 山水格局贯通示意图

■ 多要素分级评定提升重要性

山体 道路 水系 地标 天际线 客厅 夜景 门户

■ 汇总形成品质提升重要性分区

■ 分类确定中心城区品质提升重点片区

01-西华洋片区 B1-泉州北高速周边区域 07-洛阳桥周边区域 A1-北峰黄龙大桥至丰州的滨江片区 A2-西湖清源山文化客厅 A4-西施高速下口周边区域 B2-江南中心片区 A3-西湖-闽博园-清源山山水走廊贯通项目 A5-南埔山片区 C1-城东金屿村片区 B5-南少林周边区域 06-城东南滨江片区 B3-江南坑头片区 A9-晋江一江两岸公共空间贯通工程 B10-白沙片区 B6-案洲街沿街片区 A6-南港湾片区 B4-迎滨路南段片区 02-法石片区 A7-晋江大桥北侧立交周边区域 C2-台商民族风情片区 03-后坡片区 晋江商务区-B7 04-海尾仙片区提升 B9-行政中心片区 A8-晋江大桥北侧立交周边区域 B8-嵋城片区 C3-台商金融片区 05-晋江二保片区

山水格局贯通及重点提升片区划定示意图 1

泉州市“生态连绵带”统筹实施规划

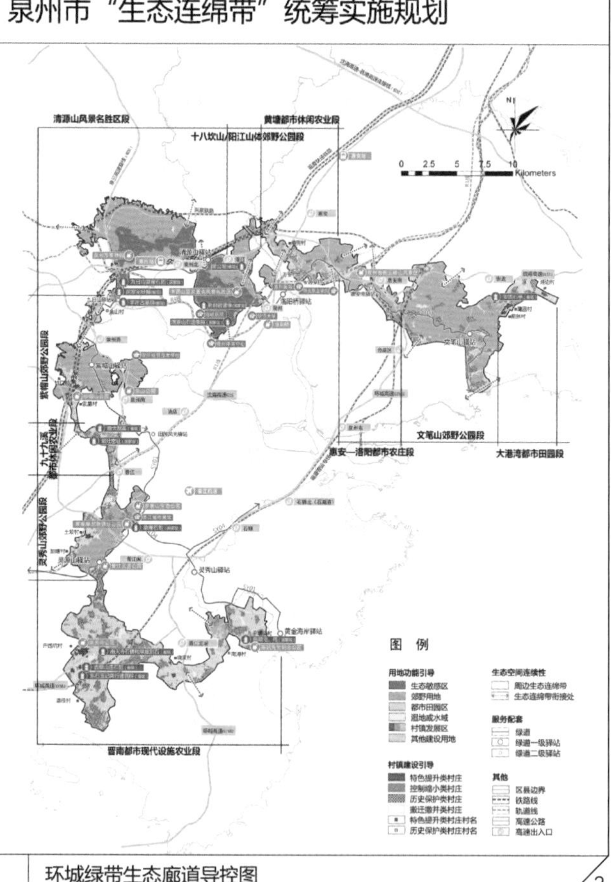

环城绿带生态廊道导控图 2

1 /《泉州市中心城区城市形象提升规划》山水格局贯通及重点提升片区划定示意图
2 /《泉州市“生态连绵带”统筹实施规划》环城绿带生态廊道导控图
3 /《泉州市“生态连绵带”统筹实施规划》全域生态连绵带结构模式图
4 /《泉州市“生态连绵带”统筹实施规划》环湾地区“一湾一环十廊”生态连绵带结构图
5 /《泉州市“生态连绵带”统筹实施规划》环湾地区生态连绵带空间分布图

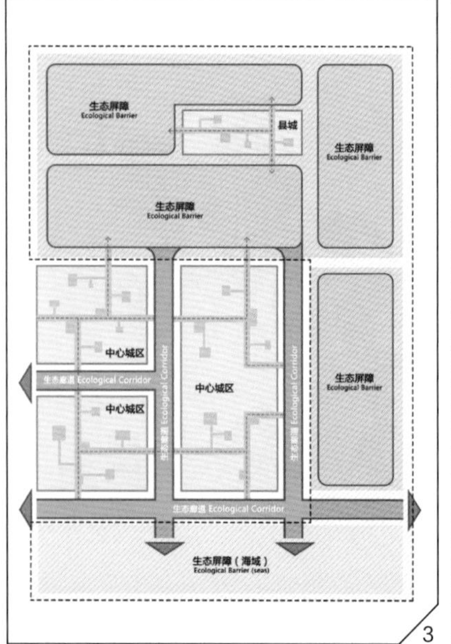

3

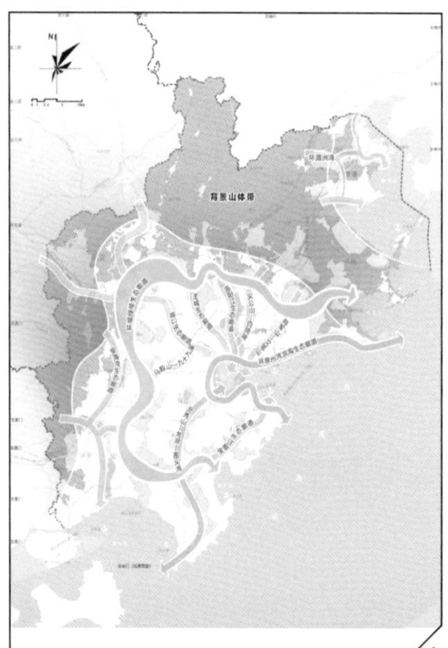

4

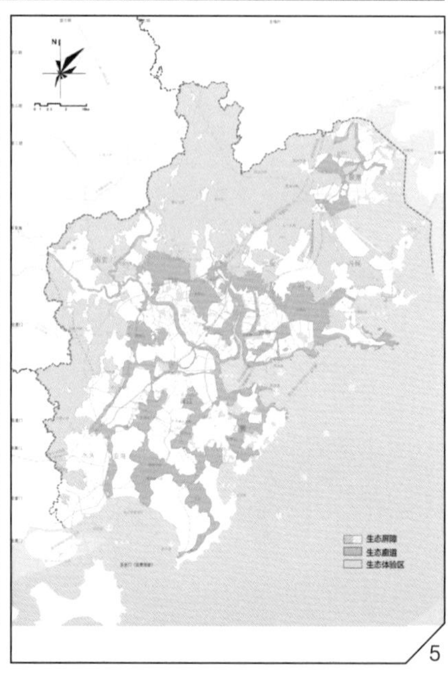

5

经 国
济转型东 家
优 文 协同发展田
居 业 游 国际西化 京 津 冀 工化夏都 客
国家标签北戴河 源 控 生态立市国家使 业 发展 厅
生 态 资 沿海开放城 旅 游 命 国家使 命 滨
市 海 洋 城 海

秦皇岛
京津冀协同发展背景下的生态与发展抉择

展开中国地图，在华北平原和东北平原之间，是绵延的燕山山脉，秦皇岛正处于燕山山脉和华北平原的交接处。随着明朝中期北京政治地位的上升，这个区域便与国家的命运息息相关。1893年，因修筑津榆铁路勘查路线，英籍工程师在秦皇岛南部沿海发现了北戴河，北戴河自此进入大众视野，逐渐成为中国“夏都”。

时至今日，秦皇岛的国家级头衔众多，有国家低碳试点城市、国家创新型城市试点、国家旅游综合改革示范区、国家级服务业综合改革试点、国家养老服务业综合改革试点、国家公共文化服务体系建设示范区、国家绿色节能建筑示范区、国家智慧城市试点、国家新能源示范区等。

国家使命与城市发展

秦皇岛是1984年经国务院确定的首批全国14个沿海开放城市之一，“滨海旅游”和“港口”是秦皇岛发展的两个关键词。但与其他沿海开放城市不同，秦皇岛拥有的是国家使命的滨海旅游和秦皇岛港。

夏都北戴河是秦皇岛滨海旅游的标签。北戴河在中国政治史上的地位非常特殊，中华人民共和国成立后，几乎每次党代会正式召开前都会在北戴河举行酝酿会议。在人们心中，北戴河仍是个神秘的地方。

“北煤南运”是秦皇岛港的标签。秦皇岛港作为国家主要能源输出港，运送物资以煤为主，煤炭占秦皇岛港全年运量的88%。大秦铁路是连接山西大同与秦皇岛的国铁货运专线铁路，大秦铁路的煤炭运量占全国铁路煤炭运量的20%，全国349家主要电厂、十大钢铁公司的生产都依赖大秦铁路。

自1996年以来，全国城镇化进入快速发展期，二十年间，全国城镇人口比重由29%提高至57%，提高了28个百分点。为应对日趋激烈的城市竞争，这一时期的秦皇岛一直在谋求将具有国家使命的标签转化为实实在在的城市竞争力。城市空间方面，秦皇岛2004年便在北戴河西侧的滨海岸线选址建设黄金海岸新区，即现在的北戴河新区。工业增长方面，秦皇岛在各区县设立了近20个工业园区，产业门类涵盖采矿业和半数以上类别的制造业。旅游开发方面，秦皇岛2009年提出谋划发展大旅游业，积极推进长城、森林、葡萄酒、乡村等旅游要素的开发。但从实际效果看，秦皇岛的城市发展并不尽如人意，城市经济在首批全国沿海开放城市中趋于落后,秦皇岛在首批全国14个沿海开放城市中排名倒数第二。

秦皇岛城市发展主导方向也一直在摇摆。秦皇岛在“十五”期间提出“建设生态型、国际性、现代化工业港口旅游城市”；“十一五”期间提出“建设园林式、生态型、现代化滨海名城”；“十二五”期间提出“旅游立市、文化强市、人才兴市、创新推动、城乡联动、绿色发展”；“十三五”期间提出“生态立市、产业强市、开放兴市、文明铸市”，城市发展主导方向在工业、旅游、生态、文化之间徘徊。

更严峻的是，伴随着秦皇岛各个阶段不同的发展导向，各区县采用实用主义的土地资源利用，城市空间呈现无序蔓延的状态。秦皇岛各区县规划拼合的城镇建设用地超过600平方公里，是现状的近三倍。而青龙县的采矿和冶炼毗邻自然保护区，昌黎县和卢龙县的建材制造距离葡萄酒产区特色农业产区不足50公里，布局上的交错更制约着各类城市功能的发展。

但本质上，秦皇岛的发展困境并不根源于城市管控，而在于由核心资源的国家使命所带来的发展约束。

长期以来，全国快速城镇化呈现典型的粗放外延发展特征，城镇化伴随工业化的趋势明显。传统城镇化依赖大量的土地资源、廉价的劳动力资源、牺牲生态环境资源。而由于北戴河的关系，在周边城市大炼钢铁的时候，秦皇岛必须维护一方净土，土地资源、劳动力资源没有竞争优势，更不可能牺牲生态环境资源。在区域传统城镇化进程中，秦皇岛所具备的优势资源不能显著转化为城市竞争力。

秦皇岛工业发展积弱也与港口的特殊定位关系密切。秦皇岛港带动城市工业发展的货运部分只占总运力的6%，在完全经济贡献中，诱发贡献只占7.8%，对比大连港诱发贡献能达到46.7%。而这仅占港口6%的吞吐货品，支撑秦皇岛的支柱工业。工业增加值超过20亿元的8个行业，有6个原料来自港口。

如何深入认识秦皇岛的国家标签，将城市发展融入国家使命，明确立市之本，理顺发展导向与资源利用之间的关系，是秦皇岛城市发展的关键问题。

以生态立市，在京津冀的大棋局中稳固城市特色

在京津冀协同发展之前，地方对于区域协同有多个表达版本，如北京“首都经济圈”、河北“环首都绿色经济圈”，因缺乏更高层级的协调平台，地方诉求不能取得一致。京津从“虹吸”向“扩散”转变，是学界达成的共识，但从理论到实践，缺乏必要的实施机制。2014年，京津冀协同发展成为国家三大战略之一，从规划到实施项目再到制度保障均空前完备，并且首次提出“非首都职能疏解”，这是京津冀合作第一次北京主动启动“扩散”机制，对周边地市深度参与京津的经济功能组织产生了深远影响。

由于北戴河的特殊地位和城市长期对生态保护的重视，秦皇岛具备区域首屈一指的生态环境基底。2014年，《国家新型城镇化规划（2014—2020年）》发布，使在传统城镇化进程中不占优势的秦皇岛，有条件在经济转型中实现生态资源、环境资源的最大化转变为发展动力。此时，深规院服务秦皇岛城乡规划已十年之久，在随之开展的《秦皇岛市空间发展战略研究规划（2015—2030）》编制过程中，深规院视其腠理，思其骨髓，深入辨析秦皇岛在区域中的城市特质，理清城市发展的本源，提出将生态作为秦皇岛的立市之本。

在市域层面，强调严控核心生态要素和梳理功能组织联系。秦皇岛山海交接的空间特征明显，由北向南依次为山地、丘陵、平原和海洋。但从空间利用导向上来看，山区既意味着矿产，也意味着森林；平原既意味着城市，也意味着农田；海岸既意味着港口，也意味着旅游。在横向资源本底差异的基础上，强调纵向的功能组织联系，建立东、中、西三条功能协同带，各功能协同带均包括山地、丘陵、平原、海洋。其中,东部以传统产业为导向；中部以新兴产业为导向；西部以生态产业为导向,进而形成“快秦皇岛”和“慢秦皇岛”的整体格局。东侧“快秦皇岛”依托港口岸线，发展制造业和物流；西侧“慢秦皇岛”依托旅游岸线，发展休闲、创意产业和特色农业。

在滨海城区，强调“东优西控”，提高城市发展质量，保护城市战略资源。“东优”做集聚，延续与京津冀对接的京唐秦发展带和沿海发展带，作为城市主要轴带，在两带交汇处谋划具有京津冀协同战略价值的重大平台——深河中心，作为承接区域职能和对外开放的主平台，借助“新鲜血液”，以战略平台撬动城市组团协作，形成城市发展极核。在西区——包含秦皇岛所有未开发滨海岸线和北

戴河新区这一国家级战略机遇区，建议严格控制建设用地增量供给，最大限度预留滨海战略发展空间。配合“东优西控”政策，空间增量分配重点保障东区，西区在规划拼合的基础上减量发展。

对于产业，基于秦皇岛长期以来由旅游和港口物流传统优势产业撑起的三产独大的局面，一方面要夯实制造业基础带动优势产业转型升级；另一方面决不能以牺牲环境为代价。具体措施上，一是要建立符合生态要求的制造企业名录；二是保障制造业的空间供给。要求生产企业全部入园，不设立县级以下园区，制定园区发展正面清单和负面清单。

也在这一时期，《秦皇岛国民经济和社会发展第十三个五年规划》提出“生态立市、产业强市、开放兴市、文明铸市”四大主体战略，代表的是百转千回后秦皇岛发展思路的定型。它明晰了对京津冀协同，产业、生态、旅游和文化这几个秦皇岛主要发展要素的定位，符合秦皇岛自身发展规律和需求。秦皇岛坚定地将生态立市作为“四市战略”之首，瞄准“京津冀城市群生态标兵城市”和“一流国际旅游城市”的目标持续发力，成为我国首个低碳试点城市。在京津冀协同发展中，秦皇岛立足优势，精准对接，务实融入，在产业、交通、生态等重点领域不断取得新突破。

生态协调的北戴河整治提升

北戴河拥有得天独厚的海滨生态环境，享有中国“夏都”美誉。但近年来，北戴河陷入发展与保护的矛盾之中，生态环境品质下降，城市风貌特色弱化。与此同时，旅游设施品质降低、高端旅游要素流失的问题凸显。2012年，为改善北戴河的发展困局，深规院受河北省政府邀请，参与编制《北戴河整治提升规划》。

《北戴河整治提升规划》首先提出“生态优化”和“容量控制”策略，以保证北戴河生态环境和城市风貌这两个核心价值。而环境、交通、旅游设施等承载力不足，其深层原因是多种使用人群和场景交织，导致空间资源利用低效。深规院抽丝剥茧，从深层问题出发，以更大区域腾挪功能配置，在提升旅游产业的同时，减轻生态环境压力。

为强化和提亮北戴河的风貌特色，深规院查阅了大量历史资料，深入挖掘北戴河风貌特色背后不同时代的文化根系、不同时期的建筑工艺与材料来源，提炼出北戴河在我国滨海城市中的风貌独特性，并通过一系列具体行动指导城市生态体验和文化体验的提升。

生态驱动的北戴河国际健康城

随着京津冀协同发展的持续推进，秦皇岛的对接步伐逐步加快。2015年，筹建中的北戴河国际健康城成为秦皇岛与京津产业对接的重要产业聚集地和示范区。北戴河国际健康城位于北戴河新区生态环境最优的赤洋口和七里海组团，这里汇集着“阳光、海水、沙滩、气候、森林、湖泊、岛屿、温泉、鸟类、田园”，海洋生态系统、森林生态系统和湿地生态系统齐全，是秦皇岛践行国家生态文明建设、承接北京“非首都职能疏解”的重要战略空间。

在此背景下，深规院受邀承接《北戴河国际健康城总体规划》。为满足人们日益增长的健康养老需求，规划提出以生态为驱动，以满足日益增长的健康养老需求为导向，以“大健康”产业体系为核心，深入研究生命健康产业功能关联度和用地功能匹配度，谋划、布局绿色生态、产城一体、全时活力、具有国际化形象和鲜明个性的健康城区。

《北戴河国际健康城总体规划》充分尊重健康城的林地、河流、湿地等生态要素，通过生态修复、城市增长边界划定和绿色基础设施构建，形成整体稳态的生态格局，并大力推进被动式绿色建筑建设和创新绿色市政基础设施示范。

以生态环境为依托，面向国际健康产业集聚与生长，创新空间组织模式。一方面，以产城融合为手段，以产业社区单元为载体，强调“大组合、小复合”的功能布局、合理的单元空间尺度、宜步的单元环境营造；另一方面，通过国际健康产业向旅游的深度延伸，注入集成城市产品与旅游产品于一体的复合产品，实现“居、业、游”联动发展，打造全时活力的国际级滨海健康旅游目的地。

以生态景观为基底，强调国际化城区的风貌形象，吸引国际会议、国际合作项目、国际性组织在健康城落地，展现国家发展成就和大国形象，打造面向国际交流合作的“国家客厅”。

对于秦皇岛这样的国家标签城市，城市发展面临特殊定位的约束，可选择的路径并不多，只有精准把握立市之本，谋划城市发展格局，才能一步步成就“特殊”的城市。秦皇岛市市委书记孟祥伟在2015年的讲话中提到：“我们要把生态搞好，但搞好生态的目的是什么？不是说就我们这些人在这个地方享受良好的生态，我们要让这个生态促进发展、服务于全市人民……好像我们生态立市，其他什么都不干了，这是一种偏颇的认识、思维误区。”如此审视生态与城市发展的关系，才是秦皇岛夯实基础、发挥优势的答案。

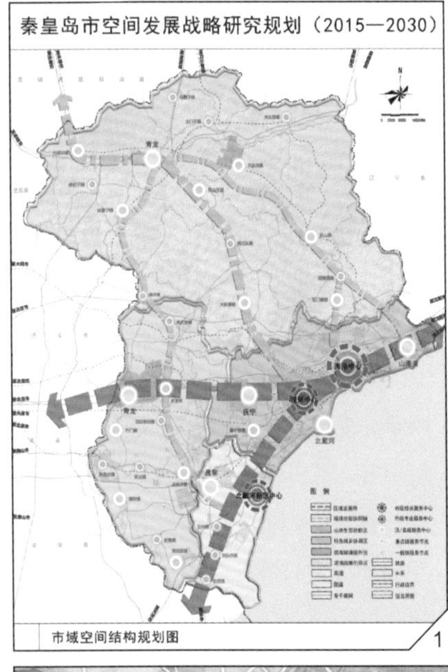

1

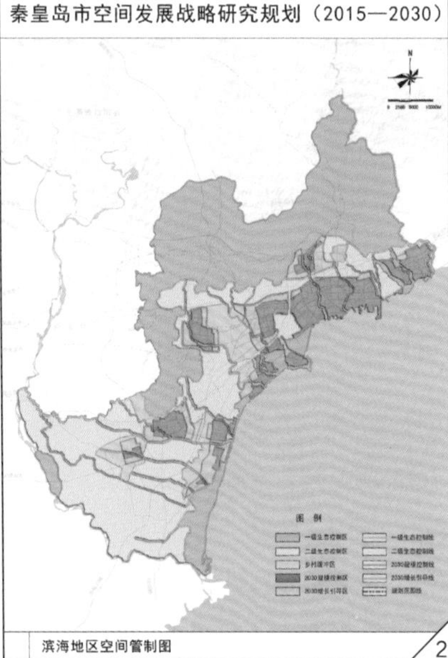

2

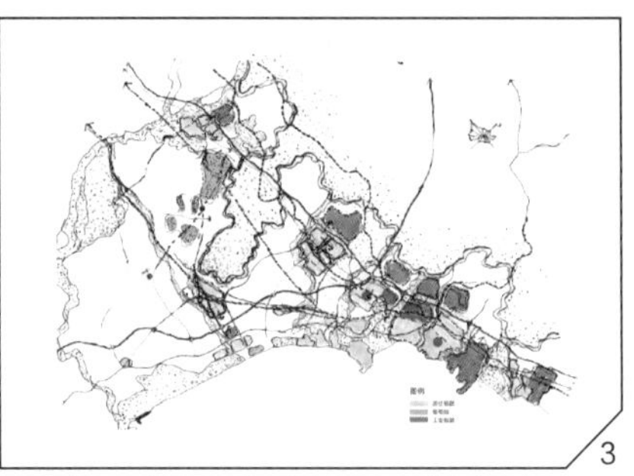
3

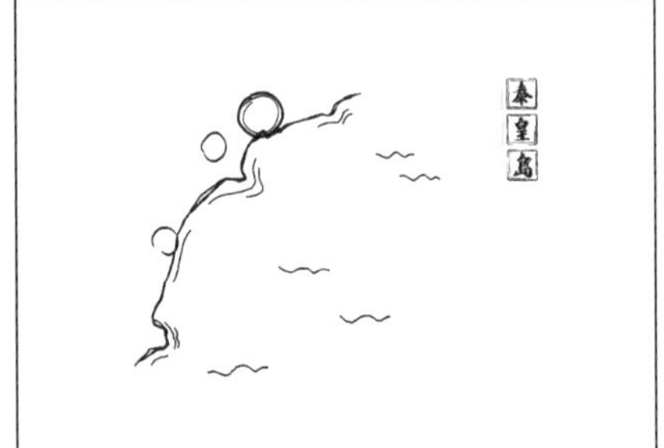

4

1 /《秦皇岛市空间发展战略研究规划（2015—2030）》市域空间结构规划图
2 /《秦皇岛市空间发展战略研究规划（2015—2030）》滨海地区空间管制图
3 /《秦皇岛市空间发展战略研究规划（2015—2030）》秦皇岛滨海城区空间格局手绘草图
4 /《北戴河整治提升规划》总平面图
5 /《北戴河国际健康城总体规划》中心区城市空间意向图
6 /《北戴河国际健康城总体规划》总平面图
7 /《北戴河国际健康城总体规划》土地利用规划图
8 /《北戴河新区中心片区、赤洋口片区城市设计》总平面图
9 /《北戴河新区中心片区、赤洋口片区城市设计》城市空间意向图

5

北戴河国际健康城总体规划

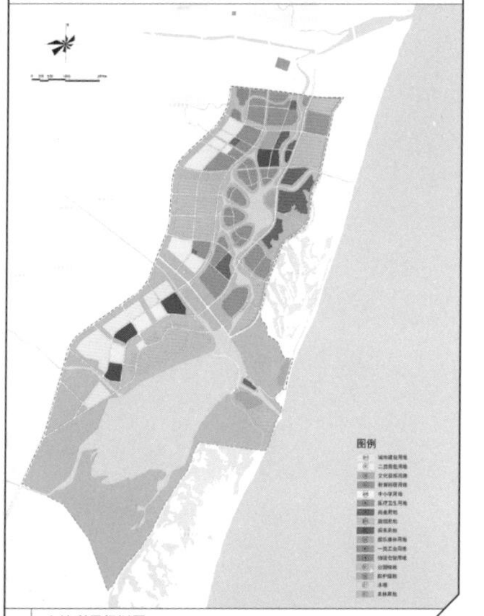

土地利用规划图

7

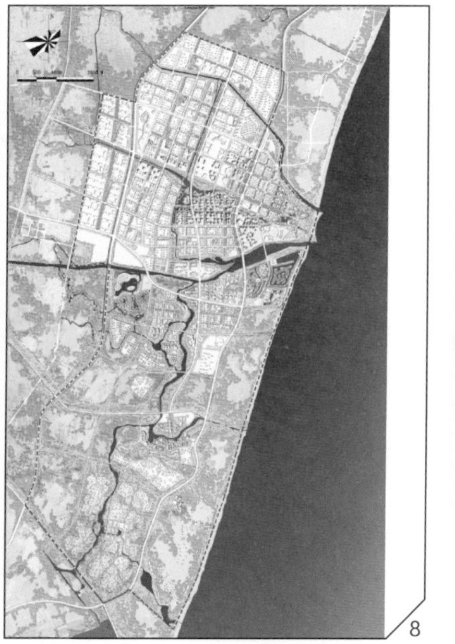

6

8

9

七　里　海

1

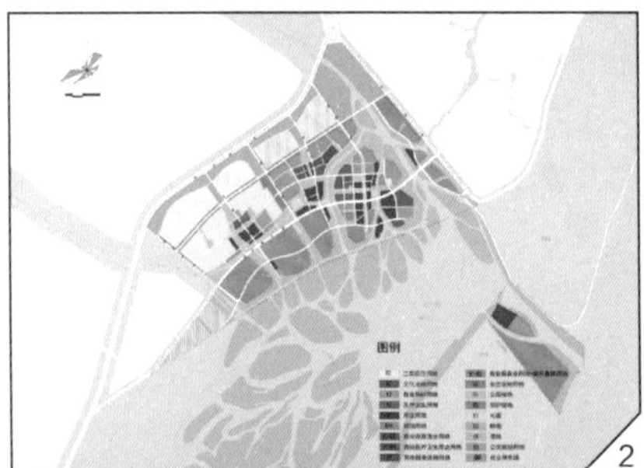

2

1 /《北戴河新区七里海片区控制性详细规划》总平面图

2 /《北戴河新区七里海片区控制性详细规划》土地利用规划图

3 /《北戴河新区七里海片区控制性详细规划》城市空间意向图

3

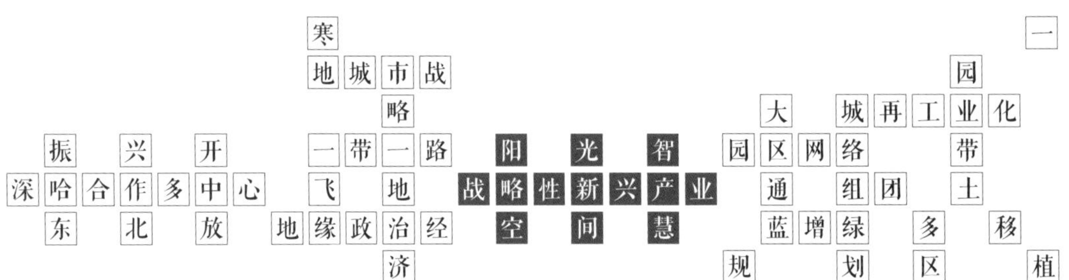
寒 一
地城市战 园
略 大 城再工业化
振 兴 开 一带一路 阳 光 智 园区网络 带
深哈合作多中心 飞 地 战略性新兴产业 通 组团 土
东 北 放 地缘政治经 空 间 慧 蓝增绿 多 移
济 规 划 区 植

哈尔滨

深哈合作，打响新一轮振兴东北第一枪

2017年10月，深哈两市共同签署《哈尔滨市与深圳市对口合作框架协议》，打响了深圳助力东北振兴的第一枪。自此，深圳与哈尔滨一南一北，遥相呼应，正式开启了紧密合作、携手发展的新征程。如果说南海边的深圳缔造了城市发展的奇迹，那么，地处东北亚地理中心的哈尔滨在近代发展中亦不逊色。

20世纪初，中东铁路在俄国的主导下完成修建通车运行，铁路快速拉动了哈尔滨城市的形成。短短二十年时间内，哈尔滨实现了从松花江边松散的农业聚落向近现代化城市的转型。民国初期的哈尔滨，城中各国银行、商会、保险机构、领事馆林立，已发展成为远东重要的国际性经贸大都市、东西方连接的枢纽之地。

1949年后，受益于国家“一边倒”外交政策和独特的地缘区位，哈尔滨在50年代承接了13项苏联重点援建项目，并在抗美援朝“南厂北迁”的东北工业迁移运动中接收了从辽宁以南迁来的十余家大中型工业企业，迅速建立起一整套以国有大中型企业为主体、以机械工业和国防工业为重点、各门类齐全的重工业体系。自此，哈尔滨经济主体由金融贸易转向工业生产，成为当时新中国重要的工业基地，同时随着工业的大规模兴起，哈尔滨人口激增，城市进一步扩张。

值得一提的是，同一时期在国家的大力支持下，一批高等院校和科研院所建设项目在哈尔滨落户，一举确定了哈尔滨在全国的科学文化新的中心地位。时至今日，虽然由于政治、经济环境等因素影响，哈尔滨重工业经济逐渐在改革开放非国有经济快速发展、第三产业崛起的浪潮中落伍，但教育优势却延续至今。“孔雀东南飞”，今天的深圳其国际化创新大都市建设的背后有着大量从哈尔滨走出来青年人才的支持，深规院亦处其中。目前，仅深规院在职员工中毕业于哈尔滨高校的人数就超过百位，约占院职工数的10%；在深规院2019年新入职员工中，来自哈尔滨高校的比例更高达13%。

复兴之路上面临的症结与局势

改革开放后，我国市场经济迅速发展，对外开放水平不断提升，深圳经济特区快速崛起，而此时，作为我国老工业基地的东北地区在体质转轨中出现“不适症状”，面临着能源、资源枯竭、工业结构失衡、技术落后、人才流失等问题，哈尔滨也随着“阵痛”陷入蛰伏期。近年来，虽然哈尔滨经济规模总量稳中有升，但缺乏稳定完整的产业链使得其在开放的市场竞争下再工业化路径的实现难度大。2017年哈尔滨规模工业增速5%，位于26个省会城市中第21位。此外，哈尔滨不断拓展机器人、云计算、新材料等新兴产业，但科技类孵化器数量、面积以及在孵科技企业数量等方面与北上广深城市存在一定差距。

哈尔滨是“一带一路”中蒙俄经济走廊的重要节点，具备整合头部资源的地缘优势。但受美日同盟防范遏制中国发展的影响，东北地区的地缘政治经济围堵短期不会改变，哈尔滨的门户枢纽区位受到牵制，经济国际化水平低，对外拉动能力有限。近十年来，哈尔滨外贸依存度长期在10%以内徘徊，远低于全国40%以上的平均水平。

同时，由于经济产业、生活条件、生态环境不如南方城市，加上漫长寒冷的冬季气候，这大大减弱了哈尔滨对外来人口尤其是北方人口的吸引力。哈尔滨是东北知名的“大学城”，2016年哈尔滨普通高等院校毕业生19.7万人，其中约3万人留在哈尔滨市，仅占总毕业人数的16%。

“南方医生”问诊北方大城市病

哈尔滨依托中东铁路逐渐发展壮大，生长成为现有的中心城区规模范围。目前的哈尔滨有着500万人口量级特大城市普遍存在的城市病，例如“摊大饼”的城市中心区、交通环境绩效低的城市新区以及与区域关系不顺畅的块状功能区，空间结构广而不舒，中心区域与周边的联系仍较弱，江南、江北协调不够，国家级新区缺乏活力等。南岗区以1.5%的土地集中了市区18%的人口，而松花江北岸大面积的土地闲置。老城、哈南、群力集中了哈尔滨70%以上的基础设施，人口不断集聚，而松北新区由于严重缺乏公共配套和就业岗位，未能对老城功能进行有效疏解。

新增建设用地结构方面，“十二五”期间哈尔滨供地主要以居住用地、道路与交通设施用地以及工业、物流仓储用地为主，涵盖73%的增量空间，表明哈尔滨仍处于以新城、新产业区扩张为特点的外拓式增量发展阶段，土地边际效益递减。“十二五”期间，哈尔滨市建成区面积新增70平方公里，年均供地面积13.9平方公里，与深圳供地速度14.0平方公里相当，但哈尔滨地均产出每年增长35.0亿元/平方公里，不足深圳三成，深圳以每年14平方公里的供地实现了每年110.4亿元/平方公里的地均产出增长速度。

从国际大都市实践经验来看，单中心向多中心转变是特大城市克服城市病的发展趋势，对于人口数大于200万的超大寒地城市，应通过“有机疏散”的方法控制人口规模，利用小城镇或新城控制和疏导人口。因此在《哈尔滨市空间发展战略规划》中，深规院引入“组团”概念，以多中心网络组团城市为目标，改善500万人口量级城市结构内部关系。基于不同出行目的下居民可接受的出行时间在30分钟以内，规划以半小时服务圈确定组团用地规模，形成核心圈层、中间圈层60~80平方公里，外围圈层20~30平方公里两个规模层次的组团。梳理哈尔滨中心城区需主动疏解、限制引入、更新调整及培育孵化的功能，建构“一个文化都心、东西两扇面”的空间结构。基于“两个扇面”的功能布局，差异化组团的用地供给，合理调配城市增量用地，以衔接新一轮国土空间规划的“三生空间”。基于12个城市组团构建“城市中心+组团中心”两级中心体系，有的放矢地优化组团宜居性。

在方略与战术上，“开放”将是哈尔滨再次复兴的机会。哈尔滨应强调“门户+中心”的职能特色，积极培育外生与内生动力。强化“门户”的中转集散与窗口交流功能，发展国际化外向型经济。以综合交通网络为基础，强化贸易、金融、文化交流等国际功能平台。强化“中心”对产业复兴与新经济孵化功能，承接创新经济的溢出效应。链接产业之根与创新之翼，以人才优势驱动传统制造业转型升级、先进制造业创新发展。复制推广深圳科技创新“特色因子”，以政策优势全方位推动深哈合作。结合哈尔滨与深圳在产业、科技、人才、金融、市场化等领域的各自优势构建更深入的合作平台。

同时，寒地环境的宜居性将成为未来生态文明建设的重要衡量指标，哈尔滨应匹配“寒地城市”的特征，优化配套设施的数量与质量，以舒适的人居环境留住人。一方面，适应寒地城市紧凑布局，鼓励小街区密路网与职住平衡，充分发挥大运量公共交通出行便利性；另一方面，考虑寒地城市气候环境特点，结合主导风向建构生态绿地格局，分圈层推进“通蓝增绿”战略。

“带土移植”深圳模式，以飞地经济盘活发展动能

在国家新一轮“东北振兴”的政策措施下，2017年深哈两市对口合作协议在两省、两市领导的高度重视下签订。协议确立了“政府引导、市场运作，突出特色、互利共赢，创新机制、探索路径，重点突破、示范带动”行动纲领，提出了深化两市合作交流，务实推进产业合作，拓展科技科研合作空

间，搭建合作平台载体，构建完善合作机制等五大方面合作内容。

在顶层设计的指导下，两市确立了以合资公司为主体共建哈尔滨深圳产业园区的方案，深规院作为先头部队，历时数月，横跨七区，从园区空间选址、营商环境摸底、产业研究到园区规划等多方面，为因地制宜地播种深圳经验打下了坚实基础。

哈尔滨深圳产业园被寄予厚望，未来将成为哈尔滨的体制机制创新区、黑龙江自贸区哈尔滨片区最重要的产业集聚区。同时，随着粤港澳大湾区建设和“一带一路”倡议的全面推进，以产业园为载体，“飞地经济”为突破口，哈尔滨将打通与粤港澳大湾区的联动通道，深化对东北亚的开发与开放，布局国际化战略性新兴产业发展高地，打造东北新增长极。为了实现这些战略目标，哈尔滨深圳产业园不能仅仅是将带有深圳标签的产业空间或产业项目简单“移植”，而必然是承载着深圳先进经验的规划设计、政策体系、发展理念、管理模式等一揽子的系统工程，为哈尔滨带来可持续滋养产业与城市的深圳“土壤”。

本着挖掘最大的可能性以及对哈尔滨产生积极和深远影响的合作初衷，经调研论证后，哈尔滨深圳产业园主导园落户国家级新区哈尔滨新区的核心区域——松北区，并在哈尔滨全市范围内形成了“一园多区”的空间布局：“一园”为主导园区，即哈尔滨深圳产业；“多区”包括道里区群力西、南岗区花园街、哈药总厂等潜在拓展项目以及哈尔滨市现有的拟提升改造项目。“一园多区”的形式也与哈尔滨提出的“一江居中、两岸互动”城市未来发展格局不谋而合。

松北哈尔滨深圳产业园施行多空间层次的递进式战线。基于用地条件、产业逻辑、开发时序以及运营方式等多种考量，确定三个层次的空间格局：一是26平方公里的整体园区，定位为科技智造城，未来将打造东北地区体制机制创新区，东北地区与粤港澳大湾区紧密合作先导区，黑龙江省对外开放引领区，对标国际一流营商环境的战略性新兴产业集聚高地，整体园区由深哈双方共同协商规划设计，土地开发和招商运营由哈方主导；二是南侧1.53平方公里的核心园区，定位为科创生态园，打造战略性新兴产业聚集高地，创新成果加速及成果转化的基地和哈尔滨新经济产业名片，核心区是深哈合作的深耕之地，也是深圳经验带土移植的试验田，由深方主导园区的规划设计、产业定位、土地开发以及招商运营；三是核心区内的20公顷启动区，以“园中园”的概念搭建科技创新策源地，打造具有全国影响力的青年创业创想基地，振兴东北科创产业“新门户”以及深哈合作科创产业提速新引擎。启动区是整个园区建设的排头先锋，除了为哈尔滨提供亟需的科技转化引擎之外，还肩负着整个深哈合作打出“开门红”和树立信心的使命。

产业发展方向是所有产业园区的灵魂。在“一园多区”空间布局基本明确之后，基于全面系统的哈尔滨产业发展基础研判，哈尔滨深圳产业园规划创新性地引入拟合度评价标准量化产业数据，最终确定了以新材料、新一代信息技术、智能制造和现代服务业“3+1”产业体系。明确产业发展方向之后，规划提出了构建服务产业全生命周期的圈层模式，以空间上的三个层次，提供企业从初创、成长到成熟全部成长环节的功能和空间需求。

同时，针对哈尔滨科研成果转化能力不足，产业空间布局分散，产业链和产业配套不完善，优质产业人才流失等现实问题，提出了针对性升级转型路径，包括立足哈尔滨产业发展基础和形势，定向招商，打造产业集群，建立完整产业生态链，填补市场空白；站在哈深双边合作优势互补的高度，在深圳既定产业发展趋势中，寻求产业导入及合作发展机会；在园区建立科创企业孵化培育机制，建设孵化器、加速器及企业家交流站，提供产业基金支持产业发展。政策方面，规划提出了“1+1+4+N”的政策体系思路，即一个自上而下的纲领性文件，一个可以发挥深圳金融优势的产业专项基金管理办法，以及围绕招商、科技、企业和人才的四个普惠型政策，再加上若干个解决细分领域和重点问题的专项举措，为园区产业提供量身定制的全面支持。以哈尔滨现实环境为基础，以深圳经验为蓝本，在合作园区培育因地制宜的产业生境和政策土壤。

人才是产业园乃至城市发展的关键。为留住本土的大量优秀人才，吸引外地人才聚集，产业园基于寒地特征进行系统的生态宜居性友好设计：深哈产业园西北部利用农林用地种植防风林，有效阻挡冬季西北向寒风，改善整体风环境；通过建筑空间布局实现改善中微观的风环境，规避“穿堂风”情况；布局更加紧凑的小型绿地，减少冬季使用时的出行距离。此外，创新性地提出制定居住区底商日照标准，使真正具有公共活力的商业街道空间获得充足的日照空间和时间。同时，针对小型广场和绿地空间，通过控制南侧建筑高度，来减少冬季阴影区面积，规定大寒日阳光活动空间面积不应小于阴影区面积，且在北侧预留一定的清雪堆积场地，保证广场和绿地空间可以在冬季真正为室外活动提供温暖舒适的公共环境，为冬天的产业园争取更多的“阳光空间”。

智慧园区是哈尔滨深圳产业园面向未来的构想。为了园区发展留存更多的想象空间，务必先要在基础设施层面打好基础。因此，园区在规划层面提出了构建全园区智慧诱导系统，提供机动车全出行链、人行交通全过程的信息、指引与安全等方面的智能服务。在产业服务方面，园区内将建设全面覆盖的智慧化物流配送系统，结合用地布局规划通过无人仓、无人驾驶、机器人配送等技术实现配送全流程；在智慧市政设施层面，创建全域覆盖的立体感知体系，结合绿轴带周边、活力街道及智慧交通网络规划布置生态园区多功能杆，主要实现智慧交通、公安监控、充电通信、环境监测等功能。未来还将高速接入全光纤有线网络，规划部署5G无线网络。此外，园区内规划部署了集数据采集、综合管理服务、决策指挥于一体的数据中心。后续还将借鉴深圳智慧园区建设经验，搭建智慧园区平台，通过全程跟踪、记录和集成产业园规划建设数据，提供多方位智慧管理与服务。同时，通过数据植入和互联网应用的组合，探索项目开发、建设、运营的全智慧化路径。

不得不说，哈尔滨深圳产业园是一个重大而复杂的课题，除了技术上的种种挑战，作为产业园项目的首席顾问，统筹全局、为系统性工程搭建平台是更为艰巨的考验，而深规院在全流程综合规划上的经验和探索，是园区高效和可持续发展的重要保证。规划团队从最初模糊概念时期便早早介入，全程跟踪，协助各方梳理判断，推动项目开展，并根据过程中的反馈及时弹性修正设计方案，以及应对产业园区规划建设不断探索创新过程中遇到的种种变化。同时，为统筹规划设计、建筑设计、交通、市政、产业、政策、经济、招商等多个专业团队，规划团队通过综合规划的形式协同多专业对园区进行全方位的规划设计，将规划设计作为平台，衔接打通各领域脉络、吸纳各专业成果，组织统筹各方向工作协调开展、有机融合。在哈尔滨深圳产业园“带土移植”的过程中，全流程综合规划扮演“培养基”的角色，为深圳经验的输出奠定了坚实基础。

经过两年精心栽种，深哈合作从一个思想萌芽，终于破土而出。2019年9月1日，深哈产业园举行开工奠基仪式，这是深哈合作的重要里程碑，也预示着东北振兴主战场上的又一场胜利。

放眼未来，哈尔滨这座城市的再次崛起和东北地区的全面复兴仍有漫漫征途在前，需要脚踏实地、果敢前行。深哈之缘也必定未完待续，携手前行，未来可期！

哈尔滨市空间发展战略规划

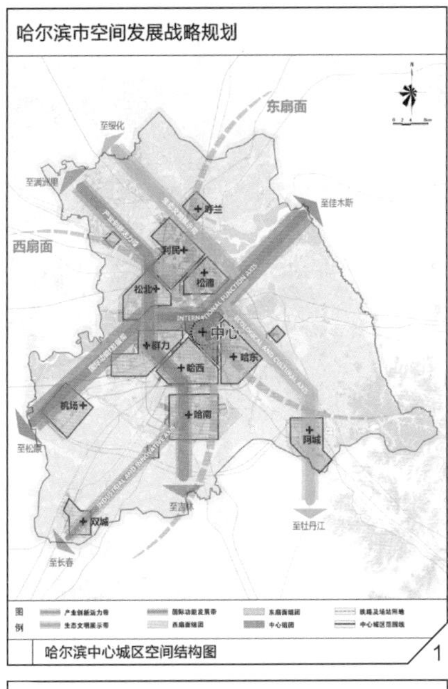

哈尔滨中心城区空间结构图 1

哈尔滨市空间发展战略规划

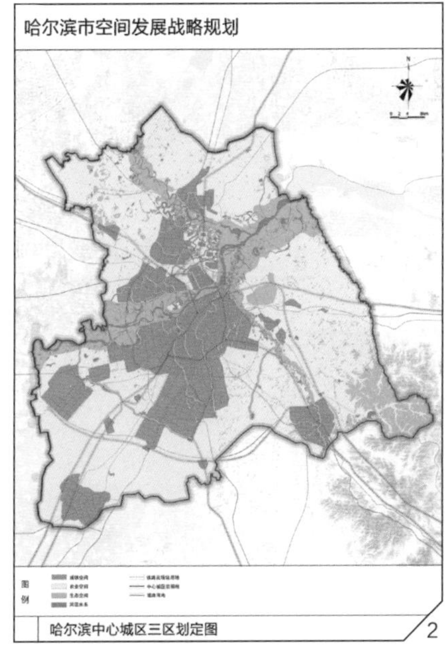

哈尔滨中心城区三区划定图 2

哈尔滨市空间发展战略规划

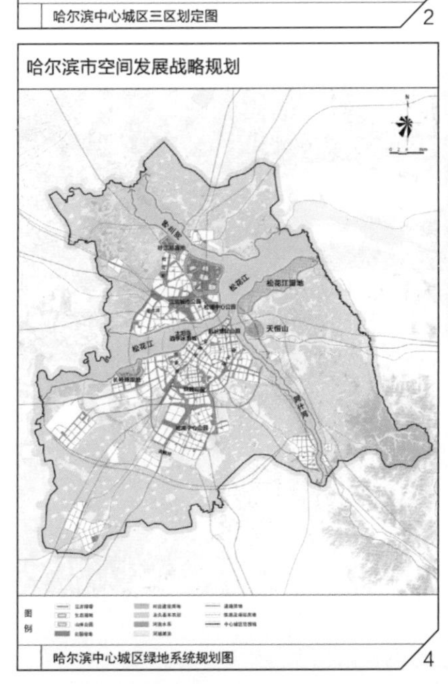

哈尔滨中心城区绿地系统规划图 4

哈尔滨市空间发展战略规划

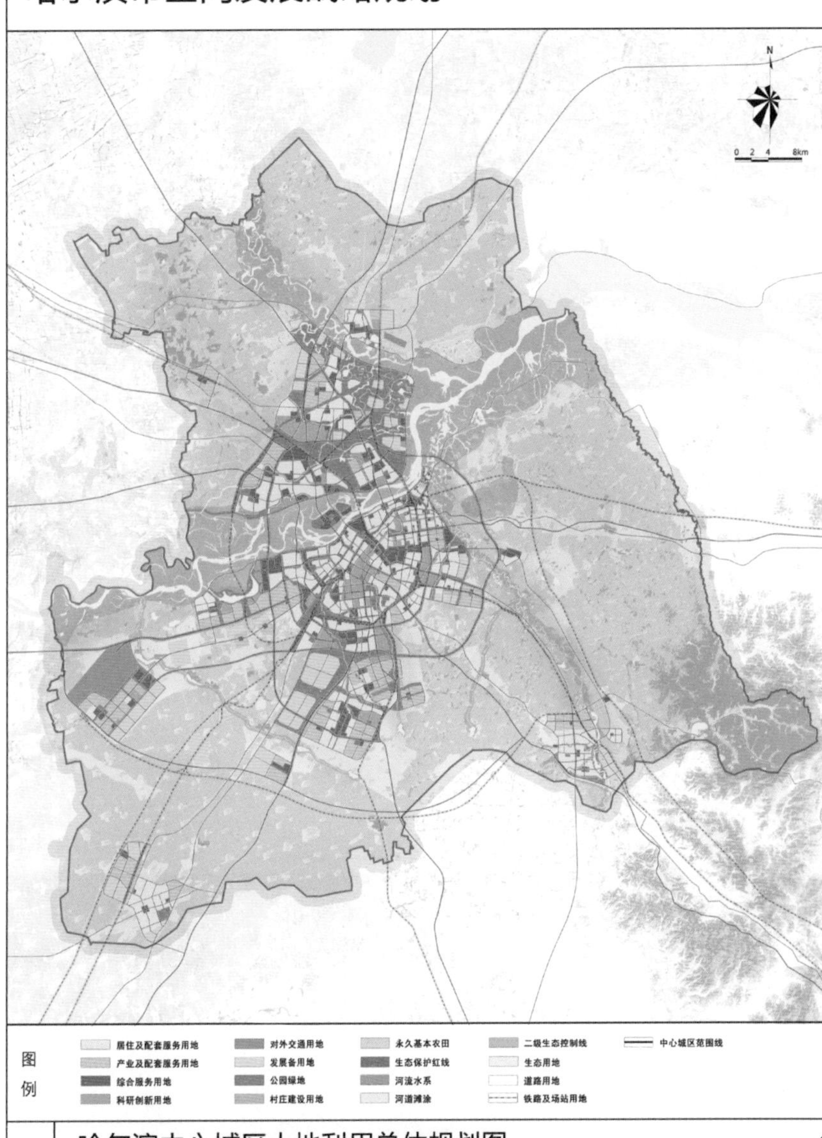

哈尔滨中心城区土地利用总体规划图 3

1 /《哈尔滨市空间发展战略规划》哈尔滨中心城区空间结构图
2 /《哈尔滨市空间发展战略规划》哈尔滨中心城区三区划定图
3 /《哈尔滨市空间发展战略规划》哈尔滨中心城区土地利用总体规划图
4 /《哈尔滨市空间发展战略规划》哈尔滨中心城区绿地系统规划图
5 / 哈尔滨中心城区用地方案手绘草图

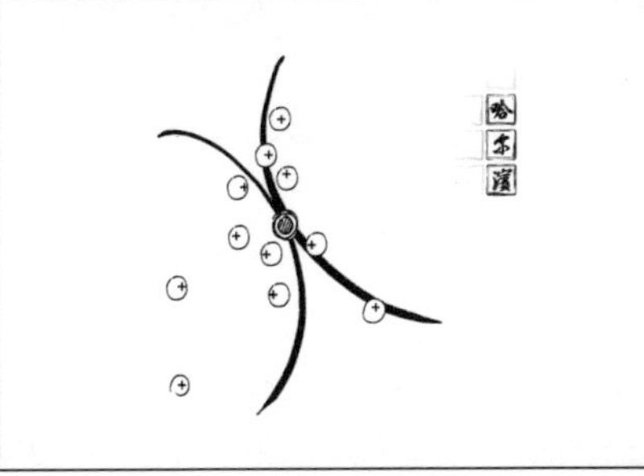

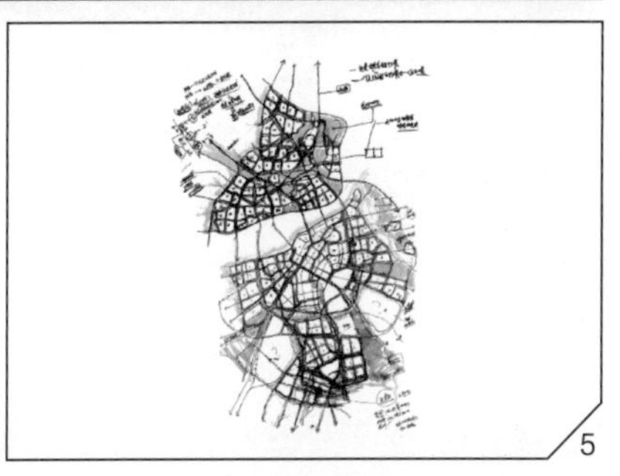

5

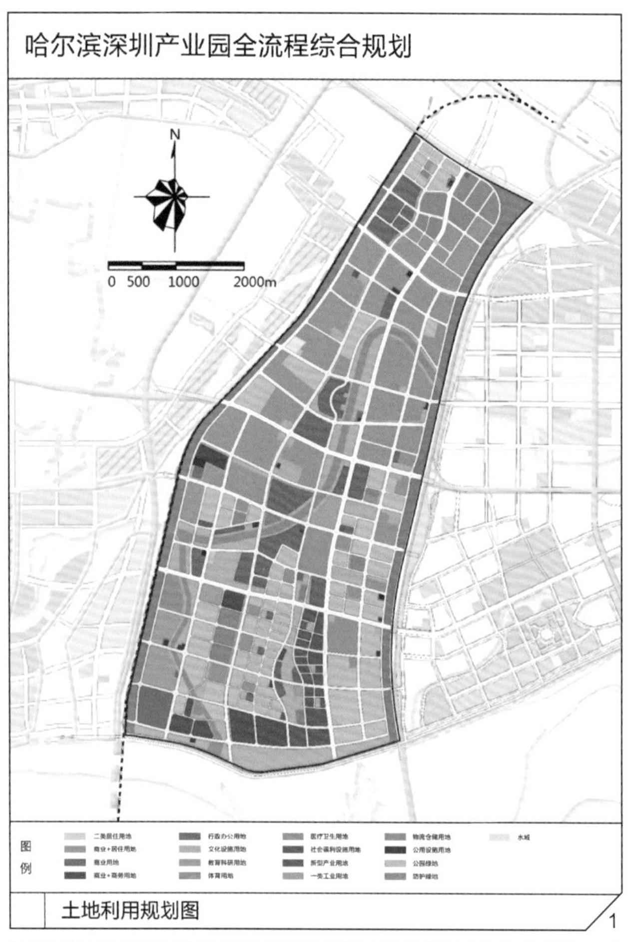

1 /《哈尔滨深圳产业园全流程综合规划》土地利用规划图
2 /《哈尔滨深圳产业园全流程综合规划》城市设计总平面图
3 /《哈尔滨深圳产业园全流程综合规划》城市空间意向图

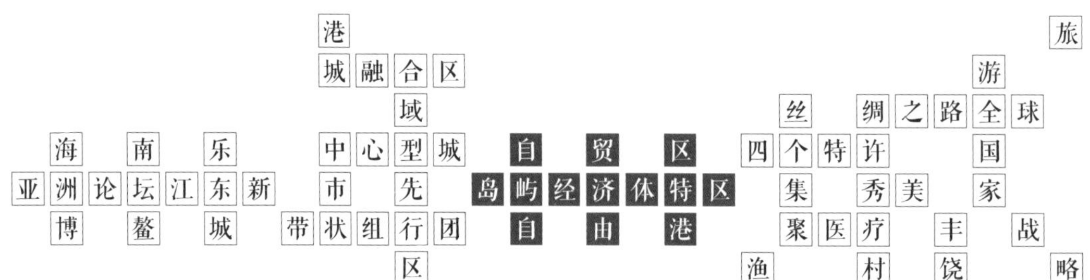
港
城融合区
域
海 南 乐 中心型城 自 贸 区 四个特许 国
亚洲论坛江东新 市 先 岛屿经济体特区 集 秀美 家
博 鳌 城 带状组行团 自 由 港 聚医疗 丰 战
区 渔 村 饶 略
丝 绸之路全球
旅
游

海南

从省级经济特区到自由贸易港

改革开放四十年，恰也是海南设立经济特区三十周年。海南因改革开放而生，也因改革开放而兴，海南从建省办经济特区之日起，就扮演着我国扩大开放探路者、先行者的角色，并构建了我国岛屿经济体的鲜活样板和发展案例。在过去的三十年里，海南曾有过三次大的发展机遇。第一次是1988年建省、设立特区；第二次是2010年建设国际旅游岛；第三次则是2016年以来的全域发展和设立自贸区自由港。

在以自由贸易港为目标和制度创新为核心的发展行动方案下，海南依托海口、三亚、博鳌等城市为支撑，交通基础设施联网，多点带动，全岛形成东西南北中五个区域性中心，由此提升全岛资源利用的综合效益。深规院参与了海南省重点城市的一系列重大战略性规划与设计，为海南省响应国家新战略提供了积极有益的价值思考和发展模式建议。

海口，浪漫与硬核并存

海口，海南省省会，国家“一带一路”倡议支点城市，是海南国家级自由贸易试验区（港）的核心城市。自北宋开埠以来，海口已存在了近千年，古时的海口曾是海上丝绸之路的商贸枢纽，中国第一条跨海铁路——粤海铁路也建在海口……但作为省会城市，海口一直都是低调的，外地人眼中国际旅游岛的“今日头条”常常是三亚上榜，一站式吃喝玩乐购首选三亚，提起海南，甚至很多外地人会误以为海南的省会就是三亚。

除了旅游资源先天优势不及三亚以外，海口城市总面积偏小，产业和城市功能空间局促，市周边县又归省直管，特殊的行政区划导致海口市发展受限，市与周边县规划上各行其是，往往产生矛盾，于是整合行政区划就显得非常有必要。通过行政区划调整加快构建大都市圈，海口扩容也就在此背景下因运而生，海口市做大中心城市成为城市未来发展的基本战略。空间资源的归口整合，纵然给海口带来了黄金机遇期，但扎营布阵并非易事。城市向东，是东寨港国家自然保护区，面临地质安全和生态保护的限制；城市向南，是传统农业发展区域和城市水域地，生态空间难以协调；主城向西是长流组团，海南岛直连内陆的唯一海铁联运通道的所在。棋局大了，如何落子是需要认真思考的问题。

2016年，海口市提出具体的调整优化城市发展格局方案：开发沿南渡江一江两岸地区、东西双港（美兰机场空港和新海港）驱动、南北协调发展，进一步巩固提升海口在海南全省的经济中心、金融中心、文化中心和交通枢纽中心地位，打造区域中心型城市。

深规院当年应邀参加了由海口市人民政府组织的《南渡江（海口段）一江两岸概念性城市设计国际竞赛》（第一名）。规划遵循“在保护中开发、在开发中保护”的理念，提出城市应因势从过去的单一沿海“一字”格局逐步转变为沿南渡江纵深资源利用的“T”字形拓展格局。过去疲软的东岸建设应通过挖潜江两岸的内生关系，借六座跨江大桥延伸主城的若干条功能性轴线向东延伸发展，借国家战略目标导向、特征优势资源和项目，搭建沿江多轴带动、多点引爆的江两岸协同发展格局，加速南渡江两岸产业迭代和城市发展，担当起海口城市发展的未来。

2016年底，海口市东西双港驱动的城市战略通过新海港片区的规划启动得到进一步深化落实。新海港是进出海南岛的交通“咽喉”，是海口“东西双港”的重要一极。海南省和海口市主要领导在新海港调研重点项目建设时指出，要高度重视新海港片区的城市设计和规划，要更好地突出港城融合、产城融合，展示海南、海口的美好形象，要让游客一上岸就能看到“美好新海南”。要打造海口市新的港航现代服务中心、购物休闲中心、全域旅游集散地和精品旅游目的地，把新海港片区打造成环北部湾城市群发展的典范、琼州海峡经济带建设的典范。

深规院应邀参加了海口市人民政府主办的《海口市新海港片区概念规划国际竞赛》（第一名），对新海港及其腹地临港新城提出的发展定位为“一枢纽、三中心、两地”。“一枢纽”即海南陆岛综合交通枢纽；“三中心”即海口市港航现代服务中心、购物中心、休闲娱乐中心；“两地”即海口市全域旅游集散地和精品旅游目的地。规划提出以统建合营的市场化运营思路捏合新海港、粤海南港、海口高铁站三大枢纽，并跳出传统空间规划思维惯性，从城市运营的视角设计多主体的利益保障方案，通过投融资平衡手段来保障利益协调推进跨海铁路落地。空间资源、利益主体、开发模式互为绑定，为新海港片区的开发提供了有的放矢、切实可行的开发计划。

2018年4月，国家主席习近平在庆祝海南省创办经济特区三十周年大会上郑重宣布，党中央决定支持海南全岛建设自由贸易试验区。2018年6月，经海南省委、省政府深入调研、统筹布局，决定设立海口江东新区，将其作为建设中国（海南）自由贸易试验区的重点先行区。由此，海口市不再仅仅是传统印象中椰风、海浪、老骑楼的浪漫休闲之都，更是有国家战略加持和对标新加坡、迪拜等国际著名自贸区的硬核城市。

海口江东自贸区位于海口市东海岸区域，东起东寨港（海口行政边界），西至南渡江，北临东海岸线，南至绕城高速二期和212省道，总面积约298平方公里，在这298平方公里内，尚有近100平方公里的东寨港国家级自然保护区，这是我国面积最大的一片沿海滩涂红树林。要金山银山，更要留住绿水青山，在这“鱼与熊掌”之间，定调江东新区发展方向的第一份规划——《中国（海南）自由贸易区海口江东新区概念规划》应运而生。经全球十家顶级机构参与规划竞标角逐，最终深规院联合HASSELL和毕马威团队夺得第一名，为海口江东自贸区的总体规划谱写了重要的战略篇章。“以有限开发让位自然”的生态文明发展理念奠定了半城半绿的总体发展格局，通过可控的细胞式精明城市运营路径设计，引导地区战略资源投放和开发建设步骤。作为引领国家级自贸港建设的开篇之作，规划以务实的态度坚守发展底线，唤起发展责任担当与共鸣，并引导规划的层层落实。2019年年底，以中标的新区概念规划为蓝图图底的《海口江东新区总体规划（2018—2035）》出台并获得相关部门批复，海口江东新区起步区发展定位秉承江东新区“全面深化改革开放试验区的创新区、国家生态文明试验区的展示区、国际旅游消费中心的体验区、国家重大战略服务保障区的核心区”的总体定位，坚持“共生、共融、共享”的规划理念，建设走向世界的先锋之城，打造全球领先的生态CBD。

回顾以上规划历程，海口扩容的两翼都闪现着深规院活跃的思想火花。支持海口浪漫与硬核并存发展，成就海口这座城市所独有的温度、情怀和雄心抱负，一切皆可期待。

博鳌，从海边的渔村到世界的博鳌

在海南国际化发展的道路上，博鳌不可不提。这个琼海小镇数十载的发展巨变，正是海南在对外开放中实现从“机遇”到“实干”，全面推进新一轮创新发展的缩影。

一夜成名的国际会议旅游“外交小镇”。20世纪90年代，博鳌还只是琼海市东部一个宁静的小渔村，和很多中国小乡镇一样，到处是低矮旧屋、不平的村道。镇里的1.5万居民守着自家的田地和渔船，靠传统农、渔业生产自给自足。然而在这个不起眼的小渔村，靠着万泉河和南海的滋养，大自然赋予了博鳌得天独厚、秀美丰饶的自然环境条件。既有海南岛亚热带风情的椰林、阳光、海水、沙滩，又有独一无二的温泉、河流、山林、田园。博鳌丰富多元的地形地貌和近乎完美的自然景观，不仅在亚洲独具特色，在全球范围内也属少有。温暖的气候、阳光和清新空气，优越的自然风光、丰富的地理环境和万泉河生态，为国际会议休闲、国际医疗旅游等功能的发展提供了重要的先天条件。

进入21世纪，随着经济全球化和区域化不断发展，亚洲各国间的贸易和投资联系日益密切，交流与合作也日益增进。亚洲国家和地区虽已参与了APEC、PECC等跨区域国际会议组织，但仍缺乏一个真正由亚洲人主导，从亚洲的利益和立场出发，专门讨论亚洲事务，增进亚洲各国之间、亚洲各国与世界其他地区之间交流与合作的论坛组织。鉴此，类似达沃斯“世界经济论坛”的“亚洲论坛”应运而生。博鳌正是抓住了这一全球机遇，成为论坛总部的永久所在地。从2002年开始，论坛每年定期在博鳌召开年会。目前博鳌亚洲论坛已成为亚洲及其他大洲有关国家政府、工商界和学术界领袖就亚洲及全球重要事务进行对话的平台。博鳌一夜成名，从一个名不见经传的海边小镇一跃成为全世界瞩目的“外交小镇”，成为我国开展外交活动的重要舞台和展示改革发展成就的重要窗口。

持续升级的对外开放“国家标识”。博鳌亚洲论坛给小镇带来了高人气，吸引了众多国内外游客的到访，也为博鳌的城市发展创造了千载难逢的发展机遇，博鳌小镇的蜕变之路从此开启。以论坛会议为契机，博鳌旨在打造一个集国际会议中心、滨海温泉度假中心和高尔夫休闲康乐中心于一体的国际性旅游度假胜地。因此，博鳌一方面满足亚洲论坛会议及相关配套的需求，建设会议中心和完善的酒店、公寓等接待配套设施；另一方面，满足会议人群休闲度假需求，发挥博鳌自然资源特色，强化温泉度假、高尔夫休闲康乐功能，并兴建了多个游艇码头，形成国际游艇俱乐部和游艇别墅，为与会的嘉宾、各方名流提供全方位的休闲度假服务。借着国际论坛东风，迅速促进了当地国际休闲度假功能的形成。

为了强化“博鳌亚洲论坛”的对外联系，提供安全、便捷的交通服务，促进地方经济社会的发展，东环铁路建成通车，博鳌先后建设博鳌高铁站、琼文高速、博鳌机场，初步拥有了航空、高铁、高速公路等，多层次一体化的对外交通体系。便捷的交通条件拉近了博鳌与海南、全国和世界的距离，有利于博鳌实现立足国内，面向全球的发展，博鳌的再一次升级蓄势待发。

此后不久，博鳌就迎来了又一个重大利好。2013年2月，国务院在琼海市与博鳌论坛之间，万泉河两岸批准设立海南博鳌乐城国际医疗旅游先行区（后文简称“先行区”），总投资超过千亿元，批复范围20.14平方公里。赋予先行区试点发展医疗、养老、科研等国际医疗旅游相关产业、创建低碳低排放生态环境典范、丰富相关领域国内外合作交流平台等三大发展使命。在国家“一带一路”倡议、海南“国际旅游岛”战略背景下，无论是博鳌论坛还是国务院赋予先行区的发展目标和发展领域，都是海南国际旅游岛发展目标和内涵的进一步延伸、细化和丰富。新旅游业态的发展蓬勃在带来众多国内外游客的同时，也将吸引政策、资金、客流、物流等国内外资源的进驻，为博鳌城镇建设发展带来新的机遇与动力。随着基础设施的不断完善，旅游发展新动能的影响也将从点到面不断扩散，带动博鳌全域向旅游发展转变。因此，未来的博鳌不仅是一个国际论坛举办地，而应紧抓政策机遇，继续探索海南国际旅游岛建设的特色国际高端旅游发展模式，作为重要的对外开放窗口，建设海南乃至国家开放前沿的“国家标识”。

2014年年末，深规院正式参与先行区的系列规划工作中。正是基于对博鳌未来整体建设“国家标识”发展使命的深刻认知，在先行区规划之初，便明确先行区和博鳌、琼海的发展必须要相互支撑、联动发展，从生态保育、城镇建设、基础设施和旅游配套多方面形成互动。

规划构想在博鳌及琼海市区既有城镇格局下，进一步拉开沿万泉河展开的带状组团发展格局，按照万泉河发展带上各片区的功能定位，建立北部板块以嘉积区为核心的综合城区，中部板块以先行区医疗旅游功能为核心的综合产业区，南部以会议中心和旅游度假为主导的滨海生态旅游区，总体形成“城、产、游”三大功能板块联动的区域空间布局结构。由于先行区批复的城市建设用地仅9.96平方公里，土地资源弥足珍贵，先行区用地以产业为主，主要的居住和生活配套通过区域一体化，依托周边城镇解决，并划定规划控制区，为产业拓展预留空间。在上下游形成功能联动的基础上，横向拓展产业功能，在先行区外围安排医疗旅游关联产业和配套功能的发展备用地；结合整体空间布局，在中原镇镇区与先行区之间区域作为引导建设区进行重点建设，主要安排先行区产业延伸功能和配套服务功能；先行区东侧区域为控制开发区，以生态保育为主，适度发展生态产业相关的关联产业。

在地化设计的专业领域“医疗新区”。纵观先行区自身发展条件，“特殊政策、特殊地理条件”是先行区最大的两个特点。如何用足“四个特许”政策优势、同时留住“乡愁”，是进行空间规划设计的核心议题。先行区地处万泉河行洪区，场地标高较低，防洪安全要求高。万泉河沿岸地貌景观多样性特征显著，被誉为中国的“亚马逊河”，是我国目前保护最好的河流生态系统之一。万泉河河口地区长期以来保持丰富的自然生态景观，同时先行区内丰富的水系将沿岸用地天然的划分成若干个小岛。先行区所在地区地理环境特殊，防洪要求高、生态敏感，在空间上首先需要在合理解决防洪问题的前提下，发挥本区域水景资源优势进行适当开发，充分利用水环境营造独特的滨水景观。

规划中希望最大限度保护万泉河自然环境和历史记忆，建立绿色发展格局。因此首先从当地生态格局出发，以万泉河为生态核心，保护两侧山体，通过生态敏感性因子分析，建设生态保育区，结合汇水路径建立两侧山体与万泉河的生态廊道，确定区域完整的生态系统。在生态系统基础上，采取“低密度、簇群式”空间组织模式，有机地划分出先行区的建设片区，实现园区集约性与环境舒适性之间的平衡，强调融于环境的组团生长模式。

规划中充分尊重万泉河的自然特征，尽量保留沿岸的湿地、沙洲、河畔树林等自然环境，以自然生态堤岸为主，保留一定宽度的生态蓄、滞洪区，并设置一定的观水和亲水场所。同时在中部结合自然绿岛打造“一湾一岛”的城市中心，塑造融合地区标志、生态景观、特色水景于一体的复合型景观核心，使万泉河生态绿廊成为先行区延续历史文脉、生态本底，保障防洪安全的重要载体。结合本土自然条件确定空间组织结构后，如何借助先行区的政策优势，利用有限建设用地，发展好医疗旅游产业是规划成败的关键。国务院为先行区量身定制了九项特殊政策，包括实施医疗技术、医疗器械和药品特许准入；申请开展干细胞临床运用等前沿医疗技术研究项目；放宽部分医疗审批权，允许境外资本进入和经营；允许引入和创建国际组织，承办国际会议，特许医疗、特许研究、特许经营、特许国际交流的“四个特许”优惠政策。在“国九条”政策的支持下，先行区是目前中国医疗领域唯一的对外开放口岸，汇聚来自全世界的先进药械、顶尖技术与人才。

为了最大限度发挥国家赋予博鳌的全国独一无二的政策优势，提供与产业发展高度契合的建设空间，深规院基于对国家特殊政策解读和专业研究，确立“治”（医学治疗）、“疗”（精密体检、疾病筛查、健康疗养等）、“养”（养老养生、健康管理、抗衰老等）、“研”（前沿医学研究）、“信”（公共信息服务、第三方医学服务平台等）、“会”（专业类的国际组织、国际会议等）六大产业同步推进、全产业链发展的策略和路径，明确六大产业发展规模，并通过不同的空间组织予以落实。根据医疗旅游产业的发展规律和空间需求特征，规划中将先行区医疗旅游产业分为“治”和“疗”两种发展模式，分别布局在万泉河两岸，形成左岸以“治”为主，右岸以“疗”为主的布局结构。“治”模式以“医疗+旅游”的形式为主，以疾病治疗为主要目的，要求具有专业化、高水平医疗机构，对医院、医疗研究所等专业硬件要求较高；“疗”模式以“理疗+旅游”“美容+旅游”的形式为主，以健康管理、康体疗养为主要目的，更偏重休闲旅游性。

与产业特征相对应，在空间上建立“城”和“镇”两种类型的空间产品。“城”以“治”的模式为主导，集中布局前沿医疗机构、医疗研究、政府公共服务和第三方医疗服务等功能，医疗社区中部设置共享医疗设施，形成高效有序、配套完善的城市街区。“镇”以“疗”的模式为主导，主要为健康疗养、个性化医疗服务功能，配套不同类型的休疗养设施，形成主题明确、健康舒适、环境宜人的特色小镇。

出于进一步对接项目客群，营造便捷舒适的医疗旅游服务环境的考虑，在“城”和“镇”内部，以人群需求为导向，从产业、空间、人群的关系和规模尺度研究入手，按照设施聚集和人群分类进行空间单元组织。以公共空间为核心，布局商业设施、休闲活动设施等，围绕公共空间布局医疗产业地块、基本居住服务配套以及其他专业服务设施，以适宜的人行尺度，建构“1平方公里社区”单元，形成相对独立、功能完整、服务均好的“医疗社区”。

在“医疗社区”内，通过研究不同医疗门类和就医人群对空间环境的要求，确定各个医疗社区的发展目标，并根据不同主题人群需求，提供服务导向的定制化设计。根据就医人群的分类、分时特征，分别设置特色服务设施，设计差异化的公共环境，形成有助身心健康的社区氛围。

作为指导先行区相关规划编制和建设的纲领文件，先行区系列规划希望能更好地面向实施，有效指导先行区基础设施和具体项目建设，推动实际项目的顺利开展。为此，规划针对各“医疗社区”发展目标设置核心项目，按照项目策划，合理确定项目的床位规模和用地规模，并捆绑到具体开发地块，以核心项目带动相关产业集聚。在规划的引导和各方政策的保障下，先行区的发展如沐春风，迅速掀起社会投资热潮。目前，先行区已在干细胞临床研究、肿瘤治疗、医美抗衰、辅助生殖等多个方面初步形成产业集聚，入园在建项目大多数都与国际一流的相应技术机构建立了合作关系。博鳌一龄生命养护中心、海南省肿瘤医院成美国际医学中心、博鳌恒大国际医学中心、海南博鳌麦迪赛尔国际医疗中心、银丰干细胞国际医疗中心等多个大型项目均已投入（试）运营。博鳌的“第二乐章”正在全速谱写，未来“国家标识”的面貌也越来越清晰，我们期待着博鳌在不久的将来，成为海南万众瞩目的全新“名片”！

三亚，港—产—城模式的模式创新与路径探索

随着国家“一带一路”倡议的提出，国内省市之间纷纷为增强优势互补，为在“一带一路”机遇中谋求更大的发展机遇而努力。2015年，深圳市盐田港集团与三亚市政府初步洽谈，计划发挥各自在港口运营、地缘经济等方面的优势，在三亚港口建设方面展开深度合作。盐田港集团秉承一贯倡导的“合纵连横、二次创业”经营思想，顺应深圳城市发展输出阶段的总体趋势，希望为建设美丽三亚、三亚产业振兴作出贡献，并促进深圳努力在“一带一路”建设中发挥战略枢纽作用”。深规院应邀参加项目全流程的谋划和谈判。

项目核心是盐田港集团和三亚市政府合作共建“三港分离”工程，从传统基础设施投资转向“设施建设+产业合作+城市共营”的新模式，构筑“门户引领、中心集聚、多园突破”的港产城一体化发展新格局。

规划作为项目谈判和实施的重要纲领，提出以“三亚+深圳”共建一级枢纽港口的目标，“以交通互联、经贸合作、人文交流为重点”，合作拓展、辐射广袤的“陆向”与“海向”经济腹地范围。

在港口建设方面，规划聚焦“深圳+三亚组合港群”打造，即“深圳盐田港+三亚南山货运港”组合港群、“广东省海洋创新示范渔港深圳宝安基地+三亚中心渔港”组合港群，强化海上丝绸之路基础设施的互联互通服务能力。

港产城融合方面，规划提出创新发展现代海洋渔业、海洋油气及服务业、海洋新兴产业等三大产业，推动两地走向深蓝发展路径。提出南山货运港定位为三亚港的核心货运港区、南海资源开发和服务的前沿基地、三沙市建设发展的重要后勤保障基地；崖州中心渔港定位为展示“渔人、渔业、渔文化”的国际性海洋创新产业中心、海滨乐活旅游目的地；铁炉港定位为发展人本最高需求导向的高价值产业链中心、国家海岸旅游目的地城市。

城市建设方面，以领先的城市发展理念建设美丽三亚。规划秉持“创新驱动+产业为魂+城市引领+绿色优先”的理念，整合优势资源，强化设施互联、经贸合作、城市引领，为建设美丽三亚、践行城市双修、在国家战略创建中有所作为。依托崖州湾、海棠湾两大优质海湾，以港口建设为契机，全力营建海上丝绸之路枢纽、海南新型城市化的创想实践区、三亚新时期的滨海优质工作生活圈，助力三亚成为永居永续的美丽城市。

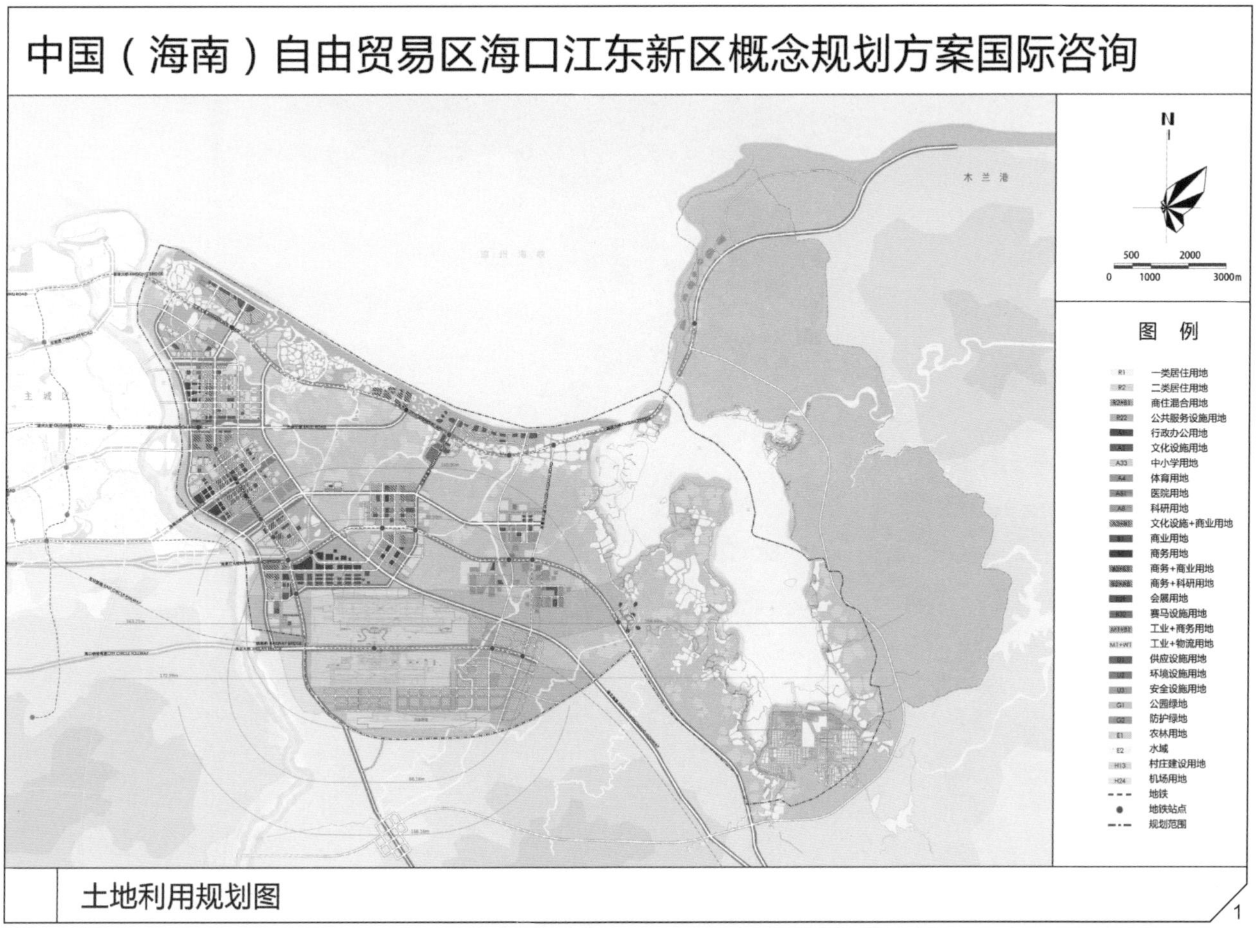

中国（海南）自由贸易区海口江东新区概念规划方案国际咨询
木兰港
主城区
N
500
2000
0
1000
3000m
图 例
R1 一类居住用地
R2 二类居住用地
商住混合用地
R22 公共服务设施用地
行政办公用地
文化设施用地
A33 中小学用地
A4 体育用地
医院用地
A8 科研用地
文化设施+商业用地
商业用地
商务用地
商务+商业用地
商务+科研用地
会展用地
赛马设施用地
工业+商务用地
M1+W1 工业+物流用地
供应设施用地
环境设施用地
安全设施用地
G1 公园绿地
防护绿地
E1 农林用地
E2 水域
H13 村庄建设用地
H24 机场用地
地铁
地铁站点
规划范围
土地利用规划图
1

海南

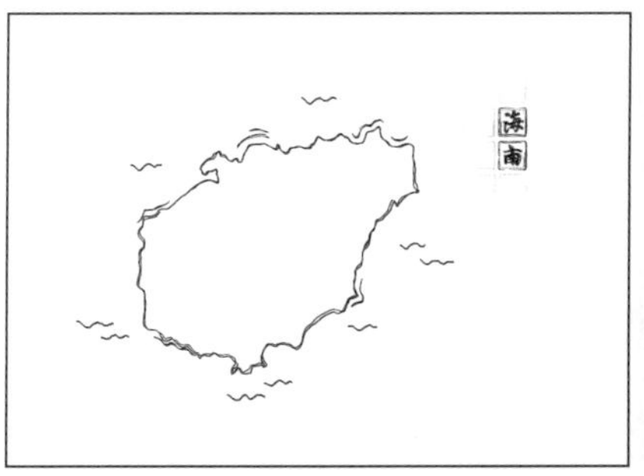

1 /《中国（海南）自由贸易区海口江东新区概念规划方案国际咨询》土地利用规划图

2 /《中国（海南）自由贸易区海口江东新区概念规划方案国际咨询》城市空间意向图

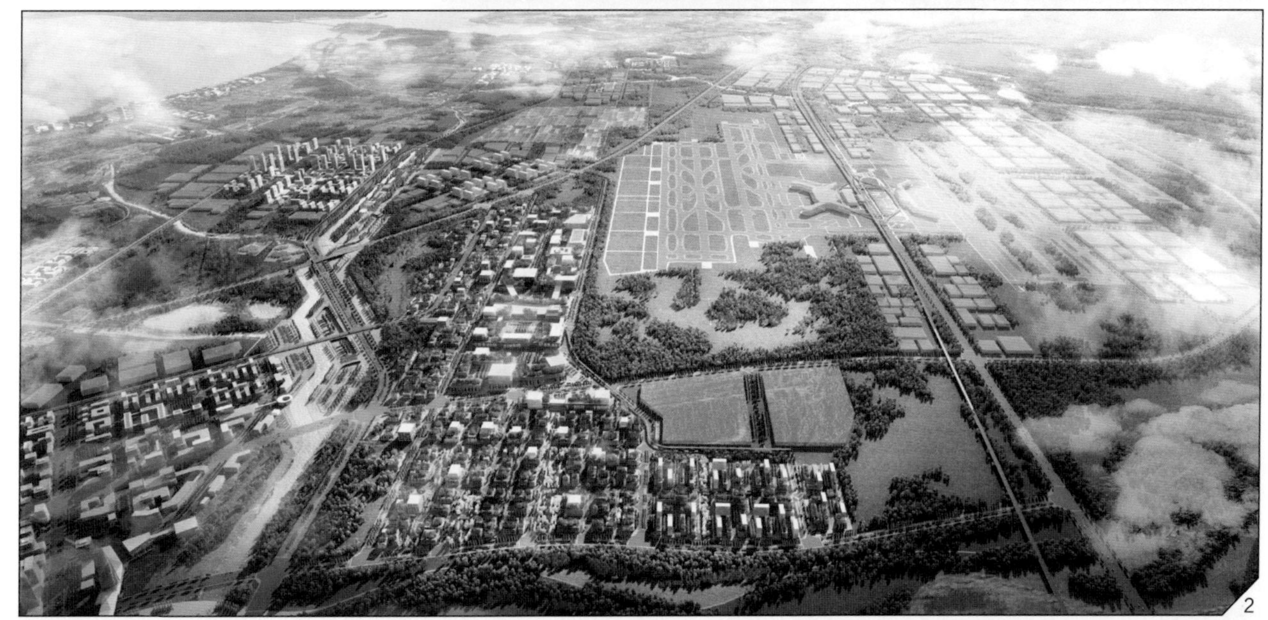

2

中国（海南）自由贸易区海口江东新区概念规划方案国际咨询

N

500 2000

0 1000 3000m

图 例

A. 金融峰谷 | 江东CAZ金融组团

B. 森林总部国际企业临空总部组团

C. 魅力海湾 | 滨海旅游休闲组团

D. 创享云台 | 离岸创新创业组团

E. 花园智城 | 国际高教科研组团

总平面图

1

2

海南博鳌乐城国际医疗旅游先行区系列规划

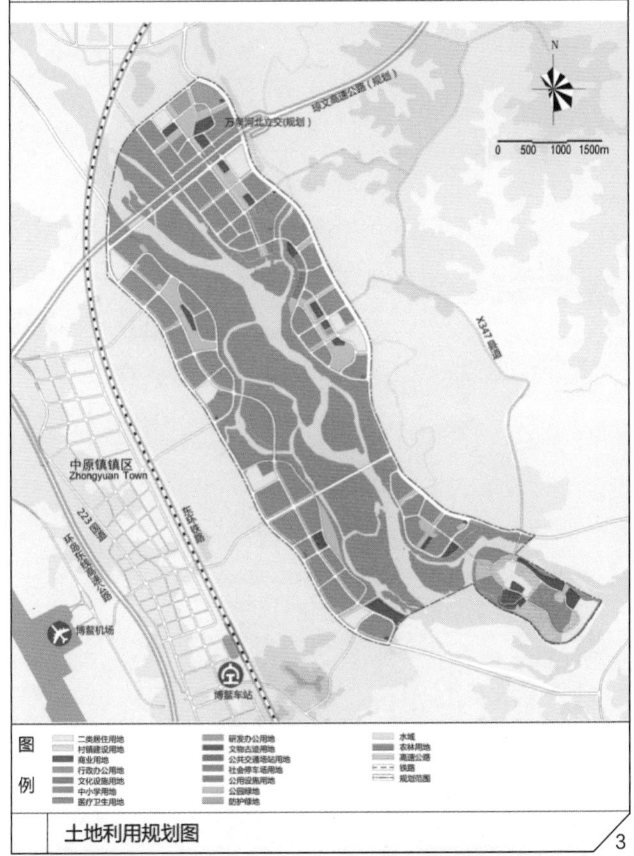

土地利用规划图 3

海南博鳌乐城国际医疗旅游先行区系列规划

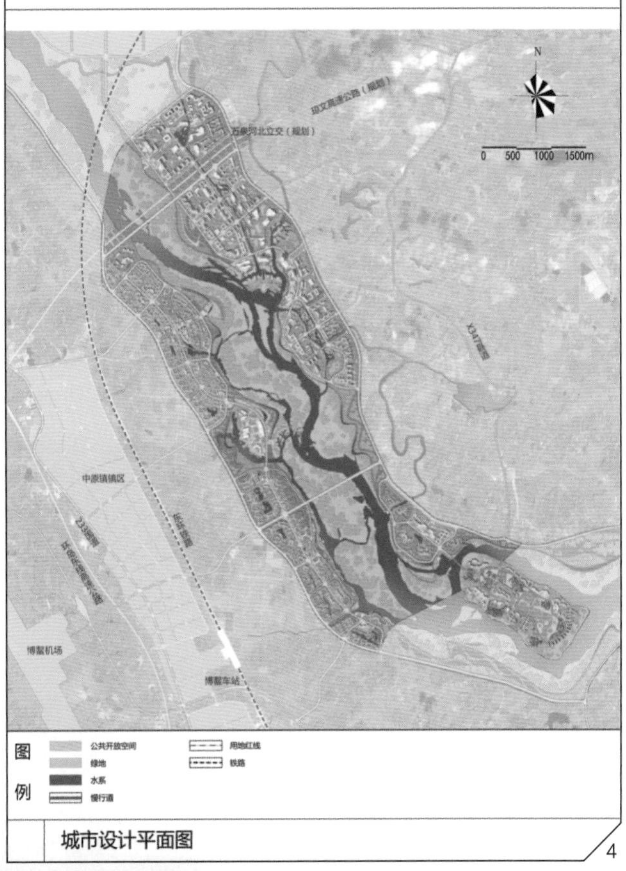

城市设计平面图 4

1 /《中国（海南）自由贸易区海口江东新区概念规划方案国际咨询》总平面图

2 /《中国（海南）自由贸易区海口江东新区概念规划方案国际咨询》城市空间意向图

3 /《海南博鳌乐城国际医疗旅游先行区系列规划》土地利用规划图

4 /《海南博鳌乐城国际医疗旅游先行区系列规划》城市设计平面图

5 /《海南博鳌乐城国际医疗旅游先行区系列规划》方案草图

6 /《海南博鳌乐城国际医疗旅游先行区系列规划》城市空间意向图

5

6

《中国（海南）自由贸易区海口江东新区概念规划方案国际咨询》城市空间意向图

深圳互动式
科
高标准
综合性国家科学
科学家
联动国际
发
研
中心展网境
络
竞争力
百年科学城首都
高期待
世界一流
总
弹
性单元
制
体城市设计
有机
宜
生
长
因
地
原
始
创
新

怀柔

百年科学城，综合性国家科学中心的当代范本

2014年2月，习近平总书记视察北京重要讲话中明确了北京作为全国政治中心、文化中心、国际交往中心和科技创新中心的城市战略定位。随着2016年《北京市城市总体规划（2016年—2035年）》的修编和批复，首都周边地区发展拉开新的格局：基于北京非首都功能疏解，促进北京及周边地区融合发展、深入推进京津冀协同发展，从而建设以首都为核心的世界级城市群。据此，通州城市副中心、河北雄安新区、北京怀柔科学城等一批重大规划建设项目启动，作为北京行政管理、产业创新和科学研究等非首都功能向周边地区疏解和优化提升的空间载体，也立即成为全球规划设计领域瞩目的最高舞台。而经过《北京城市副中心总体城市设计和重点地区详细城市设计方案征集》和《河北雄安新区启动区城市设计国际咨询》，深规院的技术能力获得了各方一致好评，逐渐成为环首都地区城市规划建设中的重要力量。

2017年9月，北京市规划和国土资源、发改、科技三部门联合北京市怀柔区、密云区人民政府，又紧锣密鼓地开展了《怀柔科学城总体城市设计方案征集》。怀柔科学城被定位为未来的世界级原始创新承载区，是协同中关村科学城、未来科学城和“中国制造2025”创新引领示范区，形成首都周边“三城一区”科技创新平台、支撑北京全国科技创新中心职能的核心板块。为认真响应这一事关国家战略、题材特殊的规划挑战，深规院与日本都市环境研究所、JPM、高野Landscape Planning四家机构组成联合体成功入围，并在强手如云的总体城市设计竞赛中拔得头筹，理念和方案获得了包括各级领导和科学城首席科学家在内的多方认可，取得了广东规划设计团队在首都地区重大国际竞赛中的历史最好成绩。竞赛结束后，受北京市规划和国土资源委员会邀请，深规院赴京牵头深化怀柔科学城总体城市设计方案。经过一个月的高强度驻场工作和与当地政府和专业机构密切配合，稳定了科学城规划理念与总体空间结构。总体城市设计成果获得北京市各级领导高度认可，成为后续规划编制和建设的指导纲领。

对怀柔科学城规划的深度参与，既是深规院在首都地区转型发展过程中留下的浓重一笔，也是深规院参与综合性国家科学中心这一前沿规划命题的难得机遇。

从城郊工业区到百年科学城

北京怀柔科学城是国务院截至2017年批复的我国三个综合性国家科学中心之一，其定位不仅面向世界科技前沿和国家重大需求，更要支撑首都建设为全国科技创新中心，引领国家科研体系建构。同时，怀柔也是全球范围内少数正在规划建设的国家科学中心之一，是历代科学城规划建设经验凝聚成的当代范本。

综合性国家科学中心既是国家科技领域竞争的重要平台，也是国家创新体系建设的基础平台。第二次世界大战后，诸多国家科学中心为人类科学探索作出了突出贡献，例如美国布鲁克海文国家实验室、法国格勒诺布尔科学中心和日本筑波科学城共培育出诺贝尔奖24人次。国家科学中心的建设模式也不断迭代发展，由20世纪50年代的国家机构和投资主导，逐渐加入地方政府和社会投资，鼓励更加多元的创新要素开放互动。今天的国家科学中心已经成为依托先进的国家重大科技基础设施群建设，支持多学科、多领域、多主体、交叉型、前沿性研究，代表世界先进水平的基础科学研究和重大技术研发的大型开放式研究基地。

然而把目标和现实对照，怀柔科学城还有很长的路要走。科学城选址位于北京市东北方向，距中心城区直线距离超过50公里，目前仍是没有健全城市功能的郊野地带。西侧北侧有太行山脉和燕山山脉环绕，内有雁栖河、牤牛河等五条水系穿过，是北京地区重要的生态上游地带。然而多年的地下采水和农业种植，使得地下水下降、河水断流，生态环境严重退化。1992年，雁栖经济开发区在此成立，从此林立的工厂和杂乱的村镇成为此处建成环境的基本元素。冬天调研时在基地内走动，满目枯黄的植物和低矮的建筑，甚至很难找到一家营业餐馆或小卖部——这里无论是公共服务、城市活力还是风貌景观，都让人难以和一座国际顶尖科学城的形象产生联系。

但一系列转变正在悄然发生。2005年，中国（怀柔）影视基地在基地南侧建立，为这里带来了文化创意产业的锚点。2006年起，雁栖经济开发区逐步引入了中航工业综合技术研究所、中科院电子所、中科院力学所等科研机构。随着国家对科技创新的关注度提升，逐渐开始谋划将中关村科学城进行拓建，于2013年建立中关村科学城怀柔园，中国科学院大学雁栖湖校区投入使用，科研力量逐渐向怀柔聚集。2014年第22次APEC领导人峰会，基地西北侧的雁栖湖国际会都让这块宝地向全世界展现。十年磨一剑的转型之路，终于在2017年随着北京怀柔综合性国家科学中心的成立，迎来质的飞跃，从城郊的经济开发区到展望世界一流的百年科学城。

总体城市设计作为怀柔科学城定位明确后的首个空间规划，承载了高标准、高期待，组织方要求其标准不低于通州副中心规划。然而，当时由北京市发改委组织编制的科学城发展规划和由北京市科委组织编制的科学规划，尚未就科学城的战略远景和科研资源导入等前提性条件形成共识，而首批已零星选址落地的大装置和研究设施又进一步增加了规划的紧迫性和统筹难度。如何将一片城郊工业区转变为世界一流科学城，亟需通过总体城市设计打开局面。

面对科学城规划的新命题，以技术研发和市场机制见长的深圳并没有现成的经验可以因循，甚至放眼整个华南地区也并没有规划建设综合性国家科学中心的先例。为深入了解科学城特殊的发展规律，项目组对全球历代科学城的规划建设和后续运营开展大量研究，并实地走访调研了日本筑波科学城、上海张江综合性国家科学中心、北京中科院高能物理研究所、东莞松山湖散裂中子源等相关科研中心和机构。基于全球历代科学城的经验与教训，项目组总结得出，科学城规划的特殊性集中体现为“科学、科学家、科学城”的三位一体关系，明确深入契合当代的科学研究规律与真实的科学家需求应是怀柔科学城的关键营城原则。围绕这一思考，总体城市设计方案应对现状挑战发展出以下四个主要策略：

一是与科学家共同规划，构建适应当代的互动式科研网络。项目组邀请中国工程院院士予以指导，并与中国科学院、中国科协等机构以规划工作坊形式，互动探讨面向未来的科研人员工作生活方式和科学城理想空间。发现不同于通常观念中从研究到转化再到生产的单向传导关系，当代的科研需要在大学、大科学装置、科研机构与企业间建立关联，构建科研要素交叉衍生，上下游互动激发的功能网络。因此，规划方案着力提升科学城内外基础设施的通达性和便捷性，提出强化区域快轨和高速公路接驳，实现1小时内通达“三城一区”和对外交通枢纽，将科学城人员、物资、信息快速接入全球科研要素的开放网络，形成汇聚世界一流机构和研究者的科学殿堂。在功能结构方面，规划基于首批科研装置布局，向外扩展和构建“一核两心，开放互联”的城市发展结构。外围区依托核心区科研成果转化和科学实验装置零部件的特种制造，自然外溢形成学、研、产、用合作链条，激活怀柔、密云周边片区联动发展。

二是基于弹性单元，构建因地制宜的科学城空间结构。大科学装置往往规模悬殊，具有特殊的布局要求，且随研究发展需不断改建扩建，因此科学城的城市结构需具有弹性。怀柔科学城现状建成区结构混杂，穿插大面积农林用地，且第一批选址确定的大装置尚未与城区建立联系。为此，总体城市设计基于三种基本单元，构建符合科研网络内核、便于弹性开发的城市结构。将大科学装置按学科群组布局在城绿交界地带，适应其隔离干扰、共享使用，扩建生长的要求。复合科创单元依托世界级试验装置群，吸引一流学术大师常设工作室，建立公共科研平台。周边根据学科规划和准入机制，形成机构与企业互动激发的科创街坊。交流服务单元与怀柔老城衔接，提供学术文化交流的平台，营造国际化、高品质的城市生活。围绕多级公交网络和蓝绿慢行骨架，构建工作生活便捷交融的完整城市生态。科学城总体城市结构和中微观布局以场地山水格局和科研需求为出发点、以弹性单元为手段应对长远建设需求，让城市伴随科学前沿共同成长。

三是人文与自然嵌合的“活性骨架”激活科学城空间。国内外的第一代科学城往往围绕封闭的国有科研机构进行组织，功能结构单一，逐渐显现出持续发展和广泛带动能力的不足。项目组与日本筑波科学城总规划师团队合作开展的深入调查研究同样发现，产城融合、人气提升是筑波科学城20世纪90年代后焕发活力的关键。因此，总体城市设计着力通过引绿入城、活力界面、复合功能、支路网加密等手段，活化原有的工业园区空间形态。在较为封闭的科研院落之间构建畅达的广义公共空间，集聚科技服务、公共配套等活性功能，成为集聚人气的城市骨架。在滨河绿道、栗香田野、静谧丛林营造适宜独思的科学城特色公共空间。同时根据科学城人口的高流动、国际化和年龄段特征，定制化提供城市服务，在15分钟步行圈内满足短期科研交流、长期定居工作，年轻人、年长者等多种人群需求。规划方案力求破除科学城功能单一，环境封闭的刻板印象，协同各方共同描绘符合当代科研规律的科学城。

四是“生境复育+有机更新+韧性安防”的百年营城策略。成为百年科学城必然经历一个持续繁荣、有机生长的长期过程。尤其怀柔科学城位于首都地区东北方向的生态涵养区内，规划范围内农林地占60%以上，而建设用地现状以建成工业区为主，未利用地仅占25%，因此城市与生态的关系、增量与存量的关系都是怀柔科学城长远发展必须处理的问题。应此需要，总体城市设计着力将深圳多年来在生态保育和有机更新方面的经验探索融入怀柔的在地规划策略。一方面战略预留城市生态保护区，结合涵水、织林、导风三项措施，分阶段复育蓝绿生境；另一方面创新建设模式，提出先期以国家科研投入启动激活科学城建设，中期带动多方力量有机更新、协同共建，远期坚守生态林田保护底线，形成城绿和谐交融的国土空间格局。此外，规划将怀柔科学城理解为人类文明进步的前沿要塞，着力为其建立可靠的地下防灾备份系统和可靠、集约的市政基础设施系统，在未知的风险中保护科学城人员与核心数据安全。

从深圳到怀柔，从怀柔到深圳

“怀柔”一词古时指帝王祭祀山川，招来神祇，使各安其位，如今这里将成为东方文明古国广纳贤才、助力科技腾飞之地；雁栖河两岸也正在从人烟稀少的工业区转变为充满温暖和归属感的人才栖居之所。北京怀柔综合性国家科学中心建设已进入快车道，各项规划建设工作有序开展，取得成效。继《怀柔科学城总体城市设计》之后，《怀柔科学城规划（2018—2035年）》和《怀柔科学城科学规划（2018—2035年）》也陆续编制完成，怀柔分区规划获批，《怀柔科学城控制性详细规划》和《城市设计导则》开启编制。在系列规划的引领下，目前16个国家重大科学教育基础设施和研究平台获批落地，生活设施和交通体系也逐渐完善，“交叉创新、生态保育、战略留白”等带有深圳基因的营城思想正在这里生根。围绕“科学、科学家、科学城”的宝贵探索，也为深圳规划注入新的技术内涵和实践经验。

当前，科学技术发展革新正成为我国跻身现代化强国的关键支撑，中共中央、国务院印发的《国家创新驱动发展战略纲要》和党的十九大报告明确提出要瞄准世界科技前沿，强化基础研究，实现前瞻性基础研究、引领性原创成果重大突破。在此背景下，历来以创新见长的珠江三角洲也正被赋予新的国家展略定位和重大发展机遇。2019年2月发布的《粤港澳大湾区发展规划纲要》，将实施创新驱动发展战略、完善区域协同创新体系、集聚国际创新资源、建设具有国际竞争力的创新发展区域作为粤港澳大湾区发展的基本原则之一。2019年8月，《中共中央国务院关于支持深圳建设中国特色社会主义先行示范区的意见》正式公布，明确以深圳为主阵地建设我国第四个综合性国家科学中心，使得深圳在全国科技创新版图中的地位和作用进一步提升和巩固。在此背景下，深规院在怀柔实践中对全球科学城和综合性国家科学中心的深入研究和规划实践，将为粤港澳大湾区建设具有全球影响力的国际科技创新中心和以深圳为主阵地建设综合性国家科学中心提供重要支撑与借鉴。

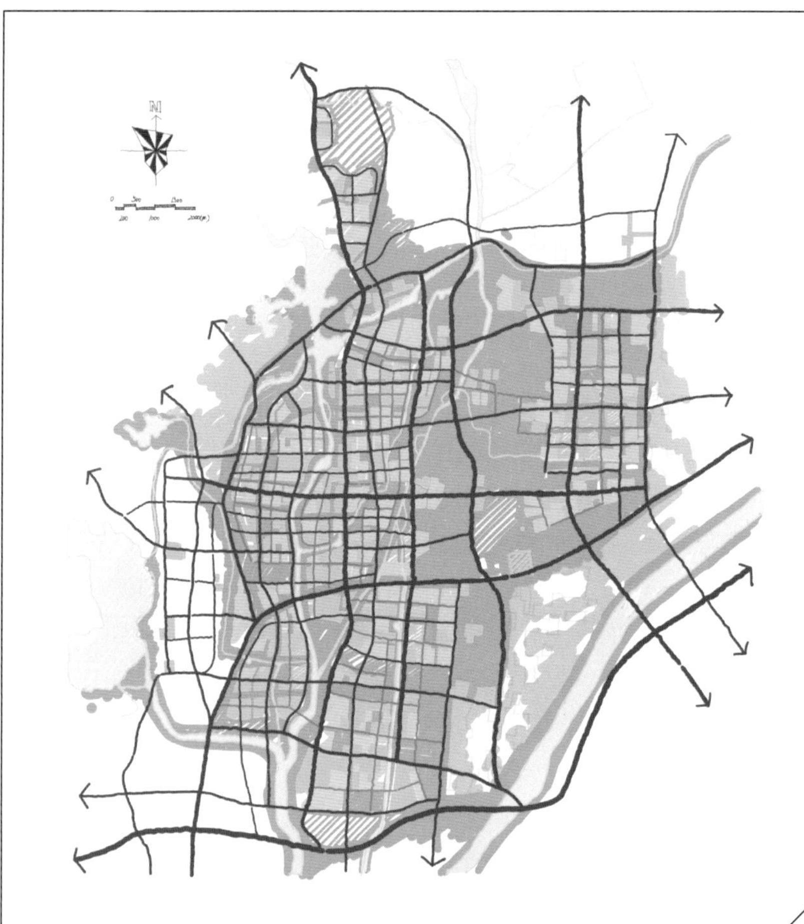

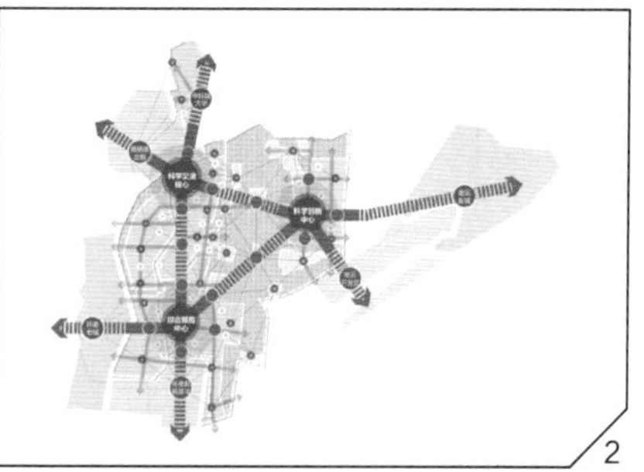

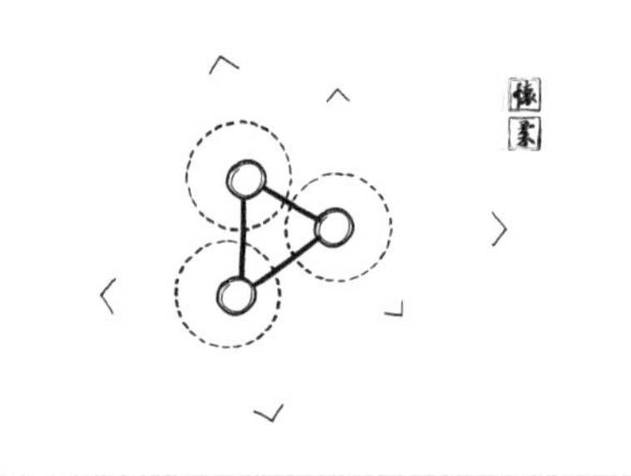

1 /《怀柔科学城总体城市设计方案征集》手绘方案图
2 /《怀柔科学城总体城市设计方案征集》科学城空间结构图
3 /《怀柔科学城总体城市设计方案征集》城市空间总体意向图（一）
4 /《怀柔科学城总体城市设计方案征集》空间意向图—科学田园
5 /《怀柔科学城总体城市设计方案征集》城市空间总体意向图（二）
6 /《怀柔科学城总体城市设计方案征集》基于弹性单元的科学城空间模式图
7 /《怀柔科学城总体城市设计方案征集》空间意向图—城绿交界地带的科学大装置群
8 /《怀柔科学城总体城市设计方案征集》空间意向图—三角绿洲上的科学城客厅

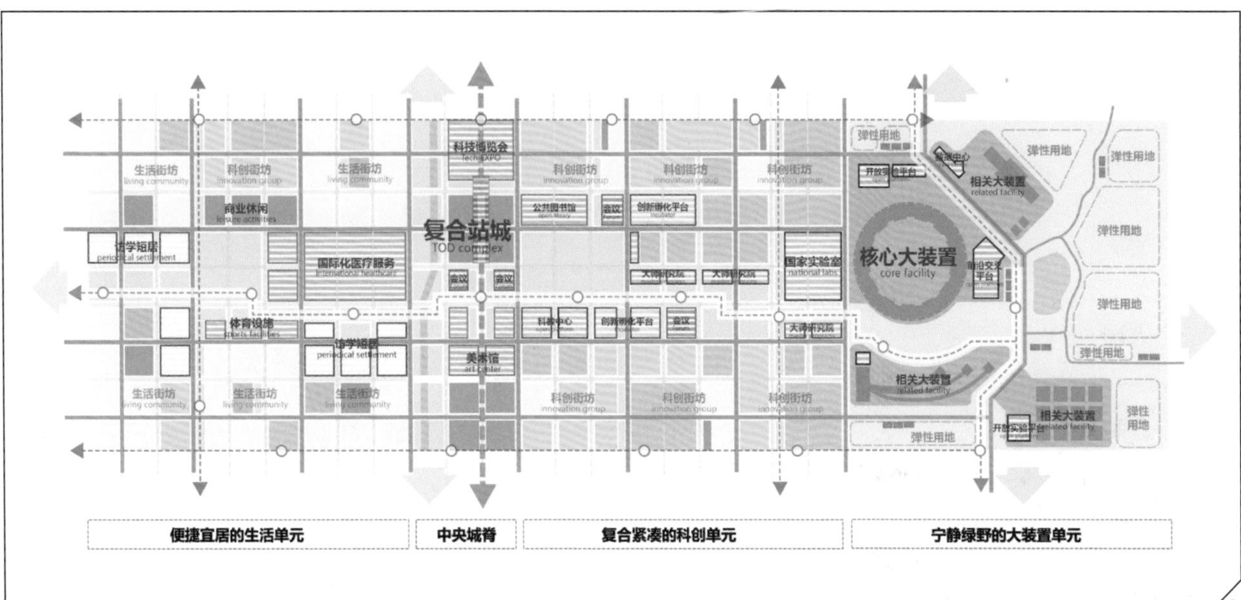

科技博览会
生活街坊
living community
科创街坊
innovation group
商业休闲
leisure activities
复合站城
TOD complex
国际化医疗服务
会议
体育设施
美术馆
公共图书馆
open library
创新孵化平台
incubator
大师研究院
科教中心
国家实验室
national labs
核心大装置
core facility
弹性用地
开放实验平台
相关大装置
related facility
平台
便捷宜居的生活单元
中央城脊
复合紧凑的科创单元
宁静绿野的大装置单元

6

7

8

《怀柔科学城总体城市设计方案征集》空间意向图—城绿交融的未来城市

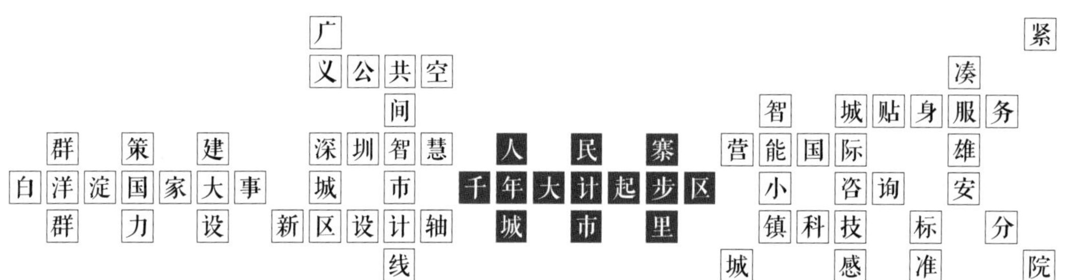
广 紧
义公共空 凑
间 智 城贴身服务
群 策 建 深圳智慧 人 民 寨 营能国际 雄
白洋淀国家大事 城 市 千年大计起步区 小 咨询 安
群 力 设 新区设计轴 城 市 里 镇科技 标 分
线 城 感 准 院

雄安
千年大计、国家大事中的深圳智慧

党的十八大以来，以习近平同志为核心的党中央着眼党和国家发展全局，提出以疏解北京非首都功能为“牛鼻子”推动京津冀协同发展的重大国家战略，考虑在河北适当区域，集中建设一座继深圳经济特区和上海浦东新区之后，具有全国意义的高质量发展示范新区，探索引领我国社会经济发展与城镇化建设转向追求“质量效益”的新时代。正是基于这一历史性战略背景，2017年4月1日，河北雄安新区正式设立，立即成为国内外尤其是规划建设领域广泛高度关注的焦点。

面对这片方兴未艾的新区土地，伴随深圳特区成长起来的深规院展现出高度的政治觉悟与主动意识，持续派遣优秀技术人员参与新区规划建设工作。以“功成不必在我，功成必定有我”的责任担当，协助组织新区各项规划编写、审查工作，积极参加新区重大城市设计国际咨询活动，献计雄安，为“千年大计、国家大事”贡献“深圳智慧”。这场春天开始的故事因有了深规院人，显得更加动人与充满力量……

全力支援新区建设

按照党的十九大提出“高起点规划、高标准建设雄安新区”的要求，受河北省政府邀请，按照深圳市政府统一安排部署，深规院第一时间选派了一批优秀技术人员加入深圳—雄安新区规划工作小组，全力服务雄安，虚心向雄安学习，赴北京参与雄安新区规划编制工作，协助组织、推进雄安新区各项规划编制工作。

深圳规划小组全面协助组织雄安新区规划框架及规划纲要的编写、审查工作。雄安新区规划框架及纲要编制工作是关乎整个战略大局的根本，非个人或某个团队之力能够完成，需要各级各部门、各有关单位群策群力、同心共力。深圳规划团队出发前，深规院人给自己提了20字要求：服从大局、严守纪律、虚心学习、努力工作、全情投入。框架编制工作历时十个月，期间深圳规划小组全体成员高度融合到以河北省为主体的雄安新区规划编制工作体系中，对纲要的目录、内容、研究结论等进行专业审查，并组织撰写了部分章节，完善了规划纲要。2018年4月，《河北雄安新区规划纲要》正式获批，深圳规划小组积极参与规划纲要的发布和解读工作，参与起草规划纲要公布版，并组织起草了《雄安新区100问》。

积极参与新区起步区城市设计国际咨询及深化工作。为达到“世界眼光、国际标准、中国特色、高点定位”的新区规划编制要求，2017年6月18日至9月23日，联合规划小组牵头组织举办了雄安新区起步区城市设计国际咨询。竞赛共吸引来自18个国家和地区的183个设计团队或联合体报名，深规院作为12家顶级团队最终入围，并取得优异成绩。

协助组织雄安新区总体规划、白洋淀生态环境治理和保护规划的编写、审查工作，组织专项规划及专题研究的审查工作。深圳规划小组充分发挥在地质安全、抗震防灾、防洪排涝、能源及水资源利用、白洋淀生态修复及保护、森林城市建设等方面的研究专长，对总体规划与白洋淀生态治理和保护规划进行系统深化完善，与河北青年专家一起参与了雄安新区22个专项规划和33个专题研究的对接、审查工作，有效地推进了专题专项的深化研究，为新区规划提供基础性、支撑性的前提成果。

此外，深圳规划小组还参与了起步区、启动区和容东片区规划的深化细化工作，推进规划纲要的深化落实，对各项规划的空间结构优化、功能布局深化以及交通体系的构建等方面均提供积极建议，同时对新区的规划建设、政策法规等方面也提供了建议。

2018年年初深规院继续支援新区建设，借调一批规划、市政方面专业技术人员到新区管委会规划建设局参与工作。两年来，深规院借调人员发挥专业所长，参与一系列规划建设工作，从规划体系构建到实施建设的重要阶段均发挥了有力的支撑作用。

参与有总体规划、启动区城市设计及控制性详细规划、起步区控制性规划、相关专项规划编制管理工作，并负责启动区后续建设实施相关对接工作。同时，完成了昝岗及高铁片区城市设计及控制性详细规划、新区26个特色小城镇及美丽乡村现状调研及规划编制管理工作，全力支撑了新区“一主五辅”的规划建设。

深度参与涉水有关专项规划，如防洪专项规划、排水防涝专项规划、白洋淀生态环境治理和保护规划，并大力推动容东片区、高铁站片区给排水和水环境治理等21项重点建设项目开工。

深规院还积极参与了新区BIM管理审批平台搭建、智能基础设施标准研究、白洋淀生态环境治理体系搭建等工作。

随着雄安各项规划编制工作的有序推进，需长期服务当地城市建设及规划管理的各类人才缺口显现。深规院审时度势，决定抽调精兵强将，成立雄安分院，驻点贴身服务新区建设。2020年1月17日，深规院雄安分院正式挂牌，司马晓院长与雄安新区管委会主要领导为雄安分院揭牌，并入驻雄安设计中心，开启了深规院服务雄安新区建设的新征程，并实现了深规院跨越南北、“一院四地”办公的新格局。

雄安分院将新区总规划师单位责任落到实处，作为雄安与深规院的技术桥梁，推动更加畅达的人才与信息流动，承担起更大的技术使命和责任。

雄安规划中的深圳智慧

雄安新区的规划前期工作受到国家领导人、省委省领导和多位专家院士的高度关注，为“取百家所长、成就千年大计”，由京津冀协同发展领导小组组织召开了雄安新区规划工作营。工作营由中规院负责规划技术牵头，清华大学、东南大学、同济大学、深规院、天津市规划院与北京市规划院共同参加，任务是为雄安新区搭建规划框架，完善规划方案，针对重大规划问题提供对策。

深规院接到任务后，立刻组织起一支技术骨干团队奔赴雄安新区规划工作营。深规院团队重点在人民城市理念、广义公共空间、创新空间组织、规划实施等重大专题展开研究工作。

工作营自2017年4月25日开营，历时两个多月，至7月中旬结束。工作营的规划同仁集结智慧完成的共同成果，分别向河北省政府、京津冀协同发展领导小组及国务院进行汇报，为雄安新区规划打下扎实的工作基础。

起步区作为雄安新区的主城区，新区的主要功能均集聚于此，规划面积约198平方公里。为聚世界智力、集中国智慧，新区起步区采用开门开放编制规划，开展雄安新区起步区城市设计国际咨询。深规院高度重视，充分汲取深圳特区高品质快速营城经验，提交的竞赛作品亮点纷呈，尤其是起步区的设计愿景、空间结构与框架、设计措施和多点启动、单元营城的实施策略等得到各方的一致好评。

深圳从南方一个籍籍无名的小渔村发展为如今千万人口、充满创新活力的超大城市，仅仅用了不到四十年时间，其中独特的移民文化、创新氛围、宜居环境仍在持续进化。深圳的快速营城历程中的经验与教训，对雄安新区的建设与发展有十分重要的参考和借鉴意义。项目组从初设特区时多组团（蛇口—罗湖—华侨城）轴带串联的城市布局方式中汲取智慧，总结出深圳营城的可借鉴之处：强调多中心组团网络化城市布局，各组团体现服务均好、功能混合、特色差异性；规模化森林景观和长距离步行径连接山海城，且深入城区和社区内部，打造公园之城；以自然环境和公共交通、公共空间、公共服务为核心建立城市公共秩序，组织中心区和社区空间发展；多层级的功能混合，倡导4平方公里的混合城区与1平方公里的混合街区；关注儿童、老年人，建立近人尺度和城市友好性标准；培育创新生境，供给多主体、多类型以及区域体系化的创新空间。

借由本次国际咨询，项目组将深圳营城经验带往雄安，为新区规划建设提供坚实的城市发展实例参考，竞赛方案中提出的组团式布局、规模化森林入城、公共空间骨架、创新城区与混合街区、多点启动单元营城等理念，在新区最终的总体规划方案中充分吸纳体现。

竞赛方案中，深规院始终努力探索未来城市文明的中国方案，以城市生境思维，寻求人、自然、城市和谐共生之道，畅想一座城林淀共生、居业游共荣，活力共享、立体紧凑、大气舒展，满足人居梦想的理想家园、生机永续的和合慧城。

总结深圳经验，运用城市生境思维，方案提出营造活力永续的千年之城，就必须把城市营造成为人与人、人与自然、万物和合共生的家园。道法自然，让森林抱城、入城，蓝绿生态骨架宛若荷叶脉络，水胶囊仿佛露珠镶嵌其间，涵养白洋淀，复育城市自然生境；基于创新人群需求与城市创新活动特征，构建由组团、复合社区、街坊邻里、创新院落组成的四级城市创新生长单元，借鉴中国传统院落里坊单元营城，适应多点快速启动，培育创新生境；关注城市紧凑度与活力密度，以多组近人尺度场所短轴线序列，编织公共空间与公共活力，促发步行与交往，营造城市活力生境。万物之始，大道至简，衍化至繁，通过营造活力多元、共融共享的城市宜居生境，用简单的模块，简明的逻辑，赋予其强大的生长韧性与进化可能，激发城市自生的复杂性，使得人、自然、城市生生不息，共生共荣，彼此塑造，让雄安成为可以实现诗意栖居家园之梦的地方，人们愿意来“住”的城市。

同时，规划方案开创性地提出六项重点设计措施：

（1）水胶囊。结合地形标高落差设立多级水胶囊，滞涝、蓄集、净化雨水，滋养森林，并形成丰枯变化的水景观。以水胶囊为核心营造生态单元，与各级单元耦合，在多尺度层上实现三生融合。

（2）与日常相伴的森林。森林环抱并渗透入城市中心和社区，沿线布局公共设施及场所。七条森林脉络，十分钟内慢行可达，可作为日常出行线路；森林远足绿道、城市、社区绿道串联，提供不一样的参与性体验。

（3）紧凑城市，集约舒适。突破传统二维规划方式，创新三维空间容量供给。倡导高覆盖率、多层为主、中等强度的形态模式，实现城市容量与舒适宜居双赢。

（4）轴线场所编织城市体验。以多组近人尺度场所序列，编织可感受都市脉动与自然静谧体验变换的城市轴线，沿线布局公共建筑、混合街区和自然公园，促发步行与交往。

（5）代言未来的活力中心。中心区地下枢纽与城市交通及慢行体系无缝衔接，并通过十字广场连接中心绿轴。空中公园和连廊，构筑可漫步游走的立体城市，南侧设置蜿蜒的城市阳台，观城林之气象万千，眺远淀之长天一色。

（6）单元营城，多点启动。以公园、枢纽为核心建设三片启动区，预留中心拓展区。在三个象限上，多元主体以单元方式，快速建设，分步营城。

寨里组团位于雄安新区起步区西侧，规划面积16.4平方公里，是深规院全流程负责参与规划编制的新区组团，具有临淀滨河的生态本底，规划建设成为宜居宜业、绿色智慧的高品质滨水生态新城。

方案创作伊始，项目组多次赴新区及寨里组团实地考察踏勘，秉承中国传统文化中对水文、气象等自然地理要素与人居环境和谐统一的价值理念，尊重现状坑塘、沟渠、林淀等环境条件，充分利用环白洋淀林带和萍河河口自然优势，随形就势，构建城绿交融的空间格局和层次清晰的功能布局。规划疏通河流由萍河口向南蜿蜒至湿地和白洋淀，水系绿廊连接外围森林和田园，城市密度从内向外逐渐降低，形成城淀相望、疏密有度、灵动自然的城市景观格局，塑造出水城共融的城市风貌。

规划充分利用滨水生态空间，建立城市公共活力体系，设置音乐厅、市民文化中心、图书馆等重要公共设施。沿萍河水岸，通过多样化堤岸设计连接城市和自然，创造亲水宜人、舒朗活力的世界级滨水体验。中部滨水空间设置丰富的亲水活动设施，体现生态人文、城水相依的景观特色。同时，坚持以人民为中心、注重保障和改善民生，构建组团—社区—邻里三级公共服务设施体系，均衡配置优质教育资源，学校和住区之间通过学道进行连接。建立多元化住房保障体系，促进职住均衡布局，倡导绿色出行，构建“公交+慢行”为主导的复合型绿色智能交通体系，绿色交通出行比例达到90%。

寨里组团的规划设计工作是一次人与自然不断和谐对话的有益探索，描绘出的林淀环绕、城淀相映的美丽田园画卷，将成为新时代中华营城的典范。

“孪生城市”“智能交通”“智能公共服务”等新鲜科技感的词汇日益出现在新区规划建设工作中，通过数字化智能城市建设，推动新区城市服务、治理体系和生活质量大幅提升，晾马台智能小镇正是这样一座探索建设新型智能城市的“样板间”“试验田”。

智能小镇位于起步区东北，规划范围3.8平方公里，是深规院承接的雄安新区首批重点建设的特色小镇之一，具有京雄高速“第一站”的区位优势条件。小镇得名晾马台，源于此处是古代战马练养结合的草场，拥有着大片丰美的水草生境。

“最好的智能小镇应‘看不见’智能”，智能技术默默地支撑人对美好生活的追求，而显性特征应是生态、人文和活力。规划以复原“北方水草地”生态环境为出发点，构建出生态环、创新岛、文化轴，既延续第五组团轴线空间序列，又渗透自然灵动的水岸公园。

为实现全世界最智能小镇的发展目标，构建起全球领先、全场景示范应用的智能小镇，控制性详细规划中除对传统的空间布局、用地指标、城市设计进行统筹安排外，着重对接智能专项团队，创新构建“智能基础设施”和“智能运行环境”两大系统。具体措施为：搭建感知终端、通信网络、信息中枢三个层次的基础架构；采用“宏微结合”方式布局5G网络及硬件设施；小镇中心合设信息中枢与汇聚机房；物流与环卫集成，规划预留其空间；规划地下地面双层智能交通网络；构建镇域配送—小区配送的智能物流体系；构建镇域收集—小区收集的智能环卫体系。

雄安标准中的深圳智慧

美好的蓝图已经绘就，新区即将进入大规模的发展建设阶段，制定科学合理、可操作性强的技术标准指导成为新时期的关键任务。这一次，深圳团队再次被委以重任，从《深圳市城市规划标准与准则》（后文简称《深标》）到《雄安新区规划设计标准》（后文简称《雄标》），从规划设计标准到规划技术指南，投身其中的深规院见证了历史，也创造着历史。

2017年4月，深规院接到河北省住房和城乡建设厅承担《雄标》研究和制定工作的委托，立即集合深规院规划、市政、生态等多专业人员组成项目技术团队开展工作。深规院基于多年来参与《深标》研究制定和使用的经验及总结，完成了《雄标》研究报告、条文和条文说明等全套成果。

《雄标》基于对国内外相关规划技术标准规范的案例研究，构建了雄安新区地方性规划技术标准体系的框架，形成了包含用地分类与使用、用地规划与布局、公共设施、公共空间、形态管控分区、生态环境保护、海绵城市建设、绿色市政设施、城市防灾减灾与救灾、智慧城市等篇章的内容框架，编写了条文及条文说明，并提出了雄安新区创新相关规划制度的建议。《雄标（征求意见稿）》及研究报告于2018年6月提交河北省住建厅，并通过了专家评审。

《雄标》的编写工作，是深圳规划设计标准在雄安的在地化演绎，赋予了新的生命力，为新区推进工作提供了系统的规划标准体系支撑，也为起草《雄安新区规划技术指南》打下坚实基础。

随着新区规划纲要与总体规划陆续完备，需要一套指导控制性详细规划和相关专项规划编制的法定技术依据，《雄安新区规划技术指南》（后文简称《指南》）应运而生。2018年4月，中国城市规划学会受雄安新区管委会委托，组织行业精英力量编制《指南》。深规院受中国城市规划学会的邀请，加入由同济大学、东南大学、北京市规划院等12家国内知名高校和规划设计单位组成的《指南》编制团队。

深规院依托《深标》《雄标》编制基础，主要承担了“土地使用与开发强度”章节，内容包含土地使用分类、土地混合使用、强度分区与容积率等方面，以及“公共服务设施”章节中的医疗和养老部分。经过一年的紧张工作，以及七次工作营、研讨会、论证会等各团队集中工作，《指南》于2019年5月结题，并提交新区管委会及雄安新区规划各编制单位试用。

5月15日，深规院收到了中共河北雄安新区工作委员会与河北雄安新区管理委员会的感谢信，高度评价《指南》为新区规划标准体系构建打下了良好基础，在新区控制性详细规划和专项规划编制中发挥了重要的技术支撑作用，对深规院及各参与单位作出的努力表达了由衷的感谢。

“春天的故事”仍在继续，辛勤付出的深规院人，与全国参与雄安规划建设的规划人一起，扛起了这份历史的重托，生动诠释着“千年大计、国家大事”的时代内涵。

西部组团
Western Group
中部组团
Central Group
东部组团
Eastern Group
学院小镇
College Town
科研小镇
南部森林
FOREST

1

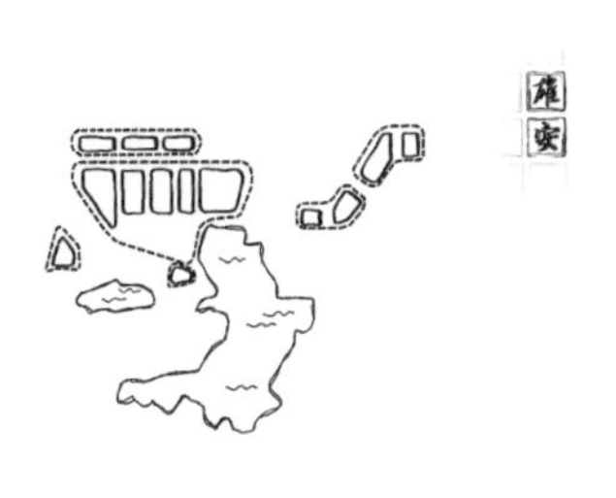

1 /《河北雄安新区起步区城市设计国际咨询》空间结构图
2 /《河北雄安新区起步区城市设计国际咨询》城市空间总体意向图

2

1

1 /《河北雄安新区起步区城市设计国际咨询》手绘意向总平面图
2 /《河北雄安新区起步区城市设计国际咨询》城市空间意向图
3 /《河北雄安新区寨里组团控制性详细规划与城市设计》结构图
4 /《河北雄安新区寨里组团控制性详细规划与城市设计》过程草图—概念方案
5 /《河北雄安新区寨里组团控制性详细规划与城市设计》过程草图—组团关系及路网关系
6 /《河北雄安新区寨里组团控制性详细规划与城市设计》河岸社区空间意向图
7 /《河北雄安新区寨里组团控制性详细规划与城市设计》城市空间意向图

2

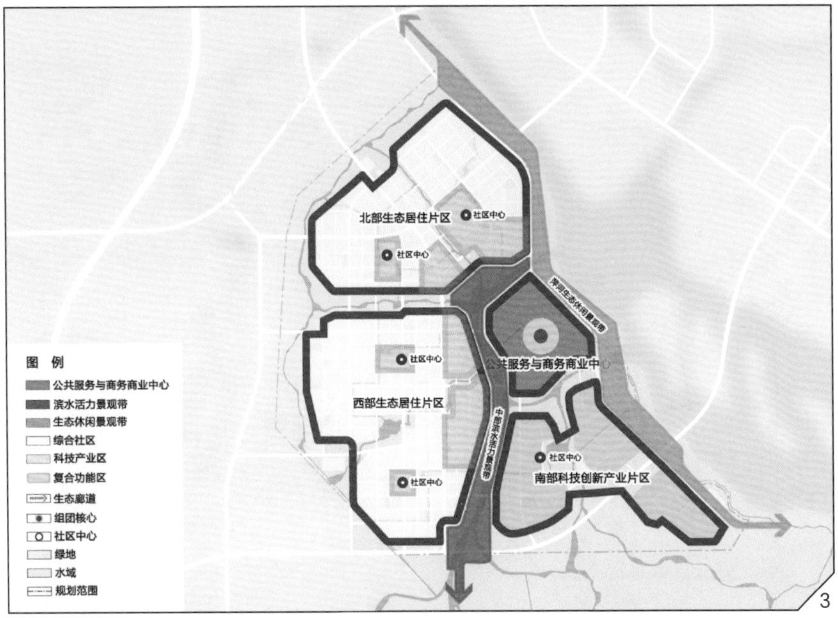

北部生态居住片区
社区中心
社区中心
浒河生态休闲景观带
社区中心
公共服务与商务商业中心
西部生态居住片区
中部滨水活力景观带
社区中心
社区中心
南部科技创新产业片区
图 例
公共服务与商务商业中心
滨水活力景观带
生态休闲景观带
综合社区
科技产业区
复合功能区
生态廊道
组团核心
社区中心
绿地
水域
规划范围
3

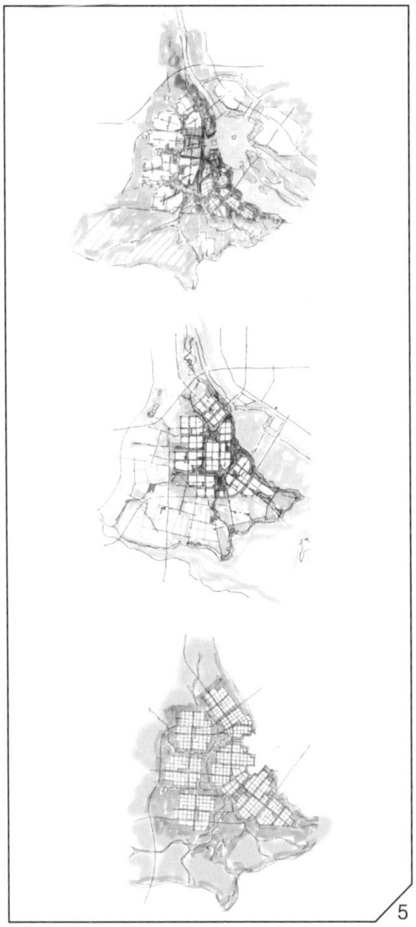

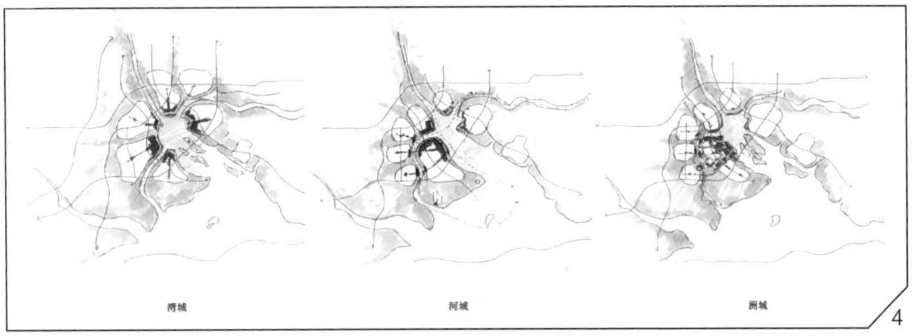

湾城
河城
洲城
4

5

6

7

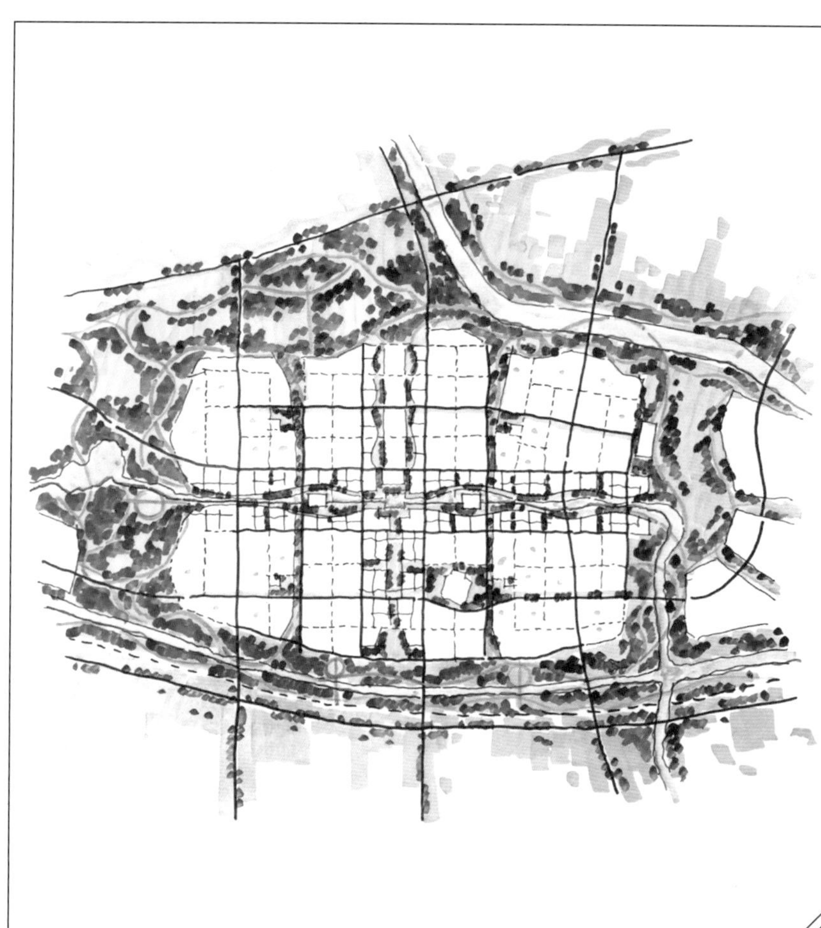

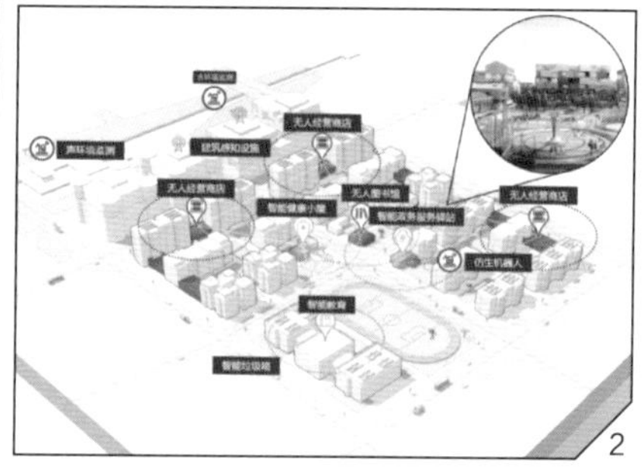

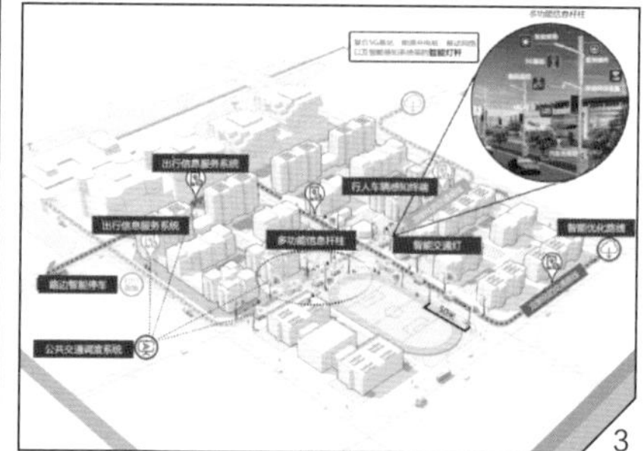

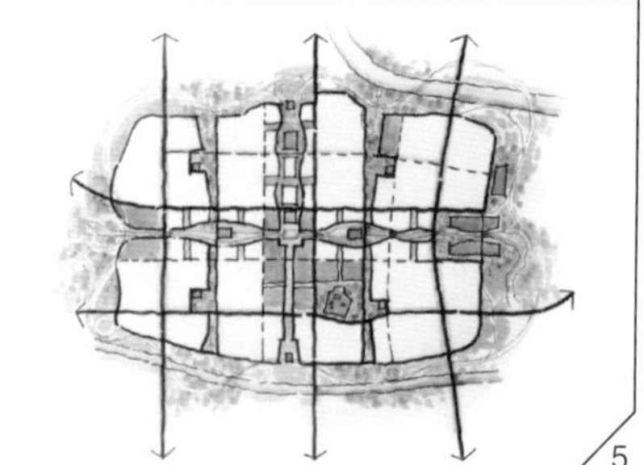

1 /《河北雄安新区晾马台特色小城镇控制性详细规划》手绘意向总平面图
2 /《河北雄安新区晾马台特色小城镇控制性详细规划》智能民生及智能政务示意图
3 /《河北雄安新区晾马台特色小城镇控制性详细规划》智能交通示意图
4 /《河北雄安新区晾马台特色小城镇控制性详细规划》智能物流示意图
5 /《河北雄安新区晾马台特色小城镇控制性详细规划》手绘规划布局图
6 /《河北雄安新区智能特色小城镇总体策划方案》城市空间意向图

后记

本书成于二〇二〇年。

一场大疫将这一年深深地印在了历史的长卷上，向前看是迈向中华民族伟大复兴的“两个十五年”，回首看是深圳规划院有幸伴随深圳经济特区共同成长、共同成就的三十年。而我也为深规院工作了整整三十年。

还记得毕业来院后的第一个项目是上梅林片区的控制性详细规划，也记得第一次随顾汇达老院长走出深圳是在京九铁路开通之际，远赴当时还比较贫穷落后的安徽阜阳。三十年来，我们的足迹踏遍了深圳每一个关键时期的每一个重点地区。三十年来，我们的足迹也踏遍了祖国的大好河山，从东南沿海的深圳经济特区到西部边陲的喀什经济特区，从地球上离海最远的内陆城市塔城到经略南海的战略枢纽海南岛，从天空之城拉萨到伟大首都北京，从千年故都西安到千年大计雄安……汶川地震举国悲痛，我们受命援建陇南；改革开放不负使命，我们受命援建广安……应该说，在改革开放以来这场人类历史上最轰轰烈烈的城市化进程中，我们并未辜负时代。

卅年卅城，是时间与空间编织的记忆，亦是时间与空间铸就的阶梯。

深圳市城市规划设计研究院院长
二〇二〇年六月二十八日

深圳市福田区振华路111号中电迪富大厦26楼
CEC Difu Building 26F, No. 111 Zhenhua Road, Futian District, Shenzhen, Guangdong Province, China

www.upr.cn